消费品安全标准“筑篱”专项行动——国内外标准对比丛书

日 用 品

国家标准化管理委员会　组编

中国质检出版社
中国标准出版社
北京

图书在版编目（CIP）数据

日用品/国家标准化管理委员会组编. —北京：中国标准出版社，2016.3
（消费品安全标准“筑篱”专项行动——国内外标准对比丛书）
ISBN 978-7-5066-8086-8

Ⅰ. ①日… Ⅱ. ①国… Ⅲ. ①日用品-质量管理-安全标准-对比研究-中国、国外 Ⅳ. ①TS976.8

中国版本图书馆 CIP 数据核字（2015）第 242246 号

中国质检出版社
中国标准出版社 出版发行
北京市朝阳区和平里西街甲 2 号（100029）
北京市西城区三里河北街 16 号（100045）
网址：www. spc. net. cn
总编室：(010) 68533533 发行中心：(010) 51780238
读者服务部：(010) 68523946
中国标准出版社秦皇岛印刷厂印刷
各地新华书店经销
*
开本 787×1092 1/16 印张 26.25 字数 580 千字
2016 年 3 月第一版 2016 年 3 月第一次印刷
*
定价：80.00 元

总 前 言

我国是消费品生产制造、贸易和消费大国。消费品安全事关人民群众切身利益，关系民生民心，关系内需外贸。标准是保障消费品安全的重要基础，是规范和引导消费品产业健康发展的重要手段。为提升消费品安全水平，提高标准创制能力，强化标准实施效益，加强标准公共服务，逐步构建标准化共治机制，用标准助推消费品领域贯彻落实“三个转变”，用标准支撑国内外市场“双满意”，用标准筑牢消费品的“安全篱笆”，2014 年10月，国家标准化管理委员会会同相关单位联合启动了消费品安全标准“筑篱”专项行动。

“筑篱”专项的首要任务，就是开展消费品安全国内外标准对比行动。按照广大消费者接触紧密程度、社会舆情关注度、产品安全风险和行业发展规模，首批对比行动由轻工业、纺织工业、电器工业、建筑材料、石油和化学工业等行业的 46 家单位、200 多位专家，收集了 21 个国际标准化组织、相关国际组织、国家和地区的相关法律、法规、标准 770 余项，对其中 3816 项化学安全、物理安全、生物安全和标签标识等相关技术指标进行了对比，并结合近 15 年来典型领域的 WTO/TBT 通报，研究了国外法规、标准的变化趋势。

为更好地共享“筑篱”专项对比行动成果，面向广大消费者、企业和检测机构，提供细致详实、客观准确的消费品安全国内外标准对比信息，我们组织编辑出版了“消费品安全标准“筑篱”专项行动——国内外标准对比”丛书。丛书共有 7 个分册，涉及儿童用品（玩具、童鞋、童装、童车）、服装纺织、家用电器、照明电器、首饰、家具、烟花爆竹、纸制品、插头插座、涂料、建筑卫生陶瓷、消费品基础通用标准等领域。

这套丛书的编纂出版得到了国家标准化管理委员会的高度重视和各相关领域专家的支持配合。丛书编委会针对编写、审定、出版环节采取了一系列质量保障措施，力求将丛书打造成为反映标准化工作成果、体现标准化工作水平的精品书。参与组织、编写和出版工作的人员既有相关职能部门的负责同志，也有专业标准化技术机构的主要人员，还有重大科研项目的技术骨干。他们在完成本职工作的同时，不辞辛苦，承担了大量的组织、撰稿以及审定工作，为此付出了艰辛的劳动。在此，谨一并表示衷心感谢。

丛书编委会

2016年2月

前　言

2014年10月11日，国家标准化管理委员会结合消费品标准化工作面临的形势与问题，会同工业和信息化部、工商总局、质检总局和国家认监委，以北京、上海、江苏、浙江、福建、山东、广东、广西等省（直辖市、自治区）为重点地区，联合轻工业、纺织工业、建筑材料、石油和化学工业、电气工业等行业协会和相关研究机构，共同启动了消费品安全标准“筑篱”专项行动。

本卷是此套丛书的日用品卷，共分为四个部分，分别为：纺织服装、首饰、烟花爆竹、纸制品。

“衣食住行”衣为先。纺织品服装作为重要的日用消费品，在满足人民群众穿衣和对时尚与美的追求方面发挥了重要作用。经过改革开放几十年的发展，我国已成为世界最大的纺织品服装生产、消费和出口国，在世界纺织产品链中占据重要地位。在这个过程中，我国纺织标准化事业也取得了快速发展，为我国纺织产业的快速发展和产品质量提升发挥了重要的技术支撑作用。截至2015年10月，我国纺织领域归口标准数量达到2026项，其中国家标准678项，行业标准1348项，基本形成了覆盖服用、家用、产业用三大应用领域和纺织装备的全产业链标准体系。行业积极采用国际标准（ISO），对口国际标准转化率超过75%，大大提升了我国标准的国际接轨程度。近年来，我国发挥自主标准优势，主导制定并已发布国际标准12项，正在研制国际标准9项，取得了国际标准化工作的突破。我国2位专家担任了ISO技术机构主席，有关单位承担了ISO 5个技术机构秘书处，为我国深度参与国际标准化工作打下了基础。

自20世纪90年代开始，我国着手研制纺织产品安全及配套检测方法标准，并相继发布实施了GB 18401《国家纺织产品基本安全技术规范》、GB31701《婴幼儿及儿童纺织产品安全技术规范》和GB 5296.4《消费品使用说明　第4部分：纺织品和服装》等强制性标准，对纺织产品的基本安全、婴幼儿及儿童纺织产品安全以及纺织品和服装的使用说明等事关消费者健康安全和利益的重要技术事项进行了强制规定，为纺织产品质量安全监管提供了技术依据，对于提升纺织产品的质量、规避产品危害因素，保护消费者合法权益发挥了非常重要的作用。

但是，我国纺织产业“大而不强”的问题突出，尤其是经济进入新常态，纺织产业转型升级和结构调整的任务十分紧迫。标准不能很好地适应产业转型升级和人民日益增长的消费需求，也不能很好地应对国际贸易新形势等问题日益凸显。一方面，随着我国综合国力增强，人民生活与消费水平不断提高，对衣着消费的质量尤其是安全性提出了新的更高的要求。另一方面，国外发达国家以保护本国产业和就业为名，构筑了以技术法规、标准与合格评定为主要内容的技术性贸易壁垒，对我国产品出口设限。近年来，欧美等发达国家针对消费品安全的通报案例中，我国出口纺织品服装占有不小比例。这不仅给我国企业带来经济损失，同时也给我国纺织产业的声誉造成不良影响。

是我国纺织品服装安全标准水平太低吗？一个攸关我国纺织品服装标准水平和形象的问题摆在面前。要给这个问题一个比较清楚的答案，必须采用比较分析的方法，用评估报告说话。2014 年 10 月，为进一步提升消费品安全标准水平，强化标准实施，加强标准公共服务，逐步构建标准化共治机制，国家标准化管理委员会启动了消费品安全标准“筑篱”专项行动。借此东风，中国纺织工业联合会牵头，组织了纺织工业科学技术发展中心、纺织工业标准化研究所、全国纺织品标准化技术委员会（SAC/TC209）、全国纺织品标准化技术委员会基础标准分技术委员会（SAC/TC209/SC1）、ISO/TC38 国内对口单位以及 ISO/TC38/SC2、SC23 的 2 个国际秘书处等共同参与，开展了纺织服装领域国内外安全标准对比评估课题研究。

课题采取比较研究方法，选取与我国强制性安全标准对等的国际国外技术法规为主要分析对象，重点对欧盟、美国、日本、加拿大等国家和地区以及我国纺织服装安全性技术法规和标准进行了梳理，筛选提取了纺织品服装的安全性要素，从纺织品有害物质限量、燃烧性能、附件与绳带、标签与标识 4 个维度，对国内外 51 项相关技术法规和安全标准、64 个安全要素以及 60 余项试验方法进行了深入对比研究。从对比结果来看，基于各国人文地理及生活习惯、技术和法制等多方面差异，有关纺织产品安全的技术法规与标准在适用范围、执行方式、检测方法、技术指标等方面的要求和做法各有特点、各有侧重、各有优势，各国有关纺织产品安全要素的技术要求不具备绝对的可比性，难以用水平高低进行简单评价。比较而言，国外注重从危害因素出发制定覆盖面宽泛的技术法规要求，显得比较分散零乱。我国主要针对某一类产品，对各相关安全性要素进行全面考虑，因而围绕某一类产品的安全技术指标体系会更加系统和全面。我国纺织产品强制性安全标准数量少，覆盖面宽，虽在具体内容和表现形式上与国外技术法规相关内容不完全相同，但主要技术指标与国际基本接轨。总体判断，目前我国纺织产品安全标准体系已经形成，与国外相比无实质性差异，总体水平大致相当。

全国首饰标准化技术委员会承担了国内外首饰安全标准对比工作。在中国轻工业联合会的统一部署下，全国首饰标准化技术委员会制定了《首饰领域消费品安全标准“筑篱”专项行动工作方案》。

按照工作方案，首饰标准化技术委员会和参与单位积极组织人员开展了标准对比工作，历时 9 个月，收集了 ISO、欧盟、美国、英国和加拿大 5 个国际组织和国家首饰领域（ICS 号为 39.060）相关法律、法规、标准 133 项，对比首饰领域安全标准（法规）11 项，涉及化学安全、物理安全和标签标识等安全相关技术指标 25 项（其中儿童首饰 13 项，成人首饰 12 项），完成了《消费品安全国内外标准对比行动工作报告首饰部分》的编写工作。

烟花爆竹是我国传统文化中的瑰宝，也是我国工艺美术品发展史上的一朵奇葩，深受世界各族人民的喜爱，全球 150 多个国家和地区有燃放烟花爆竹的习惯。我国烟花爆竹标准化工作起步较晚，近些年来才建立起较为完善的烟花爆竹标准体系，而欧盟、美国等国外烟花爆竹标准体系较为简单，以产品标准为主。我国作为烟花爆竹的生产和消费大国，国家一直高度重视烟花爆竹产品的安全与质量，为保障安全，引导和规范产业发展，保护消费者，减少贸易损失，特开展本次烟花爆竹国家标准与国际标准、国外先进标准的对比评估工作。

湖南烟花爆竹产品安全质量监督检测中心在全国烟花爆竹标准化技术委员会（SAC/TC 149）和国际标准化组织/烟花爆竹标准化技术委员会秘书处（ISO/TC 264）的大力支持下，历时近一年时间，通过比对 ISO、欧盟、美国、英国以及我国的烟花爆竹产品安全监管机制、标准化工作机制和标准体系建设情况，主要研究了中国、欧盟、美国、英国、日本、加拿大、俄罗斯等地区和国家的烟花爆竹相关标准、指令等基本信息和指标数据。

研究结果表明：我国烟花爆竹产品质量安全监管体制以及标准体系建设方面较为全面和系统，具有明显优势，国外则以欧盟和美国为代表，主要通过条例或指令进行烟花爆竹产品质量安全监管，并在逐步建立较为完善的标准体系，具有一定的特色。

一是国外烟花爆竹产品质量安全监管体制较为单一，基本仅针对进入市场的产品进行监管，不涉及生产环节；而国内烟花爆竹产品质量安全监管体制较为健全，以国家和相关部门的法律法规、规范性文件为主导，辅以国家标准、行业标准构建的标准体系，由烟花爆竹行业相关主管部门、检测机构等各司其职，共同承担烟花爆竹产品的安全监管。

二是国外烟花爆竹标准体系较为简单，仅局限于烟花产品制定相关标准，如欧盟烟花标准体系由EN 15947和EN 16261两个系列标准组成，主要对烟花的术语、烟花的级别与品种、标签、测试方法、结构和性能等方面进行规定；而我国烟花爆竹标准体系较为健全，不仅包含产品标准，而且从原辅材料、生产操作过程、生产厂房设施、包装、燃放、测试方法、储存、运输等各个环节各领域都以国家标准、行业标准的形式做出规定，包括工程设计标准系列、生产（经营）标准系列、产品质量标准系列、焰火燃放标准系列4个标准子体系。

本书科学评价我国现行烟花爆竹标准体系的质量水平，学习借鉴欧盟、美国等相关标准，进一步完善我国烟花爆竹标准体系，增强标准的适应性、可操作性，逐步提高国际国内标准的一致性，更好地满足当前双边贸易形势和产业实际需求。同时，发挥标准的引领作用，提升产业整体质量水平和国际竞争力，促进中国产品向中国品牌转化。

在国家标准化管理委员会组织的“消费品安全标准‘筑篱’专项行动”中，全国造纸工业标准化技术委员会（以下简称“造纸标委会”）承担了有关纸制品安全标准的对比工作。根据行动要求，造纸标准化技术委员会对国内外纸制品安全标准监管体制、标准化工作机制和标准体系建设情况进行了对比，并针对纸巾纸、卫生纸、湿巾、纸尿裤、卫生巾、擦手纸、厨房纸巾7 种与消费者密切接触的纸制品的重要安全技术指标展开了详细对比分析。

通过对比，了解了国内外在纸制品安全监管体制、标准化工作机制、标准体系建设及安全技术指标等方面存在的差异，提出了改进我国纸制品标准化工作机制，完善标准体系建设的工作建议。

当然，本课题是基于一个时点所做的阶段性研究，由于国外资料收集比较困难，多语种文字翻译难度大，加上时间比较仓促，以及研究人员本身的水平等，不可避免带来研究结果的局限性。这有待于今后对国际国外进行继续跟踪和开展全面深入研究后不断完善。书中存在的不足甚至错误，还望有关专家和读者予以指正。

在本课题研究过程中，课题组得到了国家标准化管理委员会工业标准二部戴红主任、王莉副主任、马胜男副处长、易祥榕，以及中国纺织工业联合会副秘书长、科技发展部彭燕丽主任、纺织工业科学技术发展中心张慧琴主任等领导的指导、关心和帮助，还有相关领域的领导和专家的支持和帮助，在此一并表示感谢。

本册编委会

2016 年 2 月

目　录

第一篇　纺织服装

第二篇 首 饰

第三篇 烟花爆竹

第四篇 纸 制 品

第一篇

纺 织 服 装

第1章　纺织服装行业现状分析

1　国际

1.1　国际标准化组织

国际标准化组织（ISO）在纺织服装领域设有两个技术委员会，即 TC 38 纺织品和 TC 133 服装尺寸系列——尺寸代号、尺寸测量方法和数字化人体试衣技术标委会，TC 38 纺织品下设 5 个分技术委员会及多个工作组（见表 1-1-1），归口的纺织品标准 336 项，服装标准 11 项。ISO 标准以基础通用标准和检测方法标准为主，按通用、纤维、纱线、织物等进行分类，基本不涉及产品标准。

表 1-1-1　ISO 设置的纺织品服装标准化技术机构

序号	编号	名称
1	ISO/TC 38	Textiles 纺织品
2	ISO/TC 38/SC 1	Tests for coloured textiles and colorants 染色纺织品和染料试验
3	ISO/TC 38/SC 2	Cleansing，finishing and water resistance tests 洗涤、整理和拒水试验
4	ISO/TC 38/SC 20	Fabric descriptions - STANDBY 织物描述（暂停）
5	ISO/TC 38/SC 23	Fibres and yarns 纤维与纱线
6	ISO/TC 38/SC 24	Conditioning atmospheres and physical tests for textile fabrics 纺织织物调湿大气和物理试验
7	ISO/TC 38/SC23/WG2	Fibres - Natural cellulosic 天然纤维素纤维工作组
8	ISO/TC 38/SC23/WG5	Fibres - Natural proteins 天然蛋白质纤维工作组
9	ISO/TC 38/SC23/WG6	Fibres - Man-made 化学纤维工作组
10	ISO/TC 133	Clothing sizing systems-size designation，size measurement methods and digital fittings 服装尺寸系列——尺寸代号、尺寸测量方法和数字化人体试衣

1.2　国际人造纤维标准化局

国际人造纤维标准化局（BISFA）建立了一套完整的人造纤维标准，而且每一个试验方法标准中有一章是专门为解决供需双方争议的一般规则，对化纤生产和贸易具有重要的指导作用。BISFA 现有标准 19 个，按纤维品种（涤纶、锦纶、丙纶、芳纶等）、纤维形态（短纤维、长丝）进行分类。

1.3 国际毛纺织组织

国际毛纺织组织（IWTO）设立标准与技术委员会负责标准化活动，该委员会下设原毛组、制条组、纱线和织物组、特别议题组4个专业小组，分别负责制定相关领域的IWTO标准。IWTO标准绝大多数为试验方法标准，涉及羊毛原料各项规格参数指标的试验方法、毛纱线和毛织物的部分理化性能及服用性能试验方法，目前共有测试方法标准35项，测试方法草案22项。

2 国外

2.1 欧盟

欧盟实行技术法规、标准及合格评定程序相结合的技术性贸易措施体系。标准是欧盟技术法规乃至整个技术贸易措施体系的基础。欧盟标准分为两个层面，一是欧洲标准，包括欧洲标准化委员会在内的欧洲区域标准化组织制定发布的标准；二是各国标准，包括各成员国国家标准以及各国行业协会、专业团体制定的标准，其中影响最大的如国际生态纺织品研究和检验协会制定的生态纺织品标准 Oeko-Tex Standard 100。

欧洲标准化委员会（CEN）有关纺织品服装的标准化技术机构是TC248纺织品技术委员会（CEN/TC248 Textiles and textile products），相关的还有防护服、线带绳索、土工合成材料等技术机构（见表1-1-2），归口标准有700余项。由CEN/TC248归口的标准有250项，其中有75%的标准与ISO相同，与ISO一样以通用基础标准和检验方法标准为主，基本不涉及产品标准，主要分为通用、纤维和纱线、普通织物、涂层织物和非织造布等几个大类。近年来，欧盟纺织品基础标准主要侧重有害物质检测、纤维组分标签、产品使用说明标签以及安全性要求等方面。欧洲标准化组织的技术机构由欧盟成员国承担秘书处工作，其成员国的标准化技术机构大体与欧洲标准化组织技术机构相似。

表1-1-2 欧盟有关纺织服装的标准化技术机构

序号	编号	名称	中文名称
1	CEN/TC 248/WG 10	Size system of clothing	服装尺寸系统
2	CEN/TC 248/WG 17	Hygienic quality of textiles processed in industrial laundries and used in sectors in which it is necessary to contol biocontamination	工业洗涤或需生物污染防控下的纺织品卫生要求
3	CEN/TC 248/WG 20	Safety of children's clothing	儿童服装安全
4	CEN/TC 248/WG 21	Terry towels	毛巾织物
5	CEN/TC 248/WG 31	Smart textiles	智能纺织品

表 1-1-2（续）

序号	编号	名称	中文名称
6	CEN/TC 248/WG 32	Use of the terms organic and other environmental marketing terms in the labelling of textiles and textile products	纺织品及制品标签中的有机纺织品和有关环境的市场用语
7	CEN/TC 248/WG 33	Labelling of superfine wool	超细羊毛标签

2.2 美国

美国实行民间组织标准优先、多元化标准共存的市场化、自愿性标准体系。标准由各有关部门和机构自愿编写、自愿采用。种类繁多的标准可根据标准制定主体划分为三类，即联邦政府专用标准、美国国家标准学会（ANSI）为协调中心的国家标准和其他非政府机构经协商一致制定的专业团体标准。联邦政府专用标准是强制性的，属于技术法规范畴，国家标准和专业团体标准均是自愿性标准，自愿性标准不得与技术法规相抵触。

美国绝大部分纺织品服装标准来源于美国材料与试验协会（ASTM）标准和美国纺织化学家和染色家协会（AATCC）标准。

2.2.1 ASTM 标准

美国材料与试验协会（ASTM）标准覆盖黑色金属、有色金属、水泥、陶瓷、混凝土及石材等七大部分 100 多个行业，现有标准 14000 多项。目前下设 143 个技术委员会（TC）、2000 多个分委员会（SC），ASTM D13 纺织品技术委员会成立于 1914 年，下辖 30 个分技术委员会（见表 1-1-3），其中 21 个技术机构管理现行标准 341 项，按通用、纤维、纱线、织物、拉链、地毯分类，包括术语、方法、规范、指南、惯例和分类等类型标准，根据最终产品对面料制定标准。标准由标准工作组起草，经过分技术委员会和技术委员会投票表决，在采纳大多数会员的共同意见后，并由大多数会员投票赞成，标准才获批准，作为正式标准出版。

表 1-1-3 ASTM D13 纺织品技术委员会下辖分技术委员会列表

序号	编号	名称	中文名称
1	D13.11	Cotton Fibers	棉纤维
2	D13.13	Wool and Felt	羊毛及毛毡
3	D13.17	Flax and Linen	亚麻和麻布
4	D13.18	Glass Fiber and its Products	玻璃纤维及制品
5	D13.19	Industrial Fibers and Metallic Reinforcements	产业用纤维和金属增强物
6	D13.20	Inflatable Restraints	安全气囊
7	D13.21	Pile Floor Coverings	地毯
8	D13.40	Sustainability of Textiles	纺织品耐久性

表 1-1-3（续）

序号	编号	名称	中文名称
9	D13.51	Conditioning, Chemical and Thermal Properties	调湿、化学、热学性能
10	D13.52	Flammability	可燃性
11	D13.54	Subassemblies	附件
12	D13.55	Body Measurement for Apparel Sizing	服装尺寸与人体测量
13	D13.58	Yarns and Fibers	纤维与纱线
14	D13.59	Fabric Test Methods， General	通用织物测试方法
15	D13.60	Fabric Test Methods， Specific	专用织物测试方法
16	D13.61	Apparel	服装
17	D13.62	Labeling	标签
18	D13.63	Home Furnishings	家居用品
19	D13.65	UV Protective Fabrics and Clothing	防紫外织物与服装
20	D13.66	Sewn Product Automation	缝纫产品自动化
21	D13.92	Terminology	术语
22	D13.90	Executive	执行委员会
23	D13.91	Editorial Review and Policy	编辑审查与政策
24	D13.93	Statistics	统计
25	D13.94	Government Interface	政府沟通
26	D13.95	Seminars	专题研讨
27	D13.96	Liaison	联络
28	D13.96.01	ASTM/AATCC Liaison Task Group.	ASTM 与 AATCC 联络工作组
29	D13.98	Long Range Planning	长期规划
30	D13.99	Coordination Committee for ISO & Foreign Textile Standards	与 ISO 和国外纺织标准协调委员会

2.2.2 AATCC 标准

美国纺织化学家和染色家协会（AATCC）致力于发展染色及化学处理织物方面的标准测试方法，与 ISO/TC 38 的 SC1 和 SC2 对应。AATCC 现有测试方法包括色牢度、物理性能、染色性能、生物性能、评定程序和鉴别及分析等，相关标准 130 多项，相关技术委员会近 30 个，AATCC 标准由有关标准化技术委员会通过投票表决方式批准发布。1948—2010 年，ANSI/AATCC 与 BSI/SDC（英国染色工作者协会）联合承担了 ISO/TC 38/SC1（染色纺织品和染料测试）技术委员会秘书处工作，独立承担了 ISO/TC 38/SC2（清洁、整理及防水测试）技术委员会秘书处工作。ISO 标准中关于色牢度和物理性能的测试大部分与 AATCC 有关。

2.3 日本

日本对标准实行集中管理，官方管理机构是经济产业省的日本工业标准调查会（简称 JISC）和农林产业省的农林产品标准调查会（简称 JASC）。JISC 总会下设标准分会和合格评定分会以及消费者政策特别委员会和知识基础特别委员会。JISC 的最高权力机构为“标准会议”，其按审议范围设立 26 个专业技术委员会，对应的编号为 A ~ Z 的 26 个字母，纺织服装 TC 的编号为 L（JISC/TC L Textile），负责调查和审议本专业范围的 JIS 标准草案。

按照日本工业标准化法的规定，JIS 就工业产品的分类、形式、形状、尺寸、结构、质量，或者工业产品的生产方法、设计方法、使用方法、检测方法等制定技术文件。JIS 标准分为基础标准、方法标准和产品标准三类。基础标准主要规定术语、符号、单位等；方法标准主要规定检测、分析、检查、测量方法及操作等；产品标准主要规定产品的形状、尺寸、材质、质量、性能等。JIS 标准有 1 万多项，其中纺织服装类 JIS 标准有 226 项。

3 中国

我国标准化工作实行统一管理与分工负责的标准化管理体制。在纺织服装领域，由国家标准化管理委员会统一管理并负责纺织服装国家标准（GB）的计划、审批和发布工作；工业和信息化部作为纺织行业主管部门，负责纺织服装行业标准（FZ）的计划、审批和发布工作。纺织服装国家标准和行业标准的具体组织实施工作，则委托中国纺织工业联合会负责。中国纺织工业联合会受托管理纺织服装领域的各标准化技术机构，具体负责相关标准的起草、技术审查和报批工作。

截至 2014 年底，我国纺织服装领域的标准化技术机构有 22 个。其中 TC5 个，SC15 个，技术归口单位两个（见表 1-1-4）。

表 1-1-4 我国纺织服装领域技术机构列表

序号	编号	名称
1	TC209	全国纺织品标准化技术委员会
2	TC209/SC1	全国纺织品标准化技术委员会基础标准分技术委员会
3	TC209/SC3	全国纺织品标准化技术委员会毛纺织品分技术委员会
4	TC209/SC4	全国纺织品标准化技术委员会麻纺织品分技术委员会
5	TC209/SC6	全国纺织品标准化技术委员会针织品分技术委员会
6	TC209/SC7	全国纺织品标准化技术委员会产业用纺织品分技术委员会
7	TC209/SC8	全国纺织品标准化技术委员会毛精纺分技术委员会
8	TC209/SC9	全国纺织品标准化技术委员会羊绒制品分技术委员会
9	TC209/SC10	全国纺织品标准化技术委员会棉纺织品分技术委员会

表 1-1-4（续）

序号	编号	名称
10	TC209/SC11	全国纺织品标准化技术委员会印染制品分技术委员会
11	TC219	全国服装标准化技术委员会
12	TC219/SC1	全国服装标准化技术委员会羽绒服装分技术委员会
13	TC219/SC2	全国服装标准化技术委员会衬衫分技术委员会
14	TC291/SC1	全国体育用品标准化技术委员会运动服装分技术委员会
15	TC302	全国家用纺织品标准化技术委员会
16	TC302/SC1	全国家用纺织品标准化技术委员会床上用品分技术委员会
17	TC302/SC2	全国家用纺织品标准化技术委员会线带分技术委员会
18	TC302/SC3	全国家用纺织品标准化技术委员会毛巾分技术委员会
19	TC303	全国云锦产品标准化技术委员会
20	TC401	全国丝绸标准化技术委员会
21		纺织工业色织标准化技术归口单位（原纺织部时期设立）
22		纺织工业化学纤维标准化技术归口单位（原纺织部时期设立）

新中国建立以来，尤其是改革开发以来，我国纺织服装领域形成了比较完整的标准体系。适应行业管理需求，以大类产品为主要分类依据，形成了基础通用、棉纺织品、印染制品、毛纺织品、麻纺织品、丝纺织品、化学纤维、针织品、机织服装、运动服装、家用纺织品、产业用纺织品和其他等 13 个子领域的标准体系框架（见图 1-1-1）。截至 2014 年年底，我国纺织服装领域共有标准 1403 项，其中国家标准 543 项，行业标准 860 项。按标准性质分，强制性标准 44 项（其中 41 项行标为军民配套标准，需转化为国军标或推荐性标准），推荐性标准 1359 项。按标准类型分，基础通用标准 115 项，方法标准 571 项，产品标准 716 项，管理标准 1 项。从专业领域分布来看，基础通用领域 411 项，棉纺织品 155 项，化纤 207 项，其余专业领域的标准数量比较少，占比分别不到 10%。从标龄来看，5 年以内标准 1131 项，5 年以上标准 272 项。

4 国内外标准体系差异分析

4.1 法律基础

欧美日等在百余年的标准化实践中，均制定了比较完备的标准化法律法规，为标准化工作提供了坚实的法律基础。但各国的标准化法律规范关注的重点不同。美国《国家技术转让与促进法案》（NTTAA）不是一般意义上的“标准化法”，而是围绕政府如何参与、影响标准化以及如何充分利用标准化成果制定的法律文件。其目的在于推动政府更多地采用私有部门制定的自愿性标准，减少政府专用标准的制定，推动政府人员参与自愿性标准的制定活动，强调对标准化成果的利用。欧盟 1985 年批准的《关于技术

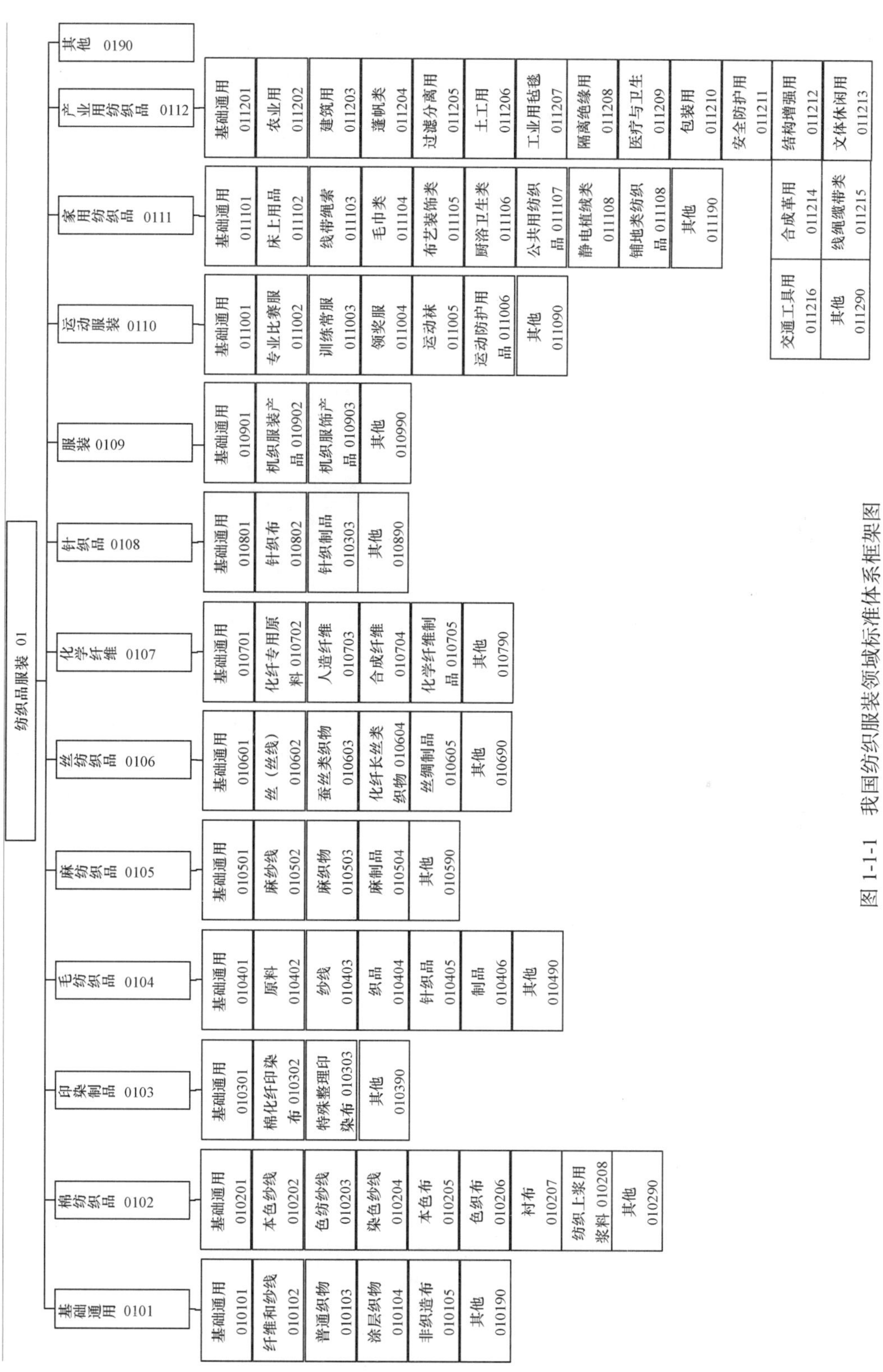
纺织品服装 01
基础通用 0101
基础通用 010101
纤维和纱线 010102
普通织物 010103
涂层织物 010104
非织造布 010105
其他 010190
棉纺织品 0102
基础通用 010201
本色纱线 010202
色纺纱线 010203
染色纱线 010204
本色布 010205
色织布 010206
衬布 010207
纺织上浆用浆料 010208
其他 010290
印染制品 0103
基础通用 010301
棉化纤印染布 010302
特殊整理印染布 010303
其他 010390
毛纺织品 0104
基础通用 010401
原料 010402
纱线 010403
织品 010404
针织品 010405
制品 010406
其他 010490
麻纺织品 0105
基础通用 010501
麻纱线 010502
麻织物 010503
麻制品 010504
其他 010590
丝纺织品 0106
基础通用 010601
丝（丝线） 010602
蚕丝类织物 010603
化纤长丝类织物 010604
丝绸制品 010605
其他 010690
化学纤维 0107
基础通用 010701
化纤专用原料 010702
人造纤维 010703
合成纤维 010704
化学纤维制品 010705
其他 010790
针织品 0108
基础通用 010801
针织布 010802
针织制品 010303
其他 010890
服装 0109
基础通用 010901
机织服装产品 010902
机织服饰产品 010903
其他 010990
运动服装 0110
基础通用 011001
专业比赛服 011002
训练常服 011003
领奖服 011004
运动袜 011005
运动防护用品 011006
其他 011090
家用纺织品 0111
基础通用 011101
床上用品 011102
线带绳索 011103
毛巾类 011104
布艺装饰类 011105
厨浴卫生类 011106
公共用纺织品 011107
静电植绒类 011108
铺地类纺织品 011108
其他 011190
产业用纺织品 0112
基础通用 011201
农业用 011202
建筑用 011203
篷帆类 011204
过滤分离用 011205
土工用 011206
工业用毡毯 011207
隔离绝缘用 011208
医疗与卫生 011209
包装用 011210
安全防护用 011211
结构增强用 011212
文体休闲用 011213
合成革用 011214
线绳缆带类 011215
交通工具用 011216
其他 011290
其他 0190

图 1-1-1 我国纺织服装领域标准体系框架图

协调与标准新方法决议》，首次提出采用标准支持技术立法的思想，使欧洲标准成为支持法律、消除技术性贸易壁垒的一种重要工具，并建立了技术法规、协调标准与合格评定相结合的技术性贸易措施体系，加快了商品流通中技术协调的步伐，促进了贸易，降低了成本，增加了制造商和消费者的选择机会。美国、欧盟的标准化法律有一个共同特点，就是不对标准工作程序作具体规定，而交由标准化技术机构去具体规范。而日本的《工业标准化法》以及我国的《标准化法》是对标准化工作本身的规范，即对标准工作的管理和标准制定程序进行了比较详细的规定。这与欧美强调的对标准化成果的利用以及确立的标准与技术立法之间的关系是不一样的。

4.2 管理体制

总体来看，美欧日以及我国的标准管理体制可分为两种类型。美欧以民间标准化为主体，日本和我国以政府为主导。

美国国家标准化机构由 ANSI 承担，政府对其进行授权认可。欧盟协调标准由欧洲三大标准化组织制定，与欧盟委员会是一种委托和被委托的关系。欧盟各成员国如德国、英国等，其标准化工作均是政府授权民间组织管理，如德国 DIN、英国 BSI，既是政府授权的国家标准化组织，又是独立的民间标准化组织。政府对标准化实施有限的管理，比如制定政策，引导和规范民间标准化活动，或者政府通过参与民间组织的标准化活动，或者在政府立法中引用民间组织制定的自愿性标准等多种方式扶持和引导民间标准化活动发展。但政府代表参与标准化活动的角色相对是比较平等的，尤其是美国政府是以平等角色参加民间标准化活动的，属于利益相关方，没有任何特权。当然政府与民间标准化组织的合作是非常密切的，政府通过法律规范或契约关系，善于借助民间标准化组织在标准制定方面的优势实现政府公共目标。

日本和我国实行的基本是以政府为主导的标准化管理体制。根据日本现行行政管理体制，经济产业省负责有关产业标准化的行政管理工作，具体工作由 JISC 执行，其他各个行政管理省厅负责本行业标准的制定。我国的工业标准化基本也是按照行政管理职能进行划分，国家标准由 SAC 统一管理，行业标准由行业管理部门负责管理。政府负责标准的计划立项、审批和发布工作。标准制定工作委托相关行业协会和技术机构具体执行。当然，政府也比较注重发挥民间专业团体的积极作用，使政府主导与专业团队相结合。

4.3 标准体制

由于各国标准法律、管理体制的不同，也决定了各国标准体制的特点和差异。

一是在标准层级上，欧美日等国没有国家标准和行业标准的明显划分，但政府标准与民间标准（或市场标准）的区分比较明显。如美国标准中，政府有专用标准、采购标准或监管标准，属于技术法规范畴，ANSI 管理和认可国家标准，而其他大量的专业团体则自主制定各自领域的团体标准。英国 BSI、德国 DIN 分别管理其国家标准，而其他一些民间团体则根据市场需求制定团体标准。相对于国家标准的协商一致性而言，这些团体标准又被称为“非一致性标准”（美国）、“非正式标准”（英国）或“规范性文件”（德国）。而我国《标准化法》明确将我国标准划分为国家标准、行业标准、地方标准和企业标准四个层级，各层级间存在一种无形的上下等级关系。

二是欧美日等国的标准属性均是自愿性的。不管是国家标准，还是团体标准，均是自愿性的。美国 ANSI、欧盟 EN、德国 DIN、英国 BSI 以及日本 JIS 标准，均是自愿性标准。只有在经过技术法规引用的情况下才具有强制性。而我国国家标准、行业标准、地方标准则存在着强制性与自愿性两种属性。但我国强制性标准与欧美的技术法规又存在着很多差异，并不能完全等同。

三是在标准类型上，欧美日等国注重健康安全和环境保护技术法规的制定，标准一般只作为技术法规的技术支撑，为制造者达到技术法规要求提供技术解决方案。国外的标准一般只制定基础和检测方法标准，目的在于为市场建立统一术语和搭建统一检测方法平台。因此，国外在国家层面很少针对具体产品制定协调一致的产品标准，而主要以采购标准的形式，由采购方或大买家自主制定。我国则围绕相关产品的质量安全和性能要求，既制定了比较完备的安全类强制性标准，同时也针对具体产品制定了大量的推荐性产品标准，并在整个纺织服装类标准中占比超过一半。

四是在标准体系上，欧美日注重建立技术法规、标准与合格评定相结合的技术性贸易措施体系。随着世界经济一体化进程的加快，世界各国虽在具体做法上有所不同，但均认同技术法规、标准与合格评定相结合的技术性贸易体系建设。在技术法规方面，国外并不针对纺织服装制定专门的技术法规，如美国对消费品安全进行立法，欧盟也未制定专门的纺织服装安全指令，日本也没有专门的纺织服装安全法规，只是在大类消费品或有害化学品等法规中涉及纺织服装的强制性法规要求。我国则以强制性标准的形式，针对纺织产品和服装的安全性制定了比较系统和完整的强制性标准，如《国家纺织产品基本安全技术规范》《婴幼儿及儿童纺织产品安全技术规范》以及《纺织品和服装使用说明》等。

五是在标准的功能和作用方面，欧美日比较注重标准对技术法规的支撑作用，标准为技术法规提供技术协调的解决方案，其立足点在于促进贸易，由于不涉及产品的具体技术指标，国外贸易型标准的贸易指导作用非常突出。而我国标准虽逐步在向贸易型转变，但生产型色彩仍然比较浓厚，由于标准的制定出发点不同，尤其是大量产品标准涉及产品的具体技术指标要求，很难满足不同主体的个性化要求。因此，这类标准对组织生产有一定指导意义，但与买家需求脱节，对贸易的指导作用严重不足。

4.4 标准实施

欧美日等国非常重视标准实施，并形成了比较完善的标准实施机制。一是政府通过立法推动标准实施。如美国制定了 NTTAA 法案，英德通过与国家标准化机构签署协议作出承诺，日本建立了一套采用标准的完整的法律法规机制。这些措施极大地推动了在法规中采用自愿性标准，也调动了民间组织制定符合技术法规需要的标准的积极性。

二是通过合格评定促进标准的实施。欧美日等通过实行多种形式的合格评定程序（认证）来保证产品符合技术法规的要求，从而保证了标准的有效实施。如日本 JIS 标志制度是建立在通过认证的生产过程控制基础上，而不是建立在产品检验基础上，申请

JIS 标志的产品必须是由通过认证的、在企业标准的基础上执行质量控制体系的生产厂生产的。正是这一点有力地推动了标准在企业中的全面实施。

三是通过宣传推广标准，促进标准实施。如日本政府设立了内阁大臣奖等多种高级别的“工业标准化活动奖”，JISC 也设立了标准化贡献奖，借以推动标准实施。德国 DIN 设立了“标准化效果”“标准化最佳实践”“青年科学”“大学生代表论文”等奖励，以奖励那些标准实践应用中取得显著效果的企业和个人，奖励那些在标准化知识学习、应用中作出突出贡献的大学生们，借以推动标准的推广普及和实践应用，另外，各国都非常注重标准的宣传推广，以促进民众的普遍觉醒，在全社会形成标准实施的氛围。

4.5 技术机构

从欧美日与我国标准化技术机构的设置来看，也存在比较大的差异。一是国外标准化技术机构的设置不如我国那么系统，其机构的设置完全服务于制定标准的需要。一旦制定标准的任务完成，相关技术组织也可暂停工作（standby），甚至取消。而我国标准化技术机构的设置主要按照产品类别进行领域细分，设置比较系统，技术机构一旦成立，便很难退出。二是技术机构涉及的领域和覆盖面不同。国际和国外标准主要是基础方法标准，其标准化技术机构的设置也是围绕名词术语、产品性能检测方法进行细分，基本不涉及某个具体的产品，其领域覆盖面较为宽泛。而我国主要按产品类别分领域设置技术机构，有关产品名词术语、通用检测方法等统一归口设置为基础标准技术机构，其他相关技术机构完全按产品细分，覆盖面较窄，容易产生领域交叉重复。三是国际和国外标准化技术机构的技术委员会和分技术委员会层级数量有限，基本与 ISO 设置一致，主要分为纺织品和服装两个技术委员会，欧盟则更加精简，将服装合并到纺织品技术委员会中。但在技术委员会或分技术委员会下面设置的工作组（WG）比较多，其活跃度也高，工作比较灵活。我国纺织服装领域设置了 5 个技术委员会，15 个分技术委员会，工作组没有成为常设机构，主要是 TC 和 SC 在开展工作，组织工作的成本较大。四是在工作方式上，国际和国外充分利用信息化手段和网络平台开展工作，推动了标准化工作的快捷高效。而我国在信息化平台建设方面大大落后于 ISO 和国外发达国家水平，亟待改进。

第 2 章　纺织服装行业国内外标准对比分析

1　国内外技术法规与标准总体情况

本部分重点对国际标准化组织（ISO）、国际人造纤维标准化局（BISFA）、国际毛纺织组织（IWTO）以及欧盟、美国、日本和加拿大等国家和地区，以及我国纺织服装领域相关技术法规和标准进行了广泛收集整理，共收集国内外法规和强制性标准 48 项，技术标准 2876 项。在此基础上对有关纺织服装安全性的技术法规和标准进行了梳理，并对纺织服装的安全性要素进行了筛选提取，主要集中在有害物质限量、燃烧性能、机械安全和纺织品标签标识 4 个方面，这构成了本部分比对的主要安全因素（因子），形成了本部分比对的主要线索。

1.1　国际

ISO 标准中，ISO/TC 38《纺织品》归口的 336 项标准中，涉及消费品的有 307 项，均为试验方法标准。ISO/TC 133《服装尺寸系列——尺寸代号、尺寸测量方法和数字化人体试衣》标准 11 项，均为服装尺寸、规格和人体测量标准。从 ISO 标准的内容看，与纺织品标签标识和产品安全相关的有 28 项，主要涉及纤维属名、有害物检测方法、燃烧性能、抗菌、防霉、抗紫外线等功能性检测和评价方法以及标签标识等。

BISFA 的 19 项标准中，其中 3 项分别为纤维属名、实验室间试验指南以及商业质量的技术参考文件标准，其余 16 项全部是纤维基础性能的测试方法，未涉及作为消费品的纺织产品安全性内容。

IWTO 现有的 57 项标准中，绝大多数为试验方法标准，没有涉及产品安全和标签标识。

1.2　国外

欧盟 CEN/TC 248（Textiles and textile products）制定的 352 项纺织和服装 EN 标准，大多数与 ISO 标准一致。欧盟标准中涉及标签标识和产品安全的标准有 17 项，内容包括燃烧性能、儿童服装绳带、有害物检测方法及标签等。欧盟有关纺织服装的法规有 18 项。其中有关纺织产品标签标识的法规 1 项，有害物法规 16 项（76/769/EEC 及其修订与补充指令），“一般产品安全指令”1 项。76/769/EEC 及其修订与补充指令在 2009 年 6 月以后被纳入到 REACH 法规限制物质清单附录XVII中，该附录会不定期地进行修订，有害物法规中涉及的相关标准有 6 项；“一般产品安全指令”中与纺织服装有关的是对儿童绳带及附件的要求，其中引用 EN 标准 1 项。

美国有关纺织服装的标准主要采用 ASTM 和 AATCC 标准。ASTM 的纺织品类标准有 340 多项，包括术语、方法、规范、指南、惯例和分类等，并根据最终产品对面料制定标准。AATCC 制定的纺织标准有 130 多项，主要包括色牢度、纤维鉴别和含量分析、物理性能、抗菌防螨等试验方法。美国标准（ASTM 和 AATCC）中，涉及标签标识和产品安全的有 14 项，内容主要为标签、燃烧性能、抗菌、防螨、防紫外线、有害物质测试方法等。美国法规中有 5 项标签法规，内容包括纺织纤维标识、羊毛产品标识、维护标签法规，法规中引用了 1 项标准。有害物法规有 5 项，包括铅、邻苯二甲酸酯、溯源标签和第三方测试等，涉及的相关标准 4 项。燃烧性能法规有 4 项，包括服用织物、儿童睡衣等。有关小部件的法规 1 项，主要针对锐利尖端和锐利边缘提出要求。

加拿大涉及纺织品和服装方面的技术法规主要有 2 项标签法规，以及加拿大消费品安全法案中的 5 项条例，其中有害物法规条例 3 项，包括铅、邻苯二甲酸酯等。燃烧性能法规条例有 2 项，包括服用织物、儿童睡衣等。

日本标准（JIS）中有关纺织服装标准 226 项，其中涉及标签标识和产品安全的有 8 项，内容包括为维护标签、燃烧性能、抗菌、有害物试验方法等。日本法规中有 2 项有关家居用品和纺织品的标签法规，3 项有害物法规，主要是法规 112 及在该法规下的实施令。还有 1 项消防法令，主要是对公共场所使用的窗帘和幕布、床上用品、服装和家具覆盖物等提出阻燃性能要求。

国际生态纺织品研究和检验协会标准（Oeko-Tex Standard 100）是有关纺织品上有害物质的限定值和检验规则的标准。该标准作为生态纺织品符合性评定程序，符合该标准要求的可以挂该协会颁发的“生态纺织品”标志。Oeko-Tex Standard 100 中引用了试验方法标准 Oeko-Tex Standard 200，规定了 Oeko-Tex Standard 100 中考核指标采用的原则性试验方法。

1.3 中国

我国纺织服装标准 1403 项，从内容看，涉及标签标识和产品安全的标准有 97 项。其中强制性标准 4 项，包括标签标识、基本安全、儿童安全。推荐性标准 94 项，主要包括：标签标识、有害物检测方法、绳带要求、燃烧性能、抗菌、防霉等性能检测和评价方法以及特定产品标准等。

1.4 国内外纺织服装安全标准基础信息采集表

通过对所收集的技术法规与标准进行分析，发现国内外有关纺织服装的技术法规、标准所规范和涉及的安全要素主要集中在以下 4 个方面。

（1）有害物质限量：包括甲醛、禁用偶氮染料、重金属、邻苯二甲酸酯等。

（2）燃烧性能：主要集中在服用织物、儿童纺织面辅料。

（3）机械安全：主要集中在儿童服装绳带、附件锐利性和小部件安全。

（4）产品标签标识：主要包括纤维含量标识、维护标签。

本部分从有害物质限量、产品燃烧性能、机械安全以及产品标签标识四个方面安全因素出发，对所收集的技术法规、安全标准及检测方法进行归类整理，形成国家标准基础信息采集表（见附表 1-1）和国外标准基础信息采集表（见附表 1-2）。纳入本次比对的国内相关法律法规 4 项，相关标准 94 项；国外相关法律法规 44 项，相关标准 64 项。

2 国内外标准中的安全要素和技术指标体系对比分析

基于对以上资料的收集和分析，本课题对国内外纺织服装安全标准技术指标进行了详细对比，相关比对信息详见附表 1-3。以下从有害物质限量、燃烧性能、机械安全（附件与绳带）、产品标签标识四方面逐一进行分析。

2.1 有害物质限量

纺织产品中有害物质限量属于纺织产品生态安全范畴。欧盟和我国对纺织品中有害物质限量与检测方法研究较早，目前相应的标准和技术法规也比较全面。其中欧盟早在 20 世纪 70 年代就对纺织品在加工过程中的化学残留物对人体可能造成的伤害开展了研究，至今已陆续出台了一系列纺织品有害物质限量的法规和标准，如有害物质限制指令（76/769/EEC）及其修订与补充指令、授予纺织产品生态标签指令（2002/371/EC）等。我国在 20 世纪 90 年代末开始研究纺织品中有害物质限量，随着“生态纺织品性能及标准的研究”、“纺织品安全健康性评价标准的研究”等国家重大科研专项的顺利完成，陆续制定了 GB 18401 等一系列生态安全标准以及有害物质检测方法标准。而美国和日本目前还没有发布专门针对纺织品生态安全的技术法规和标准，只是在一些通用法规中对少量几种有害物质提出了限量要求。详见表 1-2-1。

表 1-2-1 国内外有害物质限量相关技术法规与标准列表

序号	名称
1	欧盟有害物质限制指令 76/769/EEC 及其修订指令（2009 年并入 REACH 法规）
2	欧盟授予纺织品产品生态标签指令 2002/371/EC
3	生态纺织品通用及特别技术要求 OeKo-Tex Standard 100
4	美国消费品改进法案 CPSIA
5	加拿大消费品安全法案 CCPSA
6	日本 112 法规关于限制含有有害物质的家庭用品的法律
7	GB 18401—2010 国家纺织产品基本安全技术规范
8	GB/T 18885—2009 生态纺织品技术要求
9	GB/T 22282—2008 纺织纤维中有毒有害物质的限量
10	GB 31701—2015 婴幼儿及儿童纺织产品安全技术规范

各国对纺织品的有毒有害物质限量提出要求的目的是相同的，主要是为了控制纺织品在生产加工过程中有毒有害物质的使用和废水、废气的排放，以减少纺织品在生产加工、消费和废弃处理全生命周期过程中对人类健康的危害以及对生态环境造成的污染，但各国技术法规和标准在执行方式、适用范围、考核项目、限定值以及采用的试验方法等方面都不尽相同。

2.1.1 执行方式

欧盟对纺织品有毒有害物质限量的要求主要是通过发布一些指令和生态标签的形式出现：一方面，欧盟以立法的方式发布一些强制性的指令，对纺织品原料、生产过程及成品中的有毒有害物质以及化学品提出限量要求。如 76/769/EEC、REACH 法规等，其规定的内容是必须执行的，对于不符合要求的纺织品一律禁止生产、进口和销售，甚至进行处罚（自 2009 年 6 月以后，76/769/EEC 及其补充指令中提出的禁限用物质全部纳入 REACH 法规限制物质清单附录ⅩⅦ中）；另一方面，欧盟通过自愿性生态纺织品标准 Eco-label 和 Oeko-Tex 100 对纺织品提出了更为严格的生态安全要求。特别是 Eco-label 标准，其虽为自愿性标签标准，但却以法规的形式推出，在欧盟范围内具有一定的法律地位，且随着该标签的进一步发展，其影响力将进一步扩大。

与欧盟的立法理念不同，美国和日本目前还没有发布专门针对纺织品生态安全性的技术法规和标准，只是将其作为消费品通用法规的一个方面进行监控，对少量几种有害物质提出了限量要求。但这些法规是强制执行的，对违反相关法规的产品有着严格的处罚程序和规定，如美国的消费品安全改进法案和日本的 112 法规等。

我国为应对国外纺织品生态安全技术壁垒，针对纺织品的生态安全要求分别发布了符合我国实际生产水平的国家强制性标准 GB 18401、GB 31701 和推荐性标准 GB/T 18885、GB/T 22282，其中两个推荐性生态标准考核的项目较多，指标水平较高，企业可根据自身情况自愿采用，引导企业向更高水平努力。而强制性国家标准 GB 18401 和 GB 31701 则具有法规的性质，企业必须强制执行。国家以此为依据对国内生产企业和市场进行产品质量监督，由于其执行力度大，仅选择保证消费者健康安全的最基本项目进行控制。

2.1.2 适用范围

欧盟相关技术法规和标准中，76/769/EEC 是一部针对危险物质和化学制剂销售和使用的限制指令，其范围涵盖各类化学物质和使用了有毒有害物质的各类消费品。欧盟指令 2002/371/EC 则是专门为授予纺织品产品生态标签（Eco-label）而发布的，其对纺织品的纤维种植和生产、纺织织造、前处理、印染、后整理、成衣制作、穿着使用乃至废弃处理等都提出了生态要求，是全生态概念，其涉及的产品范围包括纺织产品在内已达数十种，其评价标准涵盖了产品的整个生命周期对环境可能生产的影响。而 Oeko-Tex 100 则是专门针对纺织品及相关辅料提出的一个生态标签，侧重于对最终产品中有毒有害物质的残留量进行监控。

与欧盟相比，美国的消费品改进法案中生态安全要求主要是针对 12 岁以下儿童用品和 3 岁以下儿童护理用品提出。其中，与纺织品相关的主要是一些经过染色或涂层印花整理的纺织品和服装配件、由纺织品制成的儿童用围兜以及随玩具套装一起出售的游戏服装等。而日本的 112 法规则是针对各类家庭用品，包括各类纤维制品。

我国 4 个生态安全标准中，除 GB/T 22282 是专门针对各类纺织原料外，GB 18401 和 GB/T 18885 几乎涵盖了各类服用和装饰用纺织品，部分产业用纺织品由于在使用中很少与人体皮肤接触，并没有列入标准范围。至于医用类和毛绒玩具类产品，由于已有专门的强制标准，故也未列入该标准范围。GB 31701 则是专门针对 14 岁以下婴幼儿与儿童用的纺织产品。

2.1.3　考核项目及限定值

为便于对比分析，本课题将各国纺织服装领域技术法规和标准中有害物质分为以下五大类：

（1）常规安全项目：pH、游离甲醛含量、色牢度、异味；

（2）重金属：可萃取量、总量；

（3）有害染料：芳香胺染料、致癌染料、致敏染料、蓝色染料、其他禁用染料；

（4）环境激素：杀虫剂、苯酚化合物、氯化苯和氯化甲苯、邻苯二甲酸脂、有机锡化合物、阻燃和抗菌整理剂、多环芳烃、全氟化合物、残余溶剂、残余表面活性剂；

（5）其他：富马酸二甲酯、可吸附有机卤化物、挥发性物质。

2.1.3.1　常规安全项目

对于纺织品 pH 值、游离甲醛含量、色牢度、异味四项常规安全项目的要求，各国技术法规和标准，甚至是同一国家不同的标准中都存在差异，表 1-2-2 列出了各国上述 4 项常规安全项目的限定值。

表 1-2-2　各国标准和技术法规中常规安全项目的限定值

标准与法规	pH	游离甲醛含量/ppm	色牢度/级	异味
76/769/EEC	—	—	—	—
2002/371/EC（Eco-label）	—	直接接触皮肤：≤30 非直接接触皮肤：≤300	耐洗（变、沾）≥3—4 耐汗渍（变、沾）≥3—4 耐湿摩擦≥2—3 耐干摩擦≥4 耐光：家具、窗帘或帷幔用织物≥5；其他≥4	—
OeKo-Tex Standard 100（2015 版）	婴幼儿类：4 ~ 7.5 直接接触皮肤：4 ~ 7.5 非直接接触皮肤：4 ~ 9 装饰用：4 ~ 9	婴幼儿类：≤16（吸光度小于 0.05） 直接接触皮肤：≤75 非直接接触皮肤：≤300 装饰用：≤300	耐水（沾）≥3 耐酸碱汗渍（沾）≥3—4 耐干摩擦（沾）≥4 耐唾液（沾）（只对婴幼儿类产品有要求）：坚牢	一般：无异味； SNV195651：≤3 级（铺地织物）
日本 112 法规	—	婴幼儿类：≤16 其他：≤75	—	—
美国 CPSIA	—	—	—	—

表 1-2-2（续）

标准与法规	pH	游离甲醛含量/ppm	色牢度/级	异味
GB 18401	婴幼儿类：4～7.5 直接接触皮肤：4～8 非直接接触皮肤：4～9	婴幼儿类：≤20 直接接触皮肤：≤75 非直接接触皮肤：≤300	耐水（变、沾）： 婴幼儿≥3—4，其他≥3 耐酸碱汗渍（变、沾）： 婴幼儿≥3—4，其他≥3 耐干摩擦： 婴幼儿≥4，其他≥3 耐唾液（变、沾）： 婴幼儿≥4，其他无要求	无异味
GB 31701	婴幼儿类：4～7.5 直接接触皮肤：4～8 非直接接触皮肤：4～9	婴幼儿类：≤20 直接接触皮肤：≤75 非直接接触皮肤：≤300	耐水（变、沾）： 婴幼儿≥3—4，其他≥3 耐酸碱汗渍（变、沾）： 婴幼儿≥3—4，其他≥3 耐湿摩擦： 婴幼儿≥3（深色 2-3），直接接触皮肤≥2-3，其他无要求 耐干摩擦： 婴幼儿≥4，其他≥3 耐唾液（变、沾）： 婴幼儿≥4，其他无要求	无异味
GB/T 18885	婴幼儿类：4～7.5 直接接触皮肤：4～7.5 非直接接触皮肤：4～9 装饰用：4～9	婴幼儿类：≤20 直接接触皮肤：≤75 非直接接触皮肤：≤300 装饰用：≤300	耐水（沾）≥3 耐酸碱汗渍（沾）≥3-4 耐干摩擦（沾）≥4 耐唾液（沾）（只对婴幼儿类产品有要求）：≥4	无异味

注：1ppm=1×10^{-6}。

从表 1-2-2 可以看出，各国技术法规和标准中对四项常规安全项目的要求各不相同，主要差异如下：

（1）pH：Oeko-Tex 100 和我国标准有要求，美国和日本对此项目无要求。Oeko-Tex 100 提出的限定值与我国 GB 18401、GB 31701 和 GB/T 18885 基本相同，不同的是我国将 pH 列为强制执行项目，Oeko-Tex 100 则为推荐性要求。

（2）游离甲醛含量：对于婴幼儿类产品，除欧盟的 Eco-label 未单独提出要求外，表中所列各国标准均有要求，但略有差异。Oeko-Tex 100、日本法规 112 中采用的试验方法为 JIS L-1041，而 GB 18401 和 GB/T18885 中采用的试验方法为 GB/T 2912.1（参照 ISO 14184.1 制定），这两个测试方法的检出限要求分别为 16 ppm（吸光度小于 0.05）和 20ppm，故导致我国要求要宽于 Oeko-Tex 100 和日本。对于直接接触皮肤类产品，基本都限定为低于 75ppm，唯有欧盟 Eco-label 严于其他标准，规定不得大于 30ppm。对于非接触皮肤类产品，日本标准较严，规定不得小于 75ppm，其他标准中限定值均为 300ppm。美国的标准和技术法规中目前对该项目无限量要求，但 CPSIA 法案明确提出未来要完成对纺织品中使用甲醛的问题进行研究。

（3）色牢度：欧盟、Oeko-Tex 100 和我国标准中对色牢度有要求，美日则无要求。欧盟在 Eco-label 中考核的是耐洗（变、沾）、耐汗渍（变、沾）、耐湿摩擦、耐干摩擦、耐光 5 项，而 Oeko-Tex 100 考核的是耐水（沾）、耐酸碱汗渍（沾）、耐干摩擦（沾）、耐唾液（沾）5 项，原因可能是这两个标准的侧重点不同，一个是针对生产过程，一个是针对最终产品，因而选取的考核项目不同。我国 GB/T 18885 对纺织品色牢度的要求与 Oeko-Tex 100 基本相同，而 GB 18401 则与 Oeko-Tex 100 有不少差异。Oeko-Tex 100 对四类产品考核的指标基本相同，且只考核沾色色牢度；而 GB 18401 除对婴幼儿产品从严要求外，其他产品则分别降了半级，但其同时考核沾、变色色牢度，而 GB 31701 则在 GB 18401 的基础上针对婴幼儿及儿童产品增加了耐湿摩擦色牢度要求。

（4）异味：Oeko-Tex 100 与我国标准有明确要求，美日则无要求。其中 Oeko-Tex 100 中将异味分成了一般异味和 SNV195 651 异味两种，并分别提出了要求。前者是针对除纺织地板覆盖物以外的所有制品产生的某些特定的异味，如霉味、高沸程石油硫分异味、鱼惺味、芳香烃异味或香味。后者则是针对纺织地毯、床垫、发泡材料和有大面积涂层的非服用织物产生的异味，这类异味没有特异性。而我国强制性标准中只对前者提出要求。

2.1.3.2 重金属

关于纺织品中有害重金属含量的检测与限量要求，根据前处理条件一般分为可萃取量、可溶出量以及总量 3 种，可萃取量是指经过人工汗液萃取后定量分析后的测定量，可溶出量是指模拟材料被吞食与胃液接触一定时间后定量分析后的测定量，而总量是指经硝酸消解一定时间后定量分析后的测定量。各国标准和技术法规对纺织品中对重金属含量的规定和限量要求皆不相同。表 1-2-3 列出了各国对重金属含量的限量要求。

表 1-2-3 各国标准和技术法规中重金属含量的限量要求

标准与法规	限量要求
76/769/EEC	镉含量不得超过 0.01%；且禁止镉沉积或涂布在纺织品和服装的金属表面
	服装金属附件镍每周释放量≤0.5μg/cm^2

表 1-2-3（续）

标准与法规	限量要求					
2002/371/EC（Eco-label）	聚丙烯纤维中禁用铅基着色剂					
	聚酯纤维中锑含量≤260 ppm					
	禁用铬媒染色					
OeKo-Tex Standard 100（2015 版）		分类	婴幼儿用品	直接接触皮肤产品	非直接接触皮肤产品	装饰用品
	可萃取重金属（ppm）≤	锑	30.0	30.0	30.0	—
		砷	0.2	1.0	1.0	1.0
		铅	0.2	1.0	1.0	1.0
		镉	0.1	0.1	0.1	0.1
		铬	1.0	2.0	2.0	2.0
		六价铬	低于捡出限			
		钴	1.0	4.0	4.0	4.0
		铜	25.0	50.0	50.0	50.0
		镍	1.0	4.0	4.0	4.0
		汞	0.02	0.02	0.02	0.02
	样品消化后重金属总量（ppm）≤	铅	90	90	90	90
		镉	40	40	40	40
美国 CPSIA	儿童用品的任何部件：铅	≤600ppm（2009 年 2 月 10 日）				
		≤300ppm（2009 年 8 月 14 日）				
		≤100ppm（2011 年 8 月 14 日，技术可行的情况下）				
	含表面油漆和涂层的儿童用品：铅	≤90ppm（2009 年 8 月 14 日）				
	产品上油漆或表面涂层总量≤10mg 或总面积≤1cm^2 的儿童用品：铅	≤2μg/10mg 或≤2μg/ cm^2（2009 年 8 月 14 日，采用 X 荧光分析技术或其他合适的方法）				
日本法规 112	纤维产品中的尿布、围兜、内衣卫生短裤、手套以及袜子不能检出有机汞化合物。					
GB/T 22282	同 2002/371/EC（Eco-label）					
GB/T 18885	可萃取重金属同 OeKo-Tex Standard 100					
GB 31701	金属总量（ppm）：铅≤90，镉≤100（仅考核涂层和涂料印染的织物）					

欧盟的 76/769/EEC、Eco-label 以及 Oeko-Tex 100 都对多达 8 种重金属提出了限量要求，但其适用范围及限量要求不同，如 76/769/EEC 和 Oeko-Tex 100 虽都规定了镍含量的限量要求，但其测试方法以及限量单位完全不同，76/769/EEC 是针对服装金属附

件的镍每周释放量，单位为 μg/cm^2，而 Oeko-Tex 100 测定纺织品中的镍可萃取量，单位为 ppm。

美国和日本对纺织品中重金属含量的限制种类较少，但都是强制性要求。美国在 CPSIA 中分别对儿童产品的基材和油漆、涂层中铅总量提出了限量要求，日本则是对尿布、围兜、内衣卫生短裤等几类纺织品中有机汞化合物提出限量要求。

我国在 GB/T 22282 和 GB/T 18885 中对织物和纤维中的可萃取量提出了要求，其限定值分别与 Eco-label 和 Oeko-Tex 100 中规定的相同。在 GB 31701 中对婴幼儿及儿童纺织品中总铅和总镉提出限量要求（总铅限量为 90ppm，仅考核涂层和涂料印染的织物），而美国在 CPSIA 中分别对儿童产品的基材和油漆、涂层中铅总量提出了限量要求，其中涂层中总铅限量要求与我国一致，对于基材中总铅含量，我国并未提出限量要求，我国与美国采用的测试方法也基本相同。加拿大法规中只对铅可溶出量提出限量要求，虽然限量要求也是 90ppm，但其测试方法却是参照玩具中重金属可溶出量的测试方法，与我国、美国都不相同。

2.1.3.3 有害染料

纺织品中有害染料的残留量是各国标准和技术法规中监控的重点项目，主要包括可分解致癌芳香胺的偶氮染料、致癌燃料、致敏染料、蓝色染料和其他禁用染料。表 1-2-4 列出了各国对各类有害染料的限量要求。

表 1-2-4 各国标准和技术法规中各类有害染料的限定值

标准与法规	可分解芳香胺染料	致癌染料	致敏染料	蓝色染料	其他染料
76/769/EEC	可分解致癌芳香胺（22 种）≤30ppm	—	—	禁用（≤0.1%）	—
2002/371/EC（Eco-label）	可分解致癌芳香胺（22 种）≤30ppm	禁用 9 种致癌染料	禁用 17 种致敏染料（耐汗渍色牢度至少 4 级时可以使用）	—	—
Oeko-Tex Standard 100（2015 版）	可分解致癌芳香胺（24 种）≤20ppm	禁用 9 种致癌染料	禁用 20 种致敏染料（≤50ppm）	—	禁用 2 种其他染料（≤50ppm）
日本 112 法规	可分解致癌芳香胺（24 种）≤30ppm	—	—	—	—
美国 CPSIA	—	—	—	—	—
GB 18401	可分解致癌芳香胺（24 种）≤20ppm	—	—	—	—
GB 31701	可分解致癌芳香胺（24 种）≤20ppm	—	—	—	—
GB/T 18885	可分解致癌芳香胺（24 种）≤20ppm	禁用 9 种致癌染料	禁用 20 种致敏染料（≤50ppm）	—	禁用 2 种其他染料（≤50ppm）

从表 1-2-4 可以看出，只有欧盟、Oeko-Tex 100、日本和我国对纺织品中残留的有害染料提出了限量要求，但各国对禁用有害染料的种类和限定值存在较大差异，而美国相关标准和技术法规则未提出相关要求。欧盟指令中只对可分解芳香胺染料和蓝色染料提出禁用要求，在生态标签 Eco-label 中则对可分解致癌芳香胺染料、致癌染料和致敏染料提出禁用要求；Oeko-Tex 100 则是对可分解致癌芳香胺染料、致癌染料、致敏染料和其他染料均提出要求；日本则只是对偶氮染料提出强制要求。对于可分解致癌芳香胺，76/769/EEC 和 Eco-label 要求的种类都是 22 种，禁用的检测限值均为 30 ppm，而 Oeko-Tex 100 中要求的种类为 24 种，多了 2，4 二甲基苯胺和 2，6 二甲基苯胺两种，且检测限值（20 ppm）要严于前者，日本 112 法案中对禁用偶氮染料要求则与 Oeko-Tex 100 一致；对于致敏染料，Eco-label 规定禁用 17 种，且规定耐汗渍色牢度至少 4 级时可以使用致敏染料，这与 Oeko-Tex 100 中只规定限定值（50ppm）而不考虑色牢度的评判方法有很大差异。另外 Oeko-Tex 100 中规定禁用的致敏染料为 20 种，比前者多了分散蓝 1、分散棕 1 和分散黄 3 三种；对于致癌染料，Eco-label、Oeko-Tex 100 以及我国 GB/T 18885 的规定一致，均规定禁用 9 种，且都没有给出检测限值。而在我国三个标准中，强制标准 GB 18401 和 GB 31701 只对可分解致癌芳香胺染料提出了禁用要求，检测限为 20ppm，要求要严于欧盟和日本；GB/T 18885 对于有害染料的禁用要求则与 Oeko-Tex 100 基本相同。

2.1.3.4 环境激素

纺织品中残留的环境激素大多来自其加工过程中的助剂，包括杀虫剂、苯酚化合物、氯化苯和氯化甲苯、邻苯二甲酸脂、有机锡化合物、阻燃和抗菌整理剂、多环芳烃、全氟化合物、残余溶剂、残余表面活性剂等 10 多种，由于其具有很高的环境和生物体蓄积性，难以生物降解，对生物体内分泌系统有很大的破坏作用，各国都对各类环境激素提出了禁用或者限用等不同要求。

欧盟和 Oeko-Tex 100 在这方面走在世界前列，其在相关技术法规和生态标签中对纺织品及其加工过程中的多种环境激素提出了限用要求。欧盟在强制性指令 76/769/EEC 中规定的主要物质有阻燃剂、苯酚化合物、多氯联二苯、全氟辛烷磺酸、邻苯二甲酸脂和有机锡化合物。Eco-label 规定的主要有杀虫剂。Oeko-Tex 100 规定了杀虫剂、苯酚化合物、氯化苯和氯化甲苯、邻苯二甲酸脂、有机锡化合物、阻燃和抗菌整理剂、多环芳烃、全氟辛烷磺酸和全氟辛酸残余溶剂、残余表面活性剂。Oeko-Tex 100 对于纺织品中环境激素的限用要求基本上是根据 76/769/EEC 的补充指令来更新，但在规定种类及限量值上存在较大差异。如对于苯酚化合物，76/769/EEC 只规定五氯苯酚限量是 1000ppm，而 Oeko-Tex 100 则规定了五氯苯酚、四氯苯酚和邻笨基苯酚三种，且对五氯苯酚的限量更严，婴幼儿类 0.05ppm，其他类是 0.5ppm，其他如对有机锡化合物及全氟辛烷磺酸的限量要求也有较大差异。在对杀虫剂的限制方面，Eco-label 分别对不同纤维中的每种杀虫剂的含量规定限量值，而 Oeko-Tex 100 是对纺织品中杀虫剂的总量限值。

美国、加拿大和日本对纺织服装的环境激素的限用要求比较少。美国、加拿大两国只是对儿童玩具或护理用品中邻苯二甲酸酯提出限量要求，对其他环境激素没有限制。美国在 CPSIA 中规定任何人不得制造（以销售为目的）、销售、配送和进口每种邻苯含量（DEHP、DBP、BBP）超过 0.1%的儿童玩具和儿童护理用品。从法案实施 180 天起，直到最终规则出台前，任何人不得制造（以销售为目的）、销售、配送和进口每种邻苯含量（DINP、DIDP 和 DNOP）超过 0.1%的可以放入口中的儿童玩具或儿童护理用品。加拿大与美国基本相同。而日本则只对阻燃剂、少量杀虫剂和有机锡化合物提出限量要求。

我国在 GB/T 22282 和 GB/T 18885 中对杀虫剂、阻燃剂等环境激素规定了限定值，其中 GB/T 22282 基本与 Eco-label 的规定一致，GB/T 18885 制定时参照的是 2008 版的 Oeko-Tex 100，故其与 2015 版的 Oeko-Tex 100 还有一些差距，如在新版的 Oeko-Tex 100 中，除增加了多环芳烃、全氟化合物、残余溶剂、残余表面活性剂的限量要求外，还增加了 8 种邻苯二甲酸盐和 1 种有机锡化合物，而 GB/T 18885 由于未及时更新而未对以上几类新的有害物质提出要求。我国在新发布的 GB 31701 中，专门针对婴幼儿纺织品中的邻苯二甲酸盐提出了强制要求，与欧盟 2005/84/EC 指令中对邻苯的限量要求相同，但与美国、加拿大有一定差异。我国对 DEHP、BBP、DBP 的总量和 DINP、DNOP、DIDP 的总量分别提出要求，而美、加则是对每种邻苯提出限量要求。

2.1.3.5 其他有害物质

其他有害物质包括富马酸二甲酯、可吸附有机卤化物、挥发性物质等。对于富马酸二甲酯，其常用于皮革、鞋类、纺织品等的生产、储存、运输中的包装箱和包装盒的防潮袋中，目前只有欧盟在 2009/251/EC 指令中对其提出了禁用要求（≤0.1 ppm）；对于可吸附有机卤化物，只有 Eco-label 和 GB/T 22282 提出限量要求，二者的指标要求及测试方法相同；对于挥发性物质，只有 Oeko-Tex 100 和 GB/T 18885 提出限量要求，且限量值相同。美国和日本对这类有害物质无要求。

2.2 燃烧性能

纺织与服装产品由于其材质和结构特点，具有高度易燃性，一旦被点燃，火势会迅速蔓延，容易引发火灾。为了尽可能减少火灾的发生、降低火灾的危害，保护公众生命和财产的安全，各国对纺织品的燃烧性能提出了要求。

美国和加拿大对纺织品燃烧性能的要求是以技术法规的形式出现的，日本是以消防法令的形式规定的，欧盟虽以自愿性标准形式出现，但在欧盟范围内仍然得了较好的实施。我国对纺织品燃烧性能的要求主要是以强制性或推荐性标准出现，虽然有些标准不是强制性的，但如果纺织品用在标准范围中所规定的场合，其燃烧性能就必须符合这些标准的要求。

虽然各国制定有关燃烧性能法规的目的是相同的，但针对的产品类型、采用的试验方法和考核指标以及实施和管理等方面不尽相同。下面将我国与其他国家在纺织品燃烧性能方面的差异作一对比分析。

2.2.1 国内外燃烧性能标准概况

2.2.1.1 有关普通服用织物及儿童服装

在普通服用织物燃烧性能方面，我国有强制性标准两项，即 GB 31701—2015《婴幼儿及儿童纺织产品安全技术规范》和 GB 20286—2006《公共场所阻燃制品及组件燃烧性能要求和标识》。与国外相关法规或法令对应的推荐性标准有 GB/T 17591—2006《阻燃织物》和 FZ/T 81001—2007《睡衣套》两项。美国制定了 16CFR1610《服用织物易燃性标准》技术法规，法规中规定未达到标准要求的纺织品和服装，禁止进口到美国。加拿大消费品安全法案中 CCPSA-SOR/2011-22《纺织品易燃条例》规定，进口、广告及销售的纺织品服装必须满足要求。

在儿童睡衣燃烧性能方面，国际市场高度重视，有关国家单独制定了儿童睡衣燃烧性能的技术法规，提出了比普通织物更高的要求。美国制定了 16 CFR 1615《儿童睡衣易燃性标准（尺码由 0 至 6X）》、16 CFR 1616《儿童睡衣易燃性标准（尺码由 7 至 14）》技术法规，加拿大制定了 CCPSA-SOR/2011-15《危险产品（儿童睡衣）条例》，欧盟制定了 EN 14878《纺织品——儿童睡衣燃烧性能规范》。美欧如此重视儿童睡衣的燃烧性能，原因有以下几点：美国、加拿大以及欧盟国家有使用壁炉的习惯，儿童在家里穿着睡衣易接触火源，容易发生危险；儿童爱玩要，且年纪小缺乏危险意识，增加了接触火源的机会；另外，考虑到纺织品本身材料特点和睡衣舒适性要求，一般会设计得比较宽松，走动时摆幅比较大，容易靠近火源而被点燃。我国强制性标准 GB 31701—2015《婴幼儿及儿童纺织产品安全技术规范》对婴幼儿及儿童纺织产品的燃烧性能进行了要求。由于我国生活方式不同于欧美，儿童睡衣并没有更多接触火源的机会，因此目前还没有对儿童睡衣的燃烧性能单独进行规定。FZ/T 81001—2007《睡衣套》规定睡衣面料洗涤前后的燃烧性能应达到 1 级（正常可燃性）或 2 级（中等可燃性）。

在测试方法方面，GB 31701—2015《婴幼儿及儿童纺织产品安全技术规范》中燃烧性能引用的测试方法是 GB/T 14644《纺织品 燃烧性能 45° 方向燃烧速率的测定》，该方法与 16 CFR 1610《服用织物易燃性标准》中的方法对应，而 16 CFR 1615《儿童睡衣易燃性标准（尺码由 0 至 6X）》、16 CFR 1616《儿童睡衣易燃性标准（尺码由 7 至 14）》技术法规中采用的是垂直法，对应我国 GB/T 5455《纺织品 燃烧性能 垂直方向损毁长度、阴燃和续燃时间的测定》，垂直法测试要剧烈很多。

因为婴幼儿纺织产品一般都使用柔软的纯棉织物，儿童服装也多以纯棉织物作为面料，如果按照垂直法考核产品的燃烧性能，就必须对产品进行阻燃整理，而加入阻燃剂会对婴幼儿及儿童健康产生危害，所以 GB 31701—2015《婴幼儿及儿童纺织产品安全技术规范》标准参照采用了美国法规 CFR1610《服用织物易燃性标准》中的方法和指标，并没有参照 16 CFR 1615 和 16 CFR 1616，这样既可防范使用易燃和火焰蔓延速度快的织物对婴幼儿及儿童造成灼烧伤害，又可防范使用阻燃剂对婴幼儿及儿童造成化学危害。而对于睡衣类产品，我国 FZ/T 81001—2007《睡衣套》中的燃烧性能测试方法与 16 CFR 1610《服用织物易燃性标准》技术法规一致。

2.2.1.2 **有关公共场所用纺织品**

日本对于燃烧性能的要求，是以消防法令的形式进行规定的。消防法令中规定，在公共场所必须使用防火物质，涉及到纺织品方面，除了服装，还有窗帘、幕布、床上用品和家具覆盖物，覆盖的纺织品范围比较广泛。我国与日本对应的是 GB 20286—2006《公共场所阻燃制品及组件燃烧性能要求和标识》强制性标准，该标准是由公安部提出，由全国消防标准化技术委员会归口，由公安部四川消防研究所、中国阻燃学会、中国纺织科学研究院以及中国建筑科学研究院共同起草，该强制性标准并没有规定公共场所必须使用防火物质，而是规定了公共场所使用的阻燃材料必须满足的要求，所以我国对于公共场合使用防火材料并没有强制要求。

从标准内容对比来看，我国 GB 20286—2006《公共场所阻燃制品及组件燃烧性能要求和标识》覆盖了公共场所使用的装饰墙布（毡）、窗帘、帷幕、装饰包布（毡）、床罩、家具包布等，与日本的产品种类基本一致。同时我国 GB/T 17591—2006《阻燃织物》标准，属于阻燃纺织品中涵盖纺织品种类比较全的产品标准，标准中根据阻燃织物应用领域不同，分为装饰用织物、交通工具内饰织物以及阻燃防护服用织物三大类，并分别对阻燃性能提出了要求。

2.2.2 燃烧性能安全指标对比

表征纺织品服装燃烧性能的安全指标主要有火焰蔓延时间、损毁长度、续燃时间、阴燃时间、损毁面积、接焰次数、极限氧指数、烟密度等级等。现对我国与国外相关法规、法案或标准的安全指标对比分析如下。

2.2.2.1 **火焰蔓延时间**

火焰蔓延时间是指从点火开始到标志线断裂整个过程所需的时间。我国 GB 31701—2015《婴幼儿及儿童纺织产品安全技术规范》和 FZ/T 81001—2007《睡衣套》、美国 16 CFR 1610《服用织物易燃性标准》技术法规、加拿大消费品安全法案中的 CCPSA-SOR/2011-15《危险产品（儿童睡衣）条例》和 CCPSA-SOR/2011-22《纺织品易燃条例》以及欧盟 EN 14878《纺织品 儿童睡衣燃烧性能规范》标准中都考核了该项安全指标。

与加拿大相比较：GB 31701—2015《婴幼儿及儿童纺织产品安全技术规范》中引用的测试方法是 GB/T 14644《纺织品 燃烧性能 45° 方向燃烧速率的测定》，GB/T 14644—2014 与加拿大 CCPSA-SOR/2011-15《危险产品（儿童睡衣）条例》和 CCPSA-SOR/2011-22《纺织品易燃条例》中所引用的测试方法 CAN/CGSB-4.2No.27.5《纺织品燃烧测试-45° 法—1s 火焰冲击》内容基本一致。从指标来看，GB 31701—2015 要求燃烧性能达到 1 级（正常可燃性），对应火焰蔓延时间为：非绒面纺织品火焰蔓延时间大于等于 3.5s；绒面纺织品火焰蔓延时间大于等于 7s。CCPSA-SOR/2011-15《危险产品（儿童睡衣）条例》中要求火焰蔓延时间大于 7s，比国内指标严。CCPSA-SOR/2011-22《纺织品易燃条例》中要求非绒面纺织品火焰蔓延时间大于 3.5s；绒面纺织品火焰蔓延时间大于 4s，比国内指标略松。

与欧盟相比较：EN 14878《纺织品 儿童睡衣燃烧性能规范》标准采用的测试方法

是 ISO 6941《纺织品　燃烧性能　垂直方向试样火焰蔓延性能的测定》，ISO 6941 对应我国 GB/T 5456《纺织品　燃烧性能　垂直方向试样火焰蔓延性能的测定》，所以测试方法不同，指标要求也不一致，无法比对。

与美国相比较：表 1-2-5 是 GB/T 14644—2014《纺织品 燃烧性能 45° 方向燃烧速率的测定》中的具体评级表，该评级表与美国 16 CFR 1610《服用织物易燃性标准》技术法规中的要求基本一致，但存在 2 处差异：一处是对于试样数量为 10 块的情况，当试验结果是仅有 1 块试样有火焰蔓延时间时，16 CFR 1610 规定无法评级，而这样的结果不利于标准的实施，属于无结果的试验，而我国标准将此种情况下的燃烧性能评定为 1 级（正常可燃性）；另一处是 16 CFR 1610 要求先干洗再水洗，GB/T 14644—2014 仅规定水洗，干洗根据需要选择。同时标准中规定的水洗、干洗方法也不一致，GB/T 14644 采用的是我国常规的 GB/T 8629《纺织品　试验用家庭洗涤和干燥程序》和 GB/T 19981.2《纺织品　织物和服装的专业维护、干洗和湿洗 第 2 部分：使用四氯乙烯干洗和整烫时性能试验的程序》，这 2 项洗涤方法标准都是采用 ISO 标准制定的，16 CFR 1610 采用的是 AATCC 124—2006《反复家庭洗涤后织物的外观性能测试方法》和 16 CFR 1610 中 1610.6（b）（1）（i）的干洗程序要求。

表 1-2-5　燃烧性能的分级

<table>
<tr><th colspan="2">试样数量</th><th colspan="2">火焰蔓延时间（t_i）</th><th>燃烧等级</th></tr>
<tr><td rowspan="9">5 块
（$1 \leqslant i \leqslant 5$）</td><td rowspan="5">非绒面纺织品</td><td colspan="2">无</td><td>1 级（正常可燃性）</td></tr>
<tr><td rowspan="2">仅有 1 个</td><td>$t_i \geqslant 3.5s$</td><td>1 级（正常可燃性）</td></tr>
<tr><td>$t_i < 3.5s$</td><td>另增加 5 块试样，按 10 块试样评级</td></tr>
<tr><td rowspan="2">2 个及以上</td><td>$\bar{t} \geqslant 3.5s$</td><td>1 级（正常可燃性）</td></tr>
<tr><td>$\bar{t} < 3.5s$</td><td>另增加 5 块试样，按 10 块试样评级</td></tr>
<tr><td rowspan="4">绒面纺织品</td><td colspan="2">不考虑火焰蔓延时间，基布未点燃</td><td>1 级（正常可燃性）</td></tr>
<tr><td colspan="2">无</td><td>1 级（正常可燃性）</td></tr>
<tr><td>仅有 1 个</td><td>$t_i < 4s$，基布未点燃；
$t_i \geqslant 4s$，不考虑基布
$t_i < 4s$，同时 1 块基布点燃</td><td>1 级（正常可燃性）
另增加 5 块试样，按 10 块试样评级</td></tr>
<tr><td>2 个及以上</td><td>$0s < \bar{t} < 7s$，仅有 1 块表面闪燃；
$\bar{t} > 7s$，不考虑基布；</td><td>1 级（正常可燃性）</td></tr>
</table>

表 1-2-5（续）

试样数量		火焰蔓延时间（t_i）		燃烧等级
5 块（$1 \leqslant i \leqslant 5$）	非绒面纺织品	2 个及以上	4s≤$\bar{t}$≤7s，1 块基布点燃； $\bar{t}$<4s，1 块基布点燃	
			4s≤$\bar{t}$≤7s，大于等于 2 块基布点燃	2 级（中等可燃性）
			$\bar{t}$<4s，大于等于 2 块基布点燃	另增加 5 块试样，按 10 块试样评级
10 块[a]（$1 \leqslant i \leqslant 10$）	非绒面纺织品	仅有 1 个		1 级（正常可燃性）
		2 个及以上	$\bar{t}$≥3.5s	1 级（正常可燃性）
			$\bar{t}$<3.5s	3 级（快速剧烈燃烧）
	绒面纺织品	仅有 1 个		1 级（正常可燃性）
		2 个及以上	$\bar{t}$<4s，小于等于 2 块基布点燃； 4s≤$\bar{t}$≤7s，小于等于 2 块基布点燃； $\bar{t}$>7s	1 级（正常可燃性）
			4s≤$\bar{t}$≤7s，大于等于 3 块基布点燃	2 级（中等可燃性）
			$\bar{t}$<4s，大于等于 3 块基布点燃	3 级（快速剧烈燃烧）

注 1：“无”是指试样未点燃或标志线未烧断。

注 2：非绒面纺织品燃烧评级时需考虑两个因素：（1）所有试样火焰蔓延时间（t_i）的个数；（2）火焰蔓延时间值（t_i）或平均值（$\bar{t}$）；绒面纺织品燃烧分级时需考虑 3 个因素：（1）所有试样火焰蔓延时间（t_i）的个数；（2）所有试样基布点燃的个数；（3）火焰蔓延时间值（t_i）或平均值（$\bar{t}$）。

[a] 当需增加 5 块试样时，再按表中试样数量为 10 块时进行评级。

GB 31701—2015《婴幼儿及儿童纺织产品安全技术规范》中规定，燃烧性能必须达到 1 级（正常可燃性），且燃烧性能仅考核产品的外层面料，羊毛、腈纶、改性腈纶、锦纶、丙纶和聚酯纤维的纯纺织物，以及由这些纤维混纺的织物不考核；单位面积质量大于 $90g/m^2$ 的织物不考核。

16 CFR 1610《服用织物易燃性标准》技术法规中规定，燃烧性能必须达到 1 级（正常可燃性）或 2 级（中等可燃性），但法规不适用于帽子、手套和鞋袜，以及衬里布，羊毛、腈纶、改性腈纶、锦纶、丙纶和聚酯纤维的纯纺织物，以及由这些纤维混纺的织物不考核；单位面积质量大于 2.6 盎司/平方码即 $88.1556g/m^2$ 的织物不考核。从以上两者对比内容可以看出，GB 31701—2015 中的燃烧性能指标要求严于 16 CFR 1610。

FZ/T 81001—2007《睡衣套》产品标准中的指标要求与 16 CFR 1610 一致，燃烧性能要求达到 1 级（正常可燃性）或 2 级（中等可燃性），但试验前洗涤方法略有不同。

2.2.2.2　**损毁长度**

损毁长度是指在规定的试验条件下，在规定方向上材料损毁部分的最大长度。

16 CFR 1615《儿童睡衣易燃性标准（尺码由 0 至 6X）》、16 CFR 1616《儿童睡衣易燃性标准（尺码由 7 至 14）》和加拿大消费品安全法案中 CCPSA-SOR/2011-15《危险产品（儿童睡衣）条例》中都考核了该项安全指标，采用的测试方法完全相同，且安全指标的要求也一致，即：平均损毁长度不超过 178mm，且单个试样损毁长度不超过 254mm。我国没有相关标准与美国、加拿大儿童睡衣法案对应。

《日本消防法令　公共场所必须使用防火物质制定有关规定》关于纺织品的规定中也考核损毁长度，具体要求是：床上用品中使用的非熔融面料的损毁长度最大为 70mm；填充絮料的损毁长度最大为 120mm，平均为 100mm；服装中单个试样损毁长度不超过 254mm，平均损毁长度不超过 178mm；对于家具覆盖物，单个试样损毁长度不超过 70mm，平均损毁长度不超过 50mm。

我国 GB 20286—2006《公共场所阻燃制品及组件燃烧性能要求和标识》规定：公共场所使用的装饰墙布（毡）、窗帘、帷幕、装饰包布（毡）、床罩、家具包布等的平均损毁长度不超过 200mm。从使用范围来看，日本消防法令更详细更具体，具体到每一类产品，且每类产品根据使用领域不同而提出不同的安全指标要求，GB 20286—2006 没有根据产品种类进行详细分类。从测试方法来看，日本考核室内装饰织物（不包括座椅罩布、地毯）均采用 JIS L 1091 中的 45° 法，而我国采用的是 GB/T 5455 垂直法，测试方法不一致。从安全指标的要求来看，日本指标中具体要求单个试样的损毁长度以及所有试样的平均损毁长度，我国方法标准的结果计算是所有试样的平均损毁长度，所以标准中只要求平均损毁长度。由于测试方法不同，无法比对。

GB/T 17591—2006《阻燃织物》标准与日本消防法令比较相似，根据产品分类规定：装饰用和飞机轮船内饰用织物平均损毁长度不超过 200mm；阻燃防护服用织物（洗涤前和洗涤后）的平均损毁长度不超过 150mm；火车内饰用织物平均损毁长度不超过 200mm。对比测试方法，仅 GB/T 17591—2006《阻燃织物》的火车内饰织物使用的是 45° 法，其余种类产品使用垂直法。从指标上看，我国的火车内饰织物与日本相当，我国阻燃防护服用织物指标较严。装饰用织物和飞机轮船内饰用织物由于测试方法不同，技术指标无法比对。

2.2.2.3　**续燃时间、阴燃时间、损毁面积和接焰次数**

续燃时间是指在规定的试验条件下，移开点火源后材料持续有焰燃烧的时间；阴燃时间是指在规定的试验条件下，当有焰燃烧终止后，或本为无焰燃烧者，移开点火源后，材料持续无焰燃烧的时间；损毁面积是指在规定的试验条件下，材料因受热而造成的不可复原的损伤总面积，其中包括材料损失、收缩、软化、熔融、炭化、燃烧及热解等；接焰次数是指在规定的试验条件下，试样燃烧 90mm 的距离需要接触火焰的次数。这 4 项安全指标仅我国与日本有考核。

GB 20286—2006《公共场所阻燃制品及组件燃烧性能要求和标识》中仅考核续燃时间和阴燃时间，采用的测试方法是 GB/T 5455 垂直法；日本消防法令中采用的是 JIS L 1091 的 45° 法，测试方法不一致，且安全指标要求也不相同。

GB/T 17591—2006《阻燃织物》中不同产品考核的指标项不同，但多数产品采用的测试方法是 GB/T 5455 垂直法，日本消防法令中采用的是 JIS L 1091 的 45° 法，因为测试方法不同，且安全指标要求也不同，无法比较。火车内饰用织物考核的接焰次数以及损毁面积与日本消防法令中床上用品及窗帘幕布在指标要求基本一致。

2.2.2.4 极限氧指数、烟密度等级、产烟毒性等级和燃烧滴落物

极限氧指数是指在规定的试验条件下，氮氧混合物中材料刚好保持燃烧状态所需要的最低氧浓度；材料产烟浓度是一种反映材料的火灾场景烟气与材料质量关系的参数，即单位空间所含产烟材料的质量数；产烟毒性等级一般是通过小鼠试验后对烟雾中的毒性进行分级得出；燃烧滴落物是在试验过程中作为试验现象进行观察，结论为有或无。上述 4 项安全指标无国际国外相关标准考核。

加拿大消费品安全法案中 CCPSA-SOR/2011-15《危险产品（儿童睡衣）条例》中对儿童睡衣使用的阻燃剂的毒性提出要求，但阻燃剂的毒性与 GB 20286—2006 标准中的产烟毒性不是一个概念。

2.3 附件与绳带

对于童装附件与绳带相关的安全要求，欧美较早地发布了相关标准和法规。例如，欧盟于 2004 年发布标准 EN 14682，2007 年进行了修订，英国 BS 7907 及美国 ASTM F 1618 是 1997 年发布，随后分别在 2007 年和 2004 年进行了修订。比较而言，我国同类标准制定时间较晚，其中 GB/T 22702、GB/T 22704 及 GB/T 22705 分别修改采用 ASTM F 1618、BS 7907 及 EN 14682 制定的 3 项推荐性标准，2015 年发布的 GB 31701《婴幼儿及儿童纺织产品安全技术规范》，对婴幼儿和儿童纺织产品中的附件与服装绳带提出了强制性要求。表 1-2-6 列出了各国有关童装附件与绳带安全性要求的标准与技术法规。

表 1-2-6 国内外童装附件与绳带相关的标准与技术法规

国家及地区	编号	名称
欧盟	EN 14682—2007	童装绳索和拉带安全要求
	BS 7907—2007	提高机械安全性的儿童服装设计和生产实施规范
美国	ASTM F 1618—2004	儿童上衣拉带安全要求
	—	CPSC 儿童上衣拉带指南
中国	GB/T 22702—2008	儿童上衣拉带安全规格
	GB/T 22704—2008	提高机械安全性的儿童服装设计和生产实施规范
	GB/T 22705—2008	童装绳索和拉带安全要求
	GB 31701—2015	婴幼儿及儿童纺织产品安全技术规范

以下从三方面对国内外童装附件与绳带安全性要求进行对比分析。

2.3.1 适用范围

GB/T 22704、GB/T 22705 和 GB/T 22702 是分别修改采用 BS 7907、EN 14682 和 ASTM F 1618 制定的。

GB/T 22704 和 BS 7907 的适用范围都是 14 岁以下儿童穿着的服装，但是 BS 7907 对不适用的范围有明确规定，不适用范围包括儿童使用的护理用品、鞋类产品以及服装附带的玩具或类似物，而 GB/T 22704 对不适用范围则没有说明。

GB/T 22702 虽然是在修改采用 ASTM F 1618 的基础上制定的，但是适用范围却相差较大。美国服装通常是用服装号型来表示服装的大小，在较小的号型中（8 号以下），号型与年龄相同，大于 8 号时，10/12 号一般相对的是 9 ~ 10 岁，14/16 号是 11 ~ 12 岁，18 号是 13 ~ 14 岁。ASTM F 1618 的适用范围为尺码 2T-12 和 2T-16 的童装，换算成我国标准约为适合 2 ~ 10 岁和 2 ~ 12 岁的儿童服装。GB/T 22702 的适用范围与 GB/T 22704 和 GB/T 22705 类似，为 14 岁以下儿童穿着的服装。

GB/T 22705 与 EN 14682 的适用范围基本一致，都是 14 岁以下儿童服装。但是 EN 14682 单独提及了适用范围包括伪装服饰和滑雪服，我国标准 GB/T 22705 的适用范围具体包括哪类服装则没有相关说明。另外，二者对于儿童身高的界定也存在着差异，EN 14682—2007 中规定幼童是指从出生到 7 岁的儿童，身高指 134cm 及以下，大童和青少年是指 7 ~ 14 岁的儿童，男童身高范围为 134cm ~ 182cm，女童身高范围为 134cm ~ 176cm。我国的 GB/T 22705—2008 中规定幼童是指从出生到 7 岁的儿童，但身高是指 130cm 及以下，较欧盟规定降低了 4cm；大童和青少年是指 7 ~ 14 岁的儿童，但对身高则没有说明。

GB 31701 适用于 0 ~ 14 岁及以下婴幼儿及儿童使用的各类纺织产品，包括服装、家用纺织品等，并按年龄对 36 个月及以下的婴幼儿和 36 个月 ~ 14 岁的儿童进行分别考核。

2.3.2 服装绳带安全要求

2.3.2.1 总体要求

总体要求方面，欧盟较我国规定得更细，除了一些通用要求外，还对套环的使用、拉带的固定等给出了要求。另外，对拉链的要求也与我国存在差异，我国规定脚踝处拉链头不应超出服装底边，欧盟除此条外，还规定了拉链头的长度不应超过 7.5cm。

2.3.2.2 风帽和颈部区域

（1）0 ~ 7 岁幼童的服装要求差异

欧盟规定与我国强制标准 GB 31701 基本一致，较美国标准法规多了对可调节搭袢的长度、缝在服装上的装饰的长度、任何带袢的长度要求，均不应超过 7.5cm。另外，对肩带的材质、固定部位、肩带上的装饰性绳索以及固定带袢也提出了明确的要求。英国 BS 7909 和我国 GB/T 22704 都对 5 岁以下儿童服装不宜使用与成年人类似的领带作了要求，但我国对 5 岁儿童的身高作了补充，是指身高 100cm 及以下。针对儿童睡衣裤，欧盟要求的适用范围与我国也存在差异，BS 7909 规定 12 个月以下婴儿睡衣裤不应设计帽子，以及 12 个月以下婴儿服装的帽子不应由不透气材料制成，而我国 GB/T 22704 针对儿童睡衣不允许带有风帽的适用范围更广，为 3 岁或 3 岁以下（身高 90cm 及以下）。

（2）7～14 岁大童和青少年的服装要求差异

欧盟较我国和美国规定细致，除了对功能性绳索、可调节搭袢的长度和装饰性绳索每端伸出长度都作了具体的要求外，对肩带的长度也作了规定，要求肩带从系着点开始至末端的长度不应超过 14cm，且固定的带袢周长不应超过 7.5cm，另外对三角背心的系带也提出了要求。我国相关标准对这些项目还未规定。

美国对童装颈部区域要求为不应有绳带，但其适用范围与我国不太相同，其适用范围为 2T~12 的儿童上衣，换算成我国的标准大约为适合 2~10 岁儿童的服装。

2.3.2.3　腰部区域

我国与欧盟对童装腰部区域绳带的要求基本一致，但与美国有差异。美国是针对尺码为 2T~16 的童装，换算成我国标准约为适合 2～12 岁儿童的服装。除此之外，美国还对绳带末端、绳带固定方式作了规定。欧盟也对服装摊开至最大宽度时绳带伸出服装的尺寸作了规定，即不应超过 14cm，还对服装扣紧时的拉带尺寸和形成带袢的周长作了明确规定。另外，欧盟对各类绳带分得比较细，分别对装饰性、功能性绳索和可调节搭袢的长度作了规定，即均不超过 14cm。我国没有对绳带按功能细分，只是做统一要求，但实质上与欧盟要求一致。

2.3.2.4　臀围线以下服装下摆区域

对童装臀围线以下服装下摆区域的安全要求，美国标准和法规中未涉及，我国和欧盟要求基本相同，只是对可调节搭袢的要求略有差异。欧盟除规定服装底边的可调节搭袢不应超出服装的下边缘之外，较我国标准还多了关于可调节搭袢长度的要求，即不超过 14cm。

2.3.2.5　背部区域

对童装背部区域的安全要求，美国标准和法规中未涉及，我国和欧盟要求相同。

2.3.2.6　其他区域

其他区域主要是指童装袖子部位，我国强制性标准中与欧盟标准中对袖口处绳带的要求基本一致。只是欧盟多了对袖子上可调解搭袢长度的规定，除了规定其不应超出袖子底边外，还规定其长度不应超过 10cm。

2.3.3　附件安全要求

在附件安全要求方面，我国在强制性标准 GB 31701 中针对儿童用最终产品的附件的共同属性，如脱离强力、锐利尖端和边缘等提出限制要求，而欧盟在这方面并没有提出强制要求，只是在 BS 7907 标准中以设计与生产规范的形式分别针对按扣、橡胶及软塑料装饰、黏合扣、亮片或热熔部件及磁性材料等每一种附件提出了详细要求，覆盖从设计到成品的整个阶段，与我国推荐性标准 GB/T 22704—2008 中规定的要求基本一致。

2.4 标签与标识

目前，世界各国把纺织品标签标识作为消费者知情权的重要内容之一，并以技术法规与相关标准予以规定。我国关于纺织品标签标识的强制性标准为 GB 5296.4《消费品使用说明 第 4 部分：纺织品和服装》，规定的“标签使用说明的内容”共有 8 项，即：制造者的名称和地址、产品名称、产品的号型或规格、纤维成分和含量、维护方法、执行的产品标准、安全类别、使用和贮藏注意事项（可选）。企业可根据自己的产品特点选择和确定标注的内容。同时并不限制企业提供更为详细的附加信息，在不违背使用说明通用要求的前提下，生产者可自行标注更多的信息。美国规定了纤维成分标签和维护标签，纤维成分标签上要标明纤维成分及其含量、产品制造商或者经销商的名称以及加工或制造产品的国家名称。加拿大的法规规定了标签上要标明制品的纤维成分及其含量、经销商的名称和邮政地址以及原产地国家名称，维护标签的内容则在 CAN/CGSB-86.1 纺织品的维护标签标准中规定。日本规定纺织品需标识出纺织纤维成分、维护符号标识、防水性能、标识者的姓名、地址和电话等信息。各国有关纺织品标签标识的法规和标准见表 1-2-7。其中最为核心的内容是纺织纤维成分及含量、维护符号标识两项内容。

表 1-2-7 各国关于纺织品标签标识的法规和标准

国家及地区	法规和标准
中国	GB 5296.4 消费品使用说明 第 4 部分：纺织品和服装
	GB/T 29862 纺织品 纤维含量的标识
	GB/T 8685 纺织品 维护标签规范 符号法
	GB/T 4146.1 纺织品 化学纤维 第 1 部分：属名
	GB/T 11951 纺织品 天然纤维 术语
	GB/T 17685 羽绒羽毛
美国	《纺织纤维产品标识法令》及其实施条例 16CFR303
	《羊毛产品标识法令》及其实施条例 16CFR300
	16CFR423 纺织服装和面料的维护标签
	ASTM D 5489 纺织产品维护说明的符号指南
加拿大	《纺织品标识法令》及其实施规则《纺织品标识及广告条例》
	CAN/CGSB-86.1 纺织品的维护标签
欧盟	96-74-EC 指令：纺织产品标识法规
	EN ISO 3758:2012 纺织品 使用图形符号的维护标签规范
日本	家居用品质量标签法
	纺织品质量标签规则
	JIS L 0001 纺织品 使用图形符号的维护标签方法

2.4.1　纤维含量的标识

关于纤维含量标识，我国强制性标准要求按照 GB/T 29862《纺织品　纤维含量的标识》执行。国外相关法规和标准主要为：

美国：《纺织纤维产品标识法令》及其实施条例（16CFR303），《羊毛产品标识法令》及其实施条例（16CFR300）

加拿大：《纺织品标识法令》及其实施规则《纺织品标识及广告条例》

欧盟：关于纺织纤维标识的法规为 96-74-EC 指令

日本：家庭用品质量标签法和该法规下的纺织品质量标签细则

具体差异如下：

2.4.1.1　标签上的文字

由于文化和语言不同，除图形符号、数字等非文字的内容外，标签上的说明性文字不同。一般，标签上的文字采用本国的官方语言是国际惯例。如我国规定采用规范汉字，美国明确规定是英文，加拿大规定使用英文或法文。

2.4.1.2　适用的地域范围

各国的法规仅涉及本国或进口到本国的产品。我国的标准是针对在中国大陆境内的纺织产品，包括国外进口到我国境内的纺织产品。其他国家的法规也是针对在本国以及进口到本国的纺织产品。

2.4.1.3　适用的产品范围

我国标准规定较为简单，即“适用于在国内销售的纺织产品”，也就是以消费为目的的纺织品和服装。

美国法令适用于绝大多数纺织产品，同时也规定了不适用的产品。其中 16CFR300 适用于羊毛制品，即含有或以某种方式表明含有羊毛或回用羊毛的产品或产品的一部分。纤维是指出自绵羊或羔羊的羊毛纤维，或者安格拉山羊毛或山羊绒纤维，还可包括出自骆驼、羊驼、美洲驼以及骆马等动物毛发的特种纤维。16CFR 303 适用于纺织纤维产品，包括服装，手帕，围巾，床上用品，窗帘、帏帐，装饰用织物，桌布，地毯，毛巾，揩布与揩碗布，烫衣板罩与衬垫，雨伞与阳伞，絮垫，带有头标的旗子或面积大于 $216in^2$（$13.9dm^2$）的旗子，软垫，所有纤维、纱线以及织物，家具套与其他用于家具的罩布或床罩，毛毯与肩巾，睡袋。

加拿大的纤维含量法令及其条例适用于消费用纺织制品，即任何纺织纤维、纱线或织物，及完全或部分由纺织纤维、纱线或织物制成的产品，并且这些产品是用作日常消费、非产业用的，同时也明确了不适用的产品。对属于不适用或豁免的产品，可不需制作符合法令要求的标签。

欧盟 96-74-EC 指令适用于纺织纤维产品，即纺织纤维含量至少为 80%的产品；纺织纤维含量至少为 80%的装饰物、伞面等。

日本的家庭用品质量标签法和该法规下的纺织品质量标签细则，适用于纱线、织物、蕾丝、服装、床品、装饰物、外衣、特殊面料的和服。

2.4.1.4　**纤维通用名称**

我国规定纤维名称应使用规范名称，天然纤维名称采用 GB/T 11951 中规定的名称，化学纤维名称采用 GB/T 4146.1 中规定的名称，羽绒羽毛名称采用 GB/T 17685 中规定的名称。化学纤维有简称的宜采用简称。

美国 16CFR303 规定标出含量不小于 5%的所有纤维名称，其中化学纤维名称依据 ISO 2076，同时还规定了新纤维通用名称的申请程序。

加拿大规定了动物纤维、化学纤维的名称，规定了新纤维通用名称的申请程序。

欧盟以附录的形式列出了某些天然、动物和化学纤维的名称，同时化学纤维通用名称欧盟有相应标准 EN ISO 2076。

日本法规中要求纤维通用名称依据相关的 JIS 标准。

2.4.1.5　**纤维含量允差**

我国对不同情况下纤维含量的允差规定得较为详细，即含多种纤维时，除许可不标注的纤维外，每种纤维含量允差为 5%；填充物允差为 10%。当含量≤10%时，允差为 3%；当含量≤3%时，实际含量不得为 0。当填充物含量≤20%时，允差为 5%；当填充物≤5%时，实际含量不得为 0。当多种纤维总量≤0.5%时，可不计入总量。

美国和欧盟的允差为 3%，加拿大为 5%。

2.4.1.6　**标识为"其他纤维"的情况**

我国标准规定含量≤5%的纤维，可列出该纤维的具体名称，也可用"其他纤维"来表示；当产品中有两种及以上含量各≤5%的纤维且其总量≤15%时，可集中标为"其他纤维"。

美国和加拿大规定为将含量小于 5%的每种纺织纤维累加，标为"其他纤维"；欧盟规定含量小于 10%的纤维，可集中标为"其他纤维"。

2.4.1.7　**其他**

对于包含衬里、夹层、填充物的产品、包含含有起加固或装饰等作用纤维的纺织纤维产品、绒毛织物及其制成品等，我国与美国、加拿大对纤维含量的标识原则基本相同，欧盟和日本法规中没有具体规定。

对于标识纤维含量信息的排列顺序，各国均采用纤维含量递减的顺序标识。

2.4.2　维护标签

关于维护标签，中国、日本和美国有相应的技术法规及标准，欧盟和加拿大没有技术法规，仅有相应的标准。具体情况如下：

中国：强制性标准 GB 5296.4《消费品使用说明　第 4 部分：纺织品和服装》引用了 GB/T 8685《纺织品 维护标签规范　符号法》（采用 ISO 3758）

日本：法规为《家庭用品质量标签法下的纺织品质量标签细则》，标准为 JIS L 0001《纺织品　使用图形符号的维护标签规范》（采纳 ISO 3758）

美国：法规为 16CFR423《纺织品服装和面料的维护标签》，标准为 ASTM D 5489《纺织产品维护说明的符号指南》

加拿大：标准为 CAN/CGSB-86.1《纺织品的维护标签》

欧盟：EN ISO 3758《纺织品　使用图形符号的维护标签规范》（认可法采用 ISO 3758）

中国、日本、欧盟均采用 ISO 3758，对维护标签的规定与 ISO 3758 基本一致（见表 1-2-8）；美国（见表 1-2-9）和加拿大（见表 1-2-10）沿用本国的符号标识体系，与 ISO 3758 存在一定差异。

表 1-2-8　我国维护符号（ISO 体系）

符号	水洗程序
	—最高洗涤温度 95℃ —常规程序
	—最高洗涤温度 70℃ —常规程序
	—最高洗涤温度 60℃ —常规程序
	—最高洗涤温度 60℃ —缓和程序
	—最高洗涤温度 50℃ —常规程序
	—最高洗涤温度 50℃ —缓和程序
	—最高洗涤温度 40℃ —常规程序
	—最高洗涤温度 40℃ —缓和程序
	—最高洗涤温度 40℃ —非常缓和程序
	—最高洗涤温度 30℃ —常规程序
	—最高洗涤温度 30℃ —缓和程序
	—最高洗涤温度 30℃ —非常缓和程序
	—手洗 —最高洗涤温度 40℃
	—不可水洗
符号	漂白程序
	—允许任何漂白剂

表 1-2-8（续）

符号	漂白程序
	—仅允许氧漂/非氯漂
	—不可漂白
符号	**自然干燥程序**
	— 悬挂晾干
	— 悬挂滴干
	— 平摊晾干
	— 平摊滴干
	— 在阴凉处悬挂晾干
	— 在阴凉处悬挂滴干
	— 在阴凉处平摊晾干
	— 在阴凉处平摊滴干
符号	**翻转干燥程序**
	—可使用翻转干燥 —常规温度，排气口最高温度 80℃
	—可使用翻转干燥 —较低温度，排气口最高温度 60℃
	—不可翻转干燥
符号	**熨烫程序**
	—熨斗底板最高温度 200℃
	—熨斗底板最高温度 150℃
	—熨斗底板最高温度 110℃ —蒸汽熨烫可能造成不可回复的损伤
	—不可熨烫
符号	**纺织品维护程序**
	— 使用四氯乙烯和符号 F 代表的所有溶剂的专业干洗 — 常规干洗

表 1-2-8（续）

符号	纺织品维护程序
	— 使用四氯乙烯和符号 F 代表的所有溶剂的专业干洗 — 缓和干洗
	— 使用碳氢化合物溶剂（蒸馏温度在 150℃ ~ 210℃之间，闪点为 38℃ ~ 70℃）的专业干洗 — 常规干洗
	— 使用碳氢化合物溶剂（蒸馏温度在 150℃ ~ 210℃之间，闪点为 38℃ ~ 70℃）的专业干洗 — 缓和干洗
	— 不可干洗
	— 专业湿洗 — 常规湿洗
	— 专业湿洗 — 缓和湿洗
	— 专业湿洗 — 非常缓和湿洗

表 1-2-9 美国维护符号

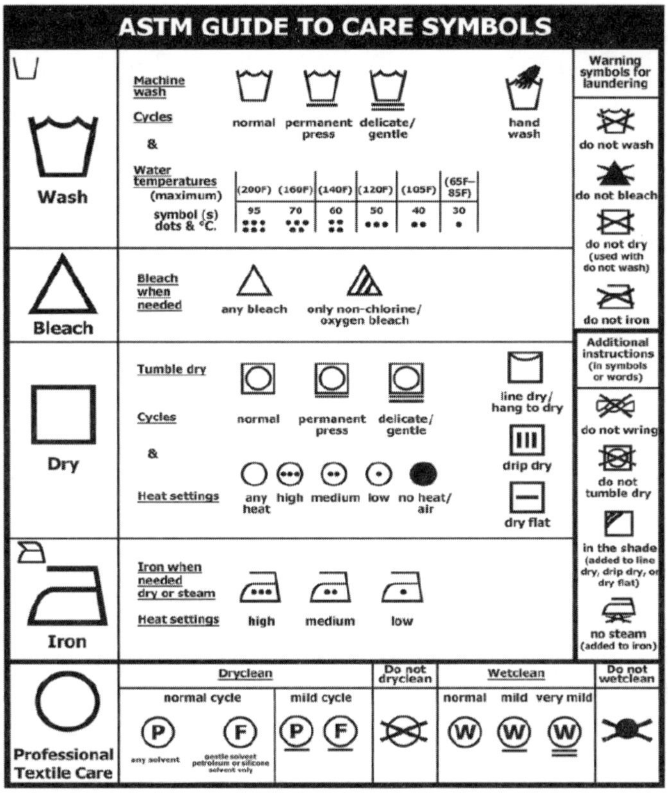

表 1-2-10　加拿大维护符号

序号	符号	含义	备注
1		商业洗涤，正常设置，水温不超过 95℃	洗涤符号
2		商业洗涤，免烫设置，水温不超过 95℃	
3		家庭或商业洗涤，正常设置，水温不超过 70℃	
4		家庭或商业洗涤，正常设置，水温不超过 60℃	
5		家庭或商业洗涤，免烫设置，水温不超过 60℃	
6		家庭或商业洗涤，正常设置，水温不超过 50℃	
7		家庭或商业洗涤，免烫设置，水温不超过 50℃	
8		家庭或商业洗涤，温和设置，水温不超过 50℃	
9		家庭或商业洗涤，正常设置，水温不超过 40℃	
10		家庭或商业洗涤，免烫设置，水温不超过 40℃	
11		家庭或商业洗涤，温和设置，水温不超过 40℃	
12		家庭或商业洗涤，正常设置，水温不超过 30℃	
13		家庭或商业洗涤，免烫设置，水温不超过 30℃	
14		家庭或商业洗涤，温和设置，水温不超过 30℃	
15		手工温和设置，水温不超过 40℃	

表 1-2-10（续）

序号	符号	含义	备注
16		手工温和设置，水温不超过 30℃	洗涤符号
17		家庭或商业洗涤，正常设置，任何水温均可	
18		禁止水洗	
19		如果需要，可用任何漂白	漂白符号
20		如果需要，仅可采用非氯漂	
21		禁止漂白	
22		正常设置，高温转笼干燥（不超过 70℃）	干燥符号
23		正常设置，中温转笼干燥（不超过 65℃）	
24		免烫设置，中温转笼干燥（不超过 65℃）	
25		免烫设置，低温转笼干燥（不超过 55℃）	
26		温和设置，低温转笼干燥（不超过 55℃）	
27		所有转笼干燥	
28		不加热转笼干燥	
29		禁止转笼干燥	
30		脱水后悬挂干燥	
31		滴干	

表 1-2-10（续）

序号	符号	含义	备注
32		脱水后平摊干燥	
33		阴干（添加在悬挂干燥、滴干、平摊干燥符号）	干燥符号
34		禁止干燥（与禁止水洗符号连用）	
35		加或不加蒸汽、手工或商业高温熨烫（不超过 200℃，推荐用于棉和麻制品）	
36		加或不加蒸汽、手工或商业中温熨烫（不超过 150℃，推荐用于涤纶、黏纤、丝绸和毛纺制品）	
37		加或不加蒸汽、手工或商业低温熨烫（不超过 110℃，推荐用于腈纶、锦纶以及弹性纺织制品）	熨烫符号
38		禁止蒸汽	
39		禁止熨烫	
40		正常干洗，除三氯乙烯外的所有溶剂	
41		正常干洗，仅可使用石油溶剂	干洗符号
42		禁止干洗	
43		禁止绞拧	
44		湿洗	补充符号
45		禁止湿洗	

由此可见，有关维护符号的差异主要是 ISO 体系（中国、欧盟、日本为代表）与美国、加拿大符号体系的差异：

水洗符号：外观不同，水洗最高温度的表示也不一样。美国用圆点和数字表示，加拿大用圆点表示，我国则直接用数字表示。

漂白符号：禁止漂白的符号外观不同。

干燥符号：自然干燥符号、表示转笼干燥最高温度的方式不同，美国和加拿大还多规定了不加热转笼干燥的符号。

熨烫符号：美国和加拿大还多规定了禁止蒸汽熨烫的符号。

专业维护符号：与美国和加拿大的不可湿洗符号不同，且 P 和 F 代表的干洗剂有所差异。

其他：美国和加拿大还规定了禁止绞拧的符号。美国可以在洗涤槽、转笼干燥、干洗和湿洗符号下加横线，而加拿大仅在洗涤槽、转笼干燥符号下可加横线。

第3章　纺织服装行业国内外标准法规（TBT通报）对比评估研究报告

1　产业概况

纺织服装业是我国重要的传统产业之一，它在满足国内衣着消费、增加出口创汇、积累建设资金以及为相关产业配套等方面发挥了重要作用。改革开放以来，我国纺织服装业进入了快速发展时期，基本形成了上中下游相衔接、门类齐全的产业体系。

我国不仅是纺织品生产大国，也是世界纺织品贸易大国。中国的纺织品和服装进出口金额占全球纺织品和服装的进出口金额比重较大。进口方面，由于中国本就是纺织生产大国，中国进口所占比重没有出口大。而在出口方面，自 1994 年以来我国纺织服装出口额就位居世界第一位。近几年来，中国的纺织服装出口占全球总金额的 1/3 左右。2009—2013 年，我国纺织品贸易额逐年增长，虽然由于 2008 年、2011 年金融危机的影响，进出口增长放缓甚至有所下降，但整体趋势仍是快速增长的，具体进出口情况详见表 1-3-1。2013 年我国纺织服装出口额达到 2840.7 亿美元，占全国商品总出口额的 12.86%。纺织服装出口在我国具有举足轻重的地位。

表 1-3-1　2009—2013 年我国纺织品进出口情况

年份	2013 年	2012 年	2011 年	2010 年	2009 年
出口额/亿美元	2840.7	2549.8	2479.6	2065.4	1670.7
进口额/亿美元	269.9	244.6	230.4	202.3	168.2
贸易差额/亿美元	2570.8	2305.2	2249.2	1863.1	1502.5
出口增长/%	11.40	2.80	20.10	23.60	−9.80
进口增长/%	10.40	6.20	13.90	20.30	−9.30

然而，我国纺织服装业面临产品质量存在问题、贸易摩擦增多、国际金融危机带来的出口市场需求疲软的挑战。在这样的背景下，需要通过比对国内外纺织服装标准，提升我国标准制定能力，完善标准体系，以实现国内外市场“双满意”。

2　国内外标准法规概况

欧盟是一个发达国家最集中的区域组织，也是世界上最强大的经济集团，拥有雄厚的资金和先进的技术。从 1978 年中欧正式建立双边贸易关系开始，经过 20 多年的努力，中欧贸易关系的发展总体上呈持续快速增长趋势，双边贸易额逐年增长。近年来，中欧经贸关系空前紧密，进出口贸易年增长率保持在 15%以上。美国是中国最主要的纺织品和服装出口国之一。2009 年出口美国 278.3 亿美元，2013 年 439.5 亿美元，占我国出口纺织品和服装总额的 15%以上。

因此，欧盟和美国制定的技术法规及标准对中国纺织品和服装的出口贸易有着举足轻重的影响。同时，欧盟和美国的技术法规体系也是世界上比较健全和完善的，对我国而言具有借鉴意义。

2.1　中国法规

与国外相比，我国法规基本不涉及技术指标，在此，将以我国技术标准作为比对对象，进行深入分析。

随着纺织工业的发展，我国纺织标准化工作也不断地得到完善和提高。目前，我国从纺织材料到半成品和服装的标准已形成体系和规模。截至 2014 年，共有纺织品和服装标准 2423 个，其中国家标准 731 个，行业标准 1692 个，形成了以产品标准为主体，以基础标准相配套的纺织标准体系，包括术语符号标准、试验方法标准和产品标准，涉及纤维、纱线、长丝、织物、纺织制品和服装等内容，从数量和覆盖面上基本满足了纺织品和服装的生产和贸易需要。

我国的标准按属性分为强制性标准和推荐性标准两类。推荐性标准大多为技术标准，强制性标准具有法规性质。

2.1.1　推荐性纺织品标准

（1）基础标准和方法标准

包括术语、符号、单位、产品分类、标识、试验方法等，大多数是推荐性标准，标准内容不同程度地采用了国际标准或国外先进国家的标准，因此，我国的基础和方法标准基本上与国际接轨。这些标准已成为我国纺织产品检测、监督的依据，保证了检测数据之间的可比性。

（2）产品标准

除个别标准外，绝大多数产品标准是推荐性标准，形成了按原料或工艺，再加最终用途分类的方法，目前主要分为棉纺织印染、毛纺织品、麻纺织品、丝产品、针织品、化纤、家纺、产业用纺织品等大类，在各大类标准中，又根据不同阶段的产品，形成了各类原料产品“纱线—本色布—印染布”的标准链。

在产品标准中存在两种标准模式，一种是在计划经济体制下遗留下来的生产型标准，一种是近些年来市场经济下形成的贸易型标准。生产型标准是根据生产企业的生产工艺、原料配比、产品种类等制定的标准，这些标准可直接作为企业组织生产的依据。而贸易型标准大多是根据产品的最终用途制定的标准，这类标准更多的是站在用户的角度提出要求，较好地适应了市场的需要。

2.1.2 强制性纺织品标准

因涉及人身安全和健康、影响国家的经济利益，作为需要国家重点控制的技术条件，以下标准被列为强制性标准：

GB 5296.4—2012《消费品使用说明　第 4 部分：纺织品和服装》

GB 8410—2006《汽车内饰材料的燃烧特性》

GB 8624—2012《建筑材料及制品燃烧性能分级》

GB 8965.1—2009《防护服装 阻燃防护 第 1 部分：阻燃服》

GB 8965.2—2009《防护服装 阻燃防护 第 2 部分：焊接服》

GB 9994—2008《纺织材料公定回潮率》

GB 12731—2003《阻燃 V 带》

GB 17927.1—2011《软体家具 床垫和沙发 抗引燃特性的评定　第 1 部分：阴燃的香烟》

GB 17927.2—2011《软体家具 床垫和沙发 抗引燃特性的评定　第 2 部分：模拟火柴火焰》

GB 18383—2007《絮用纤维制品通用技术要求》

GB 18401—2010《国家纺织产品基本安全技术规范》

GB 18587—2001《室内装饰装修材料　地毯、地毯衬垫及地毯胶粘剂有害物质释放限量》

GB 20286—2006《公共场所阻燃制品及组件燃烧性能要求及标识》

GB 28476—2012《地毯使用说明及标志》

GB 50222—2001《建筑内部装修设计防火规范》

2.2 欧盟法规

欧盟技术法规主要是欧盟理事会和委员会依据基础条约授权而制定的各种规范性法律文件。在纺织服装方面的技术法规作为强制性文件主要是以法规（Regulation）、指令（Directives）、决议（Decisions）等形式颁布实施的，涉及安全、健康、卫生、环保等内容。法规是由欧盟部长理事会、欧洲议会和欧委会制定的法律文件，它的基本特性是：普遍适用性、全面约束力和在所有成员国内的直接适用性。指令则不同，比如《欧盟贸易壁垒规则》指令，从其要达到的目标上来说，对每个成员国均有约束力，但这些成员国对实现这些目标的方式与方法有选择权，它有以下特征：非全面约束力；仅适用于其所发至的成员国；通常是非直接适用。决议仅对其收受者具有全面约束力，其收受者可以是欧盟成员国，也可以是欧盟成员国的自然人或法人，其基本特征是：有特定的适用对象：对其特定适用对象有全面约束力；直接适用性。

除了以上三种具有约束力的法律文件外，欧盟还有建议和意见。建议是理事会和欧委会对某种行为提出的建议，意见是欧委会和理事会对欧盟内或成员国内的一种情况或事实做出的评估，这两种文件可以使欧盟相关机构对成员国或公民提供一种没有约束力的立场，从而有利于问题的解决或事件向预定的方向发展。

在欧盟的技术法规体系中，指令占主导地位，欧盟技术法规多以指令形式发布的，而且越来越多地注重把技术问题和消费者利益的保护联系在一起，内容涉及安全、人体健康、消费者权益保护等多方面。

欧盟指令是欧盟为协调各成员国现行法律的不一致而制定的法律要求。各成员国政府有责任将本国的法律与指令取得协调一致，与指令有冲突的现行国家法都应在规定的时间内撤销。欧盟颁布指令的根本目的是要消除欧盟成员国之间的贸易技术壁垒，以实现产品在成员国之间的“自由流通”。目前欧盟在化学品管理领域将以前发布的大部分指令逐步合并至 REACH 法规附录内，因此只有少数单独指令还保存，其余关于服装物理安全性能等欧盟鲜有制定相关法规或者指令。

在纺织服装方面欧盟所制定的技术法规主要涉及人体健康和安全、消费者权益保护等方面的内容，主要包括 REACH 法规（EC）No.1907/2006、产品通用安全要求指令（2001/95/EC）、纺织品标签法规（EC）No.1007/2011 等。截至 2013 年 8 月，欧盟标准委员会（CEN）纺织原料和纺织制品技术委员会已发布了 328 项纺织服装相关标准。其中只有 6 项协调标准写入法规中，分别是 REACH 法规的 4 项偶氮染料的测试方法标准和 1 项镍释放测试标准；通用产品安全指令的协调标准是关于儿童服饰小部件的安全要求标准。

（1）《关于化学品注册、评估、许可和限制法案》REACH （EC）No.1907/2006

保持欧盟化学在全球的领先地位，提高欧盟化工企业的竞争力，维持高水平就业率是 REACH 法规出台的经济和社会背景。REACH 作为一部整合了欧盟四十多部原有化学品规范性文件的法规，其内容涉及化学品注册（Registration）、评估（Evaluation）、授权（Authorization）和限制（Restriction）四部分，同时还涵盖了通报义务和供应链信息沟通，影响范围几乎覆盖了各行业从原料到最终产品的上、中、下游产品。欧盟期望借由 REACH 法规收集到大量可靠数据，并通过对化学品用途的风险评估以确定相应的风险管理措施，从而预防性地保证欧盟市场上化学品的安全使用。

（2）通用产品安全指令 2001/95/EC

适用于运动设备、童装、奶嘴、打火机、自行车、家具（包括折叠床）等产品。通用产品安全指令处于欧盟产品安全法规体系中的基础和水平地位，即欧盟产品安全的一部基本法和水平法，从产品风险控制、产品安全责任等方面对这些专门法规进行了补充和完善。

（3）纤维标签指令（EC）No.1007/2011

主要规定了纺织纤维名称、与纺织产品纤维成分相关标签标志（含有非纤维制品的动物源纺织产品的标签标志），以及纺织产品纤维成分的检测方法。

（4）某些儿童睡眠产品安全决定 2010/376/EU

规定了婴儿床垫、床围、婴儿吊床、儿童羽绒被、儿童睡袋这五种儿童睡眠产品的物理和机械性能、化学性能、燃烧性能、危险边缘、警告标示及卫生等各种要求。

（5）全氟辛烷磺酸的限制指令 2006/122/EC

规定如果纺织品或其他涂层材料中 PFOS 的含量大于或等于 1μg/m^2（相对于涂层部分），则禁止投放市场；应通过采用最佳可行技术尽可能控制 PFOS 在环境中的排放，如果 PFOS 的替代物在技术及经济上可行应尽快淘汰 PFOS。

（6）延长某些产品生态标签标准有效性的决定 2013/295/EU

用于延长某些产品的欧盟生态标签标准的有效性。

（7）儿童服装绳带安全的协调标准 EN 14682—2007

协调标准虽然不是强制性的，但按照协调标准设计、生产的产品将自然地被推断为符合指令的基本要求，允许在欧盟范围内销售、使用。协调标准是为使新方法指令的基本要求具体化、定量化而由欧盟委员会授权制定的，因此是欧洲标准中具有法律效力的一类技术规范。其法律效力表现在满足协调标准的可直接推断为符合相关指令规定的基本要求，而其他标准或技术规范一般不具备这一效力。

虽然协调标准具有法律效力，但新方法指令又规定同其他标准一样其采用是自愿性的，即制造商既可采用协调标准，也可采用其他标准或技术文件来满足新方法指令所规定的基本要求。EN 14682—2007 是通用产品安全指令（GPSD）的协调标准。

2.3 美国法规

美国的技术法规体系是世界上比较健全和完善的，它分为两个层次：一个层次是国会制定的法律（ACT）；另一层次是各行政部门根据法律制定的法规（Regulation）。法律层次的技术法规编于《美国法典》（United States Code）中，按照政治、经济、工农业、贸易等方面分为 50 卷，涉及纺织服装的法律主要集中在第 15 卷（Title 15）——商业与贸易部分的第 2 章和第 25 章中。法律下一个层次是相关的技术法规和标准。按照美国宪法规定，所有的美国联邦政府部门及独立机构都有权制定技术法规，各部门制定的法规编于《联邦法典》（Code of Federal Regulations，简称 CFR）中。CFR 分为 50 卷，其中与纺织服装有关的法规在第 16 卷。

美国的纺织服装立法机构主要是美国联邦贸易委员会和美国消费品安全委员会。美国联邦贸易委员会（The Federal Trade Commission，简称 FTC），是执行反垄断和保护消费者法的联邦机构，其目的是确保国家市场行为具有竞争性，并繁荣、高效地发展，其工作主要是通过不同的方式进行调查，阻止可能给消费者带来危害的行为；美国消费品安全委员会（The U.S. Consumer Product Safety Commission，简称 CPSC），是保护广大消费者的利益，通过减少消费品造成伤害及死亡的危险来维护人身及公众安全的机构，其职能是发展工业中的推荐性标准；制定和加强强制性标准，针对那些没有明确可行标准的产品，予以禁止；对产品的潜在危险进行调查等。目前负责监控、制定市场上包括纺织品服装在内的超过 15000 种消费品的安全法规。CPSC 对纺织品及服装实施管理和调查的依据法规主要包括服装纺织品、儿童睡衣、地毯、床垫等与产品易燃性有关的法规。美国涉及纺织品和服装方面的技术法规主要有以下几个方面。

（1）产品标识技术法规

美国关于纺织品和服装产品标识方面的法律及有关条例见图 1-3-1。

（2）易燃性技术法规

美国关于纺织品和服装的燃烧性能方面的法令及其实施条例见图 1-3-2。主要为《易燃织物法》，以及依据该法令制定的有关纺织品服装、儿童睡衣、聚乙烯塑料膜、地毯和床垫等产品易燃性的实施条例。

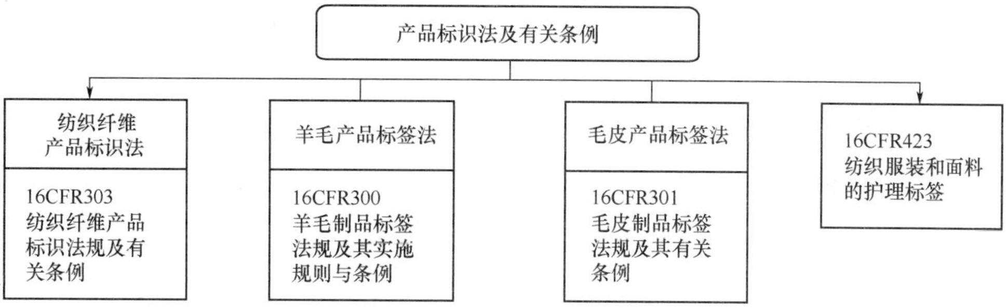

图 1-3-1 产品标识技术法规

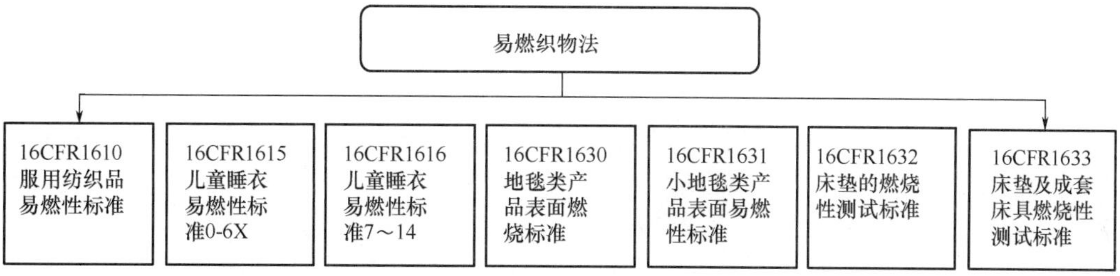

图 1-3-2 易燃性技术法规

所有进入美国市场销售的相关纺织品服装都必须根据以上法规进行检测，并要达到其规定的阻燃性能要求。另外，美国一些州也有针对纺织品阻燃性能的技术法规，如加利福尼亚技术公告 117 号，主要是针对家庭装饰用纺织品，对多孔弹性材料、非人造纤维填充材料、人造纤维填充材料、蓬松材料等的阻燃性能和测试方法分别作了具体规定。

（3）有害物质限量要求技术法规

美国目前还没有发布专门针对纺织品有害物质限量要求的标准和技术法规，只是在一些通用的法规《消费品安全改进法案》（CPSIA）中对少量几种有害物质提出了限量要求。主要针对 12 岁以下儿童用品，该法案中与纺织品有害物质限量要求相关的条款见图 1-3-3，主要有 101 条（含铅的儿童产品，铅油漆法规）、102 条（特定儿童产品的强制第三方测试）、103 条（儿童产品的溯源标签）和 108 条（含有特定邻苯二甲酸盐的产品）。

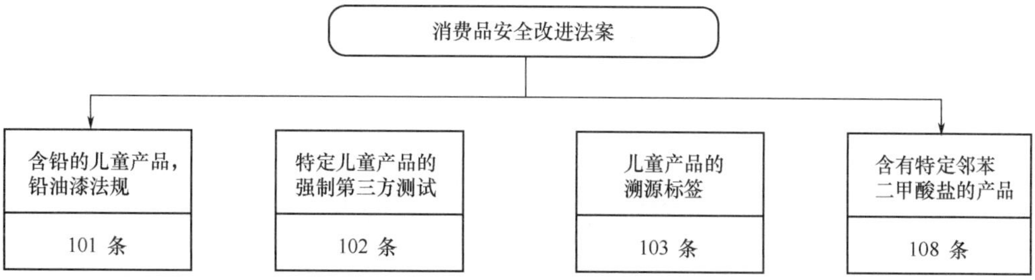

图 1-3-3 有害物质限量要求技术法规

所有进入美国市场销售的相关纺织品服装都必须根据以上法规进行检测，并要达到其规定的阻燃性能要求。另外，美国一些州也有针对纺织品阻燃性能的技术法规，如加利福尼亚技术公告 117 号，主要是针对家庭装饰用纺织品，对多孔弹性材料、非人造纤维填充材料、人造纤维填充材料、蓬松材料等的阻燃性能和测试方法分别作了具体规定。

3 国内外立法趋势分析

3.1 中国

新中国成立后，我国纺织业按纤维原料加工工艺或最终产品被划分成棉纺、毛纺、丝绸、麻纺、色织、针织、印染、化纤、产业用纺织品、服装、纺织机械等 10 多个子行业。我国纺织品标准体系的建立起步较早，20 世纪五六十年代主要采用原苏联模式。与纺织子行业的设置类似，根据产品的原料、品种及生产工艺所使用的染化料和实际的生产技术水平，制定相应的产品标准和试验方法标准。这不仅满足了生产企业的要求，也适应了当时计划经济时代的按标准组织生产的基本要求。进入 20 世纪 80 年代之后，我国的纺织品标准进入了空前的快速发展时期。据国家有关部门统计目前我国对国际标准的平均采标率约为 44%，而纺织标准的采标率达 80%以上。

本节以燃烧性能标准为例，介绍我国的纺织服装标准发展历程。

在改革开放的方针指引下，我国的阻燃科学技术研究和阻燃产品的开发利用逐渐受到重视。1982 年 4 月经过纺织部批准，以中国标准化协会纺织代表团的名义派代表首次参加在西柏林召开的国际标准化组织（ISO）第 38 纺织技术委员会（TC 38）第 19 分委会（SCl9）纺织品及其制品的燃烧特性的国际标准会议。此后，我国的纺织品阻燃标准制定工作与国际标准紧密结合起来。1984 年我国已制定了三个纺织物燃烧标准（GB 5456—1985《纺织织物 燃烧性能 垂直向试样火焰蔓延性能的测定》、GB 5454—1985《纺织织物 燃烧性能测定 氧指数法》、GB 5457—1985《纺织品及纺织制品的燃烧性能 词汇表》)，并于 1985 年颁布实行，以适应我国织物及有关制品出口创汇的需要。我国从 20 世纪 80 年代中期开始制定纺织品阻燃性能测方法标准和纺织制品的阻燃产品标准，至今已颁布了 30 余项有关纺织品阻燃性能的标准，详见表 1-3-2 和表 1-3-3。

表 1-3-2 我国主要纺织品易燃性产品标准

标准号	标准名称
GB 8965.1—2009	防护服装阻燃防护第 1 部分：阻燃服
GB 8965.2—2009	防护服装阻燃防护第 2 部分：焊接服
GB/T 18029—2000	轮椅车座（靠）垫阻燃性的要求和测试方法
GB 12731—2003	阻燃 V 带
GB 8410—2006	汽车内饰材料的燃烧特性
GB 8624—2012	建筑材料及制品燃烧性能分级

表 1-3-2（续）

标准号	标准名称
GB/T 17591—2006	阻燃织物
GB/T 14768—1993	地毯燃烧性能 45°试验方法及评定
GB/T 6529—2008	纺织品调湿和试验用标准大气
GB/T 8626—2007	建筑材料可燃性试验方法
GB/T 11049—2008	地毯燃烧性能室温片剂试验方法
GB/T 14644—2014	纺织织物燃烧性能 45°方向燃烧速率测定
GB 20286—2006	公共场所阻燃制品及组件燃烧性能要求和标识

表 1-3-3 我国主要纺织品易燃性方法标准

标准号	标准名称
GB/T 14645—2014	纺织品燃烧性能 45°方向损毁面积和接焰次数的测定
GB/T 5454—1997	纺织品燃烧性能试验氧指数法
GB/T 5455—2014	纺织品燃烧性能垂直方向损毁长度、阴燃和续燃时间的测定
GB/T 5456—2006	纺织品燃烧性能垂直方向试样火焰蔓延性能的测定
GB/T 17595—1998	纺织品织物燃烧试验前的家庭洗涤程序
GB/T 17596—1998	纺织品织物燃烧试验前的商业洗涤程序
GB/T 8627—2007	建筑材料燃烧或分解的烟密度试验方法
GB 17927.1—2011	软体家具床垫和沙发抗引燃特性的评定 第 1 部分：阴燃的香烟
GB 17927.2—2011	软体家具床垫和沙发抗引燃特性的评定 第 2 部分：模拟火柴火焰
GB/T 8629—2001	纺织品试验用家庭洗涤及干燥程序
GB/T 8745—2001	纺织品燃烧性能织物表面燃烧时间的测定
GB/T 8746—2009	纺织品燃烧性能垂直方向试样易点燃性的测定
GB/T 11785—2005	铺地材料的燃烧性能测定辐射热源法
GB/T 20390.1—2006	纺织品床上用品燃烧性能 第 1 部分：香烟为点火源的可点燃性试验方法
GB/T 20390.2—2006	纺织品床上用品燃烧性能 第 2 部分：小火焰为点火源的可点燃性试验方法
BB/T 0037—2012	双面涂覆聚氯乙烯阻燃防水布和篷布
FZ/T 01028—1993	纺织织物燃烧性能测定水平法
GA 91—1995	阻燃篷布通用技术条件
GA 495—2004	阻燃铺地材料性能要求和试验方法
GA 504—2004	阻燃装饰织物

纵观我国的纺织品阻燃标准可以看出，对产品标准来说纺织品的适用范围越来越广，从对具有特殊用途的阻燃防护服和建筑内装饰织物作出规范到涉及较广范围的家

用、装饰用，工业用纺织品，阻燃技术的进步推动了阻燃标准的进一步规范与完善。纺织品阻燃的方法标准有 20 多项，燃烧测试方法多种多样，各种测试方法的测试结果之间难以相互比较，实验结果仅能在一定程度上说明试样燃烧性能的优劣。

随着科学技术的进步，新的有机合成材料还将不断地涌现，现有的有机合成材料的应用领域也还在不断地扩大，这些都对阻燃科学技术提出更高要求。虽然阻燃技术及市场发展更趋于多样化、功能化，但我国阻燃技术的开发和研究工作发展还是相对比较缓慢，至今与发达国家相比仍有较大差距，标准滞后和检测方法不完善仍然是我们亟待解决的重点。

3.2 欧盟

3.2.1 相关的 WTO/TBT 通报

欧盟在纺织服装方面的通报共计 7 项，见表 1-3-4。欧盟与纺织服装相关的 WTO/TBT 通报有 7 项，见表 1-3-4，其中，1～3 项为纤维标签法规的通报，4～6 项为 REACH 法规的相关通报，第 7 项为的通用产品安全指令的相关通报。

表 1-3-4 欧盟纺织服装通报

序号	通报号	日期	通报标题	涉及法规
1	G/TBT/N/EEC/260	2009/3/26	欧洲议会和理事会关于纺织品的名称和相关的纺织品标签的法规提案［COM（2009）31 最终版］	2008/121/EC
2	G/TBT/N/EEC/260/Add.1	2011/7/13	补遗	2008/121/EC
3	G/TBT/N/EEC/260/Add.2	2011/11/3	补遗	2008/121/EC
4	G/TBT/N/EU/73	2012/10/31	委员会法规草案，修订欧洲议会和理事会关于化学品注册、评估、授权和限制（REACH）的法规（EC）No 1907/2006 关于多环芳烃的附件XⅦ	（EC）No：1907/2006（REACH）
5	G/TBT/N/EU/131	2013/7/12	修订欧洲议会和理事会关于化学品注册、评估、授权和限制（REACH）的法规（EC）No 1907/2006 附件XⅦ关于六价铬化合物的委员会法规草案	（EC）No：1907/2006（REACH）
6	G/TBT/N/EU/280	2015/4/16	欧盟委员会法规草案，修订欧洲议会和理事会关于化学品注册、评估、授权和限	（EC）No：1907/2006（REACH）

表 1-3-4（续）

序号	通报号	日期	通报标题	涉及法规
6	G/TBT/N/EU/280	2015/4/16	制的法规（EC）No1907/2006（REACH）附录XVII壬基酚聚氧乙烯醚	（EC）No：1907/2006（REACH）
7	G/TBT/N/EU/99	2013/3/15	欧洲议会和理事会关于产品市场监督和修订理事会指令 89/686/EEC 和 93/15/EEC，以及指令 94/9/EC、94/25/EC、95/16/EC、97/23/EC、1999/5/EC、2000/9/EC、2000/14/EC、2001/95/EC、2004/108/EC、2006/42/EC、2006/95/EC、2007/23/EC、2008/57/EC、2009/48/EC、2009/105/EC、2009/142/EC、2011/65/EU、法规（EU）No 305/2011、法规（EC）No 764/2008 和欧洲议会和理事会法规（EC）No 765/2008 的法规提案	89/686/EEC 和 93/15/EEC，以及指令 94/9/EC、94/25/EC、95/16/EC、97/23/EC、1999/5/EC、2000/9/EC、2000/14/EC、2001/95/EC、2004/108/EC、2006/42/EC、2006/95/EC、2007/23/EC、2008/57/EC、2009/48/EC、2009/105/EC、2009/142/EC、2011/65/EU、法规（EU）No：305/2011、法规（EC）No：764/2008 和欧洲议会和理事会法规（EC）No：765/2008 的法规提案

3.2.2　具体法规立法趋势

以下根据通报情况，详细介绍欧盟纺织服装技术法规发展趋势。欧盟纺织服装技术法规变化情况见图 1-3-4。

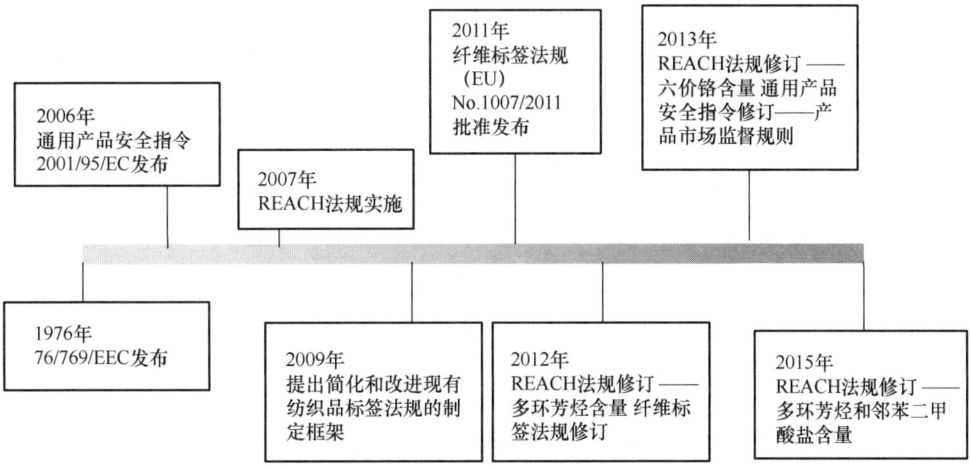

图 1-3-4　具体法规立法趋势

3.2.2.1　REACH 法规

1976 年 7 月，当时的欧共体理事会通过了第 76/769/EEC 号指令。由此有 132 个化学物质被列入了优先控制范围，其主要物质是杀虫剂、农药、有机氯化合物、有机锡化合物、多氯联苯衍生物、重金属等，这些物质被规定不得存在于最终产品中。自颁布76/769/EEC 号指令以来，随着科学技术的发展，特别是人类对某些化学物质对人类健康和环境影响研究的不断深入，已被多次修订。截至 2007 年 10 月，对第 76/769/EEC 号指令的重大修订已达 48 次之多，勘误为 6 次。随着 REACH 法规的出台和实施，第 76/769/EEC 号指令的所有内容已被纳入 REACH。以前是通过整合零散的化学品控制指令来增加受控物质，而 REACH 法规颁布后主要是通过 SVHC 来确定受控物质。

REACH 是欧盟 2006 年 12 月公布的第 1907/2006 号欧洲议会和欧盟理事会法规，于 2007 年 6 月 1 日正式实施。

2006 年 12 月 30 日，REACH 法规（EC）No.1907/2006 在第 L396 卷欧盟官方公报上正式发布，2007 年 5 月 29 日，对已发布的 REACH 法规文本进行勘误，并全文发布经勘误的 REACH 法规，2007 年 6 月起 REACH 法规正式生效，2008 年 6 月起开始接受为期半年的预注册，进入正式实施阶段。

2012 年，发布通报 G/TBT/N/EU/73，提议禁止向大众供应的物品，如果其橡胶或塑料部件与人的皮肤或口腔直接或长时间接触，在正常或合理可预见的使用条件下，包含任何一种多环芳烃（PAHs）超过 1 mg/kg。

2013 年，发布通报 G/TBT/N/EU/131，提议禁止皮革制品或皮革部件中六价铬的含量等于或大于皮革总干重的 3 mg/kg 的皮革制品和包含皮革部件的物品投放市场。

2015 年，发布通报 G/TBT/N/EU/280，修订（EC）No.1907/2006 附录XVII中有关多环芳香烃（PAHs）和邻苯二甲酸盐的要求。

3.2.2.2 通用产品安全指令

适用于运动设备、童装、奶嘴、打火机、自行车、家具（包括折叠床）等产品。

2006 年 7 月，欧盟委员会发布第 2001/95/EC 号指令（通用产品安全指令，英文缩写 GSPD）的标准清单，以取代以前公布的所有官方标准。

2013 年，发布通报 G/TBT/N/EU/99，有关产品市场监督规则的简化和更好的实施。

3.2.2.3 纤维标签法规

2009 年，欧盟委员会发布通报 G/TBT/N/EEC/260，提出简化和改进现有纺织品标签法规的制定框架。2011 年 7 月，发出补遗 G/TBT/N/EEC/260/Add.1，表示欧洲议会已经批准该法规提案二读的意见。2011 年 11 月，发出补遗 G/TBT/N/EEC/260/Add.2，告知纺织品名称和相关的纺织品标签法规（EU）No.1007/2011 已于 2011 年 9 月 27 批准并发布在欧盟官方公报 L272 上，同时撤销了 2008/121/EC、96/73/EC 和 73/44/EEC 三项指令。纤维名称规定的法律地位由指令升级为法规，可以看出欧盟对于纤维标签的关注程度。

欧盟于 2012 年 3 月刊登了欧洲委员会法规（EU）No.286/2012，对条例（EU）No.1007/2011 进行了修订。总体而言，条例（EU）No.1007/2011 延续了纤维成分标签指令和纤维成分指令的主要内容，但也有部分改变。主要规定了纺织纤维名称、与纺织产品纤维成分相关标签标志（含有非纤维制品的动物源纺织产品的标签标志），以及纺织产品纤维成分的检测方法。其主要内容包括该项修订法规把一项新的纤维名称聚丙烯

/聚酰胺复合纤维纳入法规附件内，并为该种新纤维的统一测试方法做了界定。此外，新法规也做出了多项一般修订，涉及程序、计算测试结果，计算过程涉及高度技术性。

3.3 美国

3.3.1 相关的 WTO/TBT 通报

美国与纺织服装相关的 WTO/TBT 通报有 30 项，见表 1-3-5，其中，1 ~ 3 项为 16 CFR 303 的相关通报，4 ~ 6 项为 16 CFR 1630、16 CFR 1631 的相关通报，7 ~ 11 为 16 CFR 1610 的相关通报，12 ~ 13 项为 16 CFR 1120 的相关通报，14 ~ 15 项为 16 CFR 1611 的相关通报，16 ~ 17 项为 16 CFR 1615、16 CFR 1616 的相关通报，18 ~ 19 项为 16 ~ 17 项为 16 CFR 1615、16 CFR 1616 的相关通报，20 ~ 21 项为 16 CFR 303 的相关通报，22 ~ 24 项为 16 CFR 301 的相关通报，25 ~ 27 项为 16 CFR 423 的相关通报，25 ~ 27 项为 16 CFR 423 的相关通报，28 ~ 30 项为 16 CFR 300 的相关通报。

表 1-3-5 美国纺织服装通报

序号	通报号	日期	通报标题	涉及法规
1	G/TBT/Notif.00/580	2000/12/7	纺织纤维产品鉴定法案下的规则和法规	16 CFR 303
2	G/TBT/N/USA/388	2008/4/11	纺织纤维产品鉴定法案；规则和法规	16 CFR 303
3	G/TBT/N/USA/656/Add.2	2013/5/24	补遗（根据《纺织纤维制品鉴别法案》的规则和法规）	16 CFR 303
4	G/TBT/N/USA/234	2007/1/17	地毯和垫子的可燃性标准技术修正提案	16 CFR 1630、16 CFR 1631
5	G/TBT/N/USA/563	2010/7/30	某些儿童用品的第三方测试；地毯和垫子：第三方合格评定机构的认可要求	16 CFR 1630、16 CFR 1631
6	G/TBT/N/USA/563/Corr.1	2011/1/25	勘误（某些儿童用品的第三方测试；地毯和垫子：第三方合格评定机构的认可要求）	16 CFR 1630、16 CFR 1631
7	G/TBT/N/USA/242	2007/3/8	关于服装辅料的可燃性标准	16 CFR 1610
8	G/TBT/N/USA/242/Add.1	2008/10/27	补遗（纺织服装易燃性标准）	16 CFR 1610
9	G/TBT/N/USA/567	2010/8/27	某些儿童用品的第三方测试；纺织服装：第三方合格评定机构的认可要求	16 CFR 1610
10	G/TBT/N/USA/567/Corr.1	2011/1/25	某些儿童用品的第三方测试；纺织服装：第三方合格评定机构的认可要求	16 CFR 1610

表 1-3-5（续）

序号	通报号	日期	通报标题	涉及法规
11	G/TBT/N/USA/567/Add.1	2011/5/3	补遗（某些儿童用品的第三方测试；纺织服装：第三方合格评定机构的认可要求）	16 CFR 1610
12	G/TBT/N/USA/546	2010/5/28	确认带有颈部或风帽抽绳的尺码为 2T 至 12 的儿童上衣外套和带有某些腰部或下部抽绳的尺码为 2T 至 16 的儿童上衣外套为重要的危险产品	16 CFR 1120
13	G/TBT/N/USA/546/Add.1	2011/7/26	确认带有颈部或风帽抽绳的尺码为 2T 至 12 的儿童上衣外套和带有某些腰部或下部抽绳的尺码为 2T 至 16 的儿童上衣外套为重要的危险产品	16 CFR 1120
14	G/TBT/N/USA/562	2010/7/30	某些儿童用品的第三方测试；乙烯塑料薄膜：第三方合格评定机构的认可要求	16 CFR 1611
15	G/TBT/N/USA/562/Corr.1	2011/1/25	勘误（某些儿童用品的第三方测试；乙烯塑料薄膜：第三方合格评定机构的认可要求）	16 CFR 1611
16	G/TBT/N/USA/601	2010/12/3	某些儿童用品的第三方测试；儿童睡衣，尺寸 0 至 6X 和 7 至 14：第三方合格评定机构的认可要求	16 CFR 1615、16 CFR 1616
17	G/TBT/N/USA/601/Corr.1	2011/1/25	某些儿童用品的第三方测试；尺寸 0 至 6X 和 7 至 14 的儿童睡衣：第三方合格评定机构的认可要求	16 CFR 1615、16 CFR 1616
18	G/TBT/N/USA/568	2010/8/27	某些儿童用品的第三方测试；褥垫、软床垫，和/或床垫套：第三方合格评定机构的认可要求	16 CFR 1633
19	G/TBT/N/USA/590	2010/11/8	床垫及其衬垫物易燃性标准	16 CFR 1632
20	G/TBT/N/USA/656	2011/11/21	根据《纺织纤维制品鉴别法案》的规则和法规	16 CFR 303
21	G/TBT/N/USA/656/Add.1	2012/1/18	补遗（根据《纺织纤维制品鉴别法案》的规则和法规）	16 CFR 303
22	G/TBT/N/USA/751	2012/9/21	根据《毛皮产品标签法案》的法规	16 CFR 301

表 1-3-5（续）

序号	通报号	日期	通报标题	涉及法规
23	G/TBT/N/USA/751/Add.1	2013/6/26	补遗（根据《毛皮产品标签法案》的法规）	16 CFR 301
24	G/TBT/N/USA/751/Add.2	2014/6/3	补遗（根据《毛皮产品标签法案》的法规）	16 CFR 301
25	G/TBT/N/USA/752	2012/10/1	关于纺织服装和某些布匹护理标签的贸易法规规则	16 CFR 423
26	G/TBT/N/USA/752/Add.1	2013/8/2	补遗（关于纺织服装和某些布匹护理标签的贸易法规规则）	16 CFR 423
27	G/TBT/N/USA/752/Add.2	2014/2/25	补遗（修订关于纺织服装和某些布匹护理标签贸易法规规则的公共圆桌分析会议）	16 CFR 423
28	G/TBT/N/USA/859	2013/10/1	羊毛产品标签法 1939 的实施细则	16 CFR 300
29	G/TBT/N/USA/859/Add.1	2013/12/11	补遗（羊毛产品标签法实施细则）	16 CFR 300
30	G/TBT/N/USA/859/Add.2	2014/6/12	补遗（1939 年的羊毛产品标签法案的规则和法规）	16 CFR 300

3.3.2 具体法规立法趋势

3.3.2.1 《羊毛产品标签法》及其实施细则

《羊毛产品标签法》制定于 1939 年，1940 年美国国会通过，FTC 负责实施，目的在于保护消费者免受毛织品虚假标签的欺骗。该法案针对实施上遇到的各种问题，又颁布了实施细则。

近年来，FTC 分别在 1998 年、2000 年、2006 年、2014 年对《羊毛产品标签法》进行了修订，修订情况详见表 1-3-6。

表 1-3-6 《羊毛产品标签法》立法趋势

时间	事件
1939 年	法规制定
1998 年	梳理了对标签的要求，并整合了“辅料”的定义
2000 年	修订了标签法规，明确指出将对符合申请要求的公司制定唯一的北美公司注册号，同时提出披露原产地信息的要求
2006 年	根据《羊毛服装织物标签公平及国际标准法》，制定了特性羊毛产品的最大纤维直径平均值

表 1-3-6（续）

时间	事件
2014 年	更新了羊绒与精细羊毛的定义，明确了含有初剪羊毛或者新羊毛产品的说明描述以及纤维商标及性能和原产国信息的说明等。如羊毛纤维直径不符合羊毛法案的规定，则必须严格按照规定确认是否属于羊绒或精细羊毛；如果产品、标签或者附件不是完全由初剪羊毛或新羊毛组成，就不能使用“初剪（virgin）·或新（new）”羊毛的字眼；允许悬挂带有纤维商标和性能信息的标签，即使悬挂标签不能完全阐释产品的所有纤维含量；须说明原产国信息；品质保证或相关文档可以电子形式呈现

2013 年针对其实施细则 16 CFR 300 的修订发出通报 G/TBT/N/USA/859，FTC 根据羊毛服装织物标签公平及国际标准法的要求，修订开司米和某些其他羊毛产品标签要求；与纺织纤维制品鉴别法案实施细则修订提案一致。其后，分别于 2013 年和 2014 年发出了 G/TBT/N/USA/859/Add.1、G/TBT/N/USA/859/Add.2 两份补遗。

3.3.2.2 《毛皮产品标签法》及其实施细则

《毛皮产品标签法》于 1951 年通过美国国会，并于 90 日后正式生效，由 FTC 负责实施，修订情况详见表 1-3-7。

表 1-3-7 《毛皮产品标签法》及其实施细则立法趋势

时间	对象	事件
1951 年	毛皮产品标签法	法规制定
1952 年	实施细则	实施细则颁布
1980 年	实施细则	修订毛皮的定义；进口旧毛皮的原产国；错误标记毛皮原产地；碎料毛皮制品；虚构的动物名称；缩写和重复商标；英语语言的一般要求等
1998 年	毛皮产品标签法	引进 ISO 国际标准、更新注册识别码、增加原产地信息等内容
2000 年	毛皮产品标签法	明确了法案中的除外情形不适用于含有狗皮和猫皮的毛皮制品
2010 年	毛皮产品标签法	要求所有毛皮饰边服装必须附上标签。原法令规定，带有少量或低价毛皮（相等或低于 150 美元的动物毛皮）的服装，无需加上标签，新法令则废除了这项豁免。由非零售商销售的毛皮产品可免受《毛皮产品标签法》约束
2012 年	实施细则	通报 G/TBT/N/USA/751，提出修订毛皮产品标签法的实施细则，更新其毛皮产品名称指南，提供更多的标签灵活性，编入最近通过的在《毛皮标签法案》规定中的实情，并且消除不必要的要求。其后，分别于 2013 年和 2014 年发出两份补遗

3.3.2.3 《纺织纤维产品标识法》及其实施细则

《纺织纤维产品标识法》制定于 1958 年，FTC 负责实施，其后，针对实施上遇到的各种问题，又颁布了实施细则。1998 年，FTC 对其进行了修订：少量非实质性纤维通用名称的使用、引进 ISO 国际标准、注册识别码的更新、标签的原产地、电子目录等。其实施细则修订情况详见表 1-3-8。

表 1-3-8 《纺织纤维产品标识法》实施细则立法趋势

时间	通报	事件
1958 年	—	颁布细则
2000 年	G/TBT/Notif.00/580	就是否修正 16 CFR 303.7 中的规则 7 征求意见，以便为明尼苏打州明尼唐卡市的 LLC 的 Cargill Dow 制造的纤维制定一个新的通用纤维名称并建立一个新的通用纤维定义
2008 年	G/TBT/N/USA/388	就修正提案征求评议意见
2011 年	G/TBT/N/USA/656	修改针对通用纤维名称的规定，以便参照人造纤维的国际标准反映更新的标准；阐明针对含有弹性材料和“装饰品”的纺织品规定；针对在做出所要求的披露中多种语言的使用；阐明适用于书面广告，包括互联网广告的披露要求；阐明或修订从《纺织纤维制品鉴别法案》免除的列表；增加或阐明规则中详尽解释的定义和术语；以及修订其消费者和商业教育材料，并继续印刷这些材料纸质副本的评议意见

3.3.2.4 **纺织服装和面料的护理标签**（16 CFR 423）

FTC 于 1971 年颁布了纺织服装和面料的护理标签（16 CFR 423）。

1984 年对该法规进行了修订，进一步澄清了法规的要求，简化了法规语言，并且对新的情况进行了相应的规定，完善了定义和术语，根据新出现的纺织服装的护理方法更新了规定，对原有的护理方法也作出了更为合理的规定，对违法的行为规定更加全面、细致。此外，在规定生产商义务的同时也对其权利进行了详细规定。

2012 年，FTC 发出通报 G/TBT/N/USA/752，允许服装制造商和营销商在标签上包括专业湿洗说明；允许使用 ASTM D5489-07《纺织产品维护说明的符号指南》或 ISO 3758:2005《纺织品　使用图形符号的维护标签规范》代替术语；阐明了什么可以构成护理说明的合理基础；并且更新了“干洗”的定义。

3.3.2.5 **易燃织物法**

美国关于纺织品和服装易燃性的法令主要为《易燃织物法》（FFA）及该法令下的实施条例。FFA 由美国国会于 1953 年颁布，并在 1954 年、1967 年、2008 年修订，修订情况见图 1-3-5。

1967 年国会修订了《易燃织物法》，扩大了保护范围，在法案定义条文中引入了“产品”、“相关材料”的定义，授权商业部通过立法发布易燃织物可燃性标准。确定了三个部门的责任：商业部确定测试标准和要求，卫生、教育、福利事业部调查研究火灾伤害和死亡的报告，联邦贸易委员会负责执行本法，商业部指派标准的研究工作给国家标准局，设立了可燃性织物研究部门。1972 年，美国成立了美国消费品安全委员会（CPSC）。《易燃织物法》所规定的卫生部长、教育部长、社会福利部长、商务部长和联邦贸易委员会的职责全转交给 CPSC。从此，CPSC 负责制定和修改纺织产品易燃性相关标准，并对其强制执行。2008 年，美国对《易燃性织物法案》进行第三次修订，修订后的法案于 2008 年 9 月 22 日正式生效，此次修订主要做了四个方面的工作：一是明确和修改了对某些易混淆术语的定义；二是允许使用更为现代化的带有电动机械部件的燃烧测试设备，并提供了相关的参数和图表；三是规定了更为科学的试样测试前干洗和清洗过程，细化了测试纺织品制样、测试量、燃烧实验过程及实验报告内容；四是对织物燃烧时间的计算、织物底部点燃及燃烧的判断提出更为明确的规定。明确规定，凡进入美国的纺织品，其燃烧性能必须满足法令的要求，否则将被处以最高 125 万美元的罚款。

《易燃织物法》立法趋势如图 1-3-5 所示。

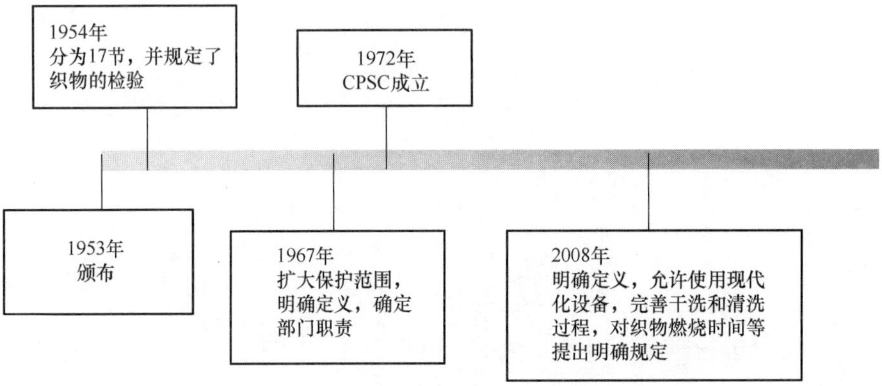

图 1-3-5 《易燃织物法》立法趋势

3.3.2.6 **服用纺织品易燃性标准（16 CFR 1610）**

服用纺织品的易燃性标准（16CFR1610）发布于 1953 年。

2007 年，CPSC 发出通报 G/TBT/N/USA/242，2008 年，对其定义、燃烧测试仪、洗涤方法、测试程序、测试结果说明和报告等几方面规定进行修订。易燃性指标方面，2008 年以前，非绒面纺织品的 1 级正常可燃性的火焰蔓延时间为≥4s，3 级快速剧烈燃烧的火焰蔓延时间为<4s，2008 年修订为非绒面纺织品的 1 级正常可燃性的火焰蔓延时间为≥3.5s，3 级快速剧烈燃烧的火焰蔓延时间为<3.5s。

2010 年，CPSC 发出通报 G/TBT/N/USA/567，规定了委员会接受根据依照《易燃织物法案》涉及纺织服装的 CPSC 法规测试的第三方合格评定机构认可的标准和程序。

3.3.2.7 **儿童睡衣易燃性标准 0 至 6X（16 CFR 1615）、儿童睡衣易燃性标准 7 至 14（16 CFR 1616）**

16 CFR 1615、16 CFR 1616 立法趋势详见表 1-3-9。

表 1-3-9 16CFR1615、16CFR 1616 立法趋势

时间	通报	事件
1971 年	—	商业部发布了儿童睡衣的易燃性标准（0 至 6X 号）（16CFR1615），该标准旨在保护儿童免受因明火引起睡衣点燃而导致的死亡和严重的烧伤，于 1972 年生效

表 1-3-9（续）

时间	通报	事件
1974 年	—	消费产品安全委员会发布了儿童睡衣的易燃性标准（7 至 14 号）（16CFR1616），于 1975 年生效
1995 年	—	发布了儿童睡衣阻燃性标准修正案，修订内容包括：对于小于 9 个月婴儿的睡衣阻燃性没有要求；所有紧袖口的睡衣包括 9 个月以上婴儿睡衣的阻燃性没有特别要求。修正案 1997 年 1 月 1 日生效，符合免除规定的衣物直到生效之日才能将衣服出售给消费者
2010 年	G/TBT/N/USA/601	6CFR1615 和 16CFR1616 根据涉及儿童睡衣的《易燃织物法案》（FFA）的 CPSC 法规测试儿童睡衣的第三方合格评定机构认可的标准和程序

3.3.2.8 **地毯类产品表面燃烧标准**（16 CFR 1630）、**小地毯类产品表面燃烧标准**（16 CFR 1631）

2007 年，CPSC 发出通报 G/TBT/N/USA/234，提议修订地毯和垫子的可燃性标准，去除 1969 年 12 月 1 日的目录 No. 79 中将 Eli Lilly 公司的产品 No. 1588 作为标准点燃源的参照物，并提供定义该点燃源的技术规格。

2010 年，CPSC 发出通报 G/TBT/N/USA/563，规定了委员会接受依照 CPSC 涉及地毯和垫子的法规测试的第三方合格评定机构认可的标准和程序。

3.3.2.9 **床垫的燃烧性测试标准**（16 CFR 1632）、**床垫及成套床具的燃烧性测试标准**（16 CFR 1633）

16 CFR 1632、16 CFR 1633 立法趋势详见表 1-3-10。

表 1-3-10　16CFR1632、16CFR1633 立法趋势

时间	通报	事件
2001 年	G/TBT/N/USA/234	通报正在考虑签发一项关于将会针对于床垫/被褥明火点燃的易燃性标准
2005 年	G/TBT/N/USA/95	CPSC 提议根据可燃性织物法案的授权，针对床褥、床垫/床架（床垫/床架）的明火易燃性制定可燃性标准
2006 年	—	通过了床垫及成套床具燃烧性测试标准（16CFR1633），该标准设定了两项指标来限定火焰在床垫或床垫套装上的蔓延，于 2007 年 7 月 1 日生效
2010 年	G/TBT/N/USA/568	规定了委员会接受根据依照《易燃织物法案》涉及褥垫、软床垫，和/或床垫套的 CPSC 法规测试的第三方合格评定机构认可的标准和程序
2010 年	G/TBT/N/USA/590	提议修订床垫及其衬垫物易燃性标准（16CFR1632），标准中规定的用于床垫标准性能测试的点火源香烟已不再生产，委员会提议修订床垫标准，要求一种标准参考物质香烟，这种香烟是由国家标准技术研究院研制，作为床垫标准测试用点火源的

3.3.2.10 消费品安全改进法案

《消费品安全改进法案》（CPSIA）于 2008 年 8 月 14 日颁布。这是自 1972 年美国《消费品安全法案》（CPSA）颁布以来对其进行的最大的一次修改，该次修改对儿童产品提出了更高的要求，包括：儿童产品（包括玩具和儿童相关的用品等）中铅的新限量；油漆和表面涂层中更低的铅限量；禁用某些邻苯二甲酸盐；强制性第三方检测；溯源性标签等。

CPSIA 对儿童产品部件的铅含量进行了严格的限制，从 2009—2011 年分 3 个阶段实施，最终目标是将儿童产品任何可接触部分的铅含量降至不得超过质量的 0.01%。同时，CPSIA 对油漆和类似表面涂层中的铅含量要求更为严格，从 0.06%降至 0.009%，详见表 1-3-11。该法规还要求 CPSC 每 5 年对限量进行审核，以根据最新科技进展确定新的限量值。

表 1-3-11　CPSIA 对铅含量的要求

限制项目	生效日期	限制含量
儿童产品部件中的铅含量要求	2009 年 2 月 10 日	0.06%（600ppm）
	2009 年 8 月 14 日	0.03%（300ppm）
	2011 年 8 月 14 日	0.01%（100ppm）（如确定技术可行）
油漆和类似表面涂层中的铅含量要求	2009 年 8 月 14 日	0.009%（90ppm）

邻苯二甲酸盐是一类化合物的总称，主要是作为增塑剂添加到聚氯乙烯（PVC）等塑料中起软化作用，其他塑料（如 PVA、PVDC、PU）中也可能会添加。

CPSIA 规定，从 2009 年 2 月 10 日开始，任何人提供以下产品属违法行为：邻苯二甲酸二-2-乙基己酯 DEHP、邻苯二甲酸二丁酯 DBP 或邻苯二甲酸丁苄酯 BBP 含量超过 0.1%的儿童玩具或儿童护理品；邻苯二甲酸二异壬酯 DINP、邻苯二甲酸二异癸酯 DIDP 或邻苯二甲酸二辛酯 DNOP 含量超过 0.1%，并且可被儿童放入口中的儿童玩具或儿童护理品。

4 技术指标对比及建议

4.1 指标选取

纺织品由于其本身结构特点，是引发火灾的主要材料。因此，纺织品服装的燃烧性能越来越受到人们的重视。一些发达国家对此都制定了相关的技术法规和标准，对地毯、窗帘和床垫等纺织品的阻燃性能提出了要求，并按照法规中规定的测试方法进行测试，达不到所规定要求的商品将被禁止进口和出售。但是，这些发达国家以维护人身安全为由对纺织品服装提出的阻燃性能要求，往往也被用来作为阻碍他国纺织品服装进口的一种技术性手段。

标识标签不仅是纺织品安全的需要，也是强化纺织品安全监管的重要手段。标识标签既可以引导消费的健康消费，又能保证消费者的应有的权益。欧美国家的标识标签规范比较成熟，在贸易日益世界化的形势下，与外国接轨的标识标签管理在贸易中显得更为重要。

因此，本项目选取纺织服装燃烧性能要求和标识标签要求作为比对对象进行研究。

4.2 指标比对

4.2.1 易燃性指标比对

欧盟在纺织服装方面所制定的技术法规主要涉及人体健康和安全、消费者权益保护等方面的内容，没有纺织品燃烧性能的法规。燃烧性能要求主要体现在标准中。

美国对纺织品燃烧性能的要求是以技术法规的形式出现的，以法规形式出现的纺织品燃烧要求比技术标准层次高，管理严，适用宽。

我国对纺织品燃烧性能的要求主要是在标准中体现，除强制性国家标准外，其他标准都不具有强制性。我国标准按内容分为产品标准和试验标准，产品标准对燃烧性能提出要求，试验标准除规范产品燃烧性能的测试方法，也存在一部分试验标准中提出燃烧性能的现象。

虽然制定有关燃烧性能法规的目的是相同的，但针对的产品类型、采用的试验方法和考核指标以及实施和管理等方面不尽相同。下面将我国与美国在纺织品燃烧性能方面的异同进行比较。

（1）指标涵盖范围比对

美国关于纺织品和服装燃烧性能的法规主要为《易燃性织物法令》及其实施条例，美国的法规主要针对的产品是服用纺织品、儿童睡衣、地毯和床垫等，是直接销售给消费者的产品。

我国对纺织品和服装燃烧性能的要求体现在标准中，主要针对公共场所用装饰织物、家用装饰织物、特殊防护服、床垫、沙发等。对服用纺织品、儿童服装及工作服等纺织服装没有提出具体的强制性的阻燃性能技术指标要求，仅制定了相关的测试方法。对于服用纺织品的阻燃性能我国只是在 GB/T 14644—2014《纺织品 燃烧性能 45° 方向燃烧速率的测定》的方法标准中以评价的方式做出规定。对于婴幼儿及儿童服装我国采用与成人服装一样的燃烧性能要求，但目前我国已意识到提高婴幼儿及儿童服装的安全性的必要，着手制定相关标准，审定中的《婴幼儿及儿童纺织产品安全技术规范》即将出台。

与美国的易燃性法规相比，我国的易燃性标准适用范围有限，而且适用性不强，对婴幼儿服装等纺织品缺乏要求。且由于我国易燃性要求只是体现在标准中，缺乏强制性，因此约束力有限。

（2）指标数值比对

以下按照纺织品的最终用途对国内外服用纺织品、装饰用纺织品、工业用纺织品燃烧性能要求进行对比分析。

如表 1-3-12 所示，列出了中美服用纺织品易燃性法规适用范围及易燃性要求。GB/T 14644—2014 的指标要求详见表 1-3-13。GB/T 17591—2006 的指标要求详见表 1-3-14。

表 1-3-12 中美服用纺织品易燃性法规易燃性要求

国内标准					美国法规			
类别	标准	适用范围	指标	检测方法	法规名称	适用范围	指标	检测方法
儿童服装	SN/T 3982.8—2014《进出口纺织品质量符合性评价方法梭织服装 第 8 部分：儿童服装》	各类儿童穿着的服装	按照 GB 14644	45°燃烧法	16CFR PART 1615《儿童睡衣燃烧性标准（尺码大小：0 至 6X）》	儿童睡衣 0 至 6X	5 个试样平均炭长≤17.8cm，单个试样的炭长<24.5cm	垂直燃烧法
	GB/T 21295—2007《服装理化性能的技术要求》	纺织机织物为主要原料的服装产品	婴幼儿服装：损毁长度>17.8cm； 成人服装：火焰蔓延时间：未起绒≥3.5s、起绒≥7s	——	16CFR PART 1616《儿童睡衣燃烧性标准（尺码大小：7 至 16）》	儿童睡衣 7 至 14	5 个试样平均炭长≤17.8cm，单个试样的炭长<24.5cm	垂直燃烧法
服装用纺织品	GB/T 14644—2014《纺织品燃烧性能 45°方向燃烧速率的测定》	服装用纺织品易燃性测定	详见表 13	45°燃烧法	16CFR PART 1610《服用纺织品的易燃性标准》	服用纺织品	1 级常规可燃性：没有绒毛、簇绒或其他类型表面起绒（火焰蔓延时间≥3.5s，此类纺织品适合用于制衣）；有绒毛、簇绒或其他类型表面起绒（火焰蔓延时间>7s，此类纺织品适合用于制衣）； 2 级中等易燃性：具有绒毛、簇绒或其他类型表面起绒（4S≤火焰蔓延时间≤7s，此类纺织品也可用于服装，但需谨慎）；	45°燃烧法
	FZ/T 81001—2007《睡衣套》	睡衣（套装）	GB/T 14644—1993	45°燃烧法				

表 1-3-12（续）

国内标准					美国法规			
类别	标准	适用范围	指标	检测方法	法规名称	适用范围	指标	检测方法
服装用纺织品	FZ/T 81001—2007《睡衣套》	睡衣（套装）	GB/T 14644—1993	45°燃烧法	16CFR PART 1610《服用纺织品的易燃性标准》	服用纺织品	3 级快速剧烈燃烧：没有绒毛、簇绒或其他类型表面起绒（火焰蔓延时间<3.5s，此类纺织品不适合用来制衣）；有绒毛、簇绒或其他类型表面起绒（火焰蔓延时间<4s，此类纺织品不适合用来制衣）	
阻燃防护服	GB 8965.1—2009《防护服装阻燃防护第 1 部分：阻燃服》	消防救援中穿用的阻燃防护服	阻燃防护等级共分 3 级 A 级：损毁长度≤50mm，续燃时间≤2s，阴燃时间≤2s； B 级：损毁长度≤100mm，续燃时间≤2s，阴燃时间≤2s； C 级：损毁长度≤150mm，续燃时间≤5s，阴燃时间≤5s； A、B、C 三级均不允许有熔融、滴落现象	GB/T 5455（垂直燃烧法）				
	GB 8965.2—2009《防护服装阻燃防护第 2 部分：焊接服》	焊接作业中穿用的阻燃防护服	阻燃防护等级共分 3 级。 A 级：损毁长度≤50mm，续燃时间≤2s，阴燃时间≤2s； B 级：损毁长度≤100mm，续燃时间≤4s，阴燃时间≤4s；	GB/T 5455（垂直燃烧法）				

表 1-3-12（续）

国内标准					美国法规			
类别	标准	适用范围	指标	检测方法	法规名称	适用范围	指标	检测方法
			C 级：损毁长度≤150mm，续燃时间≤5s，阴燃时间≤5s； 要求 A、B、C 三级燃烧均不能蔓延至试样的顶部或两侧边缘，试样不能熔穿形成空洞，不能产生有焰燃烧或熔融碎片					
	GB/T 17591—2006《阻燃机织物》	装饰用、交通工具（包括飞机、火车、汽车和轮船）内饰有、阻燃防护服用的机织物和针织物	续燃时间≤5s；阴燃时间≤5s；损毁长度≤150mm；无熔融、滴落 详见表 14	GB/T 5455（垂直燃烧法） FZ/T 01028（水平法） GB/T 14645—1993（45°燃烧法）				

表 1-3-13　GB/T 14644—2014 燃烧性能要求

试样数量		火焰蔓延时间		燃烧登记
5 块（1≤i≤5）	非绒面纺织品	无		1 级（正常可燃性）
		仅有 1 个	t_i≥3.5s	1 级（正常可燃性）
			t_i<3.5s	另增加 5 块试样，按 10 块试样评级
		2 个及以上	t≥3.5s	1 级（正常可燃性）
			t<3.5s	另增加 5 块试样，按 10 块试样评级
	绒面纺织品	不考虑火焰蔓延时间，基布未点燃		1 级（正常可燃性）

表 1-3-13（续）

试样数量		火焰蔓延时间		燃烧登记
		无		1 级（正常可燃性）
		仅有 1 个	t_i<4s，基布未点燃	1 级（正常可燃性）
			t_i≥4s，不考虑基布	
			t_i<4s，同时 1 块基布点燃	另增加 5 块试样，按 10 块试
		2 个及以上	0s<t<7s，仅有 1 块表面闪燃	1 级（正常可燃性）
			t>7s，不考虑基布	
			4s≤t≤7s，1 块基布点燃	
			t<4s，1 块基布点燃	
			4s≤t≤7s，≥2 块基布点燃	2 级（中等可燃性）
			t<4s，≥2 块基布点燃	另增加 5 块试样，按 10 块试
10 块（1≤i≤10）	非绒面纺织品	仅有 1 个		1 级（正常可燃性）
		2 个及以上	t_i≥3.5s	1 级（正常可燃性）
			t_i<3.5s	3 级（快速剧烈燃烧）
	绒面纺织品	仅有 1 个		1 级（正常可燃性）
		2 个及以上	t<4s，≤2 块基布点燃；	1 级（正常可燃性）
			4s≤t≤7s，≥2 块基布点燃；	
			t>7s	
			4s≤t≤7s，≥3 块基布点燃	2 级（中等可燃性）
			t<4s，≤3 块基布点燃	3 级（快速剧烈燃烧）

表 1-3-14　GB/T 17591-2006 阻燃织物的性能要求

产品类别		项目	试验方法	考核指标	
				B1 级	B2 级
装饰用织物		损毁长度/mm ≤	GB/T 5455（垂直燃烧法）	150	200
		续燃时间/s ≤		5	15
		阴燃时间/s ≤		5	15
交通工具内饰用织物	飞机、轮船内饰用	损毁长度/mm ≤	GB/T 5455（垂直燃烧法）	150	200
		续燃时间/s ≤		5	15
		燃烧滴落物		未引燃脱脂棉	未引燃脱脂棉
	汽车内饰用	火焰蔓延速率/（mm/min） ≤	FZ/T 01028（水平法）	0	100
	火车内饰用	损毁面积/cm^2 ≤	GB/T 14645（A 法：45°燃烧法）	30	45
		损毁长度/mm ≤		20	20

表 1-3-14（续）

产品类别		项目	试验方法	考核指标	
				B1 级	B2 级
交通工具内饰用织物	火车内饰用	续燃时间/s ≤		3	3
		阴燃时间/s ≤		5	5
		接焰次数/次 ＞	GB/T 14645（B 法：45°燃烧法）	3	
阻燃防护服用织物		损毁长度/mm ≤	GB/T 5455（垂直燃烧法）	150	—
		续燃时间/s ≤		5	—
		阴燃时间/s ≤		5	—
		熔融、滴落		无	—

在服用纺织品方面，美国消费品安全委员会规定，所有进入美国市场的商贸纺织品必须满足 16CFR 1610 标准的要求，目前输美纺织品易燃性测试，主要依据该标准进行。该标准依据火焰蔓延时间以及绒面试样底布的点燃，将织物易燃性分为三个等级。我国 GB/T14644—2014 则依据试样个数、火焰蔓延时间、基布点燃个数将织物易燃性分为 3 个等级。除评定织物标准不同外，我国 GB/T14644—2014 无豁免条件，其余同 16CFR1610。美国豁免条件为：①光面织物，其单位面积质量>2.6 盎司/平方码的织物；②光面和绒面织物保护腈纶、变性腈纶、尼纶、涤纶、丙纶、纯羊毛及混纺织物。

在儿童服装方面，美国消费品安全委员会规定，尺寸 0～14 号的儿童睡衣必须满足 16CFR 1615 和 16CFR 1616 要求，该要求比 16CFR 1610 更严格，它采用垂直燃烧法，要求 5 个试样平均炭长≤17.8cm，单个试样的炭长<24.5cm。16CFR 1615 和 16CFR 1616 对年龄在 9 个月以下儿童睡衣不作上述要求，但其仍需满足 16CFR 1610 要求。GB/T21295—2007《服装理化性能的技术要求》对婴幼儿服装（2 岁以下儿童）和成人服装的易燃性指标设置了要求，其中婴幼儿服装要求损毁长度＞17.8cm。我国对 2 岁以上儿童服装易燃性未设定要求。

在特殊防护服方面，我国 GB 8965.1—2009 和 GB 8965.2—2009 两项标准将阻燃防护等级分为 A、B、C 3 个等级，并以热防护系数、损毁长度、续燃时间、阴燃时间、有无熔融、滴落作为考核项目。GB/T 17591—2006 阻燃织物对阻燃防护服用织物（洗涤前和洗涤后）的燃烧性能作了规定。考核项目为：损毁长度、阴燃时间、续燃时间、有无熔融、滴落；判定标准为：洗涤前和洗涤后都达 B1 级要求，并规定各个方向的指标均达到 B1 级要求者为 B1 级；有一项未达到 B1 级但达到 B2 级者为 B2 级。未达到 B2 级规定的，不得作为阻燃产品。经耐洗性试验未达到 B2 级指标的不得作为耐洗阻燃产品。如果所有样品的燃烧性能合格或不合格数不超过标准的接收数，则该批产品燃烧性能合格，如果不合格样品数达到了拒收数，则该批产品燃烧性能不合格。美国的特殊防护服则统一采用服用纺织品的指标。

（3）装饰用和工业用纺织品

如表 1-3-15 所示，列出了中美装饰用和工业用纺织品易燃性法规适用范围及易燃性要求。

表 1-3-15 中美装饰用纺织品易燃性法规易燃性要求

类别	标准	适用范围	指标	检测方法	法规名称	适用范围	指标	检测方法
地毯	GB/T 27729—2011《手工枪刺胶背地毯》	以羊毛、腈纶、尼龙或羊毛混纺纱线为绒头原料，利用手工专用枪刺工具将纱线刺入底基布形成绒头列，在毯背涂敷胶粘剂固定绒头的手工胶背块状地毯	水平法（片剂）损毁长度≤75mm（8块中至少7块合格）	GB/T 11049《地毯燃烧性能室温片剂试验方法》。原理：在规定条件下，将水平位置的试样暴露在小火源即六亚甲基四胺片剂的作用中，并测量试验后的损毁长度和火焰蔓延时间 水平法	16CFR PART 1630《地毯》 16CFR PART 1631《地毯/小地毯类产品表面燃烧性标准》	家庭、办公室或宾馆使用的，未通过机械的方法（如钉子等）黏附，单向尺寸>1.83m，表面积>2.23m 的地毯；家庭、办公室或宾馆使用的，未通过机械的方法（如钉子等）黏附，单向尺寸≤1.83m，表面积≤2.23m 的地毯	8个给定的试样（试样尺寸 22.86cm×22.86cm）中，至少有7个试样满足标准要求，单个试样在测试中烧焦部分的孔径<2.54cm 则认为此地毯合格。试样须经调湿后再进行测试。如果地毯经过了阻燃处理，或含有经阻燃处理的纤维，则应在地毯上标注“T”	水平法
	QB/T 2792—2006《针刺地毯》	以丙纶、涤纶等合成短纤维为原料，在针刺机上用刺针穿刺纤网，使纤维相互缠结，并在毯背涂上黏合剂，经加热固合而制成的针刺地毯						
	GB/T 14252—2008《机织地毯》	羊毛、合成纤维、羊毛及羊毛混纺纤维为绒头原料，通过地毯织机使绒头纱线与毯基经纬线交织而成的有绒头的威尔顿、阿克明斯特机织地毯						

表 1-3-15（续）

类别	标准	适用范围	指标	检测方法	法规名称	适用范围	指标	检测方法
	GB/T 24983—2010《船用环保阻燃地毯》	羊毛及羊毛锦纶（尼龙）或其他纤维为绒头原料，经织造加工和阻燃工艺处理制成的船用环保阻燃地毯	*CHF*（熄灭时临界辐射通量）≥7.0kW/m^2；Q_{sb}（持续燃烧热量）≥0.25MJ/m^2；Q_t（热释放总值）≤ 2.0MJ；Q_p（热释放峰值）≤ 10kW	IMO FTPC 第 2 部分、第 5 部分国际耐火试验程序应用规则				
	QB/T 2755—2005《拼块地毯》	以合成纤维、羊毛及羊毛混纺纤维为绒头的簇绒地毯背面粘合衬材加固层的拼块地毯	续燃、阴燃时间≤20s；损毁最大长度≤100mm	45° 燃烧法				
	NY/T 458—2001《剑麻地毯》	以剑麻纱线为经纬线编织的无绒头编织地毯	损毁最大距离≤12mm	水平法				
	QC/T 216—1996《汽车用地毯的性能要求和试验方法》	各种汽车内饰未成型的针刺地毯	燃烧速度≤100mm/min	GB 8410—1994《汽车内饰材料的燃烧特性》要求：1. 不燃烧；2. 可以燃烧，但燃烧速度≤100mm/min；3. 火焰在60s 内自行熄灭，且燃烧距离≤50mm 。GB 8410—2006要求：燃烧速度≤100mm/min。				

表 1-3-15（续）

类别	标准	适用范围	指标	检测方法	法规名称	适用范围	指标	检测方法
	GB/T 11746—2008《簇绒地毯》	合成纤维、羊毛及羊毛混纺纤维为绒头原料，将纱线通过簇绒机刺人底基布形成绒头列，在地毯背面涂敷黏合剂固定绒头，或贴敷背衬的簇绒地毯	耐燃性：水平法（片剂）最大损毁长度≤75mm 至少7块合格	GB/T 11049				
			附加任选特性技术要求：国家规定的公共场所用地毯燃烧性能不低于（D_n-s_2, t_1）标识等级 D_n：$CHF \geq 3.0kW/m^2$；s_2：无性能要求；t_1：产烟毒性应达到 ZA3 级	附加特性检测方法：GB 8624、GB 20286、GB/T 11785				
	CAB 1011—2012《汽车地毯的技术要求》	适用于各种汽车内饰用地毯，其他用途的同类产品可参照使用	燃烧速度≤100mm/min	按 GB 8410 执行，以 3 件样品燃烧速率的最大值来表示，燃烧速度<100mm/min				
床垫	GB 17927.1—2011《软体家具床垫和沙发抗引燃特性的评定 第 1 部分：阴燃的香烟》	家庭用床垫、沙发等软体家具	未观察到试样表面或内部出现任何续燃、阴燃现象，评定该试样为阻燃 I 级，通过香烟抗引燃特性试验；否则评定为未通过	水平法	16CFR PART 1632《床垫的燃烧性测试标准》	包括成人、青少年、儿童用床垫（包括便携式）、三用沙发床垫、组合沙发床垫、折叠床垫、有轮的矮床垫等。但睡袋、枕	一般要求点燃 18 支香烟进行测试，要求床垫表面的每支香烟周围任何方向上的炭长均不超过 5.1cm	水平法

表 1-3-15（续）

类别	标准	适用范围	指标	检测方法	法规名称	适用范围	指标	检测方法
						头、充液体和充气体的床垫套、蒙上软垫的家具，以及儿童用品类衬垫诸如婴儿车垫、摇篮垫、婴儿背椅用垫等除外		
	GB 17927.2—2011 软体家具床垫和沙发抗引燃特性的评定 第2部分：模拟火柴火焰》	公共场所用床垫、沙发等软体家具	若燃烧管移开 120s 以后直至 1h 期间，未观察到试样表面或内部出现任何续燃、阴燃现象，评定该试样为阻燃Ⅱ级，通过模拟火柴火焰抗引燃特性试验；否则评定为未通过	水平法	16CFR PART 1633《床垫及成套床具燃烧性测试标准》	包括成人、青少年、儿童用床垫（包括便携式）、三用沙发床垫、组合沙发床垫或包含以上产品具有底座的成套床具。但睡袋、枕头、充液体和充气体的床垫套、蒙上软垫的家具，以及儿童用品类衬垫诸如婴儿车垫、摇篮垫、婴儿背椅用垫等除外	床垫或成套产品在点燃一定时间后释放的能量，30min 内释放的热量峰值不超过 200kW，开始的 10min 内总热量不超过 15MJ	水平法

表 1-3-15（续）

类别	标准	适用范围	指标	检测方法	法规名称	适用范围	指标	检测方法
床上用品	GB/T 20390.1—2006《纺织品 床上用品燃烧性能 第1部分：香烟为点火源的可点燃性试验方法》	床上用品，包括床罩、床单、被单、毯子、被子和被套、枕头、枕套、床垫罩布等，床垫、床基和褥垫除外	将试样放在试验衬底上，在试样的上部或下部放置发烟的香烟，记录所发生的渐进性发烟燃烧或有焰燃烧，试验结果为点燃或未点燃	水平法				
	GB/T 20390.2—2006《纺织品 床上用品燃烧性能 第2部分：小火焰为点火源的可点燃性试验方法》	床上用品，包括床罩、床单、被单、毯子、被子和被套、枕头、枕套、床垫罩布等，床垫、床基和褥垫除外	将试样放在试验衬底上，在试样的上部或下部施加小火焰，记录所发生的渐进性发烟燃烧或有焰燃烧，试验结果为点燃或未点燃	水平法				
装饰用纺织品	GB/T 17591—2006《阻燃织物》	装饰用、交通工具（包括飞机、火车、汽车和轮船）内饰用、阻燃防护服用的机织物和针织物		垂直燃烧法				

表 1-3-15（续）

类别	标准	适用范围	指标	检测方法	法规名称	适用范围	指标	检测方法
	GB 20286—2006《公共场所阻燃制品及组件燃烧性能要求和标识》	公共场所使用的装饰墙布（毡）、窗帘、帷幕、装饰包布（毡）、床罩、家具包布等	阻燃织物共分2级。 阻燃1级： a）氧指数≥32.0； b）损毁长度≤150mm，续燃时间≤5s，阴燃时间≤5s； c）燃烧滴落物未引起脱脂棉燃烧或阴燃； d）烟密度等级（SDR）≤15； e）产烟毒性等级不低于ZA2级。 阻燃2级： a）损毁长度≤200mm，续燃时间≤15s，阴燃时间≤15s； b）燃烧滴落物未引起脱脂棉燃烧或阴燃； c）产烟毒性等级不低于ZA3级	GB/T 5454（氧指数法） GB/T 5455（垂直燃烧法） GB/T 8627（烟密度法） GB/T 20285（产烟毒性危险分级）				

表 1-3-15（续）

类别	标准	适用范围	指标	检测方法	法规名称	适用范围	指标	检测方法
	GB 50222—2001《建筑内部装修设计防火规范》	窗帘、帷幕、床罩、家具包布等家用装饰织物	阻燃性能共分 2 级。 B1 级：损毁长度≤150mm，续燃时间≤5s，阴燃时间≤5s； B2 级：损毁长度≤200mm，续燃时间≤15s，阴燃时间≤15s	垂直燃烧法				
	GB 8624—2012《建筑材料及制品燃烧性能分级》	窗帘幕布、家具制品装饰用织物燃烧性能	B1：氧指数≥32.0%；损毁长度≤150mm，续燃时间≤5s，阴燃时间≤15s；燃烧滴落物未引起脱脂棉燃烧或阴燃； B2：氧指数≥26.0%；损毁长度≤200mm，续燃时间≤15s，阴燃时间≤30s；燃烧滴落物未引起脱脂棉燃烧或阴燃； B3：无性能要求	GB/T 5454（氧指数法） GB/T 5455（垂直燃烧法）				

在地毯方面，美国 16CFR 1630 和 16CFR 1631 这两项标准适用于各种地毯及小地毯。地毯（carpet）指用于家庭、办公室或宾馆的，单向尺寸＞1.83m、表面积 $2.23m^2$

的地毯。小地毯（rug）是指单向尺寸<1.83m、表面积<2.23m^{2}的地毯。两项标准的要求基本相同，要求在8个给定进行测试的地毯或垫子中至少有7个满足该标准的要求，单个样本在测试中炭化部分的尺寸在2.54cm范围以内才算合格。我国根据地毯的用途、材质、制作工艺制定了多个产品标准，除部分产品标准对燃烧性能未做规定外，其他标准的燃烧要求采用不同的指标，以损毁长度为主，其他指标还包括：自熄时间、滴落物熄灭时间、熄灭时临界辐射通量、持续燃烧热量、热释放总值、热释放峰值、续燃、阴燃时间、燃烧速度等。其中关于损毁长度的描述指半径还是直径未明确说明（在试验方法GB 11049中有说明“中心至损毁区边缘的最大距离”），而美国有较明确的描述。另外我国规定“损毁长度≤75mm，”低于美国要求的“试样烧焦部分的孔的大小在2.54cm范围内”。我国交通工具（飞机、汽车、轮船等）内部的地毯燃烧性能要求指标的设置与一般地毯有较大区别。

在床垫方面，美国16CFR 1632要求床垫表面的任何方向上离香烟最近点的炭长小于等于5.1cm，16CFR 1633适用于床垫和成套床具，要求在点燃一定时间后释放的能量，30min内热释放速率的峰值不超过200kW，开始的10min内总热量不超过15MJ。我国床垫的燃烧性能按家用和公共场所用而有所不同，家用床垫用香烟点燃，未续燃、阴燃则被认为通过香烟抗引燃特性试验，公共场所用床垫用燃烧管点燃，移开120s以后直至1h期间，未观察到试样表面或内部出现任何续燃、阴燃现象，则通过模拟火柴火焰抗引燃特性试验。

装饰用纺织品方面，我国主要以损毁长度、续燃时间、阴燃时间作为考核指标，GB 20286—2006更是添加了氧指数、燃烧滴落物、烟密度登记、产烟毒性指标作为分级考核因素。GB/T17591—2006《阻燃机织物》按照产品类别区分，其中装饰性织物（窗帘、帷幔、沙发罩、床罩）考核项目为：损毁长度、续燃时间、阴燃时间，交通工具内饰物中飞机、轮船的考核项目为：损毁长度、续燃时间、燃烧滴落物；汽车内饰用织物考核指标为火焰蔓延速率；火车内饰用织物考核项目为：损毁面积、损毁长度、续燃时间、阴燃时间、接焰时间。判定标准为：各个指标均达到B1级要求者为B1级；有一项未达到B1级但达到B2级者为B2级。未达到B2级规定的，不得作为阻燃产品。经耐洗性试验未达到B2级指标的不得作为耐洗阻燃产品。如果所有样品的燃烧性能合格或不合格数不超过标准的接收数，则该批产品燃烧性能合格，如果不合格样品数达到了拒收数，则该批产品燃烧性能不合格。美国目前无特定法规针对这类产品。

（4）指标测试方法比对

① 美国标准测试方法

a）16CFR 1610 服用纺织品的可燃性标准

该标准采用45°倾斜法，每次测试需要5份尺寸为5.08cm（2inch）×15.24cm（6inch）的试样，分别在干洗和清洗前后进行测试。在特定的测试装置内，将试样以45°放置，用规定的点火源在标样下部表面点火1s，观察点燃情况和记录燃烧一定距离所需时间，时间越长，说明该试样的阻燃性越好。

16CFR 1610规定分两步测定样品易燃性，即先后对来样初始状态的易燃性和经过干洗、洗涤程序处理后样品的易燃性进行测定。第一步，每个样品测试5个标样，取平均值。等级为 3 的样品不需进行第二步测试，而等级为 1 和 2 的样品需在干洗、洗涤后对其易燃性进行第二步测试。同一样品，取两步测试中易燃性严重的等级，根据等级不同，最后结果为通过或不通过。

b）16CFR 1615 儿童睡衣燃烧性标准（0 ~ 6X）和 16CFR 1616 儿童睡衣燃烧性标准（7 ~ 16）

这两项标准所规定的测试方法基本相同，采用垂直燃烧法。将先烘干再冷却的标样（25.4cm × 8.9cm）垂直悬挂在规定的实验箱中的试样架上，调整使试样的底边与试样架的底边对齐，试样架夹住试样后，暴露在中间的试样宽度为 5.1cm。点火器火焰高度为 3.8cm（火焰的最高点与燃烧器管子口之间的距离），在试样底部的点燃时间是 3.0 ± 0.2s，移去火焰，待试样上火焰自行熄灭后，取下被测试样并在燃烧毁损处负载一定重物，测量撕裂长度即炭长。每个样品测 5 个标样，取平均值。

儿童睡衣易燃性测试分三步：第一步，所用面料测试（Fabric testing）；第二步，缝制方式测试（Prototype seam/trim testing）；第三步，成衣测试（Production garment testing）。规定上步测试不通过，毋需进行下步测试。其中，第一步面料测试中除了洗前测试外，还需进行 50 次洗涤后测试。对未阻燃整理的面料，若第一个样品洗涤前和 50 次洗涤后通过，后续测试只需测洗涤前即可；若面料经过阻燃整理，则每个样品均需进行洗涤前和 50 次洗涤后测试。后两步均无需作 50 次洗涤后测试。三个测试步骤的结果，分成平均值和个别值两部分，若有任一部分不符合要求，即为不通过。

c）16CFR 1630 \16CFR 1631 地毯类/小地毯类产品表面燃烧性标准

这两项标准适用于各种地毯及小地毯，测试方法为水平法。经过阻燃处理的地毯或使用阻燃纤维制作的地毯试样需要洗涤和干燥 10 次。较潮湿的试样允许将试样在实验室条件下风干后放入烤箱干燥。将干燥过的地毯试样水平置于规定的环境中，然后把一六甲基四胺片剂置于试样的中心，将片剂点燃，最后测量试样炭化部分的最大长度，测试报告须给零售商或分销商。如果地毯或其纤维经过阻燃整理，则其标签上应注明“T”。

d）16CFR 1632 床垫的燃烧性测试标准

测试方法为香烟法。将 18 支点燃的香烟作为标准点火源，将其置于床垫或其试样的 6 个面。床垫表面应分为两部分，一部分做裸床垫测试（bare mattress tests），另一部分做两片被单覆盖试验。如果在香烟周围任何方向上的炭长都不超过 50.8mm（2in），则该单支香烟实验部位属合格。一般要求点燃 18 支香烟进行测试，只要有一个部位不符合该标准，则该床垫不合格。软床垫还要求在试验前洗涤和烘干 10 次。此外，法规还规定含有化学阻燃剂的床垫类产品在其标签上要注明“T”。

e）16CFR 1633 床垫及成套床具燃烧性测试标准

测试方法为明火法。准备 3 个不小于双人床的试样，以丙烷燃烧器作为点火源，将试样放在指定的火源中，在良好的通风条件下，自由燃烧。这些燃烧器在不同时间可施加大小不同的火焰，对试样的顶部和两侧进行燃烧。在燃烧过程中和燃烧后，测量试样的热释放率，确定燃烧产生的能量。热释放速率必须采用氧耗量热法测量。在 30min 内，试样的热释放速率的峰值不得超过 200kW。在测试前 10min，总热释放量不应超过

15MJ。如果 3 个试样都通过测试，则样品合格。如果有 1 个样品未通过测试，则样品不合格。

② 我国标准测试方法

a）GB/T 5455—2014《纺织品　燃烧性能 垂直方向损毁长度、阴燃和续燃时间的测定》

采用垂直燃烧法，适用于各类织物及其制品。根据调湿条件准备试样，对试样进行调湿或者干燥，移动火焰使试样底边正好处于火焰中点位置上方，点燃试样，测量规定点燃时间后，试样的续燃时间、阻燃时间及损毁长度，续燃和阻燃时间越短，说明该材料的阻燃性能越好。

b）GB/T 14644—2014《纺织品　燃烧性能 45° 方向燃烧速率的测定》

采用 45° 燃烧法，适用于各类织物及其制品。准备尺寸 160mm × 50mm 的试样 5 块，待干燥冷却后，将试样斜放呈 45° 角，用丁烷气体对试样点火 1s，将试样有焰向上燃烧一定距离所需的时间作为评价指标。对于燃烧等级为 1 级和 2 级的样品，对试样进行 1 次洗涤后，重新按程序进行测试。

c）FZ/T 01028—1993《纺织织物　燃烧性能测定　水平法》

采用水平法，准备 350mm × 100mm 的试样 10 块，在规定的温度和湿度条件下进行试验，用丙烷或丁烷气体对水平方向的纺织试样点火 15s，测定火焰在试样上的蔓延距离和蔓延此距离所用的时间。

d）GB/T 14645—2014《纺织品　燃烧性能 45° 方向损毁面积和接焰次数的测定》

采用 45° 燃烧法，适用于各类纺织物。在规定的试验条件下，对 45° 方向纺织试样点火，测量织物燃烧后的续燃和阴燃时间、损毁面积及损毁长度，或测量织物燃烧距试样下端 90mm 处需要接触火焰的次数。

e）GB 17927.1—2011《软体家具　床垫和沙发　抗引燃特性的评定　第 1 部分：阴燃的香烟》

采用水平法，观察放置点燃香烟后 1h 内试样的阴燃或续燃现象。如果放置点燃香烟后 1h 内的任一时刻发现试样上出现阴燃或有焰燃烧引燃，表明试样未通过香烟抗引燃试验，应立即停止试验进行灭火处理。记录从放置香烟到扑灭引燃试样所经过的时间，并完成试验报告。

如果在 1h 内未能发现任何续燃或阴燃现象，或者香烟在燃完其全长之前熄灭，应记录这些现象，并在其他位置重复上述试验。若仍未发现续燃或阴燃现象，应进行记录，并对试样进行最终检查。

f）GB 17927.2—2011《软体家具　床垫和沙发 抗引燃特性的评定　第 2 部分：模拟火柴火焰》

采用水平法，将燃烧管水平放置于床垫上表面的平坦部位，距最近的边部或以前试验留下的痕迹处至少 100mm。燃烧管放置应平与试样接触。燃烧管在试样上燃烧（15 ± 1）s 后，小心地从试验部位移开，终止引燃。观察并记录试样表面和内部的所有续燃或阴燃现象。燃烧管移开后 120s 内即自行熄灭的任何续燃或阴燃等燃烧现象均不需记录。若燃烧管移开 120s 以后直至 1h 期间观察到续燃或阴燃现象，表明试样未通过模拟火柴火焰抗引燃特性试验。如果在 1h 内未能发现任何续燃或阴燃现象，应记录这些现象，并在满足要求的其他位置重复上述试验。若仍未发现续燃或阴燃现象，应进行记录，并对试样进行最终检查。

g）GB/T11049—2008《地毯燃烧性能　室温片剂试验方法》

采用水平法，在规定的试验条件下，将水平放置的试样，暴露在小火源即六甲基四胺旁扁平片剂的作用下，并测量试验后的损毁长度和火焰的蔓延时间。记录每块试样的最大损毁长度。

h）GB/T20390.1—2006/ GB/T20390.2—2006《纺织品　床上用品燃烧性能　第 1 部分：香烟为点火源的可点燃性试验方法》《纺织品　床上用品燃烧性能　第 2 部分：小火焰为点火源的可点燃性试验方法》

将试样放在试验衬底上，在试样的上部或下部放置发烟的香烟，记录所发生的渐进性发烟燃烧或有焰燃烧，试验结果为点燃或未点燃；如果是点燃，记录点燃的类型（渐进性发烟燃烧的燃烧或有焰燃烧的点燃）、试验终止时间和原因。

i）GB/T5454—1997《纺织品　燃烧性能试验　氧指数法》

试样垂直于燃烧同内，在向上流动的氧氮气流中，点燃试样上端，观察其燃烧特征，并与规定的极限氧指数比较其续燃时间或损毁长度，通过在不同氧浓度中一系列试样的试验，测得维持燃烧所需的最低氧浓度值，受试试样中要有 40% ~ 60%超过规定的续燃和阴燃时间或损毁长度。

③ 对比分析

美国法规中对不同的产品采用的试验方法不同，考核服用纺织品采用的是 45° 燃烧法，考核儿童睡衣采用的是垂直燃烧法，考核地毯和床垫采用的是水平法。

我国现有的纺织品燃烧性能测试方法主要有氧指数法、垂直法、45° 燃烧法和水平法等。测试一般服用纺织品采用的是 45° 法；考核防护服、公共场所装饰用织物、建筑内饰织物、飞机舱内饰织物和船舱内饰织物都采用垂直法；考核公共场所用阻燃织物除了采用垂直法外，对于阻燃织物 1 级增加氧指数法；考核汽车内饰织物采用水平法。

纺织品燃烧性能的试验方法很多，不同种类织物有不同的测试方法，有些织物也可以用不同的测试方法来评价其阻燃性能。按照织物试样放置不同可分为垂直法、倾斜法（45º）、水平法；按照点燃火源不同有：丙烷或丁烷气体火焰点燃、香烟点燃、片剂点燃、辐射热源点燃；按照评价标准不同有：火焰续燃和阻燃时间以及平均炭长、在规定燃烧距离内火焰蔓延时间、火焰蔓延速率、规定时间内损毁面积和接焰次数。

我国纺织标准中没有严格区分各类纺织品采用何种方法进行阻燃性能检测；而美国在这方面做了严格的方法区分。即使两国采用的是同种方法如垂直法，由于国内和美国的测试方法中使用的仪器、试样的放置状态、点火源的位置及点火时间等条件均不相同，两者的结果也不尽相同。

a）垂直燃烧法

将 16CFR 1615 和 16CFR 1616 与我国 GB/T 5455—2014 采用的垂直燃烧法进行对比。这两种方法测试原理相同，都是将一定尺寸的试样置于规定的试样架上进行干燥和冷却后，置于规定的燃烧器下，用标准火焰点燃试样规定的时间，同时记录其续燃时间、阴燃时间并测量其损毁长度，主要技术参数对比见表 1-3-16。从表中看出，中美垂直燃烧法略有不同，我国 GB/T 5455 根据调湿条件不同，分为条件 A 和条件 B，同时点火时间、气体等与调湿条件相对应，其中条件 B 与美国的主要技术参数基本一致。

表 1-3-16　中美垂直燃烧法比较

主要技术参数	16CFR 1615/1616	GB/T 5455	
测试阶段	织物、半成品、成衣	织物、半成品、成衣	
前处理	对于织物要 50 次水洗	根据产品标准规定	
试样尺寸	25.4cm × 8.9cm	30cm × 8.9cm	
燃烧用气体	甲烷	丙烷、丁烷、丙烷/丁烷混合气体	甲烷
气压	1615:129:13mmHg 1616:129 ~ 259mmHg	17.2kPa±1.7kPa	
试样处理	105℃烘干 30min	标准大气条件下调湿	（105±3）℃烘干（30±2）min
火焰高度	38mm	（40±2）mm	
点焰时间	（3.0±0.2）s	12s	3s

注：1mmHg=133.32Pa。

b）45° 燃烧法

美国考核服用纺织品采用 45° 法和我国 GB/T 14644 采用的 45° 法，原理基本一致，主要参数对比见表 1-3-17。从表 1-3-17 可以看出，GB/T 14644 标准中规定的 45° 法与美国 16 CFR 1610 法规中的方法基本一致。

表 1-3-17　中美 45° 燃烧法比较

主要技术参数	16CFR 1610	GB/T 14644—2014
试样尺寸	152mm×50mm	160mm×50mm
调湿条件	（105±3）℃的烘箱内，（30±2）min 后取出，置于干燥器中，冷却不少于 30min	（105±3）℃的烘箱内，（30±2）min 后取出，置于干燥器中，冷却不少于 30min
气体	丁烷（化学纯）	丁烷（化学纯）
火焰高度	16mm	16 mm
点火时间	（1±0.05）s	（1±0.05）s

c）水平法

美国考核床垫、地毯采用的水平法，与我国考核汽车内饰织物采用的水平法，虽然试样都是水平放置，但点火源对试样的点火方式不同，点火源的种类不同，考核的指标也不相同，差别较大。

（5）指标测试预处理比对

美国在《服用纺织品易燃性标准》中规定，原始样品按标准要求测试后，其燃烧性能为等级 1（正常可燃性）或等级 2（中等可燃性），那么该样品需要继续测试洗涤后的燃烧性能。而洗涤并不是为了测试纺织服装阻燃性能的耐久性，而是为了去除织物服装上有可能影响其燃烧性能的处理剂。其中洗涤程序为使用商业干洗机干洗 1 次，干洗后继续水洗 1 次，洗涤后再进行燃烧分级。

在《儿童睡衣易燃性标准》中规定，对于使用中需要洗涤的产品，要按照规定的程序进行 50 次洗涤后再进行燃烧性能试验，或者按照产品有效使用期内所能承受的洗涤次数洗涤后再进行燃烧性能试验。对于只能干洗的产品，按照干洗程序洗涤后进行试验。

我国考核纺织品的燃烧性能时，一般不要求在燃烧试验前进行水洗或者干洗程序，只有当产品标明是耐洗阻燃织物时，才要求经过 12 次水洗或者经过 6 次干洗后做燃烧性能试验。只有防护服明确要求必须使用耐水洗的阻燃织物，水洗 12 次或 50 次，洗涤后燃烧性能仍应符合标准要求。而婴幼儿及儿童产品与一般服用纺织品一样，原始样品按标准要求测试后，其燃烧性能为 1 级（正常可燃性）和 2 级（中等可燃性），那么该样品需要继续测试洗涤后的燃烧性能。其中洗涤程序与美国有一定的差异，洗涤只要求进行 1 次水洗。

我国与美国的对于样品洗涤存在数量和形式上的差异，在我国部分纺织品甚至不用经过洗涤程序。国内企业在向美国出口儿童睡衣和服用织物等纺织品时，经常忽略对方技术法规中对试样洗涤的要求，而达不到出口国的要求。

（6）小结

通过与美国的纺织品易燃性标准的对比，可以发现：

① 法规层次差异。美国纺织品阻燃标准大部分是以法规的形式出现，对产品使用、维护、保养作了规定，并对不合格产品规定了召回、实施与处罚等条例；我国对纺织品阻燃性能只是从标准的角度出发，缺乏对管理条款的相关规定且标准缺乏灵活性。另外美国对产品测试及引用的标准一般为最新的标准，更能适应新产品的出现，使新产品出现后有规可寻，我国在这些方面缺乏规定且不够灵活。

② 适用范围差异。我国现行纺织品易燃性标准多而杂乱，有很多冗余标准，有些产品同时存在两个标准，存在重复性，从而导致不一致性，造成行业次序混乱，企业、顾客无所适从。必须充分把握好产品多样性与标准的统一性的矛盾，过于单一的标准必然不能全面反映纺织品阻燃性能的好坏。此外，随着社会、科学、经济的发展，产品正趋向于多样化，但是，相应标准的发展滞后于产品的发展。例如，国外对儿童睡衣、晚装等服用织物及帐篷等户外用纺织品都制定了阻燃性能标准，而我国在这些方面还是空白。我国标准的更新速度也较慢，很多标准都在实施十几年后才做修订。如何在这段标准空白时期，对这类产品进行检测，是不得不考虑的问题。

③ 指标设定差异。我国的燃烧性能指标已逐渐与美国标准接轨，但仍有部分产品的指标略低，如儿童睡衣、地毯等。同时存在指标重复现象，即同种产品不同标准设定了不同的燃烧性能要求。我国 GB 20286—2006《公共场所阻燃制品及组件燃烧性能要

求和标识》既考虑纺织品阻燃性能指标，又考虑到了所谓的第二安全性和第三安全性指标，即增加阻燃制品产生的烟雾、毒性和熔融对人体的危害性的考核指标。这点较美国目前的燃烧性能法规考虑的全面。

④ 测试方法差异。中美对同一类产品的测试方法和评价标准不同。我国相同测试方法应用于不同产品，规定了太多标准。此外，燃烧测试方法多种多样，各种测试方法的结果之间难以相互比较，只能在一定程度上说明试样燃烧性能的相对优劣。我国现行标准中除特殊要求一般不做预处理，但国外大部分标准都要求经洗涤处理后再检测。国外对产品标签做出了要求并注明该种纺织品是否需要洗涤，洗涤前后是否易燃以及该纺织品是否经过了阻燃处理，若经过了阻燃处理洗涤之后阻燃效果是否退化等。

4.2.2 标识标签要求比对

4.2.2.1 我国纺织品标签要求

我国对纺织品标签作出规定的标准主要有：GB 5296.4—2012《消费品使用说明 纺织品和服装的使用说明》、GB/T 8685—2008《纺织品和服装使用说明的图形符号》、GB/T 29862—2013《纺织品 纤维含量的标识》、FZ/T 01053—2007《纺织品 纤维含量的标识》等标准。

GB 5296.4—2012 主要对纺织品和服装使用说明必须遵守的基本原则、应标注的内容、可采用形式和放置位置等内容进行规定。

GB/T 8685—2008 给出了纺织产品标签上使用的符号和使用方法。

GB/T 29862—2013 规定了纺织产品纤维含量的标签要求、标注原则、表示方法、允差以及标识符合性的判定。

FZ/T 01053—2007 的内容与 GB/T 29862—2013 较类似。

（1）标签（使用说明）的形式

标签可以分为非耐久性标签和耐久性标签。GB 5296.4—2012 规定“使用说明”可以使用说明书、标签、铭牌等形式表达。耐久性标签 GB 5296.4—2012 和 GB/T 29862—2013 在被定义为“永久附着在产品上，并能在产品的使用过程中保持清晰易读的标签。”FZ/T 01053—2007 中耐久性标签被定义为“一直附着在产品本身上，并能承受该产品使用说明中的维护程序，保持字迹清晰易读的标签。”

（2）标签的内容

GB 5296.4—2012 规定了 8 项内容：制造者的名称和地址、产品名称、产品的号型或规格、纤维成分和含量、维护方法、执行的产品标准、安全类别、使用和贮藏注意事项。

（3）标签的位置

使用说明应附着在产品上或包装上的明显部位或适当部位。服装的纤维成分及含量和维护方法耐久性标签，上装一般可缝在左摆缝中下部，下装可缝在腰头里子下沿或左边裙侧缝、裤侧缝上。床上用品、毛巾、围巾等制品的耐久性标签可缝在产品的边角处。特殊工艺的产品上耐久性标签的安放位置，可根据需要设置。

4.2.2.2 美国纺织品标签要求

美国对纺织品和服装标签的要求主要有:《羊毛产品标签法》及其细则(16CFR300)、《纺织纤维产品标识法》及其细则(16CFR303)、《毛皮制品标签法令》及其细则(16CFR301)及《纺织品服装和面料的维护标签》(16CFR423)。

(1)《羊毛产品标签法》及其细则(16CFR300)

① 范围

每一件羊毛制品采用印章、吊牌、标签或其他标识方式进行标注时，必须符合该法令及其细则的要求。不适用于对地毯、小块地毯、垫子或家具装饰布的制造、装运、以装运为目的的交付、销售，也不适用于进行上述活动的个体。

② 标签制度

首先强制性规定了纤维成分、制造商名称、原产地信息 3 种信息必须显示在毛织品标签上，其次又针对特例规定了纯羊毛织品、特级标签、毛绒制品这 3 种特殊情形的标签标识注意事项，最后规定了虚假广告和违法标签例外情形，即纤维允差。

③ 实施制度

《羊毛产品标签法令》规定的执行制度由联邦贸易委员会独立执行，主要分为对企业的日常生产记录的监管、企业注册信息的监管、海关扣留和保证。

④ 处罚制度

主要包括了处罚的前提、处罚的性质。从诉讼的前提、回避原则以及处罚的性质三方面规定了联邦法院司法处罚制度。

⑤ 标签上要求的信息

在印章、吊牌、标签或其他标识中，清晰、醒目并真实地标注法令及其条例所要求的有关羊毛制品的信息:

a)标示出羊毛制品中各纤维(装饰部分的纤维除外)的通用名称及所占的质量百分比，其中被规定标注为“其他纤维”的纤维列在最后;

b)非纤维的填充物或添加物质的占羊毛制品总质量的最大百分比;

c)羊毛制品制造商及其注册标识号;

d)羊毛制品的原产国名称;

⑥ 其他规定

除上述规定外,《羊毛产品标签法令规则和条例》(16CFR300)还对于其他内容做出了相关规定，如标注信息的语言要求、标签的固定方法、对成套产品的标注、对装饰部分的标注、被包装羊毛制品的标注、术语“all”或“100%”的使用、术语“virgin”或“new”的使用、不同纤维产品组成的产品中各部分纤维成分及含量的标注、绒毛织物及由其制成产品的标注、含有加固或添加纤维的羊毛制品的标注、生产或制造羊毛制品的国家的标注、在邮购广告中原产国的标注、禁令及对违规产品的处罚。

(2)《纺织纤维产品标识法》及有关条例(16CFR303)

① 范围

纺织产品标识法令及有关条例(16CFR303)适用于服用服装，手帕，围巾，床上用品，窗帘、帏帐，装饰用织物，桌布，地毯，毛巾，揩布与揩碗布，烫衣板罩与衬垫，雨伞与阳伞，絮垫，带有头标的旗子或大面积大于 216in^2（0.14m^2）的旗子，软垫，所有纤维、纱线以及织物，家具套与其他用于家具的罩布或床罩，毛毯与肩巾，睡袋。

不适用于《1939 年羊毛产品标签法令》中规定的产品，家具装饰用填充物，由于产品结构需要而加入的内层或夹层、填充物，经硬挺整理的装饰带、服装的贴边或衬布，地毯的底布，地毯下面的填充物或衬垫，缝纫线及绣花线，鞋子和套鞋类中的纺织品，帽子、提包、包装和包装带，灯罩，玩具，女用卫生产品、胶带布、尿布等一次性使用的非织造布产品，带子、裤的吊带、臂章、永久性打结领带、吊袜带和卫生带，尿布衬垫，涂层织物。

② 标签上要求的信息

纺织产品标签上的信息应包括以下内容：

a）除许可的装饰物外，纺织产品纤维成分的通用名称和质量百分比，并按含量优先的顺序排列，标示为“其他纤维”的纤维的质量百分比列在最后；

b）纺织产品的制造商，或者纺织产品经销商的名称，或由美国联邦委员会发布的注册标识号；

c）加工或制造产品的国家名称。

③ 其他规定

除上述规定外，纺织产品标识法令及有关条例还对在邮购广告中的原产国、标注错误及虚假广告宣传的纺织产品、禁令及对违规产品的处理等内容作出规定。

（3）《纺织品服装和面料的维护标签》（16CFR423）

① 范围

适用于纺织服装及面料的制造商和进口商，包括管理或控制相关产品制造或进口的组织和个人。要求纺织服装及面料的制造商和进口商在销售中，应按照规定使用维护标签，以及提供规范的维护说明；并且要求在维护标签中标注洗涤、漂白、干燥、熨烫方式以及要求的警示语句。

② 符号

对于维护符号的规定引用了 ASTM D5489—2014。维护标签的符号体系是以代表 5 种操作程序的 5 个基准符号为基础的：水洗、漂白、干燥、熨烫，以及专业维护。

③ 纺织服装

a）制造商和进口商必须要贴维护标签，以使产品在销售给消费者时，可以被看到或很容易被发现。若产品被包装、陈列或折叠，以致消费者不能看到或不易发现标签时，则维护信息必须出现在包装外表面或产品的吊牌上；

b）对于产品的一般使用来说，维护标签必须表明产品正常使用需要哪些常规维护。一般，纺织服装的标签必须有水洗说明或干洗说明，并按要求进行说明。如果产品可以水洗也可以干洗，则标签仅有一种说明即可。如果不能用现有方法对产品无损伤地进行洗涤，则标签上必须说明。

④ 面料

a）面料的制造商和进口商必须在每一卷布的端头上清晰、明显地提供维护信息；

b）维护信息必须要标明对于产品在常规使用中所需要的常规维护的有关事项。

（4）《毛皮制品标签法令》及其规则和条例（16CFR301）

① 范围

适用于任何关于毛皮制品的贸易活动。

② 标签上要求的信息

标签上信息应当按照下列次序显示：毛皮制品含有天然，轧尖，漂白，染色，毛尖印染或者其他人工着色的毛皮或者由天然，轧尖，漂白，染色，毛尖印染或者其他人工着色的毛皮组成；毛皮制品含有经修剪，提取的毛皮；毛皮制品原产于特定国家（国家名称应当以形容词的形式表述）；毛皮的动物的名称；毛皮制品是由整个背脊组成或者全部或大部分由爪子，尾巴，腹部，肋肉，胁腹，鳃，耳朵，咽喉，头，碎料或者废毛皮组成；毛皮制品中进口毛皮的原产国名称；制造商或交易商的名称或者注册识别码；法案及其实施细则要求的其他与毛皮有关的信息。另外，当受损毛皮使用在毛皮制品中时，该事实应当完全显示在该产品的标签中。

③ 标签的一般要求

第一，语言要求。都应当用英语表示。

第二，标签大小要求。毛皮制品所需标签大小的基本要求是，7/4ft × 11/4ft（4.5cm × 7cm）。

第三，名称的要求。所有毛皮制品和毛皮的标签、广告和发票应当严格遵循毛皮制品名称索引“名称”项下出现的动物名称。如果该毛皮名称不在毛皮制品名称索引之列的，则应该在必需信息中用动物的真实英语名称表示出来，如果动物没有真实的英语名称，应用可以准确识别该动物的名称表示。另外，使用在标签和发票上的名称应当是经营者的全名，其他名称禁止使用。

4.2.2.3 欧盟纺织品标签要求

欧盟纺织品标签方面的法规主要是纺织品标签法规（EC）No.1007/2011。

（1）范围

① 纺织纤维的重量百分比至少达 80%的产品；

② 纺织部分至少占整体重量 80%的家具、雨伞及遮阳伞；

③ 多层地毯上层、床垫覆盖物、露营用品覆盖物的纺织部分，而该等纺织部分以重量计至少占上层或覆盖物 80%；

④ 包含在其他产品中，成为产品不可分割部分的纺织品。

（2）要求

① 纤维名称的规范：可详见条例（EU）No.1007/2011 的附录 I，且只有附录 I 所列的名称可出现在标签上。

② 纤维误差规定：仅含单一纤维的纺织品才能用“100%”、“纯（pure）”或“全（all）”的字样来描述；当纺织品由于技术的原因需要加入一定量的其他纤维时，添加的其他纤维的允许量为：一般纺织品（2%）、粗疏纺织品（5%）。

③ 关于羊毛产品的名称：当羊毛产品中的纤维在此之前没有被加入到其他产品中，且除了在产品加工过程之外没有经过任何纺制或毡化工艺，在处理和使用过程中没有被损坏时，该羊毛产品才可以描述为“fleece wool”“virgin wool”或其他语言中相同

的表达，表达方式详见指令附录Ⅲ。对于混纺产品，当其中的羊毛满足本条要求，羊毛的含量不少于 25%，且羊毛仅与其中一种纤维进行混纺时，才可以用上述名称。

④ 对混纺产品的规定

混纺中质量百分比低于 5%的单种纤维，或含量总计不超过 15%的多种纤维可标注为“其他纤维”。

混纺产品的误差：纺织产品中可以允许 2%的外来纤维，但必须证明该外来纤维是由于技术的原因造成的，如果经过一道粗疏工艺，则可以放宽到 5%；标识含量和实际检测的结果可以允许有 3%的加工误差。

⑤ 产品信息：指令中所涉及的纺织产品投放市场时，需要加贴标签或标注，标明纺织纤维的名称、描述和细节等内容，并使用欧盟成员国的本地语言。

⑥ 特殊产品的标识：对于含有两种或以上不同纤维成分的产品，应给出每一部分纺织品的纤维含量。但对于含量低于 30%的纤维，该要求不是强制性的（主要的衬里除外）。对两种或多种有相同纤维含量的纺织品组成的单元组，只需要贴一个标签。

⑦ 其他可不标识成分的特殊规定

对于产品中可见且独立的、仅起装饰作用的部分，当纤维含量不超过 7%时，则不需要标识；

对于加有抗静电纤维（例如金属纤维）的产品，如果含量不超过 2%，则同样不需要标识；

纺织制品中的非纺织部分，包括不构成产品的完整部分的镶边、标记、边饰以及装饰带，表面带有纺织原料的纽扣和带扣，附属物，装饰品，没有弹性的丝带，有弹性的线和带子等，都不需要进行标识。

⑧ 申请新型纤维名称所需技术材料的最低要求，列于附录 II 中。

⑨ 当纺织品中含有源自动物的非纺织品，如毛或皮革时，应在标识或标签上明示“含有源自动物的非纺织品”，同时其内容应使消费者容易理解，不致产生误导。

4.2.2.4 主要差异

我国标签与欧美标签的主要差异见表 1-3-18 ~ 表 1-3-21。

表 1-3-18 我国标签与欧美标签的主要差异

项目	中国	美国	欧盟
适用范围	适用于国内销售的纺织品和服装的使用说明。同时也列举出不适用的产品	适用于绝大多数纺织产品，但也明确了不适用的产品	适用于绝大多数纺织产品
标签上的文字	汉字，可同时使用相应的汉语拼音、少数民族文字或外文	英文	欧盟成员国本地语言
对违法及处罚的规定	无	规定了如何正确标注，还列出了错误的情况，规定了违法后的处罚	规定了违法后的处罚

表 1-3-18（续）

项目	中国	美国	欧盟
要求的详细程度	做原则性的规定	详细列出可能遇到的情况	详细列出可能遇到的情况
标签的内容	8 项内容：制造者的名称和地址、产品名称、产品号型或规格、纤维成分及含量、维护方法、执行的产品标准、安全类别、使用和贮藏注意事项	纤维成分标签和维护标签，纤维成分标签上要标明纤维成分及其含量、纺织产品的制造商或者经销商的名称、以及加工或制造产品的国家名称	纺织纤维的名称、描述和细节、原产国、是否含有如毛皮和皮革源自动物的非纺织品部分
纤维含量允差	根据不同的情况有 0，3%，5%，10%，30%等	3%	2%，5%
纺织纤维的通用名称	引用 GB/T 11951、GB/T 17685、GB/T 4146 和 ISO 2076 等	对纤维的通用名称有专门的规定，同时也承认国际标准化组织规定的纤维通用名称及纤维的定义。规定了对没有通用名称纤维的申请程序	仅该法规附录 I 所列的名称可出现在标签上
维护标签上表达信息方式	按 GB/T 8685 规定的图形符号，可增加说明性文字。	只要合适的术语能清楚地描述常规维护程序及符合此法规的要求，则该术语可以用在维护标签或维护说明上。ASTM D5489 中的符号，只要满足此法规的要求，可以在维护标签的维护说明上使用，以替代术语	—
维护标签上符号的顺序	按水洗、漂白、干燥、熨烫和专业维护的顺序排列	与我国规定的顺序一致	—

表 1-3-19 纺织产品标识法令及有关条例 16CFR303 与国内相关标准部分要求对比

项目	纺织产品标识法令及其细则（16CFR303）	GB 5296.4—2012	GB/T 29862—2013	FZ/T 01053—2007
适用于	服用服装制品，手帕，围巾，床上用品，窗帘、帏帐，装饰用织物，桌布，地毯，毛巾，揩布与揩碗布，烫	适用于在国内销售的纺织品和服装	适用于在国内销售的纺织产品	适用于在国内销售的纺织产品

表 1-3-19（续）

项目	纺织产品标识法令及其细则（16CFR303）	GB 5296.4—2012	GB/T 29862—2013	FZ/T 01053—2007
	衣板罩与衬垫，雨伞与阳伞，絮垫，带有头标的旗子或大面积大于 $216in^2$（$0.14m^2$）的旗子，软垫，所有纤维、纱线以及织物，家具套与其他用于家具的罩布或床罩，毛毯与肩巾，睡袋			
不适用于	不适用于《1939 年羊毛产品标签法令》中规定的产品，家具装饰用填充物，由于产品结构需要而加入的内层或夹层、填充物，经硬挺整理的装饰带、服装的贴边或衬布，地毯的底布，地毯下面的填充物或衬垫，缝纫线及绣花线，鞋子和套鞋类中的纺织品，帽子、提包、包装和包装带，灯罩，玩具，女用卫生产品、胶带布、尿布等一次性使用的非织造布产品，带子、裤的吊带、臂章、永久性打结领带、吊袜带和卫生带，尿布衬垫，涂层织物	纺织产品仅作为产品的部分或附件，没有必要标明纤维含量或维护方法的产品，有相关国家标准要求的纺织相关产品，或不属于消费品范围的纺织品。例如，一次性使用的制品；座椅、沙发、床垫家具用填充物和包布；鞋、鞋垫；装饰画、装饰挂布；工艺品等小件装饰物；伞；箱包；包装布和包装绳带；裤子吊带和吊袜带；尿布；玩具；宠物用品；清洁布；墙布、屏风等；旗帜；人造花	纺织产品仅作为产品的部分或附件；没有必要表明纺织纤维含量的产品。例如，一次性使用的制品；座椅、沙发、床垫等软垫家具用填充物和包布；鞋、鞋垫；装饰画、装饰挂布；饰品、工艺品等小件装饰物；雨伞、遮阳伞；箱包、背提包、包装布和包装绳带；裤子的吊带、臂章和吊袜带；尿布衬垫；婴儿床护栏和婴儿车；玩具；绷带、手术服等医用纺织制品；宠物用品；清洁布；墙布、屏风等；旗帜；人造花；产业用纺织品	国家另有规定的情况。纺织产品仅作为产品的部分或附件，没有必要标明纤维含量或维护方法的产品。例如，一次性使用的制品；座椅、沙发、床垫家具用填充物和包布；鞋、鞋垫；装饰画、装饰挂布；工艺品等小件装饰物；雨伞、遮阳伞；箱包；包装布和包装绳带；裤子吊带、臂章和吊袜带；尿布衬垫；婴儿床护栏和婴儿车；玩具；宠物用品；清洁布；墙布、屏风等；旗帜；人造花、产业用纺织品
纤维名称	纤维的通用名称、化学纤维的通用名称和定义、复合化学纤维的名称、新型化学纤维名称的申请程序、描述性术语的使用、纤维商标和通用名称的使用	规定了国家标准、行业标准对产品名称有定义和没有定义时的使用要求	规定纤维含量的百分率表示方法。天然纤维名称采用 GB/T 11951、羽绒羽毛名称采用 GB/T 17685、化学纤维和其他纤维名称采用 GB/T 4146 和 ISO 2076。没有统一名称的纤维可标为“新型”或参照附录	与 GB/T 29862—2013 类似

表 1-3-19（续）

项目	纺织产品标识法令及其细则（16CFR303）	GB 5296.4—2012	GB/T 29862—2013	FZ/T 01053—2007
不同产品的标注要求	分别规定：1．不同纤维产品组成的产品；2．纤维含量低于 5%的情况；3．含有夹层、填充物的产品；4．含有加固或添加纤维的产品；5．绒毛织物及其制成品；6．纺织制品的装饰物；7．装饰品；8．被包装的产品；9．成套产品；10．样品、样本或试样纤维含量标注方法	产品应按 FZ/T 01053 的规定标明其纤维的成分及含量。皮革服装按 QB/T 2262 标明种类名称	分别规定：1．仅有一种纤维组分的产品；2．两种及以上纤维组分的产品；3．提前印好的非耐久性标签；4．含量≤5%的纤维、两种及以上含量各≤5%的纤维且其总量≤15%；5．含有两种及以上化学性质相似且难以定量分析的纤维；6．带有里料的产品；7．含有填充物的产品；8．由两种及以上不同织物拼接构成的产品；9．含有两种及以上明显可分的纱线种类、图案或结构的产品；10．由两层及以上材料构成的多层产品；11．当产品的某个部位上添加有起加固作用的纤维时的情况；12．产品中含有能够判断为特性纤维的情况；13．产品中起装饰作用的部件、非外露部件以及某些小部件的情况。14．含有涂层、胶（粘合剂）和薄膜等难以去除的非纤维物质的产品；15．结构复杂的产品纤维含量的标注方法	与 GB/T 29862—2013 类似
纤维含量允差	术语“All”或“100%”的使用、术语“virgin”或“new”的使用、纤维含量的允差（3%）	—	根据不同的情况有 0，3%，5%，10%	根据不同的情况有 0，5%，10%，30%

表 1-3-19（续）

项目	纺织产品标识法令及其细则（16CFR303）	GB 5296.4—2012	GB/T 29862—2013	FZ/T 01053—2007
标签上内容	1.纺织产品纤维成分的通用名称和质量百分比；2.纺织产品的制造商，或者纺织产品经销商的名称或注册号；3.加工或制造产品的国家名称	1.制造者的名称和地址；2.产品名称；3.产品号型或规格；4.纤维成分及含量；5.维护方法；6.执行的产品标准；7.安全类别；8.使用和贮藏注意事项	——	——
标签的固定	1.应使欲购买者易于看懂、看清、易于接触到此信息；2.标签固定在每一件纺织产品上，当有特殊要求时，则固定在产品的包装上；3.带有衣领的纺织产品，该标签固定在后领窝内侧中部，或固定在接近衣领内侧中部的另一个标签的位置上；4.不带衣领的纺织产品，信息应标示在产品内面或外面的几个标签上；5.包装的袜类产品，当信息适用于包装中每一件产品时包装出售时，不要求在包装内的每一个袜类产品上都要加上标签	1.直接印刷或织造在产品上；2.固定在产品上的耐久性标签；3.悬挂在产品上的标签；4.悬挂、粘贴或固定在产品包装上的标签；5.直接印刷在产品包装上；6.随同产品提供的资料等	—	—
在邮购广告中的原产国	当在邮购清单或邮购促销材料中广告宣传纺织纤维产品时，应清楚而醒目地说明产品是美国制造或进口，或者是两种情况兼有，也可使用其他语句来表达此意	—	—	—
标注错误及虚假广告宣传的纺织产品	规定了 4 类被认定为错误标注的情况	附录 B 使用说明缺陷的判别	纤维含量标识符合性的判定（列出 7 种不符合要求的情况）	纤维含量标识符合性的判定（列出 8 种不符合要求的情况）

表 1-3-19（续）

项目	纺织产品标识法令及其细则（16CFR303）	GB 5296.4—2012	GB/T 29862—2013	FZ/T 01053—2007
禁令及对违规产品的处理	规定了非法行为的认定、违规产品的处理（销毁、销售、交付其所有者处理等）、罚款、监禁等内容	—	—	—
标签上的文字	英文	国家规定的规范汉字，可同时使用相应的汉语拼音、少数民族文字或外文	—	—

表 1-3-20 羊毛制品标签法令及其实施规则与条例（16CFR300）与国内相关标准部分要求对比

项目	羊毛制品标签法令及其细则（16CFR300）	GB/T 29862—2013	FZ/T 01053—2007
适用于	每一件羊毛制品采用印章、吊牌、标签或其他标识方式进行标注时，必须符合本法令及其规则和条例要求	适用于在国内销售的纺织产品	适用于在国内销售的纺织产品
不适用于	不适用于对地毯、小块地毯、垫子或家具装饰布的制造、装运、以装运为目的的交付、销售，也不适用于进行上述活动的个体	纺织产品仅作为产品的部分或附件；没有必要表明纺织纤维含量的产品。例如，一次性使用的制品；座椅、沙发、床垫等软垫家具用填充物和包布；鞋、鞋垫；装饰画、装饰挂布；饰品、工艺品等小件装饰物；雨伞、遮阳伞；箱包、背提包、包装布和包装绳带；裤子的吊带、臂章和吊袜带；尿布衬垫；婴儿床护栏和婴儿车；玩具；绷带、手术服等医用纺织制品；宠物用品；清洁布；墙布、屏风等；旗帜；人造花；产业用纺织品	国家另有规定的情况。纺织产品仅作为产品的部分或附件，没有必要标明纤维含量或维护方法的产品。例如，一次性使用的制品；座椅、沙发、床垫家具用填充物和包布；鞋、鞋垫；装饰画、装饰挂布；工艺品等小件装饰物；雨伞、遮阳伞；箱包；包装布和包装绳带；裤子吊带、臂章和吊袜带；尿布衬垫；婴儿床护栏和婴儿车；玩具；宠物用品；清洁布；墙布、屏风等；旗帜；人造花、产业用纺织品

表 1-3-20（续）

项目	羊毛制品标签法令及其细则（16CFR300）	GB/T 29862—2013	FZ/T 01053—2007
标签上所要求的信息	1.羊毛制品中各纤维（装饰部分的纤维除外）的通用名称及所占的质量百分比；2.非纤维的填充物或添加物质的占羊毛制品总质量的最大百分比；3.羊毛制品制造商或及其注册标识号。4.羊毛制品的原产国名称	GB 5296.4—2012 有类似的 8 项规定（1.制造者的名称和地址；2.产品名称；3.产品号型或规格；4.纤维成分及含量；5.维护方法；6.执行的产品标准；7.安全类别；8.使用和贮藏注意事项）	GB 5296.4—2012 有类似的 8 项规定（1.制造者的名称和地址；2.产品名称；3.产品号型或规格；4.纤维成分及含量；5.维护方法；6.执行的产品标准；7.安全类别；8.使用和贮藏注意事项）
纤维含量的标注要求	规定了：1.Mohair, Cashmere 以及特种纤维名称的使用；2.超细羊毛的标识；3.含量低于5%的纤维；4.羊毛制品中毛皮纤维；5.样品、样本或试样；6.含有羊毛的衬里、填充物、装饰带等；7.质量不确定的回收纤维；8.纤维商标和通用名称的使用等内容	规定了纤维含量和名称的标注原则和 15 种纤维含量的表示方法和示例	与 GB/T 29862—2013 类似
标注错误的羊毛制品	1.使用错误的或有欺骗性的标签；2.标签未置于或附于羊毛制品上；3.羊毛含量未用清晰易懂的词语或数字表明；4.标签未按要求置于正确的位置	纤维含量标识符合性的判定（列出 7 种不符合要求的情况）	纤维含量标识符合性的判定（列出 8 种不符合要求的情况）

表 1-3-21 纺织品服装和面料的维护标签（16CFR423）与国内相关标准部分要求对比

项目	16 CFR 423	GB/T 8685—2008
适用范围	适用于纺织服装及面料的制造商和进口商，包括管理或控制相关产品制造或进口的组织和个人。要求纺织服装及面料的制造商和进口商在销售中，应按照规定使用维护标签，以及提供规范的维护说明；并且要求在维护标签中标注洗涤，漂白，干燥，熨烫方式以及要求的警示语句	本标准建立了纺织产品标签上使用的符号体系，提供了不会对制品造成不可回复损伤的最剧烈的维护程序的信息;规定了这些符号在维护标签中的使用方法。本标准包括了水洗、漂白、干燥和熨烫的家庭维护方法，也包括干洗和湿洗的专业纺织品维护方法，但不包括工业洗涤。家庭维护方法的 4 种符号提供的信息也可对专业洗熨人员提供帮助。本标准适用于提供给最终用户的所有纺织产品
不公平的或欺诈行为	规定 5 项制造商或进口商的不公平的或欺诈行为	—
标签上维护信息的表达	1.术语；2.符号（引用 ASTM D5489）；3.术语与符号的组合	规定了符号和表达的意义

表 1-3-21（续）

项目	16 CFR 423	GB/T 8685—2008
纺织服装维护标签要求	1.标签应容易被发现；2.维护标签必须表明产品正常使用需要哪些常规维护；3.水洗说明；4.干洗说明；5.维护信息的合理依据	符号的应用和使用（标签位置、材料要求、易于辨认、足够牢固和明显、符号排列顺序等）
面料维护标签要求	规定：1.标签的位置；2.标签的内容	
豁免	规定了 5 类免于标签要求限制的情况	—
与易燃性标准的冲突	若此条例与易燃性织物法令下的任何条例存在冲突，应遵守可燃性织物条例	—

通过以上比对可以发现：

（1）我国没有专门用于纺织品标签管理的法规，只能从相关法规中寻找法律支持，我国现有的法律法规中与毛织品标签相关的只有《中华人民共和国产品质量法》《中华人民共和国标准化法》《中华人民共和国消费者权益保护法》《中华人民共和国进出口商品检验法》及其实施条例等。因为上述法规不是专门针对纺织品标签设立的，法律专业性不强。我国有必要建立纺织品标签法，主要内容包括：基本术语、标签标注的基本原则、标签标注的具体规定、执行机构和执行流程、救济措施、处罚、例外情形、法律的实施。

（2）我国缺乏 WTO/TBT 协议规定的真正意义上的技术法规，也未形成有效的技术法规管理运行机制，纺织品立法比较缺乏，仅有几项标准予以支撑，这些标准由于自身的原因对只标签要求做原则性规定，并缺失了相关不公平或欺诈性的行为或事实认定、处罚制度、执行制度等内容，在具体的实施过程中可能会出现各种问题。如何与其他的部门法或者上位法进行衔接，如何运用，都需要相关的条款进一步说明和确定。

4.3 建议

许多发达国家都对纺织品服装的安全性能提出了强制性的要求。特别是欧美建立了比较健全的技术法规体系和标准体系。我国在这方面与其相比还比较落后，需进一步健全和完善纺织品服装的技术法规和标准。

4.3.1 做好纺织标准体系规划，加快标准更新速度

目前，我国标准的制定通常是缺什么标准就建立一个新标准填补，因此显得多、乱、杂。弥补燃烧性能标准的空白，可通过制定通用的纺织品燃烧性能标准或者技术法规。随着产品的发展和标准应用的实际，不断补充完善通用标准内容，而不是设立新标准。比如按照国外法规的模式，试验方法部分引用某种方法标准的方式，以最新的方法标准为准。

通过纺织协会、联合会等社会组织协调相关企业、研究院所共同制定团体标准，供市场选择，推动技术进步，提高我国纺织行业竞争力。充分运用信息化手段，建立

制修订全过程信息公开和共享平台，强化制修订流程中的信息共享、社会监督和自查自纠，有效避免推荐性国家标准、行业标准、地方标准在立项、制定过程中的交叉重复矛盾。

标准化法和行业标准管理办法规定，标准复审周期为 5 年。而目前我国还存在大量长达十几年未修订的纺织品阻燃性能标准。标准化行政主管部门应及时开展标准复审和维护更新，同时，发挥企业主体作用，对不能满足需要的标准，及时提出修订申请，通过以上措施将有效解决标准滞后老化问题。

4.3.2 实现标准从生产型标准向贸易型标准转变

我国纺织品标准应顺应全球经济一体化的发展趋势，从生产型标准向贸易型标准转变，产品标准可按产品的最终用途制定，划分用途时增大覆盖面，如分为服用纺织品（儿童睡衣、纺织服装和具有特殊功能的燃烧防护服等）标准、装饰用纺织品（家用纺织品、交通工具内饰用纺织品、户外用纺织品）标准和工业用纺织品（篷盖布、燃烧防水布等）标准 3 个部分，其中每部分包括各自的方法标准和产品标准，并且每种标准尽量对最终销售给消费者的产品进行规范，以达到从生产型标准向贸易型标准的转变。

按照纺织品最终用途划分标准之后，对以后出现的新产品可以做到有标可寻，在产品的性能要求上也会更加全面、严格、实用。

4.3.3 完善纺织品燃烧性能及其等级说明

在设定燃烧性能指标时，应既考虑纺织品燃烧性能指标，又考虑到安全性指标，科学的阻燃方面的要求应包括着火性、火焰传播性、发烟性、毒性等内容。

在标准中，还应说明哪种纺织品需要达到哪种等级，每个等级的指标界限范围要明确。另外，对不同种类的纺织品要规定其是否经过了阻燃处理，对经过阻燃处理和未经过阻燃处理的纺织品要求达到的等级应作出明确规定。

4.3.4 规范通用的纺织品燃烧性能测试方法标准，选用更加接近实际火灾情况的测试方法

目前现行的纺织品燃烧性能方法较多，测试不同的产品其方法和评价均不相同，大致有以下方法：垂直法、水平法、45° 倾斜法、极限氧指数法、表面燃烧实验法、发烟性试验法、闪点和自燃点测定及点着温度测定法、燃烧整理热分析法、锥形量热仪法。

鉴于纺织品燃烧性能测试方法冗余和某些测试不够精确和全面的问题，应规范通用的纺织品燃烧性能测试方法评价标准。各类产品可选取能够较真实地评定纺织品在实际火灾条件下的燃烧行为的试验方法，使其能够精确全面地反应纺织品阻燃性能水平，着火条件更贴近实际火灾情况。

4.3.5 规范标识标签信息，在特殊产品标准中应特别说明特定标签信息

规范标识标签标准，明确标签中需要列出的信息，和各项信息的具体要求。针对

纺织产品阻燃性能技术性贸易壁垒不断增强的趋势，在今后纺织品阻燃性能产品标准制定的同时应加入有关警示标签等方面的规定，不断增强企业自身的生产技术标准。加入对警示标签的规定后能引起消费者的注意，提高警惕，减少火灾及其他危险的发生，以保护人们的生命和财产安全。同时，对洗涤、替代及豁免产品等方面作出规定，这样可以减少与国外发达国家先进标准的差距，能够更好地应对国际贸易壁垒，增加出口。

第 4 章　纺织服装行业国内外标准对比分析结论与建议

1　国内外标准比对分析结果

本部分从纺织品有害物质限量、燃烧性能、附件和绳带、标签与标识 4 个维度，对国内外 51 项相关技术法规和安全标准，64 个安全要素（因子）及 60 余项试验方法进行了深入比对分析，摸清了国内外纺织产品安全技术要求基本情况。总体来讲，各国对相关安全指标进行强制的出发点和角度各不相同，有关安全项目所涉及的适用范围、检测方法以及技术指标等方面不完全一致，因此，相关安全指标的可比性不强。各国对某一安全因素的处理方式各有特色，指标高低互现，宽严不一，很难从总体上得出一个谁高谁低、孰优孰劣的绝对性、简单化结论。以下仍从 4 个维度做一概括性描述。

1.1　有害物质限量

总体来看，国内外由于对有害物质的认知和采取的态度不同，对有关安全因素是否进行强制要求也不一样。对同一安全因素，存在着国内强制、国外不强制，或国外强制、国内不强制，或国内外都强制等不同情况。对于国内外都强制的情况，国内外技术指标各有高低。由于国内外在执行方式、适用范围以及采用的试验方法等方面不完全一致，能够进行量化或定性比较的安全因素不多。

在执行方式方面，欧盟通过发布强制性指令与通过民间组织实施生态纺织品认证结合的形式达到限制有害物质的目的，全球影响力最大。而美国和日本虽没有发布专门针对纺织品生态安全性的技术法规和标准，但在一些通用的强制性法规中对少量几种有害物质提出了限量要求。我国根据纺织行业实际生产和技术水平，对纺织品生态安全的要求多在推荐性标准中提出，在强制性标准中规定的项目较少。

在适用范围方面，欧盟在 Eco-label 中提出了全生态概念，对纺织品全生命周期提出了生态要求，且注重源头控制。美国消费品改进法案则主要针对 12 岁以下儿童用品和 3 岁以下儿童护理用品，包括涂层印花整理的纺织品和服装配件。日本的 112 法规则是针对各类家庭用品，包括各类纤维制品。我国则除 GB/T 22282 是专门针对各类纺织工业原料外，其他标准则主要是针对服用和装饰用纺织品。

在考核项目和限定值方面，国内外差异较大。对于 pH 值、耐水色牢度、耐酸碱汗渍色牢度、耐干湿摩擦色牢度、耐唾液色牢度、异味等常规安全项目，我国标准中强制规定，而国外法规中没有强制要求。我国之所以提出强制要求，主要是通过色牢度指标间接地控制纺织品中残留化学物质向人体转移。对有害染料或环境激素类化学物质，国外特别是欧盟则更多是从源头进行控制，其提出限量要求的物质更多是在纺织品的整个生产链中可能出现的化学品，如蓝色染料、含氯酚、多环芳烃、全氟化合物、残余溶剂、残余表面活性剂等，且大多是以法规形式发布。而我国对于这些有害物质只是在推荐性生态安全标准中提出限量要求。对可分解致癌芳香胺染料、总铅和总镉、甲醛、邻苯二甲酸酯等 4 种有害物，国内外均有强制要求。其中，对于可分解致癌芳香胺染料，我国、欧盟和日本都有强制要求，试验方法基本一致，但我国规定的检出限要严于欧盟和日本。对于总铅和总镉，我国与美国针对儿童用纺织品提出的总铅限量要求是一致的，我国与欧盟对总镉提出的限量要求一致；对于甲醛、邻苯二甲酸酯，由于我国与国外在适用范围、限量要求等方面存在差异，无法直接比较。

1.2 燃烧性能

在纺织品燃烧性能维度，国内强制、国外不强制的指标有极限氧指数、烟密度等级、产烟毒性等级和燃烧滴落物 4 项；国外强制、国内不强制的指标只有损毁长度 1 项；国内外都强制的指标有火焰蔓延时间、续燃时间和阴燃时间 3 项，国内外相关标准与法规在适用范围、测试方法上不完全一致，相关指标难以直接对比。对于少部分相同项目的考核，国内外在指标上宽严互现。

在适用范围方面，美国和加拿大主要通过法规、法令的形式强制执行，日本通过消防法的形式进行强制，我国的强制性标准只针对婴幼儿及儿童服装，不涉及成人服装，相比较美国、加拿大的法规，适用范围小。对于公共场所使用的纺织品，日本消防法规定必须使用阻燃纺织品，而且对此类产品的阻燃性能提出了强制要求。我国只规定在公共场合所使用的阻燃纺织品必须满足的阻燃性能要求，但并没有强制规定公共场合必须使用阻燃纺织品。但相对于美国、加拿大和日本，我国在纺织品阻燃方面的考核指标比较全面和系统，覆盖了普通服用和公共场所两个领域。

在测试方法方面，美国法规中对不同的产品采用的试验方法不同，考核服用纺织品采用的是 45° 法，考核儿童睡衣采用的是垂直法，考核地毯和床垫采用的是水平法。加拿大法规中对儿童睡衣和帐篷采用垂直法考核，床垫和地毯采用水平法考核，其他由纺织纤维制成的产品采用 45° 法考核。日本除了服装类用垂直法考核外，其余产品（包括窗帘、被单、床罩、地毯等）均采用 45° 法考核，但有些试样根据其实际使用状态，对点火源和点火位置作了些变动。我国强制性国家标准 GB 31701 采用的是 45° 法，行业标准中考核防护服、建筑内饰织物、飞机和船舱内饰织物都采用垂直法；考核公共场所用阻燃织物除了采用垂直法外，对于阻燃织物 1 级增加氧指数法；考核汽车内饰织物采用水平法；考核铁路客车内饰织物采用 45° 法。由于各个方法模拟的燃烧状况不同，燃烧剧烈程度不同，各个国家根据产品种类或具体产品名称选择的测试方法不尽相同。但从上面的对比可以看出，我国选择测试方法与美国、加拿大比较接近，方法比较贴近产品的实际使用状态。

在洗涤要求方面，美国的《服用纺织品易燃性标准》和《儿童睡衣易燃性标准》，加拿大的《危险产品（儿童睡衣）条例》都规定了燃烧试验前的洗涤要求。我国的婴幼儿及儿童纺织产品的燃烧性能也规定了洗涤要求。但洗涤程序各国有差异，我国直接转化国际标准，而美国、加拿大以及日本都没有引用国际标准。

在考核项目和指标要求方面，我国标准的燃烧考核项目比较全面，除了火焰蔓延时间、续燃时间、阴燃时间、损毁面积这些常规的项目外，还考核了极限氧指数、烟密度等级、产烟毒性等级以及燃烧滴落物，这些指标在国外的标准中未提及。对于相同考核指标，由于对应的试验方法不尽相同，指标也不具有可比性。

1.3 附件与绳带

在附件与绳带维度，童装的机械安全性在欧美早已引起各有关方面的高度重视，相关法规和标准也比较完善。我国在这方面起步较晚，相关标准是在参考欧美标准的基础上制定的，虽然标准的详细程度与体系结构不同，但实质性技术要求基本一致。尤其是随着 GB 31701—2015 的发布实施，不仅大幅提高了纺织产品的机械安全性水平，也使国内从生产者到消费者对儿童纺织产品的机械安全性的重视程度达到了一个新的高度。

在附件方面，我国主要在强制标准 GB 31701 中针对儿童用最终产品的附件的共同属性，如脱离强力、锐利尖端和边缘等提出限制要求，而欧盟在这方面没有提出强制要求，只是以设计与生产规范的形式分别针对每一种附件提出了详细要求，覆盖从设计到成品的整个阶段，与我国推荐性标准 GB/T 22704—2008 中规定要求一致。

在服装绳带方面，我国与欧盟标准中的强制要求基本一致，对童装各个区域的绳带位置及尺寸都作了基本规定。只是欧盟标准对童装绳带的种类区分比较细，条文比较繁琐，我国 GB 31701 是在充分研究和理解欧盟标准的基础上，提炼出概括性、简单清晰并易于操作的几项要求。

1.4 标签标识

总体来讲，各国对标签标识中基本或通用要素的处理原则基本一致，但在具体形式和细节上存在诸多差异。由于纺织品标签标识的要求涵盖了许多非量化的内容，不同国家和区域之间，存在着文化和语言的差异，除图形符号、数字等非文字的内容外，有关的说明性文字和许多具体指标无法一一对应或不具可比性。

（1）标签上的文字：采用本国的官方语言成为国际惯例，因此，不同国家或地区的文字会不同。

（2）标签上的内容：我国纺织品和服装使用说明规定了 8 项内容，其中使用和贮藏注意事项为可选内容。美国规定了纤维成分标签和维护标签，纤维成分标签上要标明纤维成分及其含量、产品制造商或者经销商的名称以及加工或制造产品的国家名称。加拿大的法规仅规定了纤维成分标签的要求，标签上要标明制品的纺织纤维成分及其含量、经销商的名称和邮政地址以及原产地国家名称，维护标签的内容则在其标准中规定。日本规定纺织品需标识出纺织纤维成分、维护符号标识、防水性能、标识者的姓名、地址和电话等信息。

（3）纺织纤维通用名称：我国标准中采用的天然纤维术语标准是与国际接轨的，羽绒羽毛类的名称在专用的羽绒羽毛标准中。这些英文名称与美国和加拿大的通用名称基本一致。我国的化学纤维术语标准规定的不细，缺少新型纤维名称术语。美国和加拿大都规定了对没有通用名称的新纤维的申请程序。

（4）纤维含量允差：我国对不同情况下的纤维含量的允差有不同要求，但通常情况下为 5%。加拿大的允差也为 5%，美国和欧盟的允差为 3%。

（5）维护标签：我国、欧盟、日本均采纳了 ISO 3758；美国和加拿大则沿用本国的符号标识体系，与 ISO 3758 存在较多差异。

（6）对违法及处罚的规定：美国和加拿大的法令，除规定了如何正确标注外，还列出了错误的做法，并明确规定了违法后的处罚。我国标准中不涉及处罚内容，而是根据其他的法规进行处罚。

2 有关建议

2.1 坚持市场驱动，推动政府与民间组织的有效合作

从国内外对比可以发现，由于国情以及标准化发展历程各不相同，各国在标准化管理体制机制、技术机构设置以及标准体系建设方面的具体做法各不相同，但不管是欧美的民间主导型，还是日本的政府主导型，其坚持市场导向，政府注重与民间组织的有效合作，是他们共同的重要特征，这也是欧美日等发达国家在百年标准化发展历程中非常宝贵的成功经验。一方面，政府通过采用民间组织制定的市场化标准，能够很好地为政府公共政策提供支撑，同时又大大节约了政府行政成本，有效整合了资源。另一方面，民间组织天生的市场敏锐性，使他们制定的标准很好地适应和满足了市场需求，这些标准被政府采用后，又能够提升政府技术法规的市场适应性和有效性。

在经济全球化和市场一体化深化发展的形势下，要适应我国经济新常态和建立国际竞争新优势，必须以“十八大”确立的市场在资源配置中起决定性作用为指引，以国务院《深化标准化工作改革方案》为行动纲领，全面推动以市场需求为驱动的标准化改革。一是要转变政府标准化管理职能，将重点转向事关公共健康安全和环境保护以及基础方法等公益类标准，而将一般性产品标准交由行业进行过渡管理，直至完全交还给市场。二是要大力扶持团体标准，通过政府行政法规规章引用标准的形式，有效利用团体标准成果，提高民间团体参与标准和制定标准的积极性，大力培育社会和市场标准，同时减少行政成本，提高行政效率。三是要通过整合政府行政法规规章、标准、检验、认证和市场监督资源，形成技术法规、标准与合格评定相结合的一体化的技术性贸易措施体系，将标准融入技术性贸易措施体系中，从而提升标准服务于市场和贸易的能力。

2.2 完善标准体系，加强我国纺织服装安全标准有效实施

从纺织服装领域国内外安全标准的比对结果来看，基于各国人文地理及生活习惯、技术和法制环境等多方面差异，有关纺织产品安全要素（因子）的技术指标要求在适用范围、执行方式、检测方法等方面还无法达到完全相同，因此，各相关安全因素技术要求不具备绝对的可比性。从总体上而言，国内外在纺织产品安全性上的技术要求和做法各有特点、各有侧重、各有优势，难以用水平高低进行简单评价。相比较而言，国外注重从危害因素出发制定覆盖面较广的技术法规要求，显得比较分散零乱。而我国主要针对某一类较具体的产品类别，对安全性要素进行全面考虑，因而围绕某一类产品的

技术指标体系会更加系统和全面。就纺织服装领域而言，目前我国纺织产品安全标准体系已经形成，与国外应无实质性差异，或大致水平相当。今后的主要工作，一是要密切关注和跟踪国际国外产品安全发展动向，保持我国在纺织产品安全领域比较靠前的地位。二是要加强纺织产品安全技术基础研究，进一步健全完善相关检测方法体系，为强制性技术要求的及时增补打下基础。三是要大力推动现有强制性标准的有效实施。建议明确技术归口单位对强制性标准的解释权，加强其对归口标准的解释咨询工作，防犯非归口单位对标准解释的不规范、不统一和混乱现象。国家有关部门对纺织服装类实验室评审要增加有关标准学习培训的考核，推动统一检测平台的建设。要研究切实有效措施，全面推动纺织服装领域安全技术标准与检测方法的全面、深入实施，以改变当前强制性安全标准体系已建立，但实施不力或混乱的状况。

2.3 加强交流合作，推进中国标准走出去和国际化

当前，我国经济处于新常态，产业亟待转型升级，中央提出和实施“一带一路”战略，加快中国装备走出去和推进国际产能合作，与其他国家在资本、技术、管理、标准等各方面进行高水平、多方位的深度合作，使我国经济与世界经济在更高层次上深度融合，纺织工业的棉纺织、化纤等产业也在加快“出海”步伐。在这一背景下，加强纺织服装领域标准的国内外交流与合作，既可为产业走出去提供技术支撑，也能为中国标准走出去增添动力。可通过双多边标准交流，开展我国纺织产品安全标准、终端产品标准的翻译出版工作，架设沟通了解媒介。另一方面，还要加强我国实质性参与国际标准化工作力度，以我国自主技术标准为突破口，主导提出和制定国际标准，尤其是在纺织品中阻燃剂、有机锡化合物、三氯生等有害物质的检测方法，聚乳酸纤维、壳聚糖纤维定量以及山羊绒和绵羊毛 DNA 定量检测，化学纤维性能检测方法等方面，要发挥我国产业优势，以国际标准为平台，推动我国标准国际化。充分利用国际和双多边两个平台，推动我国标准国际化与我国标准在双多边框架下的走出去相结合，为全面推进“一带一路”战略和国际产业合作提供技术支撑。

附表 1-1　我国纺织服装安全标准基础信息采集表

附表 1-2　国际国外纺织服装安全标准基础信息采集表

附表 1-3　国内外纺织服装安全标准技术指标对比分析情况表

附表

附表 1-1 我国纺织服装安全标准基础信息采集表

国家标准名称	标准编号	安全指标中文名称		安全指标英文名称	安全指标单位	适用产品类别（大类）	适用的具体产品小类	对应的国际、国外标准	安全指标对应的检测方法标准	检测方法标准对应的国际、国外标准
有害物质										
生态纺织品技术要求	GB/T 18885—2009	1.pH		pH value	—	纺织品			GB/T 7573《纺织品 水萃取液pH值的测定》	ISO 3071 纺织品水萃取液 pH值的测定
		2.甲醛含量		formaldehyde	mg/kg				GB/T 2912.1《纺织品 甲醛含量的测定 第 1 部分：游离和水解的甲醛（水萃取法）》	ISO 14184.1 纺织品甲醛的测定 第 1 部分 游离水解的甲醛水萃取法
		3.可萃取重金属	锑（Sb）	Sb（antimony）	mg/kg				GB/T 17593《纺织品 重金属离子检测方法	Oeko-tex200 第 3 章 重金属含量的测定
			砷（As）	As（arsenic）	mg/kg				GB/T 17593《纺织品 重金属离子检测方法》	Oeko-tex200 第 3 章 重金属含量的测定
			铅（Pb）	Pb（lead）	mg/kg				GB/T 17593《纺织品 重金属离子检测方法》	Oeko-tex200 第 3 章 重金属含量的测定
			镉（Cd）	Cd（cadmium）	mg/kg				GB/T 17593《纺织品 重金属离子检测方法》	Oeko-tex200 第 3 章 重金属含量的测定
			铬（Cr）	Cr（chromium）	mg/kg				GB/T 17593《纺织品 重金属离子检测方法》	Oeko-tex200 第 3 章 重金属含量的测定
			六价铬 [Cr（Ⅵ）]	Cr（Ⅵ）	mg/kg				GB/T 17593《纺织品 重金属离子检测方法》	Oeko-tex200 第 3 章 重金属含量的测定
			钴（Co）	Co（cobalt）	mg/kg				GB/T 17593《纺织品 重金属离子检测方法》	Oeko-tex200 第 3 章 重金属含量的测定
			铜（Cu）	Cu（copper）	mg/kg				GB/T 17593《纺织品 重金属离子检测方法》	Oeko-tex200 第 3 章 重金属含量的测定
			镍（Ni）	Ni（nickel）	mg/kg				GB/T 17593《纺织品 重金属离子检测方法》	Oeko-tex200 第 3 章 重金属含量的测定
			汞（Hg）	Hg（mercury）	mg/kg				GB/T 17593《纺织品 重金属离子检测方法》	Oeko-tex200 第 3 章 重金属含量的测定

附表 1-1（续）

国家标准名称	标准编号	安全指标中文名称		安全指标英文名称	安全指标单位	适用产品类别（大类）	适用的具体产品小类	对应的国际、国外标准	安全指标对应的检测方法标准	检测方法标准对应的国际、国外标准
有害物质										
生态纺织品技术要求	GB/T 18885—2009	4.杀虫剂总量		pesticides sum（incl.PCP/TeCP）	mg/kg	纺织品			GB/T 18412《纺织品 农药残留量的检测方法》	Oeko-tex200 第 4 章 杀虫剂残留量的测定
		5.苯酚化合物	五氯苯酚	Pentachlorphenol	mg/kg				GB/T 18414《纺织品 含氯苯酚的测定》	Oeko-tex200 第 5 章 含氯苯酚的测定
			四氯苯酚（三种异构体总量）	Tetrachlorphenol（TeCP,sum）	mg/kg				GB/T 18415《纺织品 含氯苯酚的测定》	Oeko-tex200 第 6 章 含氯苯酚的测定
			邻苯基苯酚	OPP	mg/kg				GB/T 20386《纺织品 邻苯基苯酚的测定》	—
		6.邻苯二甲酸酯		Phthalates	%				GB/T 20388《纺织品 邻苯二甲酸酯的测定》	ISO 14389 纺织品--邻苯二甲酸酯含量的测定--四氢呋喃法
		7.有机锡化合物		Organic tin compounds	mg/kg				GB/T 20385《纺织品 有机锡化合物的测定》	Oeko-tex200 第 7 章 有机锡化合物的测定
		8.有害染料	可分解致癌芳香胺的染料	cleavable arylamines dyes					GB/T 17592《纺织品 禁用偶氮染料的测定》 GB/T 23344《纺织品 4-氨基偶氮苯的测定》	ISO 24362-1 纺织品 偶氮染料分解的某些芳香胺的测定方法 第 1 部分：某些偶氮染料；ISO 24362-3 纺织品 偶氮染料分解的某些芳香胺的测定方法 第 2 部分：可能分解 4-氨基偶氮苯的某些偶氮染料
			致癌染料	carcinogens dyes					GB/T 20382《纺织品 致癌染料的测定》	ISO 16373-2 纺织品 染料 第 2 部分：含有致敏和致癌可萃取染料的测定通用方法（嘧啶-水法）；ISO 16373-3 纺织品 染料 第 3 部分：某些致癌染料的测定方法（三乙胺-甲醇法）
			致敏染料	allergens dyes					GB/T 20383《纺织品 致敏性分散染料的测定》	ISO 16373-2 纺织品 染料 第 2 部分：含有致敏和致癌可萃取染料的测定通用方法（嘧啶-水

附表 1-1（续）

国家标准名称	标准编号	安全指标中文名称		安全指标英文名称	安全指标单位	适用产品类别（大类）	适用的具体产品小类	对应的国际、国外标准	安全指标对应的检测方法标准	检测方法标准对应的国际、国外标准
有害物质										
生态纺织品技术要求	GB/T 18885—2009	8.有害染料	致敏染料	allergens dyes		纺织品			GB/T 20383《纺织品 致敏性分散染料的测定》	法）；ISO 16373-3 纺织品 染料 第 3 部分：某些致癌染料的测定方法（三乙胺-甲醇法）
			其他染料	other dyes					GB/T 22345《纺织品 禁用染料分散橙 149 和分散黄 23 的测定》	Oeko-tex200 第 9 章
		9.氯化苯和氯化甲苯		Chlorinated benzenes and toluenes	mg/kg				GB/T 20384《纺织品 氯化苯和氯化甲苯残留量的测定》	Oeko-tex200 第 10 章 纺织品氯化苯和氯化甲苯残留量的测定
		10.抗菌整理剂		Biological active products	—				—	—
		11.阻燃整理剂		Flame retardant products	—				GB/T 24279《纺织品 禁/限用阻燃剂的测定》	—
		12.色牢度	耐水色牢度		级				GB/T 5713《纺织品 色牢度试验 耐水色牢度》	ISO 105/E01 纺织品 色牢度试验 第 E01 部分 耐水色牢度
			耐汗渍色牢度		级				GB/T 3922《纺织品 耐汗渍色牢度试验方法》	ISO 105/E04 纺织品 色牢度试验 第 E04 部分 耐汗渍色牢度
			耐摩擦色牢度		级				GB/T 3920《纺织品 色牢度试验 耐摩擦色牢度》	ISO 105/X12 纺织品 色牢度试验 第 X12 部分 耐摩擦牢度
			耐唾液色牢度		级				GB/T 18886《纺织品 色牢度试验 耐唾液色牢度》	Oeko-tex200 第 11 章 耐唾液和汗液色牢度
		13.挥发性物质释放		Emission of volatiles	mg/m^3				GB/T 24281《纺织品 有机挥发物的测定 气相色谱-质谱法》	Oeko-tex200 第 12 章 挥发性物质释放量的测定
		14.气味		Determination of odours	—				GB/T 18885 附录 G 异常气味的测定—嗅辨法	Oeko-tex200 第 13 章-13.2 异常气味的测定
		15.禁用纤维石棉		Banned fibres Asbestos	—				—	Oeko-tex200 第 14 章

附表 1-1（续）

国家标准名称	标准编号	安全指标中文名称		安全指标英文名称	安全指标单位	适用产品类别（大类）	适用的具体产品小类	对应的国际、国外标准	安全指标对应的检测方法标准	检测方法标准对应的国际、国外标准
有害物质										
国家纺织产品基本安全技术规范	GB 18401—2010	1.甲醛含量		formaldehyde	mg/kg	纺织品			GB/T 2912.1《纺织品 甲醛含量的测定 第 1 部分：游离和水解的甲醛（水萃取法）》	ISO 14184.1 纺织品甲醛的测定 第 1 部分 游离水解的甲醛水萃取法
		2.pH 值		pH value					GB/T 7573《纺织品 水萃取液 pH 值的测定》	ISO 3071 纺织品水萃取液 pH 值的测定
		3.色牢度	耐水色牢度	colour fastness to water	级				GB/T 5713《纺织品 色牢度试验 耐水色牢度》	ISO 105/E01 纺织品 色牢度试验 第 E01 部分 耐水色牢度
			耐酸汗渍色牢度	colour fastness to acidic perspiration	级				GB/T 3922《纺织品 耐汗渍色牢度试验方法》	ISO 105/E04 纺织品 色牢度试验 第 E04 部分 耐汗渍色牢度
			耐碱汗渍色牢度	colour fastness to alkaline perspiration	级				GB/T 3922《纺织品 耐汗渍色牢度试验方法》	ISO 105/E04 纺织品 色牢度试验 第 E04 部分 耐汗渍色牢度
			耐干摩擦色牢度	colour fastness to rubbing, dry	级				GB/T 3920《纺织品 色牢度试验 耐摩擦色牢度》	ISO 105/X12 纺织品 色牢度试验 第 X12 部分 耐摩擦牢度
			耐唾液色牢度	colour fastness to saliva and perspiration	级				GB/T 18886《纺织品 色牢度试验 耐唾液色牢度》	Oeko-tex200 第 11 章 耐唾液和汗液色牢度
		4.异味		abnormal odour					GB/T 18401 中 5.7 异味的测试方法	—
		5.可分解致癌芳香胺染料		cleavable arylamines dyes					GB/T 17592《纺织品 禁用偶氮染料的测定》 GB/T 23344《纺织品 4-氨基偶氮苯的测定》	ISO 24362-1 纺织品 偶氮染料分解的某些芳香胺的测定方法 第 1 部分：某些偶氮染料；ISO 24362-3 纺织品 偶氮染料分解的某些芳香胺的测定方法 第 3 部分：可能分解 4-氨基偶氮苯的某些偶氮染料
婴幼儿及儿童纺织产品安全技术规范	GB 31701—2015	1.甲醛含量		formaldehyde	mg/kg	婴幼儿与儿童纺织品	织物		GB/T 2912.1《纺织品 甲醛含量的测定 第 1 部分：游离和水解的甲醛（水萃取法）》	ISO 14184.1 纺织品甲醛的测定 第 1 部分 游离水解的甲醛水萃取法

附表 1-1（续）

国家标准名称	标准编号	安全指标中文名称		安全指标英文名称	安全指标单位	适用产品类别（大类）	适用的具体产品小类	对应的国际、国外标准	安全指标对应的检测方法标准	检测方法标准对应的国际、国外标准
有害物质										
婴幼儿及儿童纺织产品安全技术规范	GB 31701—2015	2.pH 值		pH value		婴幼儿与儿童纺织品	织物		GB/T 7573《纺织品 水萃取液 pH 值的测定》	ISO 3071 纺织品水萃取液 pH 值的测定
		3.色牢度	耐水色牢度	colour fastness to water	级				GB/T 5713《纺织品 色牢度试验 耐水色牢度》	ISO 105/E01 纺织品 色牢度试验 第 E01 部分 耐水色牢度
			耐酸汗渍色牢度	colour fastness to acidic perspiration	级				GB/T 3922《纺织品 耐汗渍色牢度试验方法》	ISO 105/E04 纺织品 色牢度试验 第 E04 部分 耐汗渍色牢度
			耐碱汗渍色牢度	colour fastness to alkaline perspiration	级				GB/T 3922《纺织品 耐汗渍色牢度试验方法》	ISO 105/E04 纺织品 色牢度试验 第 E04 部分 耐汗渍色牢度
			耐干摩擦色牢度	colour fastness to rubbing, dry	级				GB/T 3920《纺织品 色牢度试验 耐摩擦色牢度》	ISO 105/X12 纺织品 色牢度试验 第 X12 部分 耐摩擦牢度
			耐湿摩擦色牢度	colour fastness to rubbing, wet	级				GB/T 3920《纺织品 色牢度试验 耐摩擦色牢度》	ISO 105/X12 纺织品 色牢度试验 第 X12 部分 耐摩擦牢度
			耐唾液色牢度	colour fastness to saliva and perspiration	级				GB/T 18886《纺织品 色牢度试验 耐唾液色牢度》	Oeko-tex200 第 11 章 耐唾液和汗液色牢度
		4.重金属	铅（Pb）	Pb（lead）	mg/kg				GB/T 30157《纺织品 总铅和总镉含量的测定》	CPSC-CH-E1002《儿童产品非金属中总铅含量的标准测试方法》、CPSC-CH-E1001《儿童产品金属中总铅含量的标准测试方法》和 CPSC-CH-E1003《面漆或类似涂层铅含量的标准测试方法》
			镉（Cd）	Cd（cadmium）	mg/kg				GB/T 30157《纺织品 总铅和总镉含量的测定》	CPSC-CH-E1002《儿童产品非金属中总铅含量的标准测试方法》、CPSC-CH-E1001《儿童产品金属中总铅含量的标准测试方法》和 CPSC-CH-E1003《面漆或类似涂层铅含量的标准测试方法》

附表 1-1（续）

国家标准名称	标准编号	安全指标中文名称		安全指标英文名称	安全指标单位	适用产品类别（大类）	适用的具体产品小类	对应的国际、国外标准	安全指标对应的检测方法标准	检测方法标准对应的国际、国外标准
有害物质										
婴幼儿及儿童纺织产品安全技术规范	GB 31701—2015	5.异味		abnormal odour					GB/T 18401 中 5.7 异味的测试方法	—
		6.邻苯二甲酸酯		Phthalates	%				GB/T 20388《纺织品 邻苯二甲酸酯的测定》	ISO 14389 纺织品 邻苯二甲酸酯含量的测定 四氢呋喃法
		7.燃烧性能		flammability					GB/T 14644《纺织品 燃烧性能 45° 方向燃烧速率的测定》	16 CFR 1610 服用织物易燃性标准
		1.甲醛含量		formaldehyde	mg/kg		填充物		GB/T 2912.1《纺织品 甲醛含量的测定 第 1 部分：游离和水解的甲醛（水萃取法）》	ISO 14184.1 纺织品甲醛的测定 第 1 部分 游离水解的甲醛水萃取法
		2.pH 值		pH value					GB/T 7573《纺织品 水萃取液 pH 值的测定》	ISO 3071 纺织品水萃取液 pH 值的测定
		3.异味		abnormal odour					GB/T 18401 中 5.7 异味的测试方法	—
		4.微生物							FZ/T 80001 水洗羽毛羽绒试验方法	EN1884 羽绒羽毛微生物状态测定方法
		5.附件抗拉强力		the maximun force of attached components			附件		GB 31701 中附录 A 附件抗拉强力试验方法	BS 7907 附录 B 服装部件脱落强度的测试方法
		6.绳带		cord&string		婴幼儿及儿童服装	绳带		GB 31701 婴幼儿及儿童纺织产品安全技术规范中 5.4	—
婴幼儿服装	FZ/T 81014—2008	1.色牢度	耐洗色牢度	colour fastness to washing	级	婴幼儿服装			GB/T 3921《纺织品 色牢度试验 耐洗色牢度》	ISO 105/C03 纺织品 色牢度试验第 C03 部分 耐洗色牢度 ISO 105/C01 纺织品 色牢度试验第 C01 部分 耐洗色牢度
			耐唾液色牢度	colour fastness to saliva	级				GB/T 18886《纺织品 色牢度试验 耐唾液色牢度》	Oeko-tex200 第 11 章耐唾液和汗液色牢度
			耐汗渍色牢度	colour fastness to perspiration	级				GB/T 3922《纺织品 耐汗渍色牢度试验方法》	ISO 105/E04 纺织品 色牢度试验第 E04 部分 耐汗渍色牢度

附表 1-1（续）

国家标准名称	标准编号	安全指标中文名称		安全指标英文名称	安全指标单位	适用产品类别（大类）	适用的具体产品小类	对应的国际、国外标准	安全指标对应的检测方法标准	检测方法标准对应的国际、国外标准
有害物质										
婴幼儿服装	FZ/T 81014—2008	1.色牢度	耐水色牢度	colour fastness to water	级				GB/T 5713《纺织品 色牢度试验 耐水色牢度》	ISO 105/E01 纺织品 色牢度试验第 E01 部分 耐水色牢度
			耐干摩擦色牢度	colour fastness to rubbing wet	级				GB/T 3920《纺织品 色牢度试验 耐摩擦色牢度》	ISO 105/X12 纺织品 色牢度试验第 X12 部分 耐摩擦牢度
			耐湿摩擦色牢度	colour fastness to rubbing dry	级				GB/T 3920《纺织品 色牢度试验 耐摩擦色牢度》	ISO 105/X12 纺织品 色牢度试验第 X12 部分 耐摩擦牢度
		2.衣带缝纫强力							GB/T 3923.1《纺织品 织物拉伸性能 第 1 部分：断裂强力和断裂伸长率的测定 条样法》	ISO 13934.1 纺织品 织物拉伸性能 第 1 部分：断裂强力和断裂伸长率的测定 条样法
		3.纽扣等不可拆卸附件拉力（小部件）		the maximun force of attached components					FZ/T 81014 附录 A 附件抗拉强力试验方法	BS 7907 附录 B 服装部件脱落强度的测试方法
		4.可萃取重金属	汞（Hg）	Hg（mercury）	mg/kg				GB/T 17593《纺织品 重金属离子检测方法》	Oeko-tex200 第 3 章重金属含量的测定
			铬（Cr）	Cr（chromium）	mg/kg				GB/T 17593《纺织品 重金属离子检测方法》	Oeko-tex200 第 3 章重金属含量的测定
			铅（Pb）	Pb（lead）	mg/kg				GB/T 17593《纺织品 重金属离子检测方法》	Oeko-tex200 第 3 章重金属含量的测定
			砷（As）	As（arsenic）	mg/kg				GB/T 17593《纺织品 重金属离子检测方法》	Oeko-tex200 第 3 章重金属含量的测定
			铜（Cu）	Cu（copper）	mg/kg				GB/T 17593《纺织品 重金属离子检测方法》	Oeko-tex200 第 3 章重金属含量的测定
		5.甲醛含量		formaldehyde	mg/kg				GB/T 2912.1《纺织品 甲醛含量的测定 第 1 部分：游离和水解的甲醛（水萃取法）》	ISO 14184.1 纺织品甲醛的测定 第 1 部分 游离水解的甲醛水萃取法
		6.pH 值		pH value					GB/T 7573《纺织品 水萃取液 pH 值的测定》	ISO 3071 纺织品水萃取液 pH 值的测定

附表 1-1（续）

国家标准名称	标准编号	安全指标中文名称	安全指标英文名称	安全指标单位	适用产品类别（大类）	适用的具体产品小类	对应的国际、国外标准	安全指标对应的检测方法标准	检测方法标准对应的国际、国外标准
有害物质									
婴幼儿服装	FZ/T 81014—2008	7.可分解芳香胺的染料	cleavable arylamines dyes					GB/T 17592《纺织品 禁用偶氮染料的测定》 GB/T 23344《纺织品 4-氨基偶氮苯的测定》	ISO 24362-1 纺织品 偶氮染料分解的某些芳香胺的测定方法 第 1 部分：某些偶氮染料；ISO 24362-3 纺织品 偶氮染料分解的某些芳香胺的测定方法 第 3 部分：可能分解 4-氨基偶氮苯的某些偶氮染料
		8.异味	abnormal odours					GB/T 18401 中 5.7 异味的测试方法	Oeko-tex200 第 13 章-13.2 异常气味的测定
		9.绳带	cord&string					GB/T 22705 童装绳索和拉带安全要求	EN 14862 童装绳索和拉带安全要求
		10.套头衫领圈展开尺寸	neckline girth					FZ/T 81014 中 5.2 成品规格的测定	—
		11.钮扣、拉链及金属附件	button,zippo,etc					—	EN 14862 童装绳索和拉带安全要求
纺织纤维中有毒有害物质的限量	GB/T 22282—2008	丙烯腈	acrylonitrile	mg/kg	纺织纤维	聚丙烯腈纤维	2002/371/EC“生态纺织品标签”指令	GB/T 20389 腈纶纤维中丙烯腈残留量的测定	—
		锑	Sb（antimony）	mg/kg		聚酯纤维		GB/T 13759.1《纺织品 重金属离子检测方法》 第 1 部分：原子吸收分光光度法	Oeko-tex200 第 3 章重金属含量的测定
		铅	Pb（lead）	mg/kg		聚丙烯纤维		GB/T 13759.1《纺织品 重金属离子检测方法》 第 1 部分：原子吸收分光光度法	Oeko-tex200 第 3 章重金属含量的测定
		有机锡	Organotin compounds	mg/kg		聚氨酯弹性纤维		GB/T 20385《纺织品 有机锡化合物的测定》	Oeko-tex200 第 7 章有机锡化合物的测定

附表 1-1（续）

国家标准名称	标准编号	安全指标中文名称		安全指标英文名称	安全指标单位	适用产品类别（大类）	适用的具体产品小类	对应的国际、国外标准	安全指标对应的检测方法标准	检测方法标准对应的国际、国外标准
有害物质										
纺织纤维中有毒有害物质的限量	GB/T 22282—2008	可吸附有机卤化物（AOX）		AOX	mg/kg		人造纤维素纤维（粘胶纤维、莱赛尔纤维、醋酯纤维等）		ISO 11480 纸浆,纸和纸板.全氯和有机氯的测定	ISO 11480 纸浆,纸和纸板.全氯和有机氯的测定
		杀虫剂总量		pesticides	mg/kg		棉和其他天然纤维素种子纤维		GB/T 18412《纺织品 农药残留量的测定》	Oeko-tex200 第 4 章杀虫剂残留量的测定
		有机氯类杀虫剂		organochlorine pesticides	mg/kg		含脂原毛和其他蛋白质纤维（绵羊毛、山羊毛、兔毛、马海毛等）		GB/T 18412.2《纺织品 农药残留量的检测方法 第 2 部分 有机氯农药》	Oeko-tex200 第 4 章杀虫剂残留量的测定
		有机磷类杀虫剂		organophosphrous pesticides	mg/kg				GB/T 18412.3《纺织品 农药残留量的检测方法 第 3 部分 有机磷农药》	Oeko-tex200 第 4 章杀虫剂残留量的测定
		拟除虫菊脂类杀虫剂		pyrethriod pesticides	mg/kg				GB/T 18412.4《纺织品 农药残留量的检测方法第 4 部分 拟除虫菊脂农药》	Oeko-tex200 第 4 章杀虫剂残留量的测定
		几丁质合成抑制剂类杀虫剂		chitin synthase inhibitors pesticides	mg/kg				GB/T 16340 食品中灭幼脲残留量的测定	—
燃烧性能										
公共场所阻燃制品及组件燃烧性能要求和标识	GB 20286—2006	燃烧性能	极限氧指数	limiting oxygen index	%	阻燃织物	公共场所使用的装饰墙布（毡）、窗帘、帷幕、装饰包布（毡）、床罩、家具包布等		GB/T 5454《纺织品 燃烧性能试验 氧指数法》	ISO 4589:1984 塑料氧指数法测定燃烧性

附表 1-1（续）

国家标准名称	标准编号	安全指标中文名称		安全指标英文名称	安全指标单位	适用产品类别（大类）	适用的具体产品小类	对应的国际、国外标准	安全指标对应的检测方法标准	检测方法标准对应的国际、国外标准
燃烧性能										
公共场所阻燃制品及组件燃烧性能要求和标识	GB 20286—2006	燃烧性能	损毁长度	damaged length	cm	阻燃织物	公共场所使用的装饰墙布（毡）、窗帘、帷幕、装饰包布（毡）、床罩、家具包布等	日本消防法令公共场所必须使用防火物质制定有关规定	GB/T 5455《纺织品 燃烧性能 垂直方向损毁长度、阴燃和续燃时间的测定》	16CFR1615 儿童睡衣易燃性标准（尺码由 0 至 6X）和 16CFR1616 儿童睡衣易燃性标准（尺码由 7 至 14）；JIS L 1091 纺织品燃烧性能的试验方法的 A-4 法
			续燃时间	afterflame time	s	阻燃织物	公共场所使用的装饰墙布（毡）、窗帘、帷幕、装饰包布（毡）、床罩、家具包布等	日本消防法令公共场所必须使用防火物质制定有关规定	GB/T 5455《纺织品 燃烧性能 垂直方向损毁长度、阴燃和续燃时间的测定》	16CFR1615 儿童睡衣易燃性标准（尺码由 0 至 6X）和 16CFR1616 儿童睡衣易燃性标准（尺码由 7 至 14）
			阴燃时间	afterglow time	s	阻燃织物	公共场所使用的装饰墙布（毡）、窗帘、帷幕、装饰包布（毡）、床罩、家具包布等	日本消防法令公共场所必须使用防火物质制定有关规定	GB/T 5455《纺织品 燃烧性能 垂直方向损毁长度、阴燃和续燃时间的测定》	16CFR1615 儿童睡衣易燃性标准（尺码由 0 至 6X）和 16CFR1616 儿童睡衣易燃性标准（尺码由 7 至 14）
			烟密度等级	smoke density rating（SDR）	级	阻燃织物	公共场所使用的装饰墙布（毡）、窗帘、帷幕、装饰包布（毡）、床罩、家具包布等	日本消防法令公共场所必须使用防火物质制定有关规定	GB/T 8627 建筑材料燃烧或分解的烟密度试验方法	修改采用 ASTM D2843 塑料燃烧或分解的烟密度试验方法

附表 1-1（续）

国家标准名称	标准编号	安全指标中文名称		安全指标英文名称	安全指标单位	适用产品类别（大类）	适用的具体产品小类	对应的国际、国外标准	安全指标对应的检测方法标准	检测方法标准对应的国际、国外标准
燃烧性能										
公共场所阻燃制品及组件燃烧性能要求和标识	GB 20286—2006	燃烧性能	产烟毒性等级	toxic rating of fire effluents	级	阻燃织物	公共场所使用的装饰墙布（毡）、窗帘、帷幕、装饰包布（毡）、床罩、家具包布等	日本消防法令公共场所必须使用防火物质制定有关规定	GB/T20285 材料产烟毒性危险分级	产烟部分参考 DIN 53436 的内容，染毒部分参考 JIS A1321 的内容
			燃烧滴落物	melt drips		阻燃织物	公共场所使用的装饰墙布（毡）、窗帘、帷幕、装饰包布（毡）、床罩、家具包布等	日本消防法令公共场所必须使用防火物质制定有关规定	GB/T 5455《纺织品 燃烧性能 垂直方向损毁长度、阴燃和续燃时间的测定》	
阻燃织物	GB/T 17591—2006	燃烧性能	损毁长度	damaged length	cm	阻燃织物	装饰用织物		GB/T 5455《纺织品 燃烧性能 垂直方向损毁长度、阴燃和续燃时间的测定》	16CFR1615 儿童睡衣易燃性标准（尺码由 0 至 6X）和 16CFR1616 儿童睡衣易燃性标准（尺码由 7 至 14）
			损毁长度	damaged length	cm	阻燃织物	飞机、轮船内饰用织物		GB/T 5455《纺织品 燃烧性能 垂直方向损毁长度、阴燃和续燃时间的测定》	16CFR1615 儿童睡衣易燃性标准（尺码由 0 至 6X）和 16CFR1616 儿童睡衣易燃性标准（尺码由 7 至 14）
			损毁长度	damaged length	cm	阻燃织物	火车内饰用织物		GB/T 5455《纺织品 燃烧性能 垂直方向损毁长度、阴燃和续燃时间的测定》	16CFR1615 儿童睡衣易燃性标准（尺码由 0 至 6X）和 16CFR1616 儿童睡衣易燃性标准（尺码由 7 至 14）
			续燃时间	afterflame time	s	阻燃织物	装饰用织物		GB/T 5455《纺织品 燃烧性能 垂直方向损毁长度、阴燃和续燃时间的测定》	16CFR1615 儿童睡衣易燃性标准（尺码由 0 至 6X）和 16CFR1616 儿童睡衣易燃性标准（尺码由 7 至 14）

附表 1-1（续）

国家标准名称	标准编号	安全指标中文名称		安全指标英文名称	安全指标单位	适用产品类别（大类）	适用的具体产品小类	对应的国际、国外标准	安全指标对应的检测方法标准	检测方法标准对应的国际、国外标准
燃烧性能										
阻燃织物	GB/T 17591—2006	燃烧性能	续燃时间	afterflame time	s	阻燃织物	飞机、轮船内饰用		GB/T 5455《纺织品 燃烧性能 垂直方向损毁长度、阴燃和续燃时间的测定》	16CFR1615 儿童睡衣易燃性标准（尺码由 0 至 6X）和 16CFR1616 儿童睡衣易燃性标准（尺码由 7 至 14）
			续燃时间	afterflame time	s	阻燃织物	火车内饰用织物		GB/T 5455《纺织品 燃烧性能 垂直方向损毁长度、阴燃和续燃时间的测定》	16CFR1615 儿童睡衣易燃性标准（尺码由 0 至 6X）和 16CFR1616 儿童睡衣易燃性标准（尺码由 7 至 14）
			续燃时间	afterflame time	s	阻燃织物	阻燃防护服用织物		GB/T 5455《纺织品 燃烧性能 垂直方向损毁长度、阴燃和续燃时间的测定》	16CFR1615 儿童睡衣易燃性标准（尺码由 0 至 6X）和 16CFR1616 儿童睡衣易燃性标准（尺码由 7 至 14）
			阴燃时间	afterglow time	s	阻燃织物	装饰用织物		GB/T 5455《纺织品 燃烧性能 垂直方向损毁长度、阴燃和续燃时间的测定》	16CFR1615 儿童睡衣易燃性标准（尺码由 0 至 6X）和 16CFR1616 儿童睡衣易燃性标准（尺码由 7 至 14）
			阴燃时间	afterglow time	s	阻燃织物	火车内饰用织物		GB/T 5455《纺织品 燃烧性能 垂直方向损毁长度、阴燃和续燃时间的测定》	16CFR1615 儿童睡衣易燃性标准（尺码由 0 至 6X）和 16CFR1616 儿童睡衣易燃性标准（尺码由 7 至 14）
			阴燃时间	afterglow time	s	阻燃织物	阻燃防护服用织物		GB/T 5455《纺织品 燃烧性能 垂直方向损毁长度、阴燃和续燃时间的测定》	16CFR1615 儿童睡衣易燃性标准（尺码由 0 至 6X）和 16CFR1616 儿童睡衣易燃性标准（尺码由 7 至 14）
			燃烧滴落物	melt drips		阻燃织物	飞机、轮船内饰用织物		GB/T 5455《纺织品 燃烧性能 垂直方向损毁长度、阴燃和续燃时间的测定》	
			燃烧滴落物	melt drips		阻燃织物	阻燃防护服用织物		GB/T 5455《纺织品 燃烧性能 垂直方向损毁长度、阴燃和续燃时间的测定》	

附表 1-1（续）

国家标准名称	标准编号	安全指标中文名称		安全指标英文名称	安全指标单位	适用产品类别（大类）	适用的具体产品小类	对应的国际、国外标准	安全指标对应的检测方法标准	检测方法标准对应的国际、国外标准
燃烧性能										
阻燃织物	GB/T 17591—2006	燃烧性能	火焰蔓延速率	flame spread rate	mm/s	阻燃织物	汽车内饰用织物		FZ/T 01028《纺织织物 燃烧性能测定 水平法》	
			损毁面积	damaged area	cm^2	阻燃织物	火车内饰用织物		GB/T 14645《纺织品 燃烧性能45° 方向损毁面积和接焰次数的测定》	JIS L 1091-1999 纺织品燃烧性能的试验方法的 A-1 法和 A-2 法
			接焰次数	ignition times	次	阻燃织物	火车内饰用织物		GB/T 14645《纺织品 燃烧性能45° 方向损毁面积和接焰次数的测定》	JIS L 1091-1999 纺织品燃烧性能的试验方法中的 D 法
睡衣套	FZ/T 81001—2007	燃烧性能	火焰蔓延时间	time of flame spread; burning time	级	服装	睡衣套	16 CFR 1610 服用织物易燃性标准	FZ/T 81001-2007 中的附录 D	ASTM D1230 服用纺织品燃烧性能测试方法标准
附件与绳带										
儿童上衣拉带安全规格	GB/T 22702—2008	拉带		drawstrings		服装	儿童上衣	ASTM F 1816 儿童上身外衣拉带安全规格	GB/T 22702 第 5 章 拉带长度测量方法与要求	—
提高机械安全性的儿童服装设计和生产实施规范	GB/T 22704—2008	材料和部件	面料	fabrics		服装	童装	BS 7909 提高机械安全性的儿童服装设计和生产实施规范	—	—
			填充材料	filling					—	—
			线	thread					GB/T 22704 附录 B 服装部件脱落强力的测试方法	BS 7909 附录 B 服装部件脱落强力的测试方法
			纽扣	buttons					GB/T 22704 附录 C 纽扣强度的测试方法	BS 7909 附录 C 不可拆分部件安全性的测试方法
			拉链	zips					—	—
			其他部件	other components					GB/T 22704 附录 B 服装部件脱落强力的测试方法	BS 7909 附录 B 服装部件脱落强力的测试方法
		设计	绳索、缎带、蝴蝶结和领带	cord、belt、bowknot &necktie					GB/T 22704 附录 D 绳索塑料管套安全性的测试方法	BS 7909 附录 C 不可拆分部件安全性的测试方法

附表 1-1（续）

国家标准名称	标准编号	安全指标中文名称		安全指标英文名称	安全指标单位	适用产品类别（大类）	适用的具体产品小类	对应的国际、国外标准	安全指标对应的检测方法标准	检测方法标准对应的国际、国外标准
附件与绳带										
提高机械安全性的儿童服装设计和生产实施规范	GB/T 22704—2008	设计	絮料和泡沫	filling materials		服装	童装	BS 7909 提高机械安全性的儿童服装设计和生产实施规范	—	—
			连脚服装	Garments with integral feet					—	—
			风帽	wind-proof hood					—	—
			带松紧带袖口	Elastication					—	—
			男童裤拉链	zips					—	—
		生产	尖锐物体	sharp objects					—	—
			缝纫针	Sewing needles					—	—
			金属污染	Metal					—	—
			纽扣	buttons					—	—
童装绳索和拉带安全要求	GB/T 22705—2008	绳索和拉带		cords and drawstrings		服装	童装	EN 14682 童装绳索和拉带安全要求	GB/T 22702 第 5 章 拉带长度测量方法与要求	EN 14682-2007 附录 D
标签标识										
消费品使用说明 第 4 部分：纺织品和服装	GB 5296.4—2012	制造者的名称和地址		name and address of manufacturer	—	纺织品和服装	纺织品和服装	日本家庭用品质量标签法下的纺织品质量标签	—	—
		产品名称		product name	—	纺织品和服装	纺织品和服装	—	—	—
		产品型号或规格		size and specification of product	—	纺织品和服装	纺织品和服装	—	GB/T1135（所有部分）服装号型 GB/T 6411 针织内衣规格尺寸系列	—

附表 1-1（续）

国家标准名称	标准编号	安全指标中文名称	安全指标英文名称	安全指标单位	适用产品类别（大类）	适用的具体产品小类	对应的国际、国外标准	安全指标对应的检测方法标准	检测方法标准对应的国际、国外标准
标签标识									
消费品使用说明 第4部分：纺织品和服装	GB 5296.4—2012	纤维成分及含量	composition and content of fiber	—	纺织品和服装	纺织品和服装	美国：16CFR 300《羊毛产品标识法令》及其实施条例 16CFR 303《纺织纤维产品标识法令》及其实施条例 加拿大：《纺织品标识法令》及其实施规则《纺织品标识及广告条例》 欧盟：96-74-EC 指令（纺织产品标识法规） 日本：家庭用品质量标签法下的纺织品质量标签细则	GB/T 29862《纺织品 纤维含量的标识》 GB/T 2910（所有部分）《纺织品 化学定量分析试验方法》	ISO 1833（所有部分）纺织品 化学定量分析试验方法
		维护方法	caring method	—	纺织品和服装	纺织品和服装	美国：16CFR423《纺织服装和面料的维护标签》 日本：家庭用品质量标签法下的纺织品质量标签细则	GB/T 8685《纺织品 维护标签规范 符号法》	ISO 3758 纺织品 维护标签规范 符号法 美国：ASTM D 5489 纺织产品维护说明的符号指南 欧盟：EN ISO 3758 纺织品 维护标签规范 符号法 日本：JIS L 0001 纺织品 维护标签规范 符号法 加拿大：CAN/CGSB-86.1 纺织品的维护标签

附表 1-1（续）

国家标准名称	标准编号	安全指标中文名称	安全指标英文名称	安全指标单位	适用产品类别（大类）	适用的具体产品小类	对应的国际、国外标准	安全指标对应的检测方法标准	检测方法标准对应的国际、国外标准
标签标识									
消费品使用说明 第4部分：纺织品和服装	GB 5296.4—2012	执行的产品标准	product standard	—	纺织品和服装	纺织品和服装	—	—	—
		GB18401 中的安全类别	safety classification in GB 18401	—	纺织品和服装	A 类：婴幼儿纺织产品 B 类：直接接触皮肤的纺织产品 C 类：非直接接触皮肤的纺织产品	—	—	—
		使用和贮藏注意事项	Use and storage precautions	—	纺织品和服装	纺织品和服装	—	—	—

附表 1-2　国际国外纺织服装安全标准基础信息采集表

国际、国外标准名称	标准编号	安全指标中文名称	安全指标英文名称	安全指标单位	适用产品类别（大类）	适用的具体产品名称（小类）	安全指标对应的检测方法标准（名称、编号）	检测方法标准对应的国家标准（名称、编号）	国际标准对应的国家标准（名称、编号）
有害物质									
欧盟纺织品生态标签规范	2002/371/EC	丙烯腈	acrylonitrile	mg/kg	纺织品	聚丙烯腈纤维	沸水萃取和毛细管气-液色谱定量	GB/T 20389 腈纶纤维中丙烯腈残留量的测定	GB/T 22282 纺织纤维中有毒有害物质的限量
		艾氏剂	aldrin	ppm		棉和其他天然纤维素种子纤维	US EPA 8081 A；US EPA 8151 A；US EPA 8141 A；US EPA 8270 C.有机氯杀虫剂，使用超声波或索格利特（Soxhlet）萃取器萃取，采用非极性溶剂（异辛烷或正烷）；氯化除草剂，使用甲醇；有机磷化合物；半挥发性有机物的气相色谱-质谱测定。	GB/T 18412《纺织品 农药残留量的测定》	
		敌菌丹	captafol	ppm				GB/T 18412《纺织品 农药残留量的测定》	
		氯丹	chlordane	ppm				GB/T 18412《纺织品 农药残留量的测定》	

附表 1-2（续）

国际、国外标准名称	标准编号	安全指标中文名称	安全指标英文名称	安全指标单位	适用产品类别（大类）	适用的具体产品名称（小类）	安全指标对应的检测方法标准（名称、编号）	检测方法标准对应的国家标准（名称、编号）	国际标准对应的国家标准（名称、编号）
有害物质									
欧盟纺织品生态标签规范	2002/371/EC	滴滴涕	DDT	ppm	纺织品		US EPA 8081 A；US EPA 8151 A；US EPA 8141 A；US EPA 8270 C.有机氯杀虫剂，使用超声波或索格利特（Soxhlet）萃取器萃取，采用非极性溶剂（异辛烷或正烷）；氯化除草剂，使用甲醇；有机磷化合物；半挥发性有机物的气相色谱-质谱测定。	GB/T 18412《纺织品农药残留量的测定》	GB/T 22282 纺织纤维中有毒有害物质的限量
		狄氏剂	deildrin	ppm				GB/T 18412《纺织品农药残留量的测定》	
		异狄氏剂	endrin	ppm				GB/T 18412《纺织品农药残留量的测定》	
		七氯	heptachlor	ppm				GB/T 18412《纺织品农药残留量的测定》	
		六氯苯	hexachlorobenzene	ppm				GB/T 18412《纺织品农药残留量的测定》	
		六氯化苯（包括所有异构体）	hexachloro-cyclohexane（total isomers）	ppm				GB/T 18412《纺织品农药残留量的测定》	
		2,4,5-涕	2,4,5-T	ppm				GB/T 18412《纺织品农药残留量的测定》	
		杀虫脒	chlordimeform	ppm				GB/T 18412《纺织品农药残留量的测定》	
		杀螨酯	chlorobenzilate	ppm				GB/T 18412《纺织品农药残留量的测定》	
		地乐酚及其盐类	dinoseb and its salts	ppm				GB/T 18412《纺织品农药残留量的测定》	
		久效磷	monocrotophos	ppm				GB/T 18412《纺织品农药残留量的测定》	
		五氯苯酚	pentachloro-phenol	ppm				GB/T 18412《纺织品农药残留量的测定》	
		毒杀芬	toxaphene	ppm				GB/T 18412《纺织品农药残留量的测定》	

附表 1-2（续）

国际、国外标准名称	标准编号	安全指标中文名称	安全指标英文名称	安全指标单位	适用产品类别（大类）	适用的具体产品名称（小类）	安全指标对应的检测方法标准（名称、编号）	检测方法标准对应的国家标准（名称、编号）	国际标准对应的国家标准（名称、编号）
有害物质									
欧盟纺织品生态标签规范	2002/371/EC	甲胺磷	methamidophos	ppm				GB/T 18412《纺织品农药残留量的测定》	GB/T 22282 纺织纤维中有毒有害物质的限量
		甲基对硫磷	parathion-methyl	ppm				GB/T 18412《纺织品农药残留量的测定》	
		对硫磷	parathion	ppm				GB/T 16340 食品中灭幼脲残留量的测定	
		磷胺	phosphamidon	ppm				GB/T 16340 食品中灭幼脲残留量的测定	
		γ - 六氯化苯	lindane	ppm		含脂原毛及其他角蛋白纤维	IWTO 测试方法草案 59 含脂毛化学残留物测试方法	GB/T 18412《纺织品农药残留量的测定》	
		α - 六氯化苯	α -BHC	ppm			IWTO 测试方法草案 59 含脂毛化学残留物测试方法	GB/T 18412《纺织品农药残留量的测定》	
		β - 六氯化苯	β -BHC	ppm			IWTO 测试方法草案 59 含脂毛化学残留物测试方法	GB/T 18412《纺织品农药残留量的测定》	
		δ - 六氯化苯	δ -BHC	ppm			IWTO 测试方法草案 59 含脂毛化学残留物测试方法	GB/T 18412《纺织品农药残留量的测定》	
		艾氏剂	aldrin	ppm			IWTO 测试方法草案 59 含脂毛化学残留物测试方法	GB/T 18412《纺织品农药残留量的测定》	
		狄氏剂	deildrin	ppm			IWTO 测试方法草案 59 含脂毛化学残留物测试方法	GB/T 18412《纺织品农药残留量的测定》	
		异狄氏剂	endrin	ppm			IWTO 测试方法草案 59 含脂毛化学残留物测试方法	GB/T 18412《纺织品农药残留量的测定》	

附表 1-2（续）

国际、国外标准名称	标准编号	安全指标中文名称		安全指标英文名称	安全指标单位	适用产品类别（大类）	适用的具体产品名称（小类）	安全指标对应的检测方法标准（名称、编号）	检测方法标准对应的国家标准（名称、编号）	国际标准对应的国家标准（名称、编号）
有害物质										
欧盟纺织品生态标签规范	2002/371/EC	P,P’-滴滴涕		P,P’-DDT	ppm		含脂原毛及其他角蛋白纤维	IWTO 测试方法草案 59 含脂毛化学残留物测试方法	GB/T 18412《纺织品农药残留量的测定》	GB/T 22282 纺织纤维中有毒有害物质的限量
		P,P’-滴滴滴		P,P’-DDD	ppm			IWTO 测试方法草案 59 含脂毛化学残留物测试方法	GB/T 18412《纺织品农药残留量的测定》	
		二嗪农		diazinon	ppm			IWTO 测试方法草案 59 含脂毛化学残留物测试方法	GB/T 18412《纺织品农药残留量的测定》	
		烯虫磷		propetamphos	ppm			IWTO 测试方法草案 59 含脂毛化学残留物测试方法	GB/T 18412《纺织品农药残留量的测定》	
		杀螟威		fenitrothion	ppm			IWTO 测试方法草案 59 含脂毛化学残留物测试方法	GB/T 18412《纺织品农药残留量的测定》	
		除线磷		dichlofenthion	ppm			IWTO 测试方法草案 59 含脂毛化学残留物测试方法	GB/T 18412《纺织品农药残留量的测定》	
		毒死蜱		chlorpyrifos	ppm			IWTO 测试方法草案 59 含脂毛化学残留物测试方法	GB/T 18412《纺织品农药残留量的测定》	
		皮蝇硫磷		fenchlorphos	ppm			IWTO 测试方法草案 59 含脂毛化学残留物测试方法	GB/T 18412《纺织品农药残留量的测定》	
		氯氰菊酯		cypermethrin	ppm			IWTO 测试方法草案 59 含脂毛化学残留物测试方法	GB/T 18412《纺织品农药残留量的测定》	
		溴氰菊酯		deltamethrin	ppm			IWTO 测试方法草案 59 含脂毛化学残留物测试方法	GB/T 18412《纺织品农药残留量的测定》	

附表 1-2（续）

国际、国外标准名称	标准编号	安全指标中文名称	安全指标英文名称	安全指标单位	适用产品类别（大类）	适用的具体产品名称（小类）	安全指标对应的检测方法标准（名称、编号）	检测方法标准对应的国家标准（名称、编号）	国际标准对应的国家标准（名称、编号）
有害物质									
欧盟纺织品生态标签规范	2002/371/EC	杀灭菊酯	fenvalerate	ppm		含脂原毛及其他角蛋白纤维	IWTO 测试方法草案59 含脂毛化学残留物测试方法	GB/T 18412《纺织品农药残留量的测定》	GB/T 22282 纺织纤维中有毒有害物质的限量
		氯氟氰菊酯	cyhalothrin（RS）	ppm			IWTO 测试方法草案59 含脂毛化学残留物测试方法	GB/T 18412《纺织品农药残留量的测定》	
		氟氯苯菊酯	flumethrin	ppm			IWTO 测试方法草案59 含脂毛化学残留物测试方法	GB/T 18412《纺织品农药残留量的测定》	
		氟脲杀	diflubenzuron	ppm			IWTO 测试方法草案59 含脂毛化学残留物测试方法	GB/T 18412《纺织品农药残留量的测定》	
		杀虫隆	triflumuron	ppm			IWTO 测试方法草案59 含脂毛化学残留物测试方法	GB/T 18412《纺织品农药残留量的测定》	
		可吸附有机卤化物（AOX）	AOX	mg/kg		人造纤维素纤维（粘胶纤维、莱赛尔纤维、醋酯纤维等）	ISO 11480 纸浆,纸和纸板.全氯和有机氯的测定	—	
		有机锡化合物	organostannic compounds			聚氨酯弹性纤维	Oeko-tex200 第 7 章 有机锡化合物的测定	GB/T 20385《纺织品有机锡化合物的测定》	
		铅基着色剂	lead-based colorant			聚丙烯纤维	Oeko-tex200 第 3 章重金属含量的测定	GB/T 17593.1《纺织品重金属的测定 第 1 部分：原子吸收分光光度法》	
		锑	Sb（antimony）			聚酯纤维	Oeko-tex200 第 3 章重金属含量的测定	GB/T 17593.1《纺织品重金属的测定 第 1 部分：原子吸收分光光度法》	

附表 1-2（续）

国际、国外标准名称	标准编号	安全指标中文名称		安全指标英文名称	安全指标单位	适用产品类别（大类）	适用的具体产品名称（小类）	安全指标对应的检测方法标准（名称、编号）	检测方法标准对应的国家标准（名称、编号）	国际标准对应的国家标准（名称、编号）
有害物质										
欧盟纺织品生态标签规范	2002/371/EC	甲醛		formaldehyde				ENISO 14184-1：1997 纺织品 甲醛的测定 第1部分：游离水解的甲醛（水萃取法）	GB/T 2912.1《纺织品 甲醛的测定 第1部分：游离水解的甲醛（水萃取法）》	GB/T 22282 纺织纤维中有毒有害物质的限量
		染料中无机离子性杂质	镉	Cd（cadmium）				—	—	
			钴	Co（cobalt）				—	—	
			铬	Cr（chromium）				—	—	
			铜	Cu（copper）				—	—	
			镍	Ni（nickel）				—	—	
			铅	Pb（lead）				—	—	
			锑	Sb（antimony）				—	—	
			锌	Zn（zinc）				—	—	
			砷	As（Arsenic）				—	—	
			汞	Hg（mercury）				—	—	
			铁	Fe（iron）				—	—	
			钡	Ba（barium）				—	—	
			硒	Se（selenium）				—	—	
			银	Ag（silver）				—	—	
			锡	Sn（tin）				—	—	
			锰	Mn（manganese）				—	—	

附表 1-2（续）

国际、国外标准名称	标准编号	安全指标中文名称		安全指标英文名称	安全指标单位	适用产品类别（大类）	适用的具体产品名称（小类）	安全指标对应的检测方法标准（名称、编号）	检测方法标准对应的国家标准（名称、编号）	国际标准对应的国家标准（名称、编号）
有害物质										
欧盟纺织品生态标签规范	2002/371/EC	颜料中无机离子性杂质	砷	As（Arsenic）				—	—	GB/T 22282 纺织纤维中有毒有害物质的限量
			锑	Sb（antimony）				—	—	
			锌	Zn（zinc）				—	—	
			铬	Cr（chromium）				—	—	
			汞	Hg（mercury）				—	—	
			铅	Pb（lead）				—	—	
			镉	Cd（cadmium）				—	—	
			钡	Ba（barium）				—	—	
			硒	Se（selenium）				—	—	
		成品或半成品储存或运输过程（抗微生物处理）	氯酚（包括其盐或酯）	chlorophenols（their salts and esters				—	GB/T 18414《纺织品 含氯苯酚的测定》	
			多氯联苯	PCB				—	GB/T 20387《纺织品 多氯联苯的测定》	
			有机锡化合物	organostannic compounds				—	GB/T 20385《纺织品 有机锡化合物的测定》	
		可分解芳香胺染料（22种，较OE100少了（2,4-二甲基苯胺和2,6-二甲基苯胺）		cleavable arylamines dyes				EN 14362-1 纺织品-偶氮染料分解芳香胺测定 第 1 部分 纺织品中可萃取或不可萃取偶氮染料的测定；EN 14362-3 纺织品.衍生自偶氮染色剂的特定芳香胺测定	GB/T 17592《纺织品 禁用偶氮染料的测定》 GB/T 23344《纺织品 4-氨基偶氮苯的测定》	

附表 1-2（续）

国际、国外标准名称	标准编号	安全指标中文名称	安全指标英文名称	安全指标单位	适用产品类别（大类）	适用的具体产品名称（小类）	安全指标对应的检测方法标准（名称、编号）	检测方法标准对应的国家标准（名称、编号）	国际标准对应的国家标准（名称、编号）
有害物质									
欧盟纺织品生态标签规范	2002/371/EC	可分解芳香胺染料（22种，较OE100少了（2,4-二甲基苯胺和2,6-二甲基苯胺）	cleavable arylamines dyes				方法.第1部分：可能释放4-氨基偶氮苯的某一含氮色料使用的检测		GB/T 22282 纺织纤维中有毒有害物质的限量
		致癌染料（9种）	carcinogens dyes				—	GB/T 20382《纺织品 致癌染料的测定》	
		染料中危险物质含量	dangerous substance in dye				—	—	
		致敏染料（较0eko-Tex100少两个，C.1.分散蓝1和C.1.分散黄3）	allergens dyes				Oeko-tex200 第9章纺织品 致敏性分散染料的测定	GB/T 20383《纺织品 致敏性分散染料的测定》	
		阻燃剂中被禁物质（参见67/548/EEC）	banned substance in flame retardant				—	—	
		整理剂中被禁物质（参见67/548/EEC）含量	banned substance in finishing agent				—	—	
		化学助剂：烷基酚氧乙烯醚	APEOs				—	—	
		化学助剂：直链烷基苯磺酸盐	LAS				—	—	
		化学助剂：双（氢化牛油烷基）二甲基氯化铵	DTDMAC				—	—	

附表 1-2（续）

国际、国外标准名称	标准编号	安全指标中文名称		安全指标英文名称	安全指标单位	适用产品类别（大类）	适用的具体产品名称（小类）	安全指标对应的检测方法标准（名称、编号）	检测方法标准对应的国家标准（名称、编号）	国际标准对应的国家标准（名称、编号）
有害物质										
欧盟纺织品生态标签规范	2002/371/EC	化学助剂	二硬脂基二甲基氯化铵	DSDMAC				—	—	GB/T 22282 纺织纤维中有毒有害物质的限量
			二（硬化牛油）二甲基氯化铵	DHTDMAC				—	—	
			乙二胺四乙酸酯	EDTA				—	—	
			二乙基三胺五乙酸酯	DTPA				—	—	
		聚酯用卤化载体		halogenated carriers for polyester				—	—	
		铬媒染色		chrome mordant dyeing				—	—	
		色牢度	耐洗（变色、沾色）	colour fastness to water				ISO 105/E04 纺织品—色牢度试验—耐汗渍色牢度	GB/T 3922《纺织品耐汗渍色牢度试验方法》	
			耐汗渍（变色、沾色）	colour fastness to perspiration				ISO 105-X12 纺织品 色牢度试验 耐摩擦色牢度	GB/T 3920《纺织品 色牢度试验 耐摩擦色牢度》	
			耐湿摩擦	colour fastness to rubbing, wet				ISO 105-X12 纺织品 色牢度试验 耐摩擦色牢度	GB/T 3920《纺织品 色牢度试验 耐摩擦色牢度》	
			耐干摩擦	colour fastness to rubbing, dry				ISO 105-B02 纺织品色牢度试验第 B02 部分：耐人造光色牢度：氙弧	GB/T 8427《纺织品 色牢度试验 耐人造光色牢度：氙弧》	
			耐光	colour fastness to artifical light						

附表 1-2（续）

国际、国外标准名称	标准编号	安全指标中文名称	安全指标英文名称	安全指标单位	适用产品类别（大类）	适用的具体产品名称（小类）	安全指标对应的检测方法标准（名称、编号）	检测方法标准对应的国家标准（名称、编号）	国际标准对应的国家标准（名称、编号）
有害物质									
偶氮染料禁用指令	2002/61/EC	可分解芳香胺的染料	cleavable arylamines dyes	%	纺织品		EN 14362-1 纺织品-偶氮染料分解芳香胺测定 第 1 部分 纺织品中可萃取或不可萃取偶氮染料的测定；EN 14362-3 纺织品.衍生自偶氮染色剂的特定芳香胺测定方法.第 1 部分:可能释放 4-氨基偶氮苯的某一含氮色料使用的检测	GB/T 17592《纺织品 禁用偶氮染料的测定》GB/T 23344《纺织品 4-氨基偶氮苯的测定》	—
蓝色染料禁用指令	2003/3/EC	蓝色染料	Blue dyes	%	纺织品		—	—	—
镉使用限制指令	91/338/EEC	镉	Cd（cadmium）	%	纺织品		EN 1122 塑料.镉的测定.湿分解法	GB/T 30157《纺织品 总铅和总镉含量的测定》	—
镍使用限制指令	94/27/EC	镍	Ni（nickel）	%	纺织品		EN1811 和 EN12472 镍标准释放量的定量分析方法	—	—
三-（2,3-二溴丙基）-磷酸盐等阻燃剂禁用指令	79/663/EC	三-（2,3-二溴丙基）-磷酸盐 Tris	（2,3-dibromopropyl）phosphate（TRIS）	%	纺织品		—	GB/T 24279《纺织品 禁/限用阻燃剂的测定》	—
三-（氮杂环丙烯基）一氧化膦、多溴联苯等阻燃剂禁用指令	83/264/EEC	三-（氮杂环丙烯基）-氧化膦	Tris-aziridinyl-phosphinoxide（TEPA）	%	纺织品		—	GB/T 24279《纺织品 禁/限用阻燃剂的测定》	—
		多溴联苯	Polybromobiphenyls（PBB）	%	纺织品		—	GB/T 24279《纺织品 禁/限用阻燃剂的测定》	—

附表 1-2（续）

国际、国外标准名称	标准编号	安全指标中文名称	安全指标英文名称	安全指标单位	适用产品类别（大类）	适用的具体产品名称（小类）	安全指标对应的检测方法标准（名称、编号）	检测方法标准对应的国家标准（名称、编号）	国际标准对应的国家标准（名称、编号）
有害物质									
五溴二苯醚和八溴二苯醚等阻燃剂限用指令	2003/11/EC	五溴联苯醚	Diphenylether, pentabromo derivative C12H5Br5O（PBDE）				—	GB/T 24279《纺织品禁/限用阻燃剂的测定》	—
		八溴联苯醚	Diphenylether, octabromo derivative C12H5Br8O（OctaBDE）				—	GB/T 24279《纺织品禁/限用阻燃剂的测定》	—
五氯苯酚及其化合物限制与实施指令	1999/51/EC 与 91/173/EEC	五氯苯酚以及盐和酯类化合物	Pentachlorophenol（PCP）	%			Oeko-tex200 第 5 章含氯苯酚的测定	GB/T 18414《纺织品含氯苯酚的测定》	—
		六氯二苯并对二噁烷	H6CDD	mg/kg			—	—	—
多氯联二苯限制指令	85/467/EEC	多氯联二苯 PCB（一氯和二氯苯除外）	PCB				—	GB/T 20387《纺织品多氯联苯的测定》	—
		多氯联三苯	PCT				—	GB/T 20387《纺织品多氯联苯的测定》	—
		含 PCB 或 PCT 的制剂（PCB 或 PCT 重量含量≤（%））	preparation including PCB or PCT				—	GB/T 20387《纺织品多氯联苯的测定》	—
全氟辛烷磺酸限制指令	2006/122/EC	全氟辛烷磺酸	Perfluorooctane Sulfonates, PFOS				—	—	—

附表 1-2（续）

国际、国外标准名称	标准编号	安全指标中文名称	安全指标英文名称	安全指标单位	适用产品类别（大类）	适用的具体产品名称（小类）	安全指标对应的检测方法标准（名称、编号）	检测方法标准对应的国家标准（名称、编号）	国际标准对应的国家标准（名称、编号）
有害物质									
邻苯二甲酸酯限制指令	2005/84/EC	邻苯二甲酸二辛酯	DEHP				EN ISO 14389 纺织品--邻苯二甲酸酯含量的测定--四氢呋喃法	GB/T 20388《纺织品 邻苯二甲酸酯的测定》	—
		邻苯二甲酸二丁酯	DBP				EN ISO 14389 纺织品--邻苯二甲酸酯含量的测定--四氢呋喃法	GB/T 20388《纺织品 邻苯二甲酸酯的测定》	—
		邻苯二甲酸丁基苄基酯	BBP				EN ISO 14389 纺织品--邻苯二甲酸酯含量的测定--四氢呋喃法	GB/T 20388《纺织品 邻苯二甲酸酯的测定》	—
		邻苯二甲酸二异壬酯	DINP				EN ISO 14389 纺织品--邻苯二甲酸酯含量的测定--四氢呋喃法	GB/T 20388《纺织品 邻苯二甲酸酯的测定》	—
		邻苯二甲酸二异癸酯	DIDP				EN ISO 14389 纺织品--邻苯二甲酸酯含量的测定--四氢呋喃法	GB/T 20388《纺织品 邻苯二甲酸酯的测定》	—
		邻苯二甲酸二辛酯	DNOP				EN ISO 14389 纺织品--邻苯二甲酸酯含量的测定--四氢呋喃法	GB/T 20388《纺织品 邻苯二甲酸酯的测定》	—
富马酸二甲酯限制指令	2009/251/EC	富马酸二甲酯	dimethylfu-marate（DMF）				—	GB/T 28190《纺织品 富马酸二甲酯的测定》	—
有机锡化合物限制指令	2009/425/EC	三取代有机锡化合物（三丁基锡和三苯基锡）	TBT & TPT				—	GB/T 20385 纺织品有机锡化合物的测定	—
		二丁基锡化合物和二辛基锡化合物	DBT & DOT				—	GB/T 20385 纺织品有机锡化合物的测定	—

附表 1-2（续）

国际、国外标准名称	标准编号	安全指标中文名称		安全指标英文名称	安全指标单位	适用产品类别（大类）	适用的具体产品名称（小类）	安全指标对应的检测方法标准（名称、编号）	检测方法标准对应的国家标准（名称、编号）	国际标准对应的国家标准（名称、编号）
有害物质										
含铅的儿童产品，铅油漆法规	CPSIA 相关条例 101 条	总铅含量		Pb（lead）	ppm			CPSC-CH-E1002-08 儿童产品 非金属中总铅含量的标准测试方法 CPSC-CH-E1001-08 儿童产品金属中总铅含量的标准测试方法	GB/T 30157《纺织品 总铅和总镉含量的测定	—
		表面漆含铅量		Pb（lead）	ppm			CPSC-CH-E1003-09 面漆或类似涂层铅含量的标准测试方法	GB/T 30157《纺织品 总铅和总镉含量的测定》	—
含有特定邻苯二甲酸盐的产品法规	CPSIA 相关条例 108 条	邻苯二甲酸二辛酯		DEHP				CPSC-CH-C1001-09.1 邻苯二甲酸酯的标准测试方法	GB/T 20388《纺织品 邻苯二甲酸酯的测定》	—
		邻苯二甲酸二丁酯		DBP				CPSC-CH-C1001-09.1 邻苯二甲酸酯的标准测试方法	GB/T 20388《纺织品 邻苯二甲酸酯的测定》	—
		邻苯二甲酸丁基苄基酯		BBP				CPSC-CH-C1001-09.1 邻苯二甲酸酯的标准测试方法	GB/T 20388《纺织品 邻苯二甲酸酯的测定》	—
		邻苯二甲酸二异壬酯		DINP				CPSC-CH-C1001-09.1 邻苯二甲酸酯的标准测试方法	GB/T 20388《纺织品 邻苯二甲酸酯的测定》	—
		邻苯二甲酸二异癸酯		DIDP				CPSC-CH-C1001-09.1 邻苯二甲酸酯的标准测试方法	GB/T 20388《纺织品 邻苯二甲酸酯的测定》	—
		邻苯二甲酸二正辛酯		DNOP				CPSC-CH-C1001-09.1 邻苯二甲酸酯的标准测试方法	GB/T 20388《纺织品 邻苯二甲酸酯的测定》	—

附表 1-2（续）

国际、国外标准名称	标准编号	安全指标中文名称		安全指标英文名称	安全指标单位	适用产品类别（大类）	适用的具体产品名称（小类）	安全指标对应的检测方法标准（名称、编号）	检测方法标准对应的国家标准（名称、编号）	国际标准对应的国家标准（名称、编号）
有害物质										
生态纺织品通用及特殊技术要求	Oeko-Tex Standard 100（2015）	1.pH 值		pH value		纺织品		ISO 3071 纺织品水萃取液 pH 值的测定	GB/T 7573 纺织品水萃取液 pH 值的测定	GB/T 18885 生态纺织品技术要求
		2.甲醛含量		formaldehyde	mg/kg			ISO 14184.1 纺织品甲醛的测定 第 1 部分 游离水解的甲醛 水萃取法	GB/T 2912.1 纺织品甲醛的测定 第 1 部分 游离水解的甲醛 水萃取法	
		3.可萃取重金属	锑（Sb）	Sb（antimony）	mg/kg			Oeko-tex100 试验程序（2015）第 3 章	GB/T 17593 纺织品重金属离子检测方法	
			砷（As）	As（arsenic）	mg/kg			Oeko-tex100 试验程序（2015）第 3 章	GB/T 17593 纺织品重金属离子检测方法	
			铅（Pb）	Pb（lead）	mg/kg			Oeko-tex100 试验程序（2015）第 3 章	GB/T 17593 纺织品重金属离子检测方法	
			镉（Cd）	Cd（cadmium）	mg/kg			Oeko-tex100 试验程序（2015）第 3 章	GB/T 17593 纺织品重金属离子检测方法	
			铬（Cr）	Cr（chromium）	mg/kg			Oeko-tex100 试验程序（2015）第 3 章	GB/T 17593 纺织品重金属离子检测方法	
			六价铬 [Cr（Ⅵ）]	Cr（Ⅵ）	mg/kg			Oeko-tex100 试验程序（2015）第 3 章	GB/T 17593 纺织品重金属离子检测方法	
			钴（Co）	Co（cobalt）	mg/kg			Oeko-tex100 试验程序（2015）第 3 章	GB/T 17593 纺织品重金属离子检测方法	
			铜（Cu）	Cu（copper）	mg/kg			Oeko-tex100 试验程序（2015）第 3 章	GB/T 17593 纺织品重金属离子检测方法	
			镍（Ni）	Ni（nickel）	mg/kg			Oeko-tex100 试验程序（2015）第 3 章	GB/T 17593 纺织品重金属离子检测方法	
			汞（Hg）	Hg（mercury）	mg/kg			Oeko-tex100 试验程序（2015）第 3 章	GB/T 17593 纺织品重金属离子检测方法	

附表 1-2（续）

国际、国外标准名称	标准编号	安全指标中文名称		安全指标英文名称	安全指标单位	适用产品类别（大类）	适用的具体产品名称（小类）	安全指标对应的检测方法标准（名称、编号）	检测方法标准对应的国家标准（名称、编号）	国际标准对应的国家标准（名称、编号）
有害物质										
生态纺织品通用及特殊技术要求	Oeko-Tex Standard 100（2015）	4.样品消化后重金属总量	铅（Pb）	Pb（lead）				Oeko-tex100 试验程序（2015）第 3 章	GB/T 30157《纺织品 总铅和总镉含量的测定》	
			镉（Cd）	Cd（cadmium）				Oeko-tex100 试验程序（2015）第 3 章	GB/T 30157《纺织品 总铅和总镉含量的测定》	
		5.杀虫剂总量		pesticides sum				Oeko-tex100 试验程序（2015）第 4 章	GB/T 18412《纺织品 农药残留量的检测方法》	
		6. 氯化苯酚 Chlorinated phenols	五氯苯酚	PCP				Oeko-tex100 试验程序（2015）第 5 章	GB/T 18414《纺织品 含氯苯酚的测定》	
			四氯苯酚	TeCP				Oeko-tex100 试验程序（2015）第 5 章	GB/T 18414《纺织品 含氯苯酚的测定》	
			三氯苯酚	TrCP				Oeko-tex100 试验程序（2015）第 5 章	GB/T 18414《纺织品 含氯苯酚的测定》	
		7.邻苯二盐酸酯		DINP、DNOP、DEHP、DHxP、DIDP、DIHxP、BBP、DBP、DIBP、DIHP、DHNUP、DHP、DMEP、DPP.Sum	%			Oeko-tex100 试验程序（2015）第 6 章	GB/T 20388《纺织品 邻苯二甲酸酯的测定》	
				DEHP、BBP、DBP、DHxP、DIBP、DIHP、DIHxP、DHNUP、DHP、DMEP、DPP.Sum	%			Oeko-tex100 试验程序（2015）第 6 章	GB/T 20388《纺织品 邻苯二甲酸酯的测定》	

附表 1-2（续）

国际、国外标准名称	标准编号	安全指标中文名称		安全指标英文名称	安全指标单位	适用产品类别（大类）	适用的具体产品名称（小类）	安全指标对应的检测方法标准（名称、编号）	检测方法标准对应的国家标准（名称、编号）	国际标准对应的国家标准（名称、编号）
有害物质										
生态纺织品通用及特殊技术要求	Oeko-Tex Standard 100（2015）	8 有机锡化合物	三丁基锡（TBT）	TBT	mg/kg			Oeko-tex100 试验程序（2015）第 7 章	GB/T 20385《纺织品有机锡化合物的测定》	
			三苯基锡	TPhT	mg/kg			Oeko-tex100 试验程序（2015）第 7 章	GB/T 20385《纺织品有机锡化合物的测定》	
			二丁基锡（DBT）	DBT	mg/kg			Oeko-tex100 试验程序（2015）第 7 章	GB/T 20385《纺织品有机锡化合物的测定》	
			二辛基锡	DOT	mg/kg			Oeko-tex100 试验程序（2015）第 7 章	GB/T 20385《纺织品有机锡化合物的测定》	
		9.其他化学残留物	邻苯基苯酚	OPP	mg/kg			—	—	
			芳香胺	Arylamines	mg/kg			—	—	
			短链氯化石蜡	SCCP	%			Oeko-tex100 试验程序（2015）第 8 章	—	
			三 β-氯乙基磷酸酯	TCEP	%			—	—	
			富马酸二甲酯	DMFu	mg/kg			Oeko-tex100 试验程序（2015）第 10 章	GB/T 28190《纺织品富马酸二甲酯的测定》	
		10.染料	可分解芳香胺的染料	cleavable arylamines dyes				Oeko-tex100 试验程序（2015）第 11.1 章	GB/T 17592《纺织品禁用偶氮染料的测定》 GB/T 23344《纺织品 4-氨基偶氮苯的测定》	
			致癌染料	carcinogens dyes				Oeko-tex100 试验程序（2015）第 11.2 章	GB/T 20382《纺织品致癌染料的测定》	
			致敏染料	allergens dyes				Oeko-tex100 试验程序（2015）第 11.3 章	GB/T 20383《纺织品致敏性分散染料的测定》	
			其他	other dyes				Oeko-tex100 试验程序（2015）第 11.4 章	GB/T 22345《纺织品禁用染料分散橙 149 和分散黄 23 的测定》	

附表 1-2（续）

国际、国外标准名称	标准编号	安全指标中文名称		安全指标英文名称	安全指标单位	适用产品类别（大类）	适用的具体产品名称（小类）	安全指标对应的检测方法标准（名称、编号）	检测方法标准对应的国家标准（名称、编号）	国际标准对应的国家标准（名称、编号）
有害物质										
生态纺织品通用及特殊技术要求	Oeko-Tex Standard 100（2015）	11.氯化苯和氯化甲苯		Chlorinated benzenes and toluenes	mg/kg			Oeko-tex100 试验程序（2015）第 12 章	GB/T 20384《纺织品 氯化苯和氯化甲苯残留量的测定》	
		12.多环芳烃	苯并（a）芘	benzo（a）pyrene	mg/kg			Oeko-tex100 试验程序（2015）第 13 章	GB/T 28189《纺织品 多环芳烃的测定》	
			苯并（e）芘	benzo（e）pyrene	mg/kg			Oeko-tex100 试验程序（2015）第 13 章	GB/T 28189《纺织品 多环芳烃的测定》	
			苯并蒽	benzo（a）anthracene	mg/kg			Oeko-tex100 试验程序（2015）第 13 章	GB/T 28189《纺织品 多环芳烃的测定》	
			䓛	chrysene	mg/kg			Oeko-tex100 试验程序（2015）第 13 章	GB/T 28189《纺织品 多环芳烃的测定》	
			苯并（b）荧蒽	benzo（b）fluoranthene	mg/kg			Oeko-tex100 试验程序（2015）第 13 章	GB/T 28189《纺织品 多环芳烃的测定》	
			苯并（j）荧蒽	benzo（j）fluoranthene	mg/kg			Oeko-tex100 试验程序（2015）第 13 章	GB/T 28189《纺织品 多环芳烃的测定》	
			苯并（k）荧蒽	benzo（k）fluoranthene	mg/kg			Oeko-tex100 试验程序（2015）第 13 章	GB/T 28189《纺织品 多环芳烃的测定》	
			二苯并（a,h）蒽	dibenzo（a,h）anthracene	mg/kg			Oeko-tex100 试验程序（2015）第 13 章	GB/T 28189《纺织品 多环芳烃的测定》	
		13.抗菌整理剂		Biological active products				—	—	
		14.阻燃整理剂		flame retardant products				—	GB/T 24279《纺织品 禁/限用阻燃剂的测定》	
		15.残余溶剂	N-甲基吡咯烷酮	NMP	%			Oeko-tex100 试验程序（2015）第 14 章	—	
			二甲基乙酰胺	DMAc	%			Oeko-tex100 试验程序（2015）第 14 章	—	

附表 1-2（续）

国际、国外标准名称	标准编号	安全指标中文名称		安全指标英文名称	安全指标单位	适用产品类别（大类）	适用的具体产品名称（小类）	安全指标对应的检测方法标准（名称、编号）	检测方法标准对应的国家标准（名称、编号）	国际标准对应的国家标准（名称、编号）
有害物质										
生态纺织品通用及特殊技术要求	Oeko-Tex Standard 100（2015）	15.残余溶剂	二甲基甲酰胺	DMF	%			Oeko-tex100 试验程序（2015）第 14 章	—	
			甲醛	formamide	%			Oeko-tex100 试验程序（2015）第 14 章	—	
		16.残余表面活性剂		OP、NP sum				Oeko-tex100 试验程序（2015）第 15 章	—	
				OP、NP、OP（EO）sum				Oeko-tex100 试验程序（2015）第 15 章	—	
		17.全氟化合物	全氟辛烷磺酰基化合物	PFOS	μg/m²			Oeko-tex100 试验程序（2015）第 9 章	GB/T 31126《纺织品 全氟辛烷磺酰基化合物和全氟羧酸的测定》	
			全氟辛酸	PFOA	μg/m²			Oeko-tex100 试验程序（2015）第 9 章	GB/T 31126《纺织品 全氟辛烷磺酰基化合物和全氟羧酸的测定》	
			全氟十一酸	PFUdA	mg/kg			Oeko-tex100 试验程序（2015）第 9 章	GB/T 31126《纺织品 全氟辛烷磺酰基化合物和全氟羧酸的测定》	
			全氟十二酸	PFDoA	mg/kg			Oeko-tex100 试验程序（2015）第 9 章	GB/T 31126《纺织品 全氟辛烷磺酰基化合物和全氟羧酸的测定》	
			全氟十三酸	PFTrDA	mg/kg			Oeko-tex100 试验程序（2015）第 9 章	GB/T 31126《纺织品 全氟辛烷磺酰基化合物和全氟羧酸的测定》	
			全氟十四酸	PFTeDA	mg/kg			Oeko-tex100 试验程序（2015）第 9 章	GB/T 31126《纺织品 全氟辛烷磺酰基化合物和全氟羧酸的测定》	
		18.色牢度	耐水色牢度	colour fastness to water	级			Oeko-tex100 试验程序（2015）第 16 章	GB/T 5713《纺织品 色牢度试验 耐水色牢度》	

附表 1-2（续）

国际、国外标准名称	标准编号	安全指标中文名称		安全指标英文名称	安全指标单位	适用产品类别（大类）	适用的具体产品名称（小类）	安全指标对应的检测方法标准（名称、编号）	检测方法标准对应的国家标准（名称、编号）	国际标准对应的国家标准（名称、编号）
有害物质										
生态纺织品通用及特殊技术要求	Oeko-Tex Standard 100（2015）	18.色牢度	耐酸性汗渍色牢度	colour fastness to acidic perspiration	级			Oeko-tex100 试验程序（2015）第 16 章	GB/T 3922《纺织品 耐汗渍色牢度试验方法》	
			耐碱性汗渍色牢度	colour fastness to alkaline perspiration	级			Oeko-tex100 试验程序（2015）第 16 章	GB/T 3922《纺织品 耐汗渍色牢度试验方法》	
			耐干摩擦色牢度（对后续加工有水洗处理的产品不要求）	colour fastness to rubbing, dry	级			Oeko-tex100 试验程序（2015）第 16 章	GB/T 3920《纺织品 色牢度试验 耐摩擦色牢度》	
			耐唾液和汗液色牢度	olour fastness to saliva and perspiration	级			Oeko-tex100 试验程序（2015）第 16 章	GB/T 18886《纺织品 色牢度试验 耐唾液色牢度》	
		19.挥发性物质释放量	甲醛	Formaldehyde				Oeko-tex100 试验程序（2015）第 17 章	GB/T 24281《纺织品 有机挥发物的测定 气相色谱-质谱法》	
			甲苯	Toluol				Oeko-tex100 试验程序（2015）第 17 章	GB/T 24281《纺织品 有机挥发物的测定 气相色谱-质谱法》	
			苯乙烯	Styrol				Oeko-tex100 试验程序（2015）第 17 章	GB/T 24281《纺织品 有机挥发物的测定 气相色谱-质谱法》	
			乙烯基环己烷	Vinylcyclohexen				Oeko-tex100 试验程序（2015）第 17 章	GB/T 24281《纺织品 有机挥发物的测定 气相色谱-质谱法》	
			4-苯基环己烷	4-Phenylcyclohexen				Oeko-tex100 试验程序（2015）第 17 章	GB/T 24281《纺织品 有机挥发物的测定 气相色谱-质谱法》	

附表 1-2（续）

国际、国外标准名称	标准编号	安全指标中文名称		安全指标英文名称	安全指标单位	适用产品类别（大类）	适用的具体产品名称（小类）	安全指标对应的检测方法标准（名称、编号）	检测方法标准对应的国家标准（名称、编号）	国际标准对应的国家标准（名称、编号）
有害物质										
生态纺织品通用及特殊技术要求	Oeko-Tex Standard 100（2015）	19.挥发性物质释放量	丁二烯	Butadien				Oeko-tex100 试验程序（2015）第 17 章	GB/T 24281《纺织品 有机挥发物的测定 气相色谱-质谱法》	
			氯乙烯	Vinylchlorid				Oeko-tex100 试验程序（2015）第 17 章	GB/T 24281《纺织品 有机挥发物的测定 气相色谱-质谱法》	
			芳香烃化合物	aromatic hydrocarbons				Oeko-tex100 试验程序（2015）第 17 章	GB/T 24281《纺织品 有机挥发物的测定 气相色谱-质谱法》	
			有机挥发物总量	organic volatiles				Oeko-tex100 试验程序（2015）第 17 章	GB/T 24281《纺织品 有机挥发物的测定 气相色谱-质谱法》	
		20.异味	异常气味（纺织地板覆盖物以外的制品）	general				Oeko-tex100 试验程序（2015）第 18 章	GB/T 18885 附录 G 异常气味的测定—嗅辨法	
			一般气味（纺织地板覆盖物等非用于穿着织物）	SNV 195 651（modified）				Oeko-tex100 试验程序（2015）第 18 章	GB/T 18886 附录 G 异常气味的测定—嗅辨法	
		21.禁用纤维	石棉纤维	Asbestos				Oeko-tex100 试验程序（2015）第 19 章	—	
关于限制含有害物质的家庭用品的法律	日本法规 112	甲醛		formaldehyde		纺织品		JIS L 1041 经树脂加工纺织品试验方法中甲醛含量测试方法	GB/T 2912.1 纺织品甲醛的测定第 1 部分 游离水解的甲醛 水萃取法	

附表 1-2（续）

国际、国外标准名称	标准编号	安全指标中文名称	安全指标英文名称	安全指标单位	适用产品类别（大类）	适用的具体产品名称（小类）	安全指标对应的检测方法标准（名称、编号）	检测方法标准对应的国家标准（名称、编号）	国际标准对应的国家标准（名称、编号）
有害物质									
关于限制含有害物质的家庭用品的法律	日本法规112	可分解芳香胺的染料	cleavable arylamines dyes				IS L1940-1 纺织品--某些来自偶氮着色剂的芳香胺的测定方法--第 1 部分：提取或不提取纤维情形下检测某些偶氮着色剂的使用；JIS L 1940-3 纺织品—某些来自偶氮着色剂的芳香胺的测定方法—第 3 部分：某些可能释放 4-氨基偶氮苯的偶氮着色剂使用的检测	GB/T 17592《纺织品 禁用偶氮染料的测定》GB/T 23344《纺织品 4-氨基偶氮苯的测定》	
		杀虫剂	pesticides				带电子捕获检测器的气相色谱分析法	GB/T 18412《纺织品 农药残留量的检测方法》	
		有机汞化合物	Organic mercury compounds			纤维产品中的尿布、围兜、内衣卫生短裤、手套以及袜子	原子吸收分光光度法	—	
		有机锡化合物	Organic tin compounds			纤维产品中的尿布、围兜、内衣卫生短裤、手套以及袜子	原子吸收分光光度法及薄层色谱法	GB/T 20385《纺织品 有机锡化合物的测定》	
		阻燃剂	fire retardant			纤维产品中的尿布、围兜、内衣卫生短裤、手套以及袜子	带火焰光度检测器的气相色谱分析法	GB/T 24279《纺织品 禁/限用阻燃剂的测定》	
加拿大消费品安全法案	CCPSA	三（2,3-二溴丙基）-磷酸酯	（2,3-dibromopropyl）phosphate（TRIS）		纺织品		—	—	
CCPSA 中表面涂料材料条例	SOR/2005-109	铅含量	Pb（lead）				—	—	

附表 1-2（续）

国际、国外标准名称	标准编号	安全指标中文名称	安全指标英文名称	安全指标单位	适用产品类别（大类）	适用的具体产品名称（小类）	安全指标对应的检测方法标准（名称、编号）	检测方法标准对应的国家标准（名称、编号）	国际标准对应的国家标准（名称、编号）
有害物质									
CCPSA 中邻苯二甲酸盐条例	SOR/2010-298	邻苯二甲酸盐	phthalates				—	—	
CCPSA 中含铅消费品（与嘴接触）条例	SOR/2010-273	铅含量	Pb（lead）				EN 71-3 玩具安全-第 3 部分：特定元素的迁移	—	
燃烧性能									
服用织物易燃性标准	16 CFR 1610	火焰蔓延时间	time of flame spread;burning time	级	服用织物及织品（不适用于帽子、手套和鞋袜，以及衬里布）		16 CFR 1610 服用织物易燃性标准	GB/T 14644《纺织品 燃烧性能 45° 方向燃烧速率的测定》	
儿童睡衣易燃性标准（尺码由 0 至 6X）	16 CFR 1615	损毁长度	damaged length	cm	服装	儿童睡衣	16 CFR 1615 儿童睡衣易燃性标准（尺码由 0 至 6X）	GB/T 5455《纺织品 燃烧性能 垂直方向损毁长度、阴燃和续燃时间的测定》	
儿童睡衣易燃性标准（尺码由 7 至 14）	16 CFR 1616	损毁长度	damaged length	cm	服装	儿童睡衣	16 CFR 1616 儿童睡衣易燃性标准（尺码由 7 至 14）	GB/T 5455《纺织品 燃烧性能 垂直方向损毁长度、阴燃和续燃时间的测定》	
加拿大消费品安全法案中《危险产品（儿童睡衣）条例》	CCPSA-SOR/2011-15	损毁长度	damaged length	cm	服装	儿童宽松睡衣，尺寸小于等于 14X 的睡衣（不适用于为体重达到 7Kg 婴儿设计的睡衣、专为医院使用的睡衣以及合为一套的睡衣）	16 CFR 1616 儿童睡衣易燃性标准（尺码由 7 至 14）	GB/T 5455《纺织品 燃烧性能 垂直方向损毁长度、阴燃和续燃时间的测定》	

附表 1-2（续）

国际、国外标准名称	标准编号	安全指标中文名称	安全指标英文名称	安全指标单位	适用产品类别（大类）	适用的具体产品名称（小类）	安全指标对应的检测方法标准（名称、编号）	检测方法标准对应的国家标准（名称、编号）	国际标准对应的国家标准（名称、编号）
燃烧性能									
加拿大消费品安全法案中《危险产品（儿童睡衣）条例》	CCPSA-SOR/2011-15	火焰蔓延时间	time of flame spread;burning time	s	服装	儿童紧身睡衣，尺寸小于等于 14X，具体包括：（a）体重达到 7Kg 婴儿穿着的睡衣；（b）医院中穿着的睡衣；（c）合为一体的睡衣；（d）卧铺中穿着睡衣。	CAN/CGSB-4.2No.27.5 纺织品燃烧测试- 45° 法-1s 火焰冲击	GB/T 14644《纺织品 燃烧性能 45° 方向燃烧速率的测定》	
加拿大消费品安全法案中《纺织品易燃条例》	CCPSA-SOR/2011-22	火焰蔓延时间	flame spread time;burning time	s	纺织品	纺织品和床上用品。不包括：（a）尺码在 14X 及以下的儿童睡衣；（b）玩偶，毛绒玩具和软玩具；（c）婴儿床，摇篮；（d）游戏围栏；（e）儿童用伸缩门栏；（f）地毯、毛毯和地垫；（g）帐篷，包括餐厅帐篷；（h）床垫。	CAN/CGSB-4.2No.27.5 纺织品燃烧测试- 45° 法-1s 火焰冲击	GB/T 14644《纺织品 燃烧性能 45° 方向燃烧速率的测定》	
纺织品 - 儿童睡衣燃烧性能规范	EN 14878	火焰蔓延时间	flame spread time;burning time	s			ISO 6941 纺织品 燃烧性能 垂直方向试样火焰蔓延性能的测定	GB/T 5456《纺织品 燃烧性能 垂直方向试样火焰蔓延性能的测定》	
		表面闪燃	surface flash						
日本消防法令 公共场所必须使用防火物质制定有关规定		续燃时间	afterflame time	s	纺织品	窗帘、幕布	JIS L 1091 纺织品燃烧性能的试验方法的 A-1 法和 A-2 法	GB/T 14645《纺织品 燃烧性能 45° 方向损毁面积和接焰次数的测定》	
		阴燃时间	afterglow time	s	纺织品	窗帘、幕布	JIS L 1091 纺织品燃烧性能的试验方法的 A-1 法和 A-2 法	GB/T 14645《纺织品 燃烧性能 45° 方向损毁面积和接焰次数的测定》	
		损毁面积	damaged area	cm^2	纺织品	窗帘、幕布	JIS L 1091 纺织品燃烧性能的试验方法的 A-1 法和 A-2 法	GB/T 14645《纺织品 燃烧性能 45° 方向损毁面积和接焰次数的测定》	

附表 1-2（续）

国际、国外标准名称	标准编号	安全指标中文名称		安全指标英文名称	安全指标单位	适用产品类别（大类）	适用的具体产品名称（小类）	安全指标对应的检测方法标准（名称、编号）	检测方法标准对应的国家标准（名称、编号）	国际标准对应的国家标准（名称、编号）
燃烧性能										
日本消防法令 公共场所必须使用防火物质制定有关规定		损毁长度		damaged length	cm	纺织品	床上用品	JIS L 1091 纺织品燃烧性能的试验方法的 A-1 法和 A-2 法	GB/T 14645《纺织品 燃烧性能 45° 方向损毁面积和接焰次数的测定》	
		损毁长度		damaged length	cm	纺织品	服装	JIS L 1091 纺织品燃烧性能的试验方法的 A-4 法	GB/T 5455《纺织品 燃烧性能 垂直方向损毁长度、阴燃和续燃时间的测定》	
		损毁长度		damaged length	cm	纺织品	家具覆盖物	JIS L 1091 纺织品燃烧性能的试验方法的 A-1 法和 A-2 法	GB/T 14645《纺织品 燃烧性能 45° 方向损毁面积和接焰次数的测定》	
		接焰次数		ignition times	次	纺织品	床上用品	JIS L 1091 纺织品燃烧性能的试验方法的 D 法	GB/T 14645《纺织品 燃烧性能 45° 方向损毁面积和接焰次数的测定》	
附件与绳带										
儿童上衣外套的拉带指南	CPSC（消费品指南）	拉带		drawstrings		服装	儿童上衣外套	—	GB/T 22702 拉带长度测量方法与要求	—
儿童上衣外套的拉带安全规格	ASTM F 1816	拉带		drawstrings		服装	儿童上衣外套	—	GB/T 22702 拉带长度测量方法与要求	GB/T 22702 儿童上衣拉带安全规格
童装安全 童装绳索和拉带安全要求	EN 14682	绳索和拉带		cords and drawstrings		服装	童装	EN 14682-2007 附录 D 绳带长度测量方法	GB/T 22702 拉带长度测量方法与要求	GB/T 22705 童装绳索和拉带安全要求
提高机械安全性的儿童服装设计和生产实施规范	BS 7907	材料和部件	面料	fabrics		服装	童装	—	—	GB/T 22704 提高机械安全性的儿童服装设计和生产实施规范

附表 1-2（续）

国际、国外标准名称	标准编号	安全指标中文名称		安全指标英文名称	安全指标单位	适用产品类别（大类）	适用的具体产品名称（小类）	安全指标对应的检测方法标准（名称、编号）	检测方法标准对应的国家标准（名称、编号）	国际标准对应的国家标准（名称、编号）
附件与绳带										
提高机械安全性的儿童服装设计和生产实施规范	BS 7907	材料和部件	填充材料	filling material				—	—	
			线	thread				BS 7909 附录 B 服装部件脱落强力的测试方法	GB/T 22704 附录 B 服装部件脱落强力的测试方法	
			纽扣	buttons				BS 7909 附录 C 不可拆分部件安全性的测试方法	GB/T 22704 附录 C 纽扣强度的测试方法	
			拉链	zips				—	—	
			其他部件	other components				BS 7909 附录 B 服装部件脱落强力的测试方法	GB/T 22704 附录 B 服装部件脱落强力的测试方法	
		设计	绳索、缎带、蝴蝶结和领带	cord、belt、bowknot &necktie				BS 7909 附录 C 不可拆分部件安全性的测试方法	GB/T 22704 附录 D 绳索塑料管套安全性的测试方法	
			絮料和泡沫	filling material				—	—	
			连脚服装	Garments with integral feet				—	—	
			风帽	wind-proof hood				—	—	
			带松紧带袖口	Elastication				—	—	
			男童裤拉链	zips				—	—	
		生产	尖锐物体	sharp objects				—	—	
			缝纫针	Sewing needles				—	—	
			金属污染	Metal				—	—	
			纽扣	buttons				—	—	

附表 1-2（续）

国际、国外标准名称	标准编号	安全指标中文名称	安全指标英文名称	安全指标单位	适用产品类别（大类）	适用的具体产品名称（小类）	安全指标对应的检测方法标准（名称、编号）	检测方法标准对应的国家标准（名称、编号）	国际标准对应的国家标准（名称、编号）
标签标识									
美国：《纺织纤维产品标识法令》及其实施条例	16 CFR 303	语言表示	English language requirement	—	纺织纤维产品	服用服装制品，手帕，围巾，床上用品，窗帘、帏帐，装饰用织物，桌布，地毯，毛巾，揩布与揩碗布，烫衣板罩与衬垫，雨伞与阳伞，絮垫，带有头标的旗子或面积大于216in^2（13.9dm^2）的旗子，软垫，所有纤维、纱线以及织物，家具套与其他用于家具的罩布或床罩，毛毯与肩巾，睡袋	—	GB/T 29862《纺织品 纤维含量的标识》	
		小于 5%的纤维	Fibers in amounts of less than 5 percent	—	纺织纤维产品	服用服装制品，手帕，围巾，床上用品，窗帘、帏帐，装饰用织物，桌布，地毯，毛巾，揩布与揩碗布，烫衣板罩与衬垫，雨伞与阳伞，絮垫，带有头标的旗子或面积大于216in^2（13.9dm^2）的旗子，软垫，所有纤维、纱线以及织物，家具套与其他用于家具的罩布或床罩，毛毯与肩巾，睡袋	—	GB/T 29862《纺织品 纤维含量的标识》 GB/T 2910（所有部分）《纺织品 化学定量分析试验方法》	GB/T 2910（所有部分）《纺织品 化学定量分析试验方法》
		纺织制品上的装饰物	Trimmings of household textile articles	—	纺织纤维产品	服用服装制品，手帕，围巾，床上用品，窗帘、帏帐，装饰用织物，桌布，地毯，毛巾，揩布与揩碗布，烫衣板罩与衬垫，雨伞与阳伞，絮垫，带有头标的旗子或面积大于216in^2（13.9dm^2）的旗	—	GB/T 29862《纺织品 纤维含量的标识》	

附表 1-2（续）

国际、国外标准名称	标准编号	安全指标中文名称	安全指标英文名称	安全指标单位	适用产品类别（大类）	适用的具体产品名称（小类）	安全指标对应的检测方法标准（名称、编号）	检测方法标准对应的国家标准（名称、编号）	国际标准对应的国家标准（名称、编号）
标签标识									
美国：《纺织纤维产品标识法令》及其实施条例	16 CFR 303	纺织制品上的装饰物	Trimmings of household textile articles	—	纺织纤维产品	子，软垫，所有纤维、纱线以及织物，家具套与其他用于家具的罩布或床罩，毛毯与肩巾，睡袋。			
		含未知纤维的产品	Products containing unknown fibers	—	纺织纤维产品	服用服装制品，手帕，围巾，床上用品，窗帘、帏帐，装饰用织物，桌布，地毯，毛巾，揩布与揩碗布，烫衣板罩与衬垫，雨伞与阳伞，絮垫，带有头标的旗子或面积大于 $216in^2$（$13.9dm^2$）的旗子，软垫，所有纤维、纱线以及织物，家具套与其他用于家具的罩布或床罩，毛毯与肩巾，睡袋	—	GB/T 29862《纺织品纤维含量的标识》	
		标签及其固着方法	Required label and method of affixing	—	纺织纤维产品	服用服装制品，手帕，围巾，床上用品，窗帘、帏帐，装饰用织物，桌布，地毯，毛巾，揩布与揩碗布，烫衣板罩与衬垫，雨伞与阳伞，絮垫，带有头标的旗子或面积大于 $216in^2$（$13.9dm^2$）的旗子，软垫，所有纤维、纱线以及织物，家具套与其他用于家具的罩布或床罩，毛毯与肩巾，睡袋	—	GB/T 29862《纺织品纤维含量的标识》	
		信息的排列	Arrangement and disclosure of information on labels	—	纺织纤维产品	服用服装制品，手帕，围巾，床上用品，窗帘、帏帐，装饰用织物，桌布，地毯，毛巾，揩布与揩碗	—	GB/T 29862《纺织品纤维含量的标识》	

附表 1-2（续）

国际、国外标准名称	标准编号	安全指标中文名称	安全指标英文名称	安全指标单位	适用产品类别（大类）	适用的具体产品名称（小类）	安全指标对应的检测方法标准（名称、编号）	检测方法标准对应的国家标准（名称、编号）	国际标准对应的国家标准（名称、编号）
标签标识									
美国：《纺织纤维产品标识法令》及其实施条例	16 CFR 303	信息的排列	Arrangement and disclosure of information on labels	—	纺织纤维产品	布，烫衣板罩与衬垫，雨伞与阳伞，絮垫，带有头标的旗子或面积大于216in^2（13.9dm^2）的旗子，软垫，所有纤维、纱线以及织物，家具套与其他用于家具的罩布或床罩，毛毯与肩巾，睡袋。			
		纤维商标与通用名称的使用	Use of fiber trademarks and generic names on labels	—	纺织纤维产品	服用服装制品，手帕，围巾，床上用品，窗帘、帏帐，装饰用织物，桌布，地毯，毛巾，揩布与揩碗布，烫衣板罩与衬垫，雨伞与阳伞，絮垫，带有头标的旗子或面积大于216in^2（13.9dm^2）的旗子，软垫，所有纤维、纱线以及织物，家具套与其他用于家具的罩布或床罩，毛毯与肩巾，睡袋。	—	GB/T 29862《纺织品 纤维含量的标识》 GB/T 4146.1《纺织品 化学纤维 第1部分：属名》 GB/T 11951《纺织品 天然纤维 术语》 GB/T 17685 羽绒羽毛	GB/T 4146.1《纺织品 化学纤维 第1部分：属名》 GB/T 11951《纺织品 天然纤维 术语》 GB/T 17685 羽绒羽毛
		注册的标识号	Registered identification numbers	—	纺织纤维产品	服用服装制品，手帕，围巾，床上用品，窗帘、帏帐，装饰用织物，桌布，地毯，毛巾，揩布与揩碗布，烫衣板罩与衬垫，雨伞与阳伞，絮垫，带有头标的旗子或面积大于216in^2（13.9dm^2）的旗子，软垫，所有纤维、纱线以及织物，家具套与其他用于家具的罩布或床罩，毛毯与肩巾，睡袋。	—	—	—

附表 1-2（续）

国际、国外标准名称	标准编号	安全指标中文名称	安全指标英文名称	安全指标单位	适用产品类别（大类）	适用的具体产品名称（小类）	安全指标对应的检测方法标准（名称、编号）	检测方法标准对应的国家标准（名称、编号）	国际标准对应的国家标准（名称、编号）
标签标识									
美国：《纺织纤维产品标识法令》及其实施条例	16 CFR 303	包含衬里、夹层、填充物的产品	Products containing linings, interlinings, fillings, and paddings	—	纺织纤维产品	服用服装制品，手帕，围巾，床上用品，窗帘、帏帐，装饰用织物，桌布，地毯，毛巾，揩布与揩碗布，烫衣板罩与衬垫，雨伞与阳伞，絮垫，带有头标的旗子或面积大于 $216in^2$（$13.9dm^2$）的旗子，软垫，所有纤维、纱线以及织物，家具套与其他用于家具的罩布或床罩，毛毯与肩巾，睡袋。	—	GB/T 29862《纺织品 纤维含量的标识》	
		包含被叠加或被添加了纤维的纺织纤维产品	Textile fiber products containing superimposed or added fibers	—	纺织纤维产品	服用服装制品，手帕，围巾，床上用品，窗帘、帏帐，装饰用织物，桌布，地毯，毛巾，揩布与揩碗布，烫衣板罩与衬垫，雨伞与阳伞，絮垫，带有头标的旗子或面积大于 $216in^2$（$13.9dm^2$）的旗子，软垫，所有纤维、纱线以及织物，家具套与其他用于家具的罩布或床罩，毛毯与肩巾，睡袋。	—	GB/T 29862《纺织品 纤维含量的标识》	
		绒毛织物及其制成的产品	Pile fabrics and products composed thereof	—	纺织纤维产品	服用服装制品，手帕，围巾，床上用品，窗帘、帏帐，装饰用织物，桌布，地毯，毛巾，揩布与揩碗布，烫衣板罩与衬垫，雨伞与阳伞，絮垫，带有头标的旗子或面积大于 $216in^2$（$13.9dm^2$）的旗子，软垫，所有纤维、纱线以及织物，家具套与其他用于家具的罩布或床罩，毛毯与肩巾，睡袋。	—	GB/T 29862《纺织品 纤维含量的标识》	

附表 1-2（续）

国际、国外标准名称	标准编号	安全指标中文名称		安全指标英文名称	安全指标单位	适用产品类别（大类）	适用的具体产品名称（小类）	安全指标对应的检测方法标准（名称、编号）	检测方法标准对应的国家标准（名称、编号）	国际标准对应的国家标准（名称、编号）
标签标识										
美国：《纺织纤维产品标识法令》及其实施条例	16 CFR 303	装饰物（含量不超过5%）		Ornamentation	—	纺织纤维产品	服用服装制品，手帕，围巾，床上用品，窗帘、帏帐，装饰用织物，桌布，地毯，毛巾，揩布与揩碗布，烫衣板罩与衬垫，雨伞与阳伞，絮垫，带有头标的旗子或面积大于 $216in^2$（$13.9dm^2$）的旗子，软垫，所有纤维、纱线以及织物，家具套与其他用于家具的罩布或床罩，毛毯与肩巾，睡袋。	—	GB/T 29862《纺织品 纤维含量的标识》 GB/T 2910（所有部分）《纺织品 化学定量分析试验方法》	GB/T 2910（所有部分）《纺织品 化学定量分析试验方法》
		“全（纯）”或“100%”的使用		Use of the term “All” or “100%.”	—	纺织纤维产品	服用服装制品，手帕，围巾，床上用品，窗帘、帏帐，装饰用织物，桌布，地毯，毛巾，揩布与揩碗布，烫衣板罩与衬垫，雨伞与阳伞，絮垫，带有头标的旗子或面积大于 $216in^2$（$13.9dm^2$）的旗子，软垫，所有纤维、纱线以及织物，家具套与其他用于家具的罩布或床罩，毛毯与肩巾，睡袋。	—	GB/T 29862《纺织品 纤维含量的标识》 GB/T 2910（所有部分）《纺织品 化学定量分析试验方法》	GB/T 2910（所有部分）《纺织品 化学定量分析试验方法》
		包装中的产品		Products contained in packages	—	纺织纤维产品	服用服装制品，手帕，围巾，床上用品，窗帘、帏帐，装饰用织物，桌布，地毯，毛巾，揩布与揩碗布，烫衣板罩与衬垫，雨伞与阳伞，絮垫，带有头标的旗子或面积大于 $216in^2$（$13.9dm^2$）的旗	—	GB/T 29862《纺织品 纤维含量的标识》	

附表 1-2（续）

国际、国外标准名称	标准编号	安全指标中文名称	安全指标英文名称	安全指标单位	适用产品类别（大类）	适用的具体产品名称（小类）	安全指标对应的检测方法标准（名称、编号）	检测方法标准对应的国家标准（名称、编号）	国际标准对应的国家标准（名称、编号）
标签标识									
美国：《纺织纤维产品标识法令》及其实施条例	16 CFR 303	包装中的产品	Products contained in packages	—	纺织纤维产品	子，软垫，所有纤维、纱线以及织物，家具套与其他用于家具的罩布或床罩，毛毯与肩巾，睡袋。			
		成对产品或包含不少于两个单元的产品	Labeling of pairs or products containing two or more units	—	纺织纤维产品	服用服装制品，手帕，围巾，床上用品，窗帘、帏帐，装饰用织物，桌布，地毯，毛巾，揩布与揩碗布，烫衣板罩与衬垫，雨伞与阳伞，絮垫，带有头标的旗子或面积大于 $216in^2$（$13.9dm^2$）的旗子，软垫，所有纤维、纱线以及织物，家具套与其他用于家具的罩布或床罩，毛毯与肩巾，睡袋。	—	GB/T 29862《纺织品纤维含量的标识》	
		包含了复用填充物的产品	Products containing reused stuffing	—	纺织纤维产品	服用服装制品，手帕，围巾，床上用品，窗帘、帏帐，装饰用织物，桌布，地毯，毛巾，揩布与揩碗布，烫衣板罩与衬垫，雨伞与阳伞，絮垫，带有头标的旗子或面积大于 $216in^2$（$13.9dm^2$）的旗子，软垫，所有纤维、纱线以及织物，家具套与其他用于家具的罩布或床罩，毛毯与肩巾，睡袋。	—	—	—
		原产国	original country	—	纺织纤维产品	服用服装制品，手帕，围巾，床上用品，窗帘、帏帐，装饰用织物，桌布，地毯，毛巾，揩布与揩碗	—	GB 5296.4《消费品使用说明 第 4 部分：纺织品和服装》	

附表 1-2（续）

国际、国外标准名称	标准编号	安全指标中文名称	安全指标英文名称	安全指标单位	适用产品类别（大类）	适用的具体产品名称（小类）	安全指标对应的检测方法标准（名称、编号）	检测方法标准对应的国家标准（名称、编号）	国际标准对应的国家标准（名称、编号）
标签标识									
美国：《纺织纤维产品标识法令》及其实施条例	16 CFR 303	原产国	original country	—	纺织纤维产品	布，烫衣板罩与衬垫，雨伞与阳伞，絮垫，带有头标的旗子或面积大于 $216in^2$（$13.9dm^2$）的旗子，软垫，所有纤维、纱线以及织物，家具套与其他用于家具的罩布或床罩，毛毯与肩巾，睡袋。			
		术语“未用过的”或“新的”的使用	Use of terms “virgin” or “new.”	—	纺织纤维产品	服用服装制品，手帕，围巾，床上用品，窗帘、帏帐，装饰用织物，桌布，地毯，毛巾，揩布与揩碗布，烫衣板罩与衬垫，雨伞与阳伞，絮垫，带有头标的旗子或面积大于 $216in^2$（$13.9dm^2$）的旗子，软垫，所有纤维、纱线以及织物，家具套与其他用于家具的罩布或床罩，毛毯与肩巾，睡袋。	—	—	—
		纤维含量允差	Fiber content tolerances	—	纺织纤维产品	服用服装制品，手帕，围巾，床上用品，窗帘、帏帐，装饰用织物，桌布，地毯，毛巾，揩布与揩碗布，烫衣板罩与衬垫，雨伞与阳伞，絮垫，带有头标的旗子或面积大于 $216in^2$（$13.9dm^2$）的旗子，软垫，所有纤维、纱线以及织物，家具套与其他用于家具的罩布或床罩，毛毯与肩巾，睡袋。	—	GB/T 29862《纺织品 纤维含量的标识》	

附表 1-2（续）

国际、国外标准名称	标准编号	安全指标中文名称		安全指标英文名称	安全指标单位	适用产品类别（大类）	适用的具体产品名称（小类）	安全指标对应的检测方法标准（名称、编号）	检测方法标准对应的国家标准（名称、编号）	国际标准对应的国家标准（名称、编号）
标签标识										
美国：《羊毛产品标识法令》及其实施条例	16CFR300	语言表示		English language requirement	—	羊毛制品	含有或以某种方式表明含有羊毛或复用羊毛的产品或产品的一部分，纤维指出自绵羊或羔羊的羊毛纤维，或者安格拉山羊毛或山羊绒的纤维，还可包括出自骆驼、羊驼、美洲驼以及骆马等动物毛发的特种纤维。	—	GB/T 29862《纺织品 纤维含量的标识》	
		纤维商标与通用名称的使用		Use of fiber trademark and generic names	—	羊毛制品	含有或以某种方式表明含有羊毛或复用羊毛的产品或产品的一部分，纤维指出自绵羊或羔羊的羊毛纤维，或者安格拉山羊毛或山羊绒的纤维，还可包括出自骆驼、羊驼、美洲驼以及骆马等动物毛发的特种纤维。	—	GB/T 29862《纺织品 纤维含量的标识》	
		成对产品或包含不少于两个单元的产品		Labeling of pairs or products containing two or more units	—	羊毛制品	含有或以某种方式表明含有羊毛或复用羊毛的产品或产品的一部分，纤维指出自绵羊或羔羊的羊毛纤维，或者安格拉山羊毛或山羊绒的纤维，还可包括出自骆驼、羊驼、美洲驼以及骆马等动物毛发的特种纤维。	—	GB/T 29862《纺织品 纤维含量的标识》	
		对羊毛产品的包装（盒）的标注		Labeling of containers or packaging of wool products	—	羊毛制品	含有或以某种方式表明含有羊毛或复用羊毛的产品或产品的一部分，纤维指出自绵羊或羔羊的羊毛纤维，或者安格拉山羊毛或	—	GB/T 29862《纺织品 纤维含量的标识》	

附表 1-2（续）

国际、国外标准名称	标准编号	安全指标中文名称	安全指标英文名称	安全指标单位	适用产品类别（大类）	适用的具体产品名称（小类）	安全指标对应的检测方法标准（名称、编号）	检测方法标准对应的国家标准（名称、编号）	国际标准对应的国家标准（名称、编号）
标签标识									
美国：《羊毛产品标识法令》及其实施条例	16CFR300	对羊毛产品的包装（盒）的标注	Labeling of containers or packaging of wool products	—	羊毛制品	山羊绒的纤维，还可包括出自骆驼、羊驼、美洲驼以及骆马等动物毛发的特种纤维。			
		装饰物（含量不超过5%）	Ornamentation	—	羊毛制品	含有或以某种方式表明含有羊毛或复用羊毛的产品或产品的一部分，纤维指出自绵羊或羔羊的羊毛纤维，或者安格拉山羊毛或山羊绒的纤维，还可包括出自骆驼、羊驼、美洲驼以及骆马等动物毛发的特种纤维。	—	GB/T 29862《纺织品 纤维含量的标识》	
		“全（纯）”或“100%”的使用	Use of the term “All” or “100%.”	—	羊毛制品	含有或以某种方式表明含有羊毛或复用羊毛的产品或产品的一部分，纤维指出自绵羊或羔羊的羊毛纤维，或者安格拉山羊毛或山羊绒的纤维，还可包括出自骆驼、羊驼、美洲驼以及骆马等动物毛发的特种纤维。	—	GB/T 29862《纺织品 纤维含量的标识》 GB/T 2910（所有部分）《纺织品 化学定量分析试验方法》	GB/T 2910（所有部分）《纺织品 化学定量分析试验方法》
		特种纤维名称的使用	Use of name of specialty fiber	—	羊毛制品	含有或以某种方式表明含有羊毛或复用羊毛的产品或产品的一部分，纤维指出自绵羊或羔羊的羊毛纤维，或者安格拉山羊毛或山羊绒的纤维，还可包括出自骆驼、羊驼、美洲驼以及骆马等动物毛发的特种纤维。	—	—	—

附表 1-2（续）

国际、国外标准名称	标准编号	安全指标中文名称	安全指标英文名称	安全指标单位	适用产品类别（大类）	适用的具体产品名称（小类）	安全指标对应的检测方法标准（名称、编号）	检测方法标准对应的国家标准（名称、编号）	国际标准对应的国家标准（名称、编号）
标签标识									
美国：《羊毛产品标识法令》及其实施条例	16CFR300	术语“马海毛”与“山羊绒”的使用	Use of terms ``mohair" and ``cashmere"	—	羊毛制品	含有或以某种方式表明含有羊毛或复用羊毛的产品或产品的一部分，纤维指出自绵羊或羔羊的羊毛纤维，或者安格拉山羊毛或山羊绒的纤维，还可包括出自骆驼、羊驼、美洲驼以及骆马等动物毛发的特种纤维。	—	—	—
		衬里、填充物、硬挺整理、装饰带与贴边	Linings, paddings, stiffening, trimmings and facings	—	羊毛制品	含有或以某种方式表明含有羊毛或复用羊毛的产品或产品的一部分，纤维指出自绵羊或羔羊的羊毛纤维，或者安格拉山羊毛或山羊绒的纤维，还可包括出自骆驼、羊驼、美洲驼以及骆马等动物毛发的特种纤维。	—	GB/T 29862《纺织品 纤维含量的标识》	
		原产国	original country	—	羊毛制品	含有或以某种方式表明含有羊毛或复用羊毛的产品或产品的一部分，纤维指出自绵羊或羔羊的羊毛纤维，或者安格拉山羊毛或山羊绒的纤维，还可包括出自骆驼、羊驼、美洲驼以及骆马等动物毛发的特种纤维。	—	GB 5296.4《消费品使用说明 第 4 部分：纺织品和服装》	
		绒毛织物及由其制成的产品	Pile fabrics and products composed thereof	—	羊毛制品	含有或以某种方式表明含有羊毛或复用羊毛的产品或产品的一部分，纤维指出自绵羊或羔羊的羊毛纤维，或者安格拉山羊毛或	—	GB/T 29862《纺织品 纤维含量的标识》	

附表 1-2（续）

国际、国外标准名称	标准编号	安全指标中文名称	安全指标英文名称	安全指标单位	适用产品类别（大类）	适用的具体产品名称（小类）	安全指标对应的检测方法标准（名称、编号）	检测方法标准对应的国家标准（名称、编号）	国际标准对应的国家标准（名称、编号）
标签标识									
美国：《羊毛产品标识法令》及其实施条例	16CFR300	绒毛织物及由其制成的产品	Pile fabrics and products composed thereof	—	羊毛制品	山羊绒的纤维，还可包括出自骆驼、羊驼、美洲驼以及骆马等动物毛发的特种纤维。			
		含有被叠加或被添加的羊毛产品	Wool products containing superimposed or added fibers	—	羊毛制品	含有或以某种方式表明含有羊毛或复用羊毛的产品或产品的一部分，纤维指出自绵羊或羔羊的羊毛纤维，或者安格拉山羊毛或山羊绒的纤维，还可包括出自骆驼、羊驼、美洲驼以及骆马等动物毛发的特种纤维。	—	GB/T 29862《纺织品 纤维含量的标识》	
		未确定含量的回收纤维	Undetermined quantities of reclaimed fibers	—	羊毛制品	含有或以某种方式表明含有羊毛或复用羊毛的产品或产品的一部分，纤维指出自绵羊或羔羊的羊毛纤维，或者安格拉山羊毛或山羊绒的纤维，还可包括出自骆驼、羊驼、美洲驼以及骆马等动物毛发的特种纤维。	—	—	—
		标签及其固着方法	Required label and method of affixing	—	羊毛制品	含有或以某种方式表明含有羊毛或复用羊毛的产品或产品的一部分，纤维指出自绵羊或羔羊的羊毛纤维，或者安格拉山羊毛或山羊绒的纤维，还可包括出自骆驼、羊驼、美洲驼以及骆马等动物毛发的特种纤维。	—	GB/T 29862《纺织品 纤维含量的标识》	

附表 1-2（续）

国际、国外标准名称	标准编号	安全指标中文名称	安全指标英文名称	安全指标单位	适用产品类别（大类）	适用的具体产品名称（小类）	安全指标对应的检测方法标准（名称、编号）	检测方法标准对应的国家标准（名称、编号）	国际标准对应的国家标准（名称、编号）
标签标识									
美国：《羊毛产品标识法令》及其实施条例	16CFR300	注册的标识号	Registered identification numbers	—	羊毛制品	含有或以某种方式表明含有羊毛或复用羊毛的产品或产品的一部分，纤维指出自绵羊或羔羊的羊毛纤维，或者安格拉山羊毛或山羊绒的纤维，还可包括出自骆驼、羊驼、美洲驼以及骆马等动物毛发的特种纤维。	—	—	—
		术语“未用过的”或“新的”的使用	Use of terms “virgin” or “new.”	—	羊毛制品	含有或以某种方式表明含有羊毛或复用羊毛的产品或产品的一部分，纤维指出自绵羊或羔羊的羊毛纤维，或者安格拉山羊毛或山羊绒的纤维，还可包括出自骆驼、羊驼、美洲驼以及骆马等动物毛发的特种纤维。	—	—	—
		超细羊毛的标识	Labeling of very fine wool	—	羊毛制品	含有或以某种方式表明含有羊毛或复用羊毛的产品或产品的一部分，纤维指出自绵羊或羔羊的羊毛纤维，或者安格拉山羊毛或山羊绒的纤维，还可包括出自骆驼、羊驼、美洲驼以及骆马等动物毛发的特种纤维。	—	—	—
美国：纺织品服装和面料的维护标签	16CFR423	水洗	washing	—	纺织品	纺织服装和面料	ASTM D 5489 纺织产品维护说明的符号指南	GB/T 8685《纺织品 维护标签规范 符号法》 GB/T 8629《纺织品 试验用家庭洗涤和干燥试验方法》	GB/T 8629《纺织品 试验用家庭洗涤和干燥试验方法》

附表 1-2（续）

国际、国外标准名称	标准编号	安全指标中文名称	安全指标英文名称	安全指标单位	适用产品类别（大类）	适用的具体产品名称（小类）	安全指标对应的检测方法标准（名称、编号）	检测方法标准对应的国家标准（名称、编号）	国际标准对应的国家标准（名称、编号）
标签标识									
美国：纺织品服装和面料的维护标签	16CFR423	漂白	bleaching	—	纺织品	纺织服装和面料	ASTM D 5489 纺织产品维护说明的符号指南	GB/T 8685《纺织品 维护标签规范 符号法》	—
		干燥	drying	—	纺织品	纺织服装和面料	ASTM D 5489 纺织产品维护说明的符号指南	GB/T 8685《纺织品 维护标签规范 符号法》 GB/T 8629《纺织品 试验用家庭洗涤和干燥试验方法》	GB/T 8629《纺织品 试验用家庭洗涤和干燥试验方法》
		熨烫	ironing	—	纺织品	纺织服装和面料	ASTM D 5489 纺织产品维护说明的符号指南	GB/T 8685《纺织品 维护标签规范 符号法》	—
		专业维护	drycleaning	—	纺织品	纺织服装和面料	ASTM D 5489 纺织产品维护说明的符号指南	GB/T 8685《纺织品 维护标签规范 符号法》 GB/T 19981（所有部分）《纺织品 织物和服装的专业维护、干洗和湿洗》	GB/T 19981（所有部分）《纺织品 织物和服装的专业维护、干洗和湿洗》
		警示说明	warning instructions	—	纺织品	纺织服装和面料	ASTM D 5489 纺织产品维护说明的符号指南	GB/T 8685《纺织品 维护标签规范 符号法》	GB/T 8685《纺织品 维护标签规范 符号法》
加拿大：《纺织品标识法令》及其实施规则《纺织品标识及广告条例》	—	纺织纤维的通用名称	general name	—	消费用纺织制品	任何纺织纤维，纱线或织物，及完全或部分由纺织纤维，纱线或织物制成的产品，并且这些产品是用来日常消费，非产业用的。	—	GB/T 29862《纺织品 纤维含量的标识》 GB/T 4146.1《纺织品 化学纤维 第 1 部分：属名》 GB/T 11951《纺织品 天然纤维 术语》 GB/T 17685 羽绒羽毛	GB/T 4146.1《纺织品 化学纤维 第 1 部分：属名》 GB/T 11951《纺织品 天然纤维 术语》 GB/T 17685 羽绒羽毛
		“all”或“pure”或 100%的表示	the term “All” or "pure" or “100%	—	消费用纺织制品	任何纺织纤维，纱线或织物，及完全或部分由纺织纤维，纱线或织物制成的产品，并且这些产品是用来日常消费，非产业用的。	—	GB/T 29862《纺织品 纤维含量的标识》 GB/T 2910（所有部分）《纺织品 化学定量分析试验方法》	GB/T 2910（所有部分）《纺织品 化学定量分析试验方法》

附表 1-2（续）

国际、国外标准名称	标准编号	安全指标中文名称		安全指标英文名称	安全指标单位	适用产品类别（大类）	适用的具体产品名称（小类）	安全指标对应的检测方法标准（名称、编号）	检测方法标准对应的国家标准（名称、编号）	国际标准对应的国家标准（名称、编号）
标签标识										
加拿大：《纺织品标识法令》及其实施规则《纺织品标识及广告条例》	—	小于 5%的纤维		Fibers in amounts of less than 5 percent	—	消费用纺织制品	任何纺织纤维，纱线或织物，及完全或部分由纺织纤维，纱线或织物制成的产品，并且这些产品是用来日常消费，非产业用的。	—	GB/T 29862《纺织品 纤维含量的标识》 GB/T 2910（所有部分）《纺织品 化学定量分析试验方法》	GB/T 2910（所有部分）《纺织品 化学定量分析试验方法》
		再用纤维的表示		"reclaimed", "reprocessed" or "reused"	—	消费用纺织制品	任何纺织纤维，纱线或织物，及完全或部分由纺织纤维，纱线或织物制成的产品，并且这些产品是用来日常消费，非产业用的。	—	—	
		含量允差		tolerance	—	消费用纺织制品	任何纺织纤维，纱线或织物，及完全或部分由纺织纤维，纱线或织物制成的产品，并且这些产品是用来日常消费，非产业用的。	—	GB/T 29862《纺织品 纤维含量的标识》	
		多部分组成的制品		products made up of two or more sections	—	消费用纺织制品	任何纺织纤维，纱线或织物，及完全或部分由纺织纤维，纱线或织物制成的产品，并且这些产品是用来日常消费，非产业用的。	—	GB/T 29862《纺织品 纤维含量的标识》	
		起绒、涂层以及浸渍织物		Pile, Coated and Impregnated Fabrics	—	消费用纺织制品	任何纺织纤维，纱线或织物，及完全或部分由纺织纤维，纱线或织物制成的产品，并且这些产品是用来日常消费，非产业用的。	—	GB/T 29862《纺织品 纤维含量的标识》	

附表 1-2（续）

国际、国外标准名称	标准编号	安全指标中文名称	安全指标英文名称	安全指标单位	适用产品类别（大类）	适用的具体产品名称（小类）	安全指标对应的检测方法标准（名称、编号）	检测方法标准对应的国家标准（名称、编号）	国际标准对应的国家标准（名称、编号）
标签标识									
加拿大：《纺织品标识法令》及其实施规则《纺织品标识及广告条例》	—	装饰物	Trimmings	—	消费用纺织制品	任何纺织纤维，纱线或织物，及完全或部分由纺织纤维，纱线或织物制成的产品，并且这些产品是用来日常消费，非产业用的。	—	GB/T 29862《纺织品 纤维含量的标识》	
		衬里、夹层、填料	Linings, Interlinings, Paddings and Fillings	—	消费用纺织制品	任何纺织纤维，纱线或织物，及完全或部分由纺织纤维，纱线或织物制成的产品，并且这些产品是用来日常消费，非产业用的。	—	GB/T 29862《纺织品 纤维含量的标识》	
		商标	trademark	—	消费用纺织制品	任何纺织纤维，纱线或织物，及完全或部分由纺织纤维，纱线或织物制成的产品，并且这些产品是用来日常消费，非产业用的。	—	—	
欧盟：纺织纤维含量标识法规	96/74/EC 指令	一种纤维的产品	Pure products labelled as ‘100%’，‘pure’ or ‘all’	—	纺织纤维产品	纺织纤维含量至少为 80%的产品；纺织纤维含量至少为 80%的装饰物、伞面等	EN ISO 1833（所有部分）纺织品 化学定量分析试验方法	GB/T 29862《纺织品 纤维含量的标识》 GB/T 2910（所有部分）《纺织品 化学定量分析试验方法》	GB/T 2910（所有部分）《纺织品 化学定量分析试验方法》
		羊毛产品	Wool products	—	纺织纤维产品	纺织纤维含量至少为 80%的产品；纺织纤维含量至少为 80%的装饰物、伞面等	EN ISO 1833（所有部分）纺织品 化学定量分析试验方法	GB/T 29862《纺织品 纤维含量的标识》 GB/T 2910（所有部分）《纺织品 化学定量分析试验方法》	GB/T 2910（所有部分）《纺织品 化学定量分析试验方法》
		多种纤维的纺织产品	Multi-fibre textile products	—	纺织纤维产品	纺织纤维含量至少为 80%的产品；纺织纤维含量至少为 80%的装饰物、伞面等	EN ISO 1833（所有部分）纺织品 化学定量分析试验方法	GB/T 29862《纺织品 纤维含量的标识》 GB/T 2910（所有部分）《纺织品 化学定量分析试验方法》	GB/T 2910（所有部分）《纺织品 化学定量分析试验方法》

附表 1-2（续）

国际、国外标准名称	标准编号	安全指标中文名称	安全指标英文名称	安全指标单位	适用产品类别（大类）	适用的具体产品名称（小类）	安全指标对应的检测方法标准（名称、编号）	检测方法标准对应的国家标准（名称、编号）	国际标准对应的国家标准（名称、编号）
标签标识									
欧盟：纺织纤维含量标识法规	96/74/EC 指令	装饰纤维及抗静电纤维	Decorative fibres and fibres with antistatic effect	—	纺织纤维产品	纺织纤维含量至少为 80%的产品；纺织纤维含量至少为 80%的装饰物、伞面等	—	GB/T 29862《纺织品 纤维含量的标识》	—
		纤维允差	Fibre tolerances	—	纺织纤维产品	纺织纤维含量至少为 80%的产品；纺织纤维含量至少为 80%的装饰物、伞面等	—	GB/T 29862《纺织品 纤维含量的标识》	—
日本：家庭用品质量标签法下的纺织品质量标签细则	—	纤维成分	fiber composition		纺织品	纱线、织物、蕾丝、服装、床品、装饰物、外衣、特殊面料的和服		GB/T 29862《纺织品 纤维含量的标识》	—
		维护符号标识	care label		纺织品	服装、床品、装饰物、外衣	JIS L 0001 纺织品 维护标签规范 符号法	GB/T 8685《纺织品 维护标签规范 符号法》	GB/T 8685《纺织品 维护标签规范 符号法》
		防水标识	water repellency		纺织品	外衣、特殊面料的和服		—	—
		标识者的姓名、地址或电话	name, address or telephone number of labeler		纺织品	纱线、织物、蕾丝、服装、床品、装饰物、外衣、特殊面料的和服		GB 5296.4《消费品使用说明 第 4 部分：纺织品和服装》	

附表 1-3 国内外纺织服装安全标准技术指标对比分析情况表

<table>
<tr><th rowspan="2">产品类别</th><th rowspan="2">产品危害类别</th><th rowspan="2">安全指标中文名称</th><th rowspan="2">安全指标英文名称</th><th colspan="4">安全指标对应的国家标准</th><th colspan="4">安全指标对应的国际标准或国外标准</th><th colspan="4">安全指标差异情况</th></tr>
<tr><th>名称、编号</th><th>安全指标要求</th><th>安全指标单位</th><th>检测标准名称、编号</th><th>名称、编号</th><th>安全指标要求</th><th>安全指标单位</th><th>检测标准名称、编号</th><th>总体描述</th><th>试验方法</th><th>适用范围</th><th>指标要求</th></tr>
<tr><td colspan="16">有害物质</td></tr>
<tr><td rowspan="2">纺织品</td><td rowspan="2">化学</td><td rowspan="2">甲醛</td><td rowspan="2">formaldehyde</td><td>GB 18401—2010 国家纺织产品基本安全技术规范</td><td>婴幼儿类:≤20
直接接触皮肤:≤75
非直接接触皮肤:≤300</td><td rowspan="2">mg/kg</td><td rowspan="2">GB/T 2912.1 纺织品 甲醛含量的测定 第 1 部分：游离和水解的甲醛（水萃取法）</td><td rowspan="2">日本法规 112 关于限制含有有害物质的家庭用品的法律</td><td rowspan="2">2 岁以下婴幼儿类：吸光光度差≤0.05（≤16）
其他:≤75</td><td rowspan="2">mg/kg</td><td rowspan="2">JIS L 1041《经树脂加工纺织品试验方法中甲醛含量测试方法》</td><td rowspan="2">国内外均有强制要求，试验方法一致，适用范围不相同，指标要求不一致。</td><td rowspan="2">一致</td><td rowspan="2">不相同</td><td rowspan="2">不一致</td></tr>
<tr><td>GB 31701—2015 婴幼儿及儿童纺织产品安全技术规范</td><td>婴幼儿类:≤20
直接接触皮肤:≤75
非直接接触皮肤:≤300</td></tr>
<tr><td rowspan="2">纺织品</td><td rowspan="2">化学</td><td rowspan="2">pH 值</td><td rowspan="2">pH value</td><td>GB 18401—2010 国家纺织产品基本安全技术规范</td><td>婴幼儿类:4.0～7.5
直接接触皮肤:4.0～8.5
非直接接触皮肤:4.0～9.0</td><td rowspan="2">—</td><td rowspan="2">GB/T 7573《纺织品 水萃取液 pH 值的测定》</td><td rowspan="2"></td><td rowspan="2"></td><td rowspan="2"></td><td rowspan="2"></td><td rowspan="2">国内强制要求，国外无强制要求</td><td rowspan="2"></td><td rowspan="2"></td><td rowspan="2"></td></tr>
<tr><td>GB 31701—2015 婴幼儿及儿童纺织产品安全技术规范</td><td>婴幼儿类:4.0～7.5
直接接触皮肤:4.0～8.5
非直接接触皮肤:4.0～9.0</td></tr>
<tr><td>纺织品</td><td>化学</td><td>可分解致癌芳香胺染料</td><td>cleavable arylamines dyes</td><td>GB 18401—2010 国家纺织产品基本安全技术规范</td><td>禁用（可分解 24 种致癌芳香胺≤20）</td><td>mg/kg</td><td>GB/T 17592《纺织品 禁用偶氮染料的测定》
GB/T 23344《纺织品 4-氨基偶氮苯的测定》</td><td>日本法规 112 关于限制含有有害物质的家庭用品的法律</td><td>禁用（可分解 24 种致癌芳香胺≤30）</td><td>mg/kg</td><td>JIS L1940-1 纺织品--某些来自偶氮着色剂的芳香胺的测定方法--第 1 部分：提取或不提取纤维情形下检测某些偶氮染料的测定；JIS L 1940-3 纺织品—某些来自偶氮着色剂的芳香胺的测定方法—第 3 部分：某些可能释放 4-氨基偶氮苯的偶氮染料的测定</td><td>国内外均有强制要求，国内严于国外（日本）</td><td>一致</td><td>相同</td><td>国内严</td></tr>
</table>

附表 1-3（续）

产品类别	产品危害类别	安全指标中文名称	安全指标英文名称	安全指标对应的国家标准				安全指标对应的国际标准或国外标准				安全指标差异情况			
				名称、编号	安全指标要求	安全指标单位	检测标准名称、编号	名称、编号	安全指标要求	安全指标单位	检测标准名称、编号	总体描述	试验方法	适用范围	指标要求
有害物质															
纺织品	化学	可分解致癌芳香胺染料	cleavable arylamines dyes	GB 31701—2015 婴幼儿及儿童纺织产品安全技术规范	禁用（可分解 24 种致癌芳香胺≤20）			2002/61/EC 欧盟关于限制某些危害物质和制剂（偶氮着色剂）的销售与使用	禁用（可分解 22 种致癌芳香胺≤30）		EN 14362-1 纺织品-偶氮染料分解芳香胺测定 第 1 部分 纺织品中可萃取或不可萃取偶氮染料的测定；EN 14362-3 纺织品.衍生自偶氮染色剂的特定芳香胺测定方法.第 3 部分:可能释放 4-氨基偶氮苯的某一偶氮染料的测定	国内外均有强制要求，国内严于国外（欧盟）	一致	相同	国内严
纺织品	化学	耐水色牢度	colour fastness to water	GB 18401—2010 国家纺织产品基本安全技术规范 GB 31701—2015 婴幼儿及儿童纺织产品安全技术规范	变色、沾色：婴幼儿≥3–4，其他≥3	级	GB/T 5713《纺织品 色牢度试验 耐水色牢度》					国内有强制要求，国外无强制要求			
纺织品	化学	耐酸汗渍色牢度	colour fastness to acidic perspiration	GB 18401—2010 国家纺织产品基本安全技术规范 GB 31701—2015 婴幼儿及儿童纺织产品安全技术规范	变色、沾色：婴幼儿≥3–4，其他≥3	级	GB/T 3922《纺织品 耐汗渍色牢度试验方法》					国内有强制要求，国外无强制要求			

附表 1-3（续）

产品类别	产品危害类别	安全指标中文名称	安全指标英文名称	安全指标对应的国家标准				安全指标对应的国际标准或国外标准				安全指标差异情况			
				名称、编号	安全指标要求	安全指标单位	检测标准名称、编号	名称、编号	安全指标要求	安全指标单位	检测标准名称、编号	总体描述	试验方法	适用范围	指标要求
有害物质															
纺织品	化学	耐碱汗渍色牢度	colour fastness to alkaline perspiration	GB 18401—2010 国家纺织产品基本安全技术规范 GB 31701—2015 婴幼儿及儿童纺织产品安全技术规范	变色、沾色： 婴幼儿≥3–4，其他≥3	级	GB/T 3922《纺织品 耐汗渍色牢度试验方法》					国内有强制要求，国外无强制要求			
纺织品	化学	耐干摩擦色牢度	colour fastness to rubbing, dry	GB 18401—2010 国家纺织产品基本安全技术规范 GB 31701—2015 婴幼儿及儿童纺织产品安全技术规范	沾色: 婴幼儿≥4，其他≥3	级	GB/T 3920《纺织品 色牢度试验 耐摩擦色牢度》					国内有强制要求，国外无强制要求			
纺织品	化学	耐湿摩擦色牢度	colour fastness to rubbing, wet	GB 31701—2015 婴幼儿及儿童纺织产品安全技术规范	沾色: 婴幼儿≥3（深色 2-3）； 直接接触皮肤产品≥2-3 非直接接触：无要求	级	GB/T 3920《纺织品 色牢度试验 耐摩擦色牢度》					国内有强制要求，国外无强制要求			
纺织品	化学	耐唾液色牢度	colour fastness to saliva and perspiration	GB 18401—2010 国家纺织产品基本安全技术规范 GB 31701—2015 婴幼儿及儿童纺织产品安全技术规范	变色、沾色： 婴幼儿≥4，其他无要求	级	GB/T 18886《纺织品 色牢度试验 耐唾液色牢度》					国内有强制要求，国外无强制要求			
纺织品	化学	异味	abnormal odour	GB 18401—2010 国家纺织产品基本安全技术规范	无异味	—	GB/T 18401 中 5.7 异味的测试方法					国内有强制要求，国外无强制要求			

附表 1-3（续）

产品类别	产品危害类别	安全指标中文名称	安全指标英文名称	安全指标对应的国家标准				安全指标对应的国际标准或国外标准				安全指标差异情况			
				名称、编号	安全指标要求	安全指标单位	检测标准名称、编号	名称、编号	安全指标要求	安全指标单位	检测标准名称、编号	总体描述	试验方法	适用范围	指标要求
有害物质															
纺织品	化学	异味	abnormal odour	GB 31701—2015 婴幼儿及儿童纺织产品安全技术规范											
婴幼儿及儿童纺织品	化学	铅(Pb)	Pb(lead)	GB 31701—2015 婴幼儿及儿童纺织产品安全技术规范	≤90（仅考核涂层和涂料印染的织物）	mg/kg	GB/T 30157《纺织品 总铅和总镉含量的测定》	CPSIA 美国消费品改进法案	儿童产品中铅含量≤100；儿童用品含表面油漆和涂层的≤90	mg/kg	CPSC-CH-E1002《儿童产品非金属中总铅含量的标准测试方法》、CPSC-CH-E1001《儿童产品金属中总铅含量的标准测试方法》和CPSC-CH-E1003《面漆或类似涂层铅含量的标准测试方法》	国内外均有强制要求，对涂层铅要求一致，对基材铅，国内没有强制要求，国外（美国）有强制要求	一致	相同	一致（涂层铅）
								CCPSA 加拿大消费品安全法案	儿童用品表面涂层材料铅含量≤90；含铅消费品的每个可触及部件中的可溶性铅含量≤90		涂层铅没有规定方法；可溶性铅含量按 EN 71-3《玩具安全-第 3 部分：特定元素的迁移》	国内对纺织品可溶出铅没有强制要求，国外（加拿大）有强制要求			
婴幼儿及儿童纺织品	化学	镉(Cd)	Cd(cadmium)	GB 31701—2015 婴幼儿及儿童纺织产品安全技术规范	≤100（仅考核涂层和涂料印染的织物）	mg/kg	GB/T 30157《纺织品 总铅和总镉含量的测定》	91/338/EEC 镉使用限制指令	镉用作氯乙烯聚合物或共聚物材料制备的装饰物和衣服配件，整理、涂层、包覆或层压的纺织物，人造皮革中的稳定剂时，镉	%	EN 1122 塑料.镉的测定.湿分解法	国内与欧盟要求均有强制要求，且要求一致	一致	相同	一致

附表 1-3（续）

产品类别	产品危害类别	安全指标中文名称	安全指标英文名称	安全指标对应的国家标准				安全指标对应的国际标准或国外标准				安全指标差异情况			
				名称、编号	安全指标要求	安全指标单位	检测标准名称、编号	名称、编号	安全指标要求	安全指标单位	检测标准名称、编号	总体描述	试验方法	适用范围	指标要求
有害物质															
									含量≤0.01；禁止镉沉积或涂在纺织品和服装的金属附件表面						
涂层织物、家用和护理用纺织品	化学	汞(Hg)	Hg(mercury)					CCPSA 加拿大消费品安全法案	涂层中汞的含量≤10	mg/kg	—	国内无强制要求，加拿大、日本有强制要求			
								日本法规 112 关于限制含有有害物质的家庭用品的法律	有机汞化合物在纤维产品中的尿布、围兜、内衣卫生短裤、手套以及袜子中不得检出	mg/kg	原子吸收分光光度法（法规中规定）				
婴幼儿及儿童纺织品	化学	邻苯二甲酸酯	phthalates	GB 31701-2015 婴幼儿及儿童纺织产品安全技术规范	总量（DEHP，BBP，DBP）≤0.1； 总量（DINP，DNOP，DIDP）≤0.1（仅考核涂层和涂料印染的织物，且仅考核婴幼儿产品）	%	GB/T 20388《纺织品 邻苯二甲酸酯的测定》	CPSIA 美国消费品改进法案	12 岁以下儿童用品及 3 岁以下儿童护理用品：DEHP、DBP、BBP，每种含量≤0.1；可入口的 12 岁以下儿童用品及 3 岁以下儿童护理用品：DIDP、DNOP、DINP，每种含量≤0.1	%	CPSC-CH-C1001 邻苯二甲酸酯的测定	国内外均有强制要求，试验方法基本一致，但美国是每种含量，我国是三种总量	一致	不相同	不一致
								2005/84/EC 邻苯二甲酸酯限制指令	用于玩具及儿童产品中,总量（DEHP, BBP, DBP）≤0.1；对于可被儿童放入口中的玩具及儿童产品中，总量（DINP，DNOP，DIDP）≤0.1		ISO 14389 纺织品--邻苯二甲酸酯含量的测定--四氢呋喃法	与欧盟限量要求一致，试验方法基本一致			一致

附表 1-3（续）

产品类别	产品危害类别	安全指标中文名称	安全指标英文名称	安全指标对应的国家标准				安全指标对应的国际标准或国外标准				安全指标差异情况			
				名称、编号	安全指标要求	安全指标单位	检测标准名称、编号	名称、编号	安全指标要求	安全指标单位	检测标准名称、编号	总体描述	试验方法	适用范围	指标要求
有害物质															
婴幼儿及儿童纺织品	化学	邻苯二甲酸酯	phthalates	GB 31701-2015 婴幼儿及儿童纺织产品安全技术规范	总量（DEHP，BBP，DBP）≤0.1； 总量（DINP，DNOP，DIDP）≤0.1（仅考核涂层和涂料印染的织物，且仅考核婴幼儿产品）	%	GB/T 20388《纺织品 邻苯二甲酸酯的测定》	CCPSA 加拿大消费品安全法案	儿童用品或儿童护理用品：DEHP、DBP、BBP，每种含量≤0.1； 儿童用品及儿童护理用品:DIDP、DNOP、DINP，每种含量≤0.1		—	均为强制要求，试验方法基本一致，但加拿大是每种含量，我国是三种总量。			不一致
纺织品	化学	蓝色染料	blue colourant					2003/3/EC 关于限制销售和使用“蓝色染料”指令	禁用（≤0.1）	%	—	欧盟有强制要求，国内无强制要求			
纺织品	化学	含氯酚	chlorinated phenols					91/173/EEC 五氯苯酚及其化合物限制指令与 1999/51/EC 实施指令	五氯苯酚以及盐和酯类化合物的≤0.1	%	Oeko-tex200 第 5 章 含氯苯酚的测定	欧盟有强制要求，国内无强制要求			
纺织品	化学	有机锡化合物	Organotin compounds					日本法规 112 关于限制含有有害物质的家庭用品的法律	禁用三丁基锡（TBT）、三苯基锡（TPhT）	mg/kg	原子吸收分光光度法及薄层色谱法（法规中规定）	日本有强制要求，国内无强制要求			
纺织品	化学	阻燃剂	flame retardant					83/264/EEC、79/663/EEC 阻燃剂限制指令	在与皮肤直接接触的纺织品中禁用 PBB, TRIS 和 TEPA	%	—	欧盟、日本有强制要求，国内无强制要求			
								2003/11/EC 阻燃剂限制指令	PBDE 和 OctaBDE 含量≤0.1	%	—				

附表 1-3（续）

产品类别	产品危害类别	安全指标中文名称	安全指标英文名称	安全指标对应的国家标准				安全指标对应的国际标准或国外标准				安全指标差异情况			
				名称、编号	安全指标要求	安全指标单位	检测标准名称、编号	名称、编号	安全指标要求	安全指标单位	检测标准名称、编号	总体描述	试验方法	适用范围	指标要求
有害物质															
纺织品	化学	阻燃剂	flame retardant					日本法规 112 关于限制含有有害物质的家庭用品的法律	禁用三-（2,3-二溴丙基）-磷酸盐、三-（氮杂环丙烯基）-氧化膦和二-（2，3-二溴丙基）磷酸酯	mg/kg	带火焰光度检测器的气相色谱分析法				
纺织品附件	化学	镍	Ni（nickel）					94/27/EC 镍使用限制指令	纺织制品中与人体皮肤长期接触的金属附件品中镍释放量≤0.5	$\mu g/cm^2$/周	EN1811 与皮肤长期直接接触的产品中镍释放测定 EN12472 涂覆物中镍释放检测用腐蚀和磨损模拟方法	欧盟有强制要求。国内无			
纺织品	化学	多氯联苯	polychlorinated biphenyls（PCBs）					85/467/EEC 多氯联二苯限制指令	禁用多氯联二苯 PCB（但一氯和二氯苯除外）和多氯联三苯 PCT，以及含 PCB 或 PCT 重量含量超过 0.005% 的整理剂		—	欧盟有强制要求，国内无强制要求			
纺织品	化学	全氟辛烷磺酸	Perfluorooctane Sulfonates，PFOS					2006/122/EC 关于限制全氟辛烷磺酸销售及使用的指令	成品中 PFOS 含量≤50ppm； 半成品或辅料中 PFOS 含量≤1000ppm； 对纺织品和其他的涂层材料中 PFOS 含量≤$1\mu g/m^2$	ppm，$\mu g/m^2$	—	欧盟有强制要求，国内无强制要求			

附表 1-3（续）

产品类别	产品危害类别	安全指标中文名称	安全指标英文名称	安全指标对应的国家标准				安全指标对应的国际标准或国外标准				安全指标差异情况			
				名称、编号	安全指标要求	安全指标单位	检测标准名称、编号	名称、编号	安全指标要求	安全指标单位	检测标准名称、编号	总体描述	试验方法	适用范围	指标要求
有害物质															
纺织品	化学	富马酸二甲酯	dimethyl-fumarate（DMF）					2009/251/EC 富马酸二甲酯限制指令	禁用（≤ 0.1mg/kg）	mg/kg	—	欧盟有强制要求，国内无强制要求			
纺织品	化学	杀虫剂	pesticides					日本法规 112 关于限制含有有害物质的家庭用品的法律	禁用狄氏剂和 DTTP 剂（≤30）	mg/kg	带电子捕获检测器的气相色谱分析法（法规中规定）	日本有强制要求，国内无强制要求			
燃烧性能															
婴幼儿及儿童纺织产品	物理	火焰蔓延时间	time of flame spread;burning time	GB 31701—2015 婴幼儿及儿童纺织产品安全技术规范	1（正常可燃性）	级	GB/T 14644《纺织品 燃烧性能 45°方向燃烧速率的测定》	16 CFR 1610 服用织物易燃性标准	1（正常可燃性）或 2（中等可燃性）	级	16 CFR 1610 服用织物易燃性标准	试验前洗涤方法略有不同，其他一致。	一致	相同	国内较严
								CCPSA-SOR/2011-15 加拿大消费品安全法案中《危险产品（儿童睡衣）条例》	>7	s	CAN/CGSB-4.2No.27.5 纺织品燃烧测试-45°法-1s 火焰冲击	国内略松。			国内略松
								CCPSA-SOR/2011-22 加拿大消费品安全法案中《纺织品易燃条例》	非绒面纺织品火焰蔓延时间大于 3.5；绒面纺织品火焰蔓延时间大于 4。	s	CAN/CGSB-4.2No.27.5 纺织品燃烧测试-45°法-1s 火焰冲击	国内较严。			国内较严

附表 1-3（续）

产品类别	产品危害类别	安全指标中文名称	安全指标英文名称	安全指标对应的国家标准				安全指标对应的国际标准或国外标准				安全指标差异情况			
				名称、编号	安全指标要求	安全指标单位	检测标准名称、编号	名称、编号	安全指标要求	安全指标单位	检测标准名称、编号	总体描述	试验方法	适用范围	指标要求
燃烧性能															
公共场所阻燃制品及组件	物理	损毁长度	damaged length	GB 20286—2006 公共场所阻燃制品及组件燃烧性能要求和标识	阻燃 1 级：≤150，阻燃 2 级：≤200	mm	GB/T 5455《纺织品 燃烧性能 垂直方向损毁长度、阴燃和续燃时间的测定》	日本消防法令公共场所必须使用防火物质制定有关规定	床上用品：非熔融面料的损毁长度最大为 70；填充絮料的损毁长度最大为 120，平均为 100。家具覆盖物：70，平均为 50。	mm	JIS L 1091 纺织品燃烧性能的试验方法的 A-1 法和 A-2 法	垂直法和 45° 法，测试方法不一致，无法比较	不一致	相同	
儿童睡衣	物理	损毁长度	damaged length	—				16 CFR 1615 儿童睡衣易燃性标准（尺码由 0 至 6X）	平均损毁长度不超过 178，且单个试样损毁长度不超过 254	mm	16 CFR 1615 儿童睡衣易燃性标准（尺码由 0 至 6X）	国标中无此项指标			
儿童睡衣	物理	损毁长度	damaged length	—				16 CFR 1616 儿童睡衣易燃性标准（尺码由 7 至 14）	平均损毁长度不超过 178，且单个试样损毁长度不超过 254	mm	16 CFR 1616 儿童睡衣易燃性标准（尺码由 7 至 14）	国标中无此项指标			
儿童睡衣	物理	损毁长度	damaged length	—				CCPSA-SOR/2011-15 加拿大消费品安全法案中《危险产品（儿童睡衣）条例》	平均损毁长度不超过 178，且单个试样损毁长度不超过试样长度（即 254）	mm	16 CFR 1616 儿童睡衣易燃性标准（尺码由 7 至 14）	国标中无此项指标			
公共场所阻燃制品及组件	物理	续燃时间	afterflame time	GB 20286—2006 公共场所阻燃制品及组件燃烧性能要求和标识	阻燃 1 级：≤5，阻燃 2 级：≤15	s	GB/T 5455《纺织品 燃烧性能 垂直方向 损毁长度、阴燃和续燃时间的测定》	日本消防法令公共场所必须使用防火物质制定有关规定	窗帘、幕布：≤5。地毯：≤15。	s	JIS L 1091 纺织品燃烧性能的试验方法的 A-1 法和 A-2 法	垂直法和 45° 法，测试方法不一致，无法比较	不一致	相同	

附表 1-3（续）

产品类别	产品危害类别	安全指标中文名称	安全指标英文名称	安全指标对应的国家标准				安全指标对应的国际标准或国外标准				安全指标差异情况			
				名称、编号	安全指标要求	安全指标单位	检测标准名称、编号	名称、编号	安全指标要求	安全指标单位	检测标准名称、编号	总体描述	试验方法	适用范围	指标要求
燃烧性能															
公共场所阻燃制品及组件	物理	阴燃时间	afterglow time	GB 20286—2006 公共场所阻燃制品及组件燃烧性能要求和标识	阻燃 1 级：≤5，阻燃 2 级：≤15	s	GB/T 5455《纺织品 燃烧性能 垂直方向 损毁长度、阴燃和续燃时间的测定》	日本消防法令公共场所必须使用防火物质制定有关规定	窗帘、幕布：≤20	s	JIS L 1091 纺织品燃烧性能的试验方法的 A-1 法和 A-2 法	垂直法和 45° 法，测试方法不一致，无法比较	不一致	相同	
	物理	极限氧指数	limiting oxygen index	GB 20286—2006 公共场所阻燃制品及组件燃烧性能要求和标识	阻燃 1 级：≥32	%	GB/T 5454《纺织品 燃烧性能试验 氧指数法》					国外无要求			
	物理	烟密度等级	smoke density rating（SDR）	GB 20286—2006 公共场所阻燃制品及组件燃烧性能要求和标识	阻燃 1 级：≤15	%	GB/T 8627 建筑材料燃烧或分解的烟密度试验方法					国外无要求			
	物理	产烟毒性等级	toxic rating of fire effluents	GB 20286—2006 公共场所阻燃制品及组件燃烧性能要求和标识	阻燃 1 级：不低于 ZA_2 级，阻燃 2 级：不低于 ZA_3 级	级	GB/T20285 材料产烟毒性危险分级					国外无要求			
	物理	燃烧滴落物	melt drips	GB 20286—2006 公共场所阻燃制品及组件燃烧性能要求和标识	阻燃 1 级：燃烧滴落物未引起脱脂棉燃烧或阴燃，阻燃 2 级：燃烧滴落物未引起脱脂棉燃烧或阴燃		GB/T 5455《纺织品 燃烧性能 垂直方向 损毁长度、阴燃和续燃时间的测定》					国外无要求			
绳带及附件															
婴幼儿及儿童纺织产品	物理	附件抗拉强力	the maximun force of attached components	GB 31701—2015 婴幼儿及儿童纺织产品安全技术规范	最大尺寸>6mm：≥70 3mm＜最大尺寸≤6mm：≥50 最大尺寸≤3mm：考核洗涤后的变化	N	GB 31701—2015 附录 A 附件抗拉强力试验方法	BS 7907 提高机械安全性的儿童服装设计和生产实施规范	最大尺寸＞6mm：≥70 3mm＜最大尺寸≤6mm：≥50 最大尺寸≤3mm：考核洗涤后的变化 不可夹持：考核洗涤后的变化			我国与欧盟要求基本一致，但我国为强制要求，欧盟为设计与生产实施规范	一致	相同	一致

附表 1-3（续）

产品类别	产品危害类别	安全指标中文名称	安全指标英文名称	安全指标对应的国家标准				安全指标对应的国际标准或国外标准				安全指标差异情况			
				名称、编号	安全指标要求	安全指标单位	检测标准名称、编号	名称、编号	安全指标要求	安全指标单位	检测标准名称、编号	总体描述	试验方法	适用范围	指标要求
绳带及附件															
婴幼儿及儿童纺织产品	物理	附件锐利尖端和边缘	sharp point and edge of attached compo-nents	GB 31701—2015 婴幼儿及儿童纺织产品安全技术规范	不应存在		GB/T 31702—2015 纺织制品附件锐利性试验方法	BS 7907 提高机械安全性的儿童服装设计和生产实施规范	不应存在			我国与欧盟要求基本一致，但我国为强制要求，欧盟为设计与生产实施规范	一致	相同	一致
婴幼儿及儿童纺织产品	物理	金属针等锐利物	metal sharp arti-cles	GB 31701—2015 婴幼儿及儿童纺织产品安全技术规范	婴幼儿及儿童纺织产品的包装中不应使用金属针等锐利物。 婴幼儿及儿童纺织产品上不允许残留金属针等锐利物。		GB/T 24121《纺织制品 断针类残留物的检测方法》	BS 7907 提高机械安全性的儿童服装设计和生产实施规范	生产中避免尖锐物体的使用，使用金属探测仪探测服装内不能含有金属件			我国与欧盟要求基本一致，但我国为强制要求，欧盟为设计与生产实施规范	一致	相同	一致
婴幼儿及儿童纺织产品	物理	耐久性标签	permanent label	GB 31701—2015 婴幼儿及儿童纺织产品安全技术规范	对于缝制在可贴身穿着的婴幼儿服装上的耐久性标签，应置于不与皮肤直接接触的位置。							我国有强制要求，国外无规定。			
婴幼儿及儿童纺织产品	物理	头部与颈部绳带	draw-strings (cord) in hood and neck area	GB 31701—2015 婴幼儿及儿童纺织产品安全技术规范	7 岁以下：头部和颈部不应有任何绳带；肩带应是固定的、连续且无自由端的。肩带上的装饰性绳带不应有长度超过 75 mm 的自由端或周长超过 75 mm 的绳圈。 7 岁及以上：头部和颈部调整服装尺寸的绳带		GB 31701—2015 中 5.7	2001/95/EC 欧盟一般产品安全指令引用该标准：EN 14682 童装安全 童装绳索和拉带安全要求	7 岁以下：不应有任何束带；肩带自由端和固定带袢长度超过 75 mm。 7 岁及以上： 1.拉带不允许有自由端，当服装放平摊开至最大宽度时，不应有突出的带袢；当服装放平摊		EN 14682 附录 D 绳带长度测量方法	我国与欧盟基本均有强制要求，要求一致	一致	相同	一致

附表 1-3（续）

产品类别	产品危害类别	安全指标中文名称	安全指标英文名称	安全指标对应的国家标准				安全指标对应的国际标准或国外标准				安全指标差异情况			
				名称、编号	安全指标要求	安全指标单位	检测标准名称、编号	名称、编号	安全指标要求	安全指标单位	检测标准名称、编号	总体描述	试验方法	适用范围	指标要求
绳带及附件															
婴幼儿及儿童纺织产品	物理	头部与颈部绳带	draw-strings (cord) in hood and neck area	GB 31701—2015 婴幼儿及儿童纺织产品安全技术规范	不应有自由端，其他绳带不应有长度超过 75 mm 的自由端；当服装平摊至最大尺寸时不应有突出的绳圈，当服装平摊至合适的穿着尺寸时突出的绳圈周长不应超过 150mm；除肩带和颈带外，其他绳带不应使用弹性绳带。		GB 31701—2015 中 5.7	2001/95/EC 欧盟一般产品安全指令引用该标准：EN 14682 童装安全 童装绳索和拉带安全要求	开至最小尺寸时,带袢周长不超过 15cm 2.功能性或装饰性绳索和可调结搭襻，每端外露长度不超过 7.5cm 3.位于服装外面的功能型绳索和装饰性不得使用弹性绳索制作 4.若肩带从系着点开始的自由末端长度不超过 14cm，且固定的带袢周长不超过 7.5，则可接受 5.三角背心的颈部系带不应有未扣牢的一端		EN 14682 附录 D 绳带长度测量方法	我国与欧盟基本均有强制要求，要求一致	一致	相同	一致
婴幼儿及儿童纺织产品	物理	腰部绳带	draw-strings (cord) in waist	GB 31701—2015 婴幼儿及儿童纺织产品安全技术规范	7 岁以下：固着在腰部的绳带，从固着点伸出的长度不应超过 360mm，且不应超出服装底边。7 岁及以上：固着在腰部的绳带，从固着点伸出的长度不应超过 360mm		GB 31701—2015 婴幼儿及儿童纺织产品安全技术规范中 5.7		1.拉带有自由末端时，每端伸出长度不超过 14cm,当服装放平摊开至最大尺寸时，整体伸出长度不超过 28cm，若为带袢，则其周长不超过 28cm 2.功能性或装饰性绳索和可调结搭襻的外露长度不能超过 14cm		EN 14682—2007 附录 D 绳带长度测量方法	我国与欧盟基本均有强制要求，要求一致	一致	相同	一致

附表 1-3（续）

产品类别	产品危害类别	安全指标中文名称	安全指标英文名称	安全指标对应的国家标准				安全指标对应的国际标准或国外标准				安全指标差异情况			
				名称、编号	安全指标要求	安全指标单位	检测标准名称、编号	名称、编号	安全指标要求	安全指标单位	检测标准名称、编号	总体描述	试验方法	适用范围	指标要求
绳带及附件															
婴幼儿及儿童纺织产品	物理	腰部绳带	draw-strings（cord）in waist	GB 31701—2015 婴幼儿及儿童纺织产品安全技术规范			GB 31701—2015 婴幼儿及儿童纺织产品安全技术规范中 5.7		3.打结腰带和装饰腰带从系着点开始的自由末端长度不超过 36cm 可接受。0～7 岁儿童腰带在未系着时不能超出服装底边		EN 14682—2007 附录 D 绳带长度测量方法	我国与欧盟基本均有强制要求，要求一致	一致	相同	一致
婴幼儿及儿童纺织产品	物理	臀围线以下服装下摆绳带	draw-strings（cord）in bottom below hip area	GB 31701—2015 婴幼儿及儿童纺织产品安全技术规范	长至臀围线以下的服装，底边处的绳带不应超出服装下边缘。长至脚踝处的服装，底边处的绳带应该完全置于服装内。		GB 31701—2015 中 5.7		1.底边处拉带、绳索（包括套环等部件）不应超出服装下边缘； 2.位于服装底边处的拉带或绳索在系着状态时应平帖于服装； 3.长至脚踝处的儿童服装（风衣、裤或裙等），其底边处的拉带、绳索应完全置于服装内；但底摆箍筋是可接受的 4.服装底边的可调解搭袢长度不超过 14cm，且不应超出服装的下边缘		EN 14682—2007 附录 D 绳带长度测量方法	我国与欧盟基本均有强制要求，我国要求宽于欧盟	一致	相同	我国要求较宽松
婴幼儿及儿童纺织产品	物理	背部绳带	draw-strings（cord）in back area	GB 31701—2015 婴幼儿及儿童纺织产品安全技术规范	除腰带外，背部不应有绳带伸出或系着。		GB 31701—2015 中 5.7		不允许有任何拉带、绳索，更不允许从童装背部伸出或系着，但允许使用打结腰带和装饰腰带		EN 14682—2007 附录 D 绳带长度测量方法	我国与欧盟基本均有强制要求，要求一致	一致	相同	一致

附表 1-3（续）

产品类别	产品危害类别	安全指标中文名称	安全指标英文名称	安全指标对应的国家标准				安全指标对应的国际标准或国外标准				安全指标差异情况			
				名称、编号	安全指标要求	安全指标单位	检测标准名称、编号	名称、编号	安全指标要求	安全指标单位	检测标准名称、编号	总体描述	试验方法	适用范围	指标要求
绳带及附件															
婴幼儿及儿童纺织产品	物理	袖子绳带	draw-strings（cord）in sleeve	GB 31701—2015 婴幼儿及儿童纺织产品安全技术规范	7 岁以下：短袖袖子平摊至最大尺寸时，袖口处绳带的伸出长度不应超过 75mm；长袖袖口处的绳带扣紧时应完全置于服装内。 7 岁及以上：短袖袖子平摊至最大尺寸时，袖口处绳带的伸出长度不应超过 140mm；长袖袖口处的绳带扣紧时应完全置于服装内		GB 31701—2015 中 5.7		1.在肘关节以下长袖上的拉带、绳索，袖口扣紧时应完全置于服装内 2.在肘关节以上短袖上的拉带、绳索，袖口展开且平放至最大尺寸时，对 0~7 岁童装，露出长度不超过 7.5cm，对 7~14 岁童装，露出长度不超过 14cm 3.可调解搭袢长度不超过 10cm，开口时不应超出袖子底边		EN 14682—2007 附录 D 绳带长度测量方法	我国与欧盟基本均有强制要求，要求一致	一致	相同	一致
婴幼儿及儿童纺织产品	物理	总体要求	general spcifica-tions	GB 31701—2015 婴幼儿及儿童纺织产品安全技术规范	1.绳带的自由末端不允许打结或使用立体装饰物。 2.两端固定且突出的绳圈的周长不应超过 75 mm；平贴在服装上的绳圈（例如，串带）其两固定端的长度不应超过 75mm。 3.服装平摊至最大尺寸时，伸出的绳带长度不应超过 140mm。		GB 31701—2015 中 5.7		1.拉带、功能性绳索和腰带的末端不允许打结或使用立体装饰物，防止其磨损散开，宜采用热封、套结、重叠或折叠的方法； 2.套环只能用于无自由端的拉带和装饰性绳索 3.在两出口点中间处应固定拉带，可运用套结等方法		EN 14682—2007 附录 D 绳带长度测量方法	我国与欧盟基本均有强制要求，我国要求宽于欧盟	一致	相同	我国要求较宽松

附表 1-3（续）

产品类别	产品危害类别	安全指标中文名称	安全指标英文名称	安全指标对应的国家标准				安全指标对应的国际标准或国外标准				安全指标差异情况			
				名称、编号	安全指标要求	安全指标单位	检测标准名称、编号	名称、编号	安全指标要求	安全指标单位	检测标准名称、编号	总体描述	试验方法	适用范围	指标要求
绳带及附件															
婴幼儿及儿童纺织产品	物理	总体要求	general spcifica-tions	GB 31701—2015 婴幼儿及儿童纺织产品安全技术规范			GB 31701—2015 中 5.7		4.固定在服装上的带袢收紧后，在服装上外露的周长不能超过 7.5cm；带袢平放时，在服装上固定两点间外露的长度不能超过 7.5cm； 5.拉链滑锁上拉链头的长度不能超过 7.5cm,长至脚踝的服装上拉链头不应超出服装底边 6.当服装放平摊开至最大宽度时,拉带露出绳道的长度每处每根均不应超过 14cm		EN 14682—2007 附录 D 绳带长度测量方法	我国与欧盟基本均有强制要求，我国要求宽于欧盟	一致	相同	我国要求较宽松
标签标识															
纺织服装	标签标识	制造者的名称和地址	name and address of manufac-turer	GB 5296.4《消费品使用说明 第 4 部分：纺织品和服装》	要求给出信息			日本：家庭用品质量标签法下的纺织品质量标签细则	要求给出信息			日本还需提供电话			
纺织服装	标签标识	产品名称	product name	GB 5296.4《消费品使用说明 第 4 部分：纺织品和服装》	要求给出信息			—				国外无要求			

附表 1-3（续）

产品类别	产品危害类别	安全指标中文名称	安全指标英文名称	安全指标对应的国家标准				安全指标对应的国际标准或国外标准				安全指标差异情况			
				名称、编号	安全指标要求	安全指标单位	检测标准名称、编号	名称、编号	安全指标要求	安全指标单位	检测标准名称、编号	总体描述	试验方法	适用范围	指标要求
标签标识															
纺织服装	标签标识	产品型号或规格	size and specification of product	GB 5296.4《消费品使用说明 第4部分：纺织品和服装》	要求给出信息			—				国外无要求			
纺织服装	标签标识	纤维成分及含量	composition and content of fiber	GB 5296.4《消费品使用说明 第4部分：纺织品和服装》	要求给出信息		GB/T 29862《纺织品 纤维含量的标识》	美国：16CFR 300《羊毛产品标识法令》及其实施条例	要求给出信息			均有要求，但具体信息内容是有差异			
								美国：16CFR 303《纺织纤维产品标识法令》及其实施条例	要求给出信息						
								加拿大：《纺织品标识法令》及其实施规则《纺织品标识及广告条例》	要求给出信息						
								欧盟 96/74/EC 指令：纺织纤维含量标识法规	要求给出信息						
								日本：家庭用品质量标签法下的纺织品质量标签细则	要求给出信息						

附表 1-3（续）

产品类别	产品危害类别	安全指标中文名称	安全指标英文名称	安全指标对应的国家标准				安全指标对应的国际标准或国外标准				安全指标差异情况			
				名称、编号	安全指标要求	安全指标单位	检测标准名称、编号	名称、编号	安全指标要求	安全指标单位	检测标准名称、编号	总体描述	试验方法	适用范围	指标要求
标签标识															
纺织服装	标签标识	维护方法	caring method	GB 5296.4《消费品使用说明 第4部分：纺织品和服装》	要求给出信息		GB/T 8685《纺织品 维护标签规范符号法》	日本：家庭用品质量标签法下的纺织品质量标签细则	要求给出信息		JIS L 0001 纺织品 维护标签规范 符号法	均有要求，具体信息内容基本一致	相同	相同	一致
								美国：16CFR 423 纺织品服装和面料的维护标签	要求给出信息		ASTM D 5489 纺织产品维护说明的符号指南	均有要求，但具体信息内容是有差异的	不同	相同	不一致
纺织服装	标签标识	执行的产品标准	product standard	GB 5296.4《消费品使用说明 第4部分：纺织品和服装》	要求给出信息			—				国外无要求			
纺织服装	标签标识	安全类别	safety classification in GB 18401	GB 5296.4《消费品使用说明 第4部分：纺织品和服装》	A类：婴幼儿纺织产品 B类：直接接触皮肤的纺织产品 C类：非直接接触皮肤的纺织产品			—				国外无要求			
纺织服装	标签标识	防水标识						日本：家庭用品质量标签法下的纺织品质量标签细则	要求给出信息			我国未规定此要求			
纺织服装	标签标识	语言表示	language requirement	GB/T 29862《纺织品 纤维含量的标识》	使用国家规定的规范汉字，也可同时使用其他语种，但应以中文标识为准。			美国：16CFR 300《羊毛产品标识法令》及其实施条例	用英语标识			以各官方语言为准			原则一致
								美国：16CFR 303《纺织纤维产品标识法令》及其实施条例	用英语标识						

附表 1-3（续）

产品类别	产品危害类别	安全指标中文名称	安全指标英文名称	安全指标对应的国家标准：名称、编号	安全指标对应的国家标准：安全指标要求	安全指标对应的国家标准：安全指标单位	安全指标对应的国家标准：检测标准名称、编号	安全指标对应的国际标准或国外标准：名称、编号	安全指标对应的国际标准或国外标准：安全指标要求	安全指标对应的国际标准或国外标准：安全指标单位	安全指标对应的国际标准或国外标准：检测标准名称、编号	安全指标差异情况：总体描述	安全指标差异情况：试验方法	安全指标差异情况：适用范围	安全指标差异情况：指标要求
标签标识															
纺织服装	标签标识	语言表示	language requirement	GB/T 29862《纺织品 纤维含量的标识》				加拿大：《纺织品标识法令》及其实施规则《纺织品标识及广告条例》	用英语和法语标示在标签中；但对一直使用某一种官方语言的地区，则以这种官方语言标明。						
纺织服装	标签标识	纤维含量小于5%成分	Fibers in amounts of less than 5 percent	GB/T 29862《纺织品 纤维含量的标识》	小于 5%的每种纺织纤维累加，标为“其他纤维”。			美国：16CFR 303《纺织纤维产品标识法令》及其实施条例	小于 5%的每种纺织纤维累加，标为“其他纤维”。			16CFR303和加拿大法规中未规定每种小于5%的纤维累计不超过15%时的情况			
								加拿大：《纺织品标识法令》及其实施规则《纺织品标识及广告条例》	小于 5%的每种纺织纤维累加，标为“其他纤维”。						
纺织服装	标签标识	纤维信息的排列顺序	Arrangement and disclosure of information on labels	GB/T 29862《纺织品 纤维含量的标识》	多种纤维组分时，按纤维含量递减顺序列出；当各纤维含量相同时，顺序可任意排列。			美国：16CFR 303《纺织纤维产品标识法令》及其实施条例	按递减顺序排列			原则相同			
								加拿大：《纺织品标识法令》及其实施规则《纺织品标识及广告条例》	按递减顺序排列						

附表 1-3（续）

产品类别	产品危害类别	安全指标中文名称	安全指标英文名称	安全指标对应的国家标准：名称、编号	安全指标对应的国家标准：安全指标要求	安全指标对应的国家标准：安全指标单位	安全指标对应的国家标准：检测标准名称、编号	安全指标对应的国际标准或国外标准：名称、编号	安全指标对应的国际标准或国外标准：安全指标要求	安全指标对应的国际标准或国外标准：安全指标单位	安全指标对应的国际标准或国外标准：检测标准名称、编号	安全指标差异情况：总体描述	安全指标差异情况：试验方法	安全指标差异情况：适用范围	安全指标差异情况：指标要求
标签标识															
								欧盟 96/74/EC 指令：纺织纤维含量标识法规	按递减顺序排列						
纺织服装	标签标识	纤维商标与通用名称的使用	Use of fiber trademarks and generic names on labels	GB/T 29862《纺织品 纤维含量的标识》	应使用规范名称，天然纤维、化学纤维、羽绒羽毛名称按相应国标给出，化学纤维有简称的宜采用简称。		GB/T 4146.1《纺织品 化学纤维 第1部分：属名》 GB/T 11951《纺织品 天然纤维 术语》 GB/T 17685 羽绒羽毛	美国：16CFR 303《纺织纤维产品标识法令》及其实施条例	标出含量不小于 5% 的所有纤维名称，其中化学纤维名称依据 ISO 2076；规定了新纤维通用名称的申请程序。		ISO 2076 纺织品 化学纤维 属名	16CFR303 中除化学纤维名称给出依据外，其他纤维名称未具体给出；我国未规定新纤维通用名称的申请程序。			
								加拿大：《纺织品标识法令》及其实施规则《纺织品标识及广告条例》	规定了动物纤维、化学纤维的名称；规定了新纤维通用名称的申请程序。			加拿大法规中除给出化学纤维、动物纤维名称，其他纤维名称未具体给出；我国未规定新纤维通用名称的申请程序。			
								欧盟 96/74/EC 指令：纺织纤维含量标识法规	以附录的形式给出天然、动物和化学纤维的名称			欧盟指令中列出的纤维名称部分与我国对应。			

附表 1-3（续）

产品类别	产品危害类别	安全指标中文名称	安全指标英文名称	安全指标对应的国家标准				安全指标对应的国际标准或国外标准				安全指标差异情况			
				名称、编号	安全指标要求	安全指标单位	检测标准名称、编号	名称、编号	安全指标要求	安全指标单位	检测标准名称、编号	总体描述	试验方法	适用范围	指标要求
标签标识															
								日本：家庭用品质量标签法下的纺织品质量标签细则	依据相关 JIS 标准			要求基本相同，即按相应的国家标准。			
纺织服装	标签标识	包含衬里、夹层、填充物的产品	Products containing linings, interlinings, fillings, and paddings	GB/T 29862《纺织品 纤维含量的标识》	分别标注；如衬里与主体面料相同，也可一并标注。			16CFR 303《纺织纤维产品标识法令》及其实施条例	如果出于保暖而不是结构上的需要，如衬里、夹层、填充物被加入到产品中，则其纤维含量分别标注。			原则基本相同			
								加拿大《纺织品标识法令》及其实施规则《纺织品标识及广告条例》	分别标注						
纺织服装	标签标识	起加固作用纤维	Textile fiber products containing superimposed or added fibers	GB/T 29862《纺织品 纤维含量的标识》	当某个部位上添加有起加固作用的纤维时，应标出主要纤维名称及其含量，可说明包含添加纤维的部位以及添加的纤维名称。			美国：16CFR 303《纺织纤维产品标识法令》及其实施条例	起到加固或其它作用，并以最小比例被叠加或添加到某些部位上，对被叠加的或添加的纤维不作命名，给出产品主要纤维或混纺纤维的质量百分比，并表明包含被叠加的或被添加纤维的部位或部分。			原则基本相同			

附表 1-3（续）

产品类别	产品危害类别	安全指标中文名称	安全指标英文名称	安全指标对应的国家标准				安全指标对应的国际标准或国外标准				安全指标差异情况			
				名称、编号	安全指标要求	安全指标单位	检测标准名称、编号	名称、编号	安全指标要求	安全指标单位	检测标准名称、编号	总体描述	试验方法	适用范围	指标要求
标签标识															
纺织服装	标签标识	绒毛织物及其制成的产品	Pile fabrics and products composed thereof	GB/T 29862《纺织品 纤维含量的标识》	与地布分开标注			美国：16CFR 303《纺织纤维产品标识法令》及其实施条例	正面或绒毛，与反面或地布的纤维成分含量分开说明			原则基本相同			
纺织服装	标签标识	装饰物	Ornamentation	GB/T 29862《纺织品 纤维含量的标识》	可表示为“x x 除外”，也可单独将其含量标出。			美国：16CFR 303《纺织纤维产品标识法令》及其实施条例	含量不超过 5%，可单独将其含量标出。			原则基本相同			
								加拿大：《纺织品标识法令》及其实施规则《纺织品标识及广告条例》	含量不超过 5%，可单独将其含量标出。			原则基本相同			
								欧盟 96/74/EC 指令：纺织纤维含量标识法规	只起到装饰作用，且不超过 7%，可不标注。			欧盟指令装饰纤维含量不超过 7%，标注时不必计入总量。			
纺织服装	标签标识	“全(纯)”或“100%”的使用	Use of the term “All” or “100%.”	GB/T 29862《纺织品 纤维含量的标识》	完全由一种纤维组成时，用“100%”、“纯”或“全”表示纤维含量，允差为 0			美国：16CFR 303《纺织纤维产品标识法令》及其实施条例	完全由一种纤维组成时，用“100%”、“纯”或“全”表示纤维含量，允差为 0			原则基本相同			

附表 1-3（续）

产品类别	产品危害类别	安全指标中文名称	安全指标英文名称	安全指标对应的国家标准				安全指标对应的国际标准或国外标准				安全指标差异情况			
				名称、编号	安全指标要求	安全指标单位	检测标准名称、编号	名称、编号	安全指标要求	安全指标单位	检测标准名称、编号	总体描述	试验方法	适用范围	指标要求
标签标识															
纺织服装	标签标识	“全(纯)”或“100%”的使用	Use of the term “All” or “100%.”	GB/T 29862《纺织品 纤维含量的标识》				加拿大:《纺织品标识法令》及其实施规则《纺织品标识及广告条例》	完全由一种纤维组成时，用“100%”、“纯”或“全”表示纤维含量，允差为0			原则基本相同			
								欧盟 96/74/EC 指令：纺织纤维含量标识法规	由一种纤维组成，可标注“100%”，“纯”或“全”。			原则基本相同			
纺织服装	标签标识	纤维含量允差	Fiber content tolerances	GB/T 29862《纺织品 纤维含量的标识》	含多种纤维时，除许可不标注的纤维外，每种纤维含量允差为 5%；填充物允差为 10%；当含量≤10%时，允差为 3%；当含量≤3%时，实际含量不得为 0；当填充物含量≤20%时，允差为 5%；当填充物≤5%时，实际含量不得为 0；当多种纤维总量≤0.5%时，可不计入总量。			美国：16CFR 303《纺织纤维产品标识法令》及其实施条例	允差为 3%			不同，且我国对不同情况进行了细化。			不一致
								加拿大：《纺织品标识法令》及其实施规则《纺织品标识及广告条例》	允差为 5%			对于一般情况均为 5%，但我国对不同情况进行了细化。			不一致
								欧盟 96/74/EC 指令：纺织纤维含量标识法规	允差为 3%			不同，且我国对不同情况进行了细化。			不一致
纺织服装	标签标识	水洗符号	washing	GB 5296.4《消费品使用说明 第 4 部分：纺织品和服装》	用于表达有关最高的洗涤温度和最剧烈的水洗条件。		GB/T 8629《纺织品 试验用家庭洗涤和干燥试验方法》	ASTM D 5489 纺织产品维护说明的符号指南	用于表达有关最高的洗涤温度、和最剧烈的水洗条件。		Guide D3938, ASTM（Vols 07.01 和 07.02），AATCC（2.1 和 2.2）	符号表示方式不同，水洗最高温度美国用圆点和数字表示,			不一致

附表 1-3（续）

产品类别	产品危害类别	安全指标中文名称	安全指标英文名称	安全指标对应的国家标准				安全指标对应的国际标准或国外标准				安全指标差异情况			
				名称、编号	安全指标要求	安全指标单位	检测标准名称、编号	名称、编号	安全指标要求	安全指标单位	检测标准名称、编号	总体描述	试验方法	适用范围	指标要求
标签标识															
纺织服装	标签标识	水洗符号	washing	GB 5296.4《消费品使用说明 第4部分：纺织品和服装》								我国直接用数字表示。			
								CAN/CGSB-86.1 纺织品的维护标签	用于表达有关最高的洗涤温度、和最剧烈的水洗条件。		—	符号表示方式不同，水洗最高温度加拿大用圆点表示，我国直接用数字表示。			不一致
								EN ISO 3758 纺织品 维护标签规范 符号法	用于表达有关最高的洗涤温度、和最剧烈的水洗条件。		EN ISO 6330 纺织品 试验用家庭洗涤和干燥试验方法	相同			一致
								JIS L 0001 纺织品 维护标签规范 符号法	用于表达有关最高的洗涤温度、和最剧烈的水洗条件。		JIS L 1930 纺织品 试验用家庭洗涤和干燥试验方法				
								ISO 3758 纺织品 维护标签规范 符号法	用于表达有关最高的洗涤温度、和最剧烈的水洗条件。		ISO 6330 纺织品试验用家庭洗涤和干燥试验方法				
纺织服装	标签标识	漂白符号	bleaching	GB 5296.4《消费品使用说明 第4部分：纺织品和服装》	用于表达漂白程序。		GB/T 8629《纺织品 试验用家庭洗涤和干燥试验方法》	ASTM D 5489 纺织产品维护说明的符号指南	用于表达漂白程序。		Guide D3938, ASTM（Vols 07.01 和 07.02），AATCC（2.1 和 2.2）	禁止漂白的符号不同			不一致
								CAN/CGSB-86.1 纺织品的维护标签	用于表达漂白程序。		—				

附表 1-3（续）

产品类别	产品危害类别	安全指标中文名称	安全指标英文名称	安全指标对应的国家标准				安全指标对应的国际标准或国外标准				安全指标差异情况			
				名称、编号	安全指标要求	安全指标单位	检测标准名称、编号	名称、编号	安全指标要求	安全指标单位	检测标准名称、编号	总体描述	试验方法	适用范围	指标要求
标签标识															
纺织服装	标签标识	漂白符号	bleaching	GB 5296.4《消费品使用说明 第 4 部分：纺织品和服装》				EN ISO 3758 纺织品 维护标签规范 符号法	用于表达漂白程序。		EN ISO 6330 纺织品 试验用家庭洗涤和干燥试验方法	相同			一致
								JIS L 0001 纺织品 维护标签规范 符号法	用于表达漂白程序。		JIS L 1930 纺织品 试验用家庭洗涤和干燥试验方法				
								ISO 3758 纺织品 维护标签规范 符号法	用于表达漂白程序。		ISO 6330 纺织品试验用家庭洗涤和干燥试验方法				
纺织服装	标签标识	干燥符号	drying	GB 5296.4《消费品使用说明 第 4 部分：纺织品和服装》	用于表达自然干燥和转笼干燥。		GB/T 8629《纺织品 试验用家庭洗涤和干燥试验方法》	ASTM D 5489 纺织产品维护说明的符号指南	用于表达自然干燥和转笼干燥。		Guide D3938, ASTM（Vols 07.01 和 07.02）, AATCC（2.1 和 2.2）	自然干燥符号、表示转笼干燥最高温度的方式不同，美国和加拿大还多规定了不加热转笼干燥。			不一致
								CAN/CGSB-86.1 纺织品的维护标签	用于表达自然干燥和转笼干燥。		—				
								EN ISO 3758 纺织品 维护标签规范 符号法	用于表达自然干燥和转笼干燥。		EN ISO 6330 纺织品 试验用家庭洗涤和干燥试验方法	相同			一致
								JIS L 0001 纺织品 维护标签规范 符号法	用于表达自然干燥和转笼干燥。		JIS L 1930 纺织品 试验用家庭洗涤和干燥试验方法				

附表 1-3（续）

产品类别	产品危害类别	安全指标中文名称	安全指标英文名称	安全指标对应的国家标准				安全指标对应的国际标准或国外标准				安全指标差异情况			
				名称、编号	安全指标要求	安全指标单位	检测标准名称、编号	名称、编号	安全指标要求	安全指标单位	检测标准名称、编号	总体描述	试验方法	适用范围	指标要求
标签标识															
								ISO 3758 纺织品 维护标签规范 符号法	用于表达自然干燥和转笼干燥。		ISO 6330 纺织品试验用家庭洗涤和干燥试验方法				
纺织服装	标签标识	熨烫符号	ironing	GB 5296.4《消费品使用说明 第 4 部分：纺织品和服装》	熨斗代表家庭熨烫程序。		GB/T 6152《纺织品 色牢度试验 耐热压色牢度》	ASTM D 5489 纺织产品维护说明的符号指南	熨斗代表家庭熨烫程序。		Guide D3938, ASTM（Vols 07.01 和 07.02），AATCC（2.1 和 2.2）	美国、加拿大有禁止蒸汽熨烫的符号			不一致
								CAN/CGSB-86.1 纺织品的维护标签	熨斗代表家庭熨烫程序。		—				
								EN ISO 3758 纺织品 维护标签规范 符号法	熨斗代表家庭熨烫程序。		ISO 105-X11 纺织品 色牢度试验 耐热压色牢度	相同			一致
								JIS L 0001 纺织品 维护标签规范 符号法	熨斗代表家庭熨烫程序。		JIS L 0850 纺织品 色牢度试验 耐热压色牢度				
								ISO 3758 纺织品 维护标签规范 符号法	熨斗代表家庭熨烫程序。		ISO 105-X11 纺织品 色牢度试验 耐热压色牢度				
纺织服装	标签标识	专业维护符号	drycleaning	GB 5296.4《消费品使用说明 第 4 部分：纺织品和服装》	代表由专业人员对纺织制品的专业干洗和湿洗程序。		GB/T 19981（所有部分）《纺织品 织物和服装的专业维护、干洗和湿洗》	ASTM D 5489 纺织产品维护说明的符号指南	代表由专业人员对纺织制品的专业干洗和湿洗程序。		Guide D3938, ASTM（Vols 07.01 和 07.02），AATCC（2.1 和 2.2）	不可湿洗符号不同，P 和 F 代表的干洗剂有差异			不一致

附表 1-3（续）

产品类别	产品危害类别	安全指标中文名称	安全指标英文名称	安全指标对应的国家标准				安全指标对应的国际标准或国外标准				安全指标差异情况			
				名称、编号	安全指标要求	安全指标单位	检测标准名称、编号	名称、编号	安全指标要求	安全指标单位	检测标准名称、编号	总体描述	试验方法	适用范围	指标要求
标签标识															
纺织服装	标签标识	专业维护符号	drycleaning	GB 5296.4《消费品使用说明 第 4 部分：纺织品和服装》				CAN/CGSB-86.1 纺织品的维护标签	代表由专业人员对纺织制品的专业干洗和湿洗程序。		—				
								EN ISO 3758 纺织品 维护标签规范 符号法	代表由专业人员对纺织制品的专业干洗和湿洗程序。		ISO 3175（所有部分）纺织品 织物和服装的专业维护、干洗和湿洗	相同			一致
								JIS L 0001 纺织品 维护标签规范 符号法	代表由专业人员对纺织制品的专业干洗和湿洗程序。		JIS L 1931（所有部分）纺织品 织物和服装的专业维护、干洗和湿洗				
								ISO 3758 纺织品 维护标签规范 符号法	代表由专业人员对纺织制品的专业干洗和湿洗程序。		ISO 3175（所有部分）纺织品 织物和服装的专业维护、干洗和湿洗				

第二篇

首　饰

第1章　首饰行业现状分析

1　首饰产品国内外监管体制

ISO 10377：2013《消费品安全——供应商指南》中给出了消费品的定义：主要为（但不限于）个人使用而设计和生产的产品，包括其组成部分、零部件、配件、说明书和包装。首饰属于供人佩戴起装饰功能的产品，根据该定义，首饰产品属于该消费品范畴。目前国内外对于首饰产品安全的监管基本都是按照一般消费品监管，基本没有单独的监管要求。

我国对于首饰产品的监管一直和普通消费品一样没有特殊监管要求。直到 2010 年 12 月 17 日，国家质量监督检验检疫总局、海关总署联合发布公告（联合公告 2010 年第 158 号）2011 年 1 月 1 日起，将贱金属制袖扣、饰扣（海关商品编号 7117110000）、其他贱金属制仿首饰（海关商品编号 7117190000）以及未列名材料制仿首饰（海关商品编号 7117900000）的监管条件由空白调整为 A/B。这意味着仿真首饰的进出口，必须经出入境检验检疫机构实施检验检疫和监管，进出口经营者持出入境检验检疫机构签发的《入境货物通关单》或《出境货物通关单》向海关办理进出口手续。

2　首饰产品国内外标准化工作机制和标准体系建设情况

2.1　国际标准化组织首饰标准化技术委员会（ISO/TC 174）

国际标准化组织首饰标准化技术委员会（以下简称 ISO/TC174）成立于 1978 年，秘书处设在德国普福尔茨海姆，秘书长为 Petra Bischoff，主席一职空缺。目前，ISO/TC174 共有 20 个积极成员（P 成员），17 个观察员（O 成员）。积极成员包括亚美尼亚、奥地利、比利时、保加利亚、中国、捷克共和国、法国、德国、印度、伊朗、爱尔兰、以色列、意大利、日本、挪威、秘鲁、俄罗斯、西班牙、瑞士和英国。观察员包括喀麦隆、丹麦、中国香港（通讯员）、匈牙利、伊拉克、肯尼亚、韩国、立陶宛、阿曼、波兰、罗马尼亚、斯洛伐克、南非、泰国、突尼斯、土耳其、赞比亚。ISO/TC174 下设一个工作组 ISO/TC174/WG1 纯度分析方法。目前，ISO/TC174 归口管理的国际标准共 16 个（见表 2-1-1），其中基础标准 3 个，贵金属含量的检测方法标准 11 个，其他检测方法标准 2 个。在国际标准中尚无首饰安全的相关标准。

表 2-1-1　首饰领域国际标准

序号	标准号	标准名称
1	ISO 8653：1986（E）	首饰　指环尺寸　定义、测量和标记
2	ISO 8654：1987（E）	金合金颜色　定义、颜色范围和标记
3	ISO 9202：2014（E）	首饰　贵金属合金的纯度
4	ISO 10713：1992（E）	首饰　金合金覆盖层
5	ISO 11210：2014（E）	首饰　铂合金首饰中含铂量的测定　氯铂酸铵重量法
6	ISO 11426：2014（E）	首饰　金合金首饰中金含量的测定　灰吹法（火试法）
7	ISO 11427：2014（E）	首饰　银合金首饰中银含量的测定　溴化钾电位滴定法
8	ISO 11489：1995（E）	铂合金首饰中含铂量的测定　氯化汞还原重量法
9	ISO 11490：2015（E）	首饰　钯合金首饰中含钯量的测定　丁二酮肟重量法
10	ISO 11494：2014（E）	首饰　铂合金首饰中铂含量的测定　钇内标 ICP 光谱法
11	ISO 11495：2014（E）	首饰　钯合金首饰中钯含量的测定　钇内标 ICP 光谱法
12	ISO 11596：2008（E）	首饰　贵金属合金首饰及相关制品的取样
13	ISO 13756：2015（E）	首饰　银合金首饰中银含量的测定　氯化钠氯化钾容量法（电位滴定法）
14	ISO15093：2015（E）	首饰　999‰金、铂、钯合金首饰中贵金属含量的测定　ICP-OES 差减法
15	ISO 15096：2014（E）	首饰　999‰银合金首饰中银含量的测定　ICP-OES 差减法
16	ISO 18323：2015（E）	首饰　钻石行业的消费者信心

2.2　欧盟

欧盟标准管理体系是由欧盟技术法规、新方法指令、欧盟协调标准、欧盟的合格评定程序构成的。欧盟指令规定的是“基本要求”，即商品在投放市场时必须满足的保障健康和安全的基本要求。而欧洲标准化机构的任务是制定符合指令基本要求的相应的技术规范（即“协调标准”）。符合这些技术规范便可以推定产品符合指令的基本要求。欧盟规定，凡是新方法指令所覆盖的涉及安全、卫生、健康及环境保护等产品，都必须通过相应的合格评定程序，并加附 CE 标志后方能进入欧盟市场。产品一经加附上 CE 标志后，便表明该产品符合欧盟新方法指令中关于安全、卫生、健康或环境保护等基本要求，可以在欧盟市场自由流通。

欧盟标准化委员会中有 3 个技术委员会制定的标准与首饰相关，分别是首饰及相关产品标准化技术委员会（CEN/TC 283，注：该分委会目前已经暂停工作，在欧盟标准化委员会的网站上查不到，但在相关国家的一些网站上可以查到）、过敏原分析方法标准化技术委员会（CEN/TC 347）和项目委员会——钻石行业的消费者信心和术语（CEN/TC 410）。

CEN/TC 283 秘书处设在意大利（UNI），下设 4 个工作组，分别是“取样及分析”（Sampling and analysis，秘书处设在 DIN）、“描述和相关保证”（Description and related guaranties，秘书处设在 BSI）、贵金属合金覆盖层（Precious metal alloy coatings，秘书处设在 AFNOR）、健康和安全（Health and safety aspects，秘书处设在 SIS）。CEN/TC 283 曾制定了 12 个欧盟标准（其中 1 个技术报告，1 个 CEN 报告）。CEN/TC 347 秘书处设在瑞士（SNV），制定了 3 个欧盟标准，均是镍释放的测试方法标准，其中 2 个与首饰相关。CEN/TC 410 秘书处设在德国（DIN），制定了 1 个欧盟标准。

另外需要说明的是，由于 ISO TC 174 的积极成员中有一半的国家为欧盟成员国，如德国、英国、法国等都是首饰领域标准制修订的主要参与国，因此欧盟标准很多都是等同采用国际标准，这一比例大概为 70%。

2.3 美国

美国的消费品检测方法标准体系由技术法规和标准两部分组成。从内容上看，技术法规是强制遵守的、规定与消费品安全相关的产品特性或者相关的加工和生产方法的文件，包括适用的行政性规定，类似于我国的强制性标准。通常，政府相关机构在制定技术法规时引用已经制定的标准，作为对技术法规要求的具体规定，这些被参照的标准就被联邦政府、州或地方法律赋予强制性执行的属性。这些标准是在技术法规的框架要求的指导下制定，必须符合相应的技术法规的规定和要求。

2.3.1 技术法规

在美国消费品安全领域，属于法律层次的法规有 5 个：《消费品安全法案》《联邦危险品法案》《可燃纺织品法案》《包装防毒法案》和《制冷器安全法案》。这 5 个法案覆盖了由美国消费品安全委员会管辖的 15 000 余种商品。法案对各自辖下产品的安全及对健康影响等方面提出了要求。针对不同商品不同的具体要求，消费品安全委员会根据上面 5 个法案制定了大量的属于技术法规范畴的具体规范、要求等。美国的技术法规主要收录在《美国法典》（United States Code）或《美国联邦法规典集》（Code of Federal Regulations）中。

2.3.2 标准

美国的消费品检测方法标准是美国“自愿标准体系”的重要组成部分，即各有关部门和机构自愿编写、自愿采用。在 ANSI 的统一管理下，美国材料与试验协会（American Society for Testing and Materials，ASTM）、美国消费品安全委员会（Consumer Product Safety Committee，CPSC）是消费品检测方法标准制定的主要机构。

ASTM 是美国制定检测方法标准的最大组织，成立于 1898 年，是世界上最早、最大的非盈利性标准制定组织之一：现有 32 000 多名会员，分别来自于 100 多个国家的生产者、用户、最终消费者、政府和学术代表；ASTM 已出版发布了 10 000 多个标准；ASTM 共有 129 个技术委员会，下设 2004 个分技术委员会，主要制定 130 多个专业领域的试验方法、规范、规程、指南、分类和术语标准。ASTM 消费品技术委员会首饰分委会（ASTM F15.24）是与首饰相关的标准化技术委员会。其制定的标准有 ASTM F2923-14《儿童首饰消费品安全规范》和 ASTM F2999-14《成人首饰消费品安全规范》2 项自愿性标准，其中 ASTM F2923 被罗德岛州、纽约州等相继要求在本州内强制执行。ASTM 中关于贵金属的检测方法标准的国际标准分类号不是 39.060，即这些方法不是专属于首饰的。

美国宝石研究院（Gemmological Institute of America，GIA）成立于 1931 年，是全球最权威的钻石、有色宝石和珍珠研究机构。GIA 是一个非营利的公益性机构，是宝石与珠宝知识、标准和教育的主要来源。GIA 的珠宝标准虽然没有上升到美国国家标准层面，但在全世界却享有极高的声誉。

2.4 英国

英国是标准化立法最早的国家。1929 年英国工程标准化协会被授予皇家宪章，1931 年授予的补充宪章改名为“英国标准学会（British Standards Institution；BSI）”，同时确立了 BSI 的法律地位，组成形式以及工作范围。政府与 BSI 签订的《联合王国政府和英国标准协会标准备忘录》中还规定政府各部门不再制定标准，一律采用 BSI 制定的英国国家标准（BS）；政府参加 BSI 各种技术委员会的代表将以政府发言人的身份出席会议。

英国制定标准采取协商一致的原则，在编写标准草案阶段，技术委员会对实质性内容的主要条款如有不同意见，不采取投票表决方式解决，尽可能在技术委员会内部充分协商，取得一致意见；如果经过协商仍不能统一意见，则提请执行理事会进行仲裁，以便寻找一个能为各方所同意的解决办法。

BSI 每三年制定一次标准工作计划，每年进行一次调整，并制定出年度实施计划。BSI 是国际标准化组织（ISO）、国际电工委员会（IEC）、欧洲标准化委员会（CEN）、欧洲电工标准化委员会（CENELEC）、欧洲电信标准学会（ETSI）创始成员之一，并在其中发挥着重要作用。

英国是欧盟成员国之一，因此其消费品安全要求及协调标准都是将欧盟的法令、协调标准等转化为本国法令要求及相关标准，与之是一致的。

英国标准中与首饰相关的标准共计 19 项，其中与首饰安全相关的协调标准为镍释放 2 项，其他标准中 16 项与贵金属及其检测方法有关，1 项为珠宝标准。由于英国是 ISO TC174 的积极成员，并且委派专家参与制定了首饰领域的国际标准，因此英国的首饰领域的标准有近 80%的标准是等同采用了国际标准（其中部分是同时等同采用国际标准和欧盟标准）。

2.5 加拿大

现行的加拿大法律体系主要沿用了英国普通法系。作为联邦制国家，加拿大联邦议会和各省议会都有权制定法律。联邦议会针对宪法划分的事务为整个加拿大制定法律（通常是先颁布法案，然后依据此法案来批准一系列条例以保证法案得以实施，此类条例一般公布于加拿大官方公报上）；同时，各省议会也可以在划定的立法事务权限的范围内颁布一些地方法规，且省议会颁布的法规不能与联邦议会颁布的法规相冲突。

2010 年，加拿大政府通过了《加拿大消费品安全法案》。该法案实施后，《危险品法法案》第一部分和附件 I 同时废止。《加拿大消费品安全法》适用于加拿大国内消费品的供应商，包括消费品的制造商、进口商、经销商、广告商和零售商。此法案所述消费品是指在合理的情况下所获得以用于非商业目的的产品，比如用于家用、娱乐和运动的产品。在该法案的框架下，加拿大先后通过了多项条例，包括《儿童首饰管理条例》。

加拿大卫生部开展信息通报会和其他宣传，以确保进口商，制造商和零售商知道其的义务和责任；也正在与其他监管机构密切合作，以确保国外厂商也了解加拿大的要求；已建立了全面的市场监测系统（加拿大人自愿报告、行业强制性报告、与其他监管机构的合作、要求提供信息的能力，以验证符合），以辨认产品潜在的安全问题；在市场上进行有针对性的，基于风险的采样，以确定不合规事件。《加拿大消费品安全法案》通过提前警告、监督、风险评估和风险管理等手段建立一个更完善和更全面的安全网。

加拿大标准委员会（SCC）是国家标准体系的管理者，其主要职能是：保证国家标准体系一体化及提高其国际声誉；与联邦政府及其委托管辖州合作，以促进经济的、有效的自愿性标准的制定。此外 SCC 还具有认可职能，即对标准制定组织、产品认证和测试组织、质量和环境管理体系注册组织及审核员注册和培训组织进行认可。目前，SCC 利用其认可程序已经认可了大约 275 个机构，而这些机构又为法规部门、非政府组织及商业部门提供了真实有效的标准化服务。SCC 签署了许多双边和多边协定，实现了加拿大认可程序与其他组织的认可程序的互认，从而减少了加拿大产品出口时重复的测试需求。

2.6　中国

全国首饰标准化技术委员会（SAC/TC 256，以下简称首饰标委会）成立于 2000 年，秘书处设在国家首饰质量监督检验中心。SAC/TC 256 负责首饰行业相关标准的制修订工作。本届标委会有委员及顾问 41 人，其中主任委员 1 人，副主任委员 2 人，秘书长 1 人，顾问 2 人，委员来自首饰生产、销售、检测及科研等各领域，观察员 20 余个单位。首饰标委会下设仿真首饰、首饰精密加工装置、仿真摆件、镶嵌首饰 4 个分技术委员会。

此外，全国珠宝玉石标准分技术委员会（SAC/TC 298）负责珠宝玉石相关标准的制修订工作。

目前，首饰行业共有国家标准 38 项、轻工行业标准共 35 项（见附表 2-4），覆盖了首饰安全、标识、术语、贵金属饰品、仿真饰品、珠宝玉石饰品、其他饰品、首饰精密加工装置等本行业的所有领域，形成了首饰行业的技术标准体系（标准体系框架见图 2-1-1）。

按照根据目前首饰行业发展的情况，目前首饰行业内主要由贵金属饰品、仿真饰品、首饰精密加工装置、珠宝玉石饰品及其他饰品构成中类。贵金属饰品类目下可分为贵金属首饰、镶嵌首饰（采用一定的工艺将贵金属和珠宝玉石结合起来的首饰）、贵金属摆件和其他贵金属饰品；仿真饰品类目下可分为仿真首饰、仿真摆件和其他仿真饰品；首饰精密加工装置中按照制模材料的种类划分为橡胶模、硅胶板、石膏模、钢模和其他首饰精密加工装置；珠宝玉石饰品按照珠宝玉石的组成物质及晶体结构分为宝石饰品、玉石饰品、有机宝石饰品和其他珠宝玉石饰品。在仿真首饰和仿真摆件中均按有无金属覆盖层及覆盖层的种类的划分为贵金属覆盖层系列、非贵金属覆盖层系列和其他仿真首饰（摆件）系列。

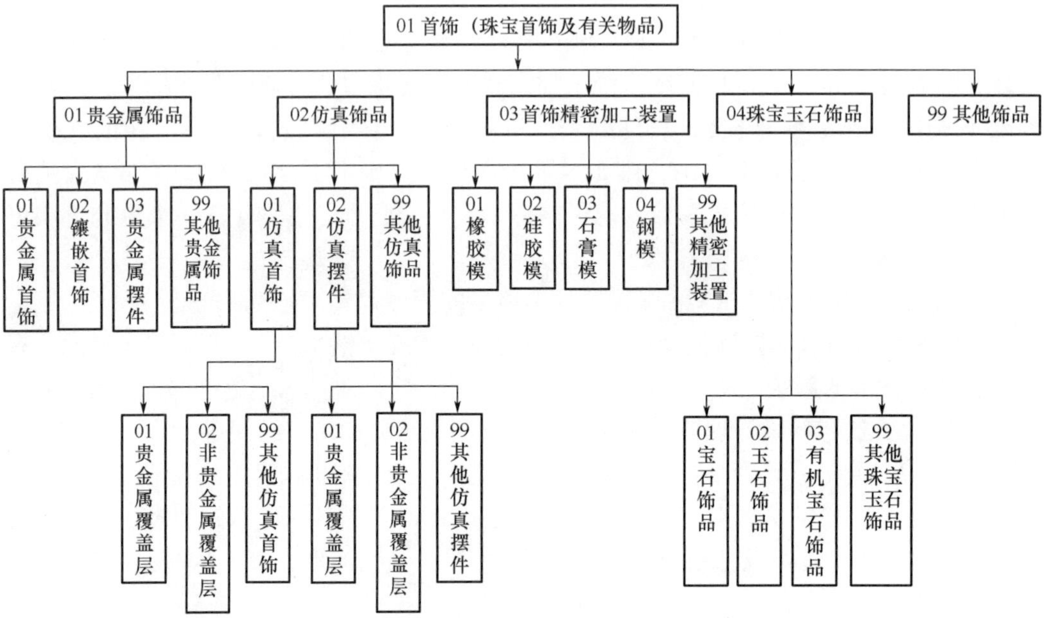

图 2-1-1 首饰领域标准体系框架

贵金属饰品标准中的基础标准及方法标准多数采用了国际标准或国外标准，达到了国际先进水平，其他标准基本为我国独立制定，目前在国际上尚无相关标准。

2.7 首饰领域国内外标准化工作机制和标准体系建设的差异分析

从标准的数量和组成来看，我国首饰领域的标准发展起步虽然较欧美国家晚，但发展速度快，覆盖子领域全。ISO、欧盟和英国的首饰领域标准主要覆盖贵金属饰品、首饰安全和珠宝玉石中的钻石等领域；美国的首饰领域标准主要就是安全标准，其他贵金属检测方法标准在 ASTM 中并没有归类到首饰中，珠宝玉石鉴定标准也没有上升到国家标准层面；我国首饰领域的标准覆盖了贵金属饰品、珠宝饰品、仿真饰品、首饰安全、其他饰品等领域。

从标准水平来讲，我国标准中除少数贵金属检测方法标准修改采用了国际标准，其他子领域标准虽然已经制定，但整体水平还尚未达到国际先进水平，有待于进一步提高。

第 2 章　国内外标准对比分析

1　国内标准和相关标准总体情况

国内生产销售的饰品主要包括贵金属首饰（含镶嵌珠宝玉石的首饰）和仿真首饰。

贵金属首饰中有害元素的限量要求在 GB 11887《首饰贵金属纯度的规定及命名方法》2002 版中就已经规定：不得含有对人体健康有害的元素，并明确了镍的限量要求（含量和释放量）；2008 版增加了铅、汞、镉、六价铬、砷等有害元素的限量要求，并修订了镍的限量要求（释放量）。

我国对于仿真首饰的标准化工作，特别是有害物质的研究起步较晚。2008 年，国家标准化管理委员会到目前为止，发布了 1 项强制性国家标准 GB 28480—2012《饰品有害元素限量的规定》，另外在部分产品标准及标识标准中对物理危害及警示标识作了一些规定。国内首饰领域安全标准及相关标准见我国首饰安全标准基础信息采集表（附表 2-1）。

1.1　GB 28480—2012《饰品有害元素限量的规定》

目前，首饰领域的安全标准主要是 GB 28480—2012《饰品有害元素限量的规定》及配套检测方法。该标准主要考虑了饰品材料可能导致的化学危害，以保护人体健康和环境为目的，规定了镍释放，铅、镉、汞、砷、铬（Ⅵ）总量及锑、砷、钡、镉、铬、铅、汞、硒等元素的溶出量。标准中对采用金属材料制成的饰品中的有害元素总含量、儿童首饰（供 14 岁及 14 岁以下儿童佩戴的首饰）中铅总量及重金属溶出量分别作出了规定。

1.1.1　镍（释放量）

GB 28480—2012 中关于镍的限量要求等同采用了《关于化学品的注册、评估、授权和限制的欧盟议会和欧盟理事会法规》（以下简称 REACH 法规）附录ⅩⅦ《对某些危险物质、混合物、物品在制造，投放市场和使用过程中的限制物质清单》第 27 项对镍的要求 [原欧盟镍指令（2004/96/EC）]，主要考虑含镍饰品使用中与人体接触的方式及是否有非镍镀层的保护。含镍饰品使用中与人体接触的方式主要有两种，一种是指在穿孔部位愈合过程使用的，一种是指与皮肤长期接触的。

在穿孔部位愈合过程中（或愈合后又因某种原因破损的）使用的饰品，应符合第 4.1.1 条的规定，其镍释放量必须小于 0.2μg/（cm^2 · week）；对于与人体皮肤长期接触的含镍饰品，应符合第 4.1.2 条的规定，其与皮肤长期接触部分的镍释放量应小于 0.5μg/（cm^2 · week）；如果含镍饰品有非镍镀层，其镀层必须保证与皮肤长期接触部分在正常使用的两年内，与皮肤长期接触部分的镍释放量应小于 0.5μg/（cm^2·week）。

镍释放量的检测标准为 GB/T 19719—2005《首饰镍释放量的测定光谱法》和 GB/T 28485—2012《镀层饰品　镍释放量的测定磨损和腐蚀模拟法》，分别修改采用了 EN 1811—1998《对直接插入并长期接触皮肤的制品中镍的释放量参考测试方法》和 EN 12472：2005 +A1:2009《磨损和腐蚀模拟法用于测定镀层制品的镍释放量》。

1.1.2　总铅、镉、汞、砷、铬（VI）量

GB 28480—2012 中关于有害元素的总量分成人首饰和儿童首饰分别加以规定，成人首饰总中，铅、汞、砷、铬（VI）量分别为 1000mg/kg，总镉量为 100mg/kg，儿童首饰中仅对总铅量的规定加严为 300mg/kg，与该标准制定时（2011 年）美国《消费品安全改进法案》中对儿童制品中总铅量的要求一致。

总铅、镉、汞、砷、铬（VI）量的检测标准为 GB/T 28021—2011《饰品有害元素的测定光谱法》和 GB/T 28020—2011《饰品有害元素的测定 X 射线荧光光谱法》。GB/T 28020—2011 为利用 X 射线荧光光谱仪对饰品中有害元素进行筛选的标准。

1.1.3　重金属溶出量

由于儿童可能会吮吸或吞食行为，因此，GB 28480—2012 对儿童首饰还规定了重金属溶出量与 GB 6675《玩具安全技术规范》中的要求一致，对锑、砷、钡、镉、铬、铅、汞和硒等元素溶出量要求分别为 60mg/kg、25mg/kg、1000mg/kg、75mg/kg、60mg/kg、90mg/kg、60mg/kg 和 500mg/kg。

重金属溶出量的检测标准为 GB/T 28021—2011《饰品有害元素的测定光谱法》。

1.1.4　标识

由于儿童首饰的要求不同于成人首饰，因此，GB 28480—2012 要求对于儿童首饰应在标识中加以标注。

1.2　其他标准

关于首饰可能导致的物理危害，在轻工行业标准 QB/T 2062—2006《贵金属饰品》关于外观质量的规定的部分条款中有所涉及：4.4.1.3 条规定“边棱尖角处应光滑，无毛刺，不扎、不刮”，4.4.2.2 中对耳饰的钩尖要求略钝，4.4.2.6 中要求别针的针尖略钝。

此外，轻工行业标准 QB/T 4182—2011《饰品标识》中 5.3.1.3 规定“使用不当，容易造成饰品损坏、镶石脱落、人体伤害，或有其他需注意事项的，应有中文警示说明或警示标志（需要时）”。

2　国外首饰领域安全标准和相关标准总体情况

美国、欧盟等国家和地区开展消费品安全的研究比较早，发布了很多关于消费品安全的法律法规和标准，其中部分要求可以适用于首饰，鉴于篇幅，本文中主要针对美

国、欧盟、英国和加拿大相关适用范围明确涉及首饰的相关安全法规和标准进行分析，各国首饰安全标准（技术法规）及指标见表 2-2。

2.1 欧盟

欧盟 REACH 法规的正式法律文本于 2006 年 12 月 30 日发布在《欧盟官方公报》第 L396 卷。该法规于 2007 年 6 月 1 日起生效，2008 年 6 月 1 日起实施。附录XVII《对某些危险物质、配制品和物品制造、投放市场和使用的限制》为 REACH 法规“注册、评估、授权、限制”的最后一部分，为了确定有毒物质能够妥善受到控管，列入附录XVII中的危险化学物质，将受到附录XVII中所述限值的限制，不得自由制造、贩卖、使用。附录XVII共列出 52 大类物质。

2009 年 6 月，《关于统一各成员国有关限制销售和使用某些有害物质和制品的法律法规和管理条例的理事会指令》（76/769/EEC 指令）及其系列修订指令正式废止，被 REACH 法规取代。76/769/EEC 中 50 多类有害物质生产、使用和投放市场方面的限制（包括邻苯二甲酸酯增塑剂指令（2005/84/EC），禁用有害偶氮染料指令（2002/61/EC），镍释放指令（94/27/EC）等）都并入到 REACH 附录XVII中。REACH 限制物质的种类和限量同 76/769/EEC 指令，并在 76/769/EEC 基础上有所扩展，欧洲议会于 2009 年 6 月 22 日公布（EC）No.552/2009 将 REACH 内容修订增加至 58 项。

从 2006 年颁布以来，REACH 法规进行了多次的修订，仅附录XVII限制物质清单就进行了 18 次修订，这其中的限制物质也从初期的 52 项增加到现在的 64 项。附录XVII中所列物质明确适用于首饰的主要有以下 3 类。

2.1.1 镍（释放量）

1994 年 6 月 30 日，欧盟颁布了镍指令（94/27/EC），对指令 76/769/EEC 进行了第 12 次修正，实施后禁止销售、使用镍释放量不合格产品。该指令实施 6 个月后生产商和进口商不再允许供应镍含量或镍释放不合格的产品。18 个月后，不允许销售给最终消费者。2004 年，欧盟颁布了 2004/96/EC 指令：修订指令 94/27/EC 的第 2 条款，对于所有刺入人体的被刺穿物体作出修订，将镍总含量 0.05%的要求修改为镍释放量不得超过 0.2μg/（cm^2·week），并于 2005 年 9 月起执行。欧盟针对仿真首饰取消了规定镍的总含量，而以镍的释放量来代替。2009 年 6 月 1 日，镍释放量联同其他化学品同时被纳入 REACH 附录XVII（Regulations（EC）No.552/2009）。

镍及其化合物不得用于：

（1）在由穿刺引起的伤口愈合过程中插入耳孔和人体其他刺穿部位的耳钉或其他类似物品，除非其镍释放量低于 0.2μg/（cm^2·week）；

（2）与皮肤有直接及长期接触的制品，如：

——耳环

——项链、手镯和手链、足饰、戒指；

——手表壳、表带和带扣；

——铆扣、搭扣、铆钉、拉链和金属标牌等用在服装上的物件；

上述制品与皮肤有直接及长期接触的制品中镍释放量要求低于 0.5μg/（cm^2·week）;

（3）上述制品中如果表面有无镍镀层，其镀层必须保证与皮肤长期接触部分在正常使用的两年内，镍释放量低于 0.5μg/（cm^2·week）。

为测试镍释放量，欧洲标准化管理委员会发布了两项协调标准，分别是 EN 1811:2011《对直接插入并长期接触皮肤的制品中镍的释放量参考测试方法》和 EN 12472：2005 +A1:2009《磨损和腐蚀模拟法用于测定镀层制品的镍释放量》。

2.1.2 总镉量

由于重金属镉具有累积效应，能引起环境污染，且可能致癌，危害人体健康，欧盟颁布了 91/338/EEC 镉含量限制指令，该指令是 76/769/EEC 的第 10 次修订，于 1991 年 7 月 12 日实施。2010 年 6 月 1 日，欧盟委员会发表 1907/2006 号 REACH 法规附录XVII的修改草案（Regulation（EU）No 494/2011），特别对珠宝首饰的镉含量提出修订。该草案于 2011 年 7 月生效。主要修订的包括:

以下珠宝首饰物品的总镉量若大于等于 0.01%（以金属质量计算），即不能在市场出售:

——金属珠及其他金属首饰的配件;

——珠宝首饰、仿真首饰和发饰的金属部分，如手镯、项链和戒指；穿刺珠宝首饰；腕表、腕饰；胸针及袖扣。

欧盟尚未对金属中的镉总量发布协调标准。

2.1.3 总铅量及释放量

2012 年 9 月，欧盟再次修订了 REACH 法规附录XVII（Regulation （EU）No836/2012），新增第 63 项关于铅及其化合物的限制。2015 年 4 月 23 日发布的官方公报上，欧盟正式发布了关于修订 REACH 法规附件XVII中铅限制的法规 Regulation（EU）2015/628，并将于 2016 年 6 月 1 日起正式生效。

REACH 法规附录XVII（Regulation（EU）No.836/2012）中，对铅的限制仅要求在珠宝首饰中含量不超过 0.05%。本法规 Regulation（EU）2015/628 在此基础上，新增对其他消费品中关于铅的限制。要求:

在正常合理可预见的情况下，可被儿童放入口中的物品及可接触的单个部件中，若含铅超过最低限量 0.05%，则将被禁止投放市场。

但是，本要求不适用于当某产品或产品的可接触部件（无论其是否含有涂层）中铅的释放量已被证实不超过 0.05μg/（cm^2·h）[相当于 0.05μg/（g·h）]，同时，对于含有涂层的产品，需要确保在正常合理可预见的情况下，该涂层保证至少 2 年铅的释放量不超过以上限值。

此外，法规还明确了包括珠宝首饰（铅总量不超过 0.05%）、珐琅、乐器等在内的 11 类豁免产品类别。

欧盟尚未对铅总量及释放量发布协调标准。

2.2 美国

在 ASTM F2923-11《儿童首饰消费品安全标准规范》发布前，美国关于首饰领域安全要求都是以法规或法案的形式进行规定的。2008 年，美国消费品安全委员会修订了《消费品安全法案》，发布了《消费品安全改进法案 2008》(CPSIA 2008)，对儿童饰品中的铅含量及溶出量进行了规定；美国材料与试验学会国际组织（ASTM international）于 2011 年和 2013 年分别发布的《儿童首饰消费品安全标准规范》和《成人首饰消费品安全标准规范》是专门针对首饰安全的标准。

2.2.1 消费品安全改进法案（CPSIA 2008）

2007 年以来，美国国内频繁出现了玩具、儿童仿真饰品等儿童消费品召回事件，引起美国媒体炒作和公众强烈的质疑。为此，美国国会于 2007 年年底对 1972 年通过的《消费品安全法案》进行了修正，提出了一个称为 H.R.4040《消费品安全改进法案》，其内容大量涉及中国输美的儿童产品。该法案在 2008 年 7 月 31 日在美国国会获得通过，2008 年 8 月 14 日由美国总统布什正式签署并生效，称之为美国《消费品安全改进法案》(以下简称 CPSIA2008)

CPSIA2008 针对儿童产品大幅度提高了安全要求，制定了更多更严格的安全规定，并且将产品质量和安全责任转移给了第三方检测机构及生产商、进口商。同时大大强化了 CPSC 的职能和权力。该法案将儿童金属饰品列入了需要经第三方进行符合性认可评估的产品范围内，以下对该法案内容涉及儿童金属饰品的要求做如下介绍：

（1）儿童产品中的含铅量（101 条）

该要求规定所有玩具和任何儿童产品上的材料不应含有铅。该条款在发布时按时间给出了不同限制，目前规定：儿童产品中铅的含量应低于 100ppm。

该限量仅仅是目前的规定，CPSC 会根据检测技术的发展，会将这一限量进一步调低。

以下几种情况免于本条规定：

a. 因有密闭覆盖物或包裹，在合理可预见的正常使用或滥用条件下，儿童无法接触的零部件。覆盖物不包括油漆、涂料和电镀层。

b. 经 CPSC 确认的，在合理可预见的正常使用和滥用的情况下，不会导致人体吸收到铅，或不会对公共卫生和安全有任何不良作用的产品或原材料。

c. 某些电子元器件。

（2）油漆和表面涂层中的铅（101 条 f 款）

本条款规定儿童产品中所使用的油漆和表面涂层中的铅含量从之前的 0.06%（600ppm）下降到 0.009%（90ppm）。

该法案允许考虑采用 X 射线荧光法（XRF）测试质量不超过 10mg 或面积不超过 1cm^2 的油漆或表面涂层。但该法案要求 CPSC 评估 XRF 方法的有效性，精密度和可靠性，研究其是否如其他表面涂层的测试方法一样具有有效、精密及可靠性并公布法规以监管和控制这些方法的使用。法案允许将这些变通的测试方法作为初筛测试以决定是否采取进一步的测试或行动。

（3）第三方强制测试和证书（102 条）

法案以及 CPSC 颁布的其他标准、法规、禁令或规则中规定属于儿童产品，这些产品需要通过测试来说明其符合所有 CPSC 的相关技术法规。具体的要求是：法案颁布实施 90 天之后，产品制造商必须在测试的基础上证明产品符合所有适用的 CPSC 标准和法规，并具体说明符合的这些法规。

（4）标签要求（105 条）

该规定针对的对象是：玩具和游戏的零售商、制造商、进口商、分销商、贴牌商。要求零售商、制造商、进口商、分销商、贴牌商进行直销或订购产品所做的任何广告时，必须包含任何及所有适用的 FHSA 法案中已经对该产品或近似产品要求的警示说明（例如，如果游戏中有小零件警告，则在诸如零售商或网上零售商的任何销售网点广告上必须重复这种警示说明）。

2.2.2 儿童首饰消费品安全标准规范（ASTM F2923-14）

2011 年 11 月，美国材料与试验学会（ASTM）国际组织发布了一项关于儿童首饰的新标准《儿童珠宝首饰消费品安全标准规范》（ASTM F2923-11）。2014 年 10 月，ASTM 对该标准进行了修订，发布了 ASTM F2923-14。

ASTM F2923-14 明确了“儿童首饰”即专为 12 岁以下儿童设计和使用的饰品，与消费品安全改进法（CPSIA）中对相关儿童产品的年龄相一致，并明确指出儿童首饰中的特定受限物质测试方法和要求以及部分物理危害要求。除此之外，该标准对如何判定产品为儿童首饰提供了指导。

ASTM F2923-14 对于首饰的定义与加州饰品法规设定的范围相近，即设计和预期做为个人佩戴装饰物使用的产品，包括：

（1）脚链、臂环、手镯、胸针、链子、皇冠、袖口链扣、带装饰性元件的发饰、耳环或耳套、项链、饰针、戒指、身体穿刺珠宝，或放在口部装饰的珠宝；

（2）上述（1）中所列珠宝的部件；

（3）可以从鞋子或衣物上移除单独佩戴或可与上述（1）所列各项一同用作珠宝佩戴的小饰物、珠子、链子、指环、吊坠或其他配件；

（4）属于珠宝组件的计时器，如计时器可移除，则不包括时计器本身；

（5）手工套装中的珠宝部件，该产品最终装配成珠宝首饰并设计供人佩戴。

ASTM-14 中对于儿童首饰中安全要求包括：

（1）总铅量

所有基材（除了 ASTM F2923-14 表 2 中豁免的材料外）的总铅限量为 100ppm，油漆和表面涂层的总铅限量为 90ppm，与美国消费品安全改进法（CPSIA）铅含量要求一致。

测试方法：美国消费品委员会（CPSC）有关铅含量测定的各类标准操作程序。

ASTM F2923-14 中对铅总量豁免的材料包括：

——在 UNS S13800 ~ S66286 编号范围内的不锈钢或手术钢，不包括 303 Pb 不锈钢（UNS S 30360），除非不含铅或故意添加铅；

——贵金属，金（10K以上）、银（925‰以上）、铂、钯、铑、锇、铱、钌、钛；

——天然或养殖珍珠；

——贵重珠宝：钻石、红宝石、蓝宝石、祖母绿；

——半宝石和其他矿物，不含铅或铅化合物的矿物，不包括文石、乳砷铅铜矿、铜铅矿、铅矿、赤铅矿、埃卡石、青铅矿、铅矿、角铅矿、铌钇矿、钒铅矿和钼铅矿；

——木头；

——纸和其他类似的由木头或其他纤维制成的材料，包括但不限于卡板，挂面纸板和中间材料，以及已成为基材一部分的涂层；

——由以下材料组成的纺织品（不包括后处理的，包括丝印，油墨转移，贴花或其他印刷品）：天然纤维素纤维（染色或染色），人造纤维（染色或未染色的）；

——其他植物源和动物源性材料，包括但不限于动物胶，蜜蜂的蜡，种子，坚果壳，鲜花，骨，海贝壳，珊瑚，琥珀，羽毛，毛皮，不以任何方式添加铅的皮革；

——CMYK 印刷过程中油墨（不含专色，CMYK 的过程中不使用的油墨，不成为首饰基材一部分的油墨，和用于后处理的油墨，包括丝印，油墨转移，贴花或其他印刷品）。

（2）重金属溶出量

ASTM F2923-14 中的重金属溶出量为 7 种元素，即锑、砷、钡、镉、铬、汞和硒，限值分别为 60ppm、25ppm、1000ppm、75ppm、60ppm、60ppm 和 500ppm，适用于油漆和表面涂层。方法和要求与 ASTM F963-11 中可溶重金属的要求相同。

（3）镉

适用于可接触的金属或塑料/聚合物部件。如果一个部件的总镉含量超过 300ppm，应判断是否为小部件。

可触及的金属小部件：根据 CPSC 酸萃取程序（CPSC-CHE1004-11）进行测试时，萃取出的镉不应超过 200μg。

可触及的塑料/聚合物小部件：根据 ASTM F963-11 进行测试时，萃取出的镉不应超过 75ppm。

对于非小部件但能放入口中（不可放入小部件圆筒，但有一边的长度少于 5cm）的可触及金属或塑料/聚合物部件：采用 6h 盐萃取程序进行测试时，塑料和金属部件萃取出的镉不应超过 18μg。

（4）镍释放量

穿刺入耳朵或其他身体部位的接插组件：依据 EN 1811 和/或 EN 12472 测试，镍释放量不应超过 0.2 μg/（cm^2·week）。

与皮肤长期接触的饰品：依据 EN 1811 和/或 EN 12472 测试，镍释放量不应超过 0.5μg/（cm^2·week）。

（5）充液饰品

应符合 ASTM F963 中有关液体材料的要求。

不得含有 16 CFR 1500.231 所列举的材料，以及 1500.14 中要求特别标签注明的材料。

（6）人体穿孔饰品应使用指定材料：外科植入不锈钢；外科植入级钛合金；铌；14K 以上或含金量跟高的白色不含镍的金（固体）；铂（固体）；致密低孔塑料，如果该材料中并无刻意添加铅，则包括但不限于聚乙烯或聚四氟乙烯。

（7）物理要求

——磁铁或磁性组件。儿童首饰不应含有接收状态松散具有危险性的磁铁或磁性部件。经过正常使用和合理可预见滥用测试后，儿童首饰不得再释放出有害磁铁或磁性部件。专供 8 岁及以上儿童使用的儿童首饰上则必须按标准要求的方式标示恰当的警告语。

—— 颈部佩戴的儿童首饰，经 15 磅拉力测试应能断开。该类饰品应具有可断开的特性，或者由具备这种特性的材料制成。

—— 应根据 16 CFR 1500.48-53 规定，对 8 岁及以下儿童使用的首饰进行正常使用和合理可预见滥用测试，证明无任何机械危害。16 CFR 1501.3 中规定带功能性尖点的产品或小物件豁免。

—— 带电池的儿童首饰。滥用测试前后，在不使用任何工具的情况下，根据 16 CFR 1501 规定属于小部件的电池应不可接触得到；使用两个或以上可更换电池时，需要标示适用的电池类型；防止对不可充电电池进行充电；在电池室或其附近以永久可辨识的方式标示电极方向。

—— 吸入式舌钉（环）禁止用作儿童首饰。

2.2.3 成人首饰消费品安全标准规范（ASTM F2999-14）

2013 年 4 月，ASTM 发布了《成人首饰消费品安全标准规范》（ASTM F2999-13），是目前美国首部针对成人饰品的自愿性标准。该标准旨在设立成人珠宝首饰安全要求和测试方法，包括基材中的总铅量、表面涂层的重金属，以及某些基材中的镉含量、镍释放量、物理要求等。2014 年，ASTM 又修订了该标准。

ASTM F2999-14 适用于为 12 岁以上的消费者设计或主要供其使用的珠宝首饰，不适用于以下产品：配饰（如手提包，腰带）；不可拆卸或单独佩戴的服装或鞋子上的饰品；装饰人体不是其主要功能的制品，如钥匙、钥匙扣。

ASTM F2999-14 中相关安全指标如下：

（1）总铅量

可接触材料必须符合下列总铅量要求：

——涂有合适底漆与面漆的电镀金属：6.0%；

——不经电镀金属：1.5%；

——塑胶，包括橡胶：200ppm；

——所有其他材料：600ppm；

——表面涂层：600ppm。

可豁免测试的材料包括：

不锈钢或手术钢；贵金属如金、铂等；珍珠；贵重宝石如钻石；玻璃、陶瓷和晶体；某些半宝石；木材；纸张或其他纤维素纤维；织物、松紧带、绳子；天然材料如贝壳和羽毛；以及黏合剂）；合并到珠宝首饰上而改变了用途的部件或「拾得物」（“found” objects），例如银或锡镴器皿、瓶盖和钮扣。

（2）人体穿孔饰品应使用指定材料：外科植入不锈钢；外科植入级钛合金；铌；14K 以上或含金量跟高的白色不含镍的金（固体）；铂（固体）；致密低孔塑料，如果该材料中并无刻意添加铅，则包括但不限于聚乙烯或聚四氟乙烯。

（3）重金属溶出量

ASTM F2923-14 中规定的重金属溶出量为 7 种元素，即锑、砷、钡、镉、铬、汞和硒，限值分别为 60ppm、25ppm、1000ppm、75ppm、60ppm、60ppm 和 500ppm，适用于油漆和表面涂层。方法和要求与 ASTM F963-11 中可溶重金属的要求相同。

（4）镉

适用于可接触的金属或塑料/ 聚合物部件。如果一个部件的总镉量超过 1.5%，应判断是否为小部件。

可触及的金属小部件：根据 CPSC 酸萃取程序（CPSC-CHE1004-11）进行测试时，萃取出的镉不应超过 200μg。

可触及的塑料/聚合物小部件：根据 ASTM F963-11 进行测试时，萃取出的镉不应超过 75ppm。

对于非小部件但能放入口中（不可放入小部件圆筒，但有一边的长度少于 5cm）的可触及金属或塑料/聚合物部件：采用 6h 盐萃取程序进行测试时，塑料和金属部件萃取出的镉不应超过 18μg。

（5）镍

应采用合适的检测方法测试，确保首饰对镍敏感成人的安全，或确保金属中镍释放量有限。推荐的检测方法为 EN 1811:2011《对直接插入并长期接触皮肤的制品中镍的释放量参考测试方法》EN 12472：2005 +A1:2009《磨损和腐蚀模拟法用于测定镀层制品的镍释放量》和 CR 12471:2002《直接插入并长期接触皮肤的制品中镍释放量筛选测试法》。

（6）充液饰品

不得含有须按 16 CFR 1500.14 中要求特别标签注明的材料。

（7）物理性要求

——危险磁铁：含有危险磁铁的首饰［磁通量指数（flux index）高于 50 且可放入 16 CFR1501 小部件圆筒之中］须附加标准中所列的或类似的警示用语；

——含电池首饰：在不借助外部工具时，小部件电池不可接触；

——吸入式舌钉（环）须附加标准中所列的或类似的警示用语。

（8）邻苯二甲酸盐：本标准不限制邻苯二甲酸盐在成人首饰中的使用。

2.3 英国

英国是欧盟成员国之一，欧盟技术法规对首饰安全的要求在英国都适用，基本为 REACH 法规附录XVII中首饰中镍、镉和铅的要求，不同的是欧盟的协调标准转化为英国标准时，直接在欧盟标准编号之前加英国标准的缩写 BS，技术内容与欧盟标准完全一致。如镍的协调标准在英国的标准分别为：

BS EN 1811:2011《对直接插入并长期接触皮肤的制品中镍的释放量参考测试方法》和 BS EN 12472：2005 +A1:2009《磨损和腐蚀模拟法用于测定镀层制品的镍释放量》。

2.4 加拿大

加拿大《儿童首饰管理条例》（SOR/2011-19）是在其《消费品安全法案》总体要求下针对儿童首饰安全的特殊要求，该条例主要包括对儿童首饰的定义和安全要求。

SOR/2011-19 将儿童首饰定义为：儿童首饰是指样式、尺寸、装饰、包装、宣传和销售方式主要对 15 岁以下儿童有吸引力的首饰（徽章、奖牌或其他仅偶尔配戴的类似物品除外）。

SOR/2011-19 仅对铅总量及可迁移铅含量（铅溶出量）给出了限量：儿童首饰中含有的总铅不得超过 600 mg/kg，可迁移的铅含量不得超过 90 mg/kg。

一般来讲，加拿大对消费品安全要求的检测，若法规中规定了测试标准，就按照法规中的检测标准进行测试。若没有规定，可参考《加拿大产品安全实验室手册》（Product Safety Reference Manual）中的方法进行测试。该手册的第 5 册《实验室政策和程序 B 部分：测试方法》中介绍了很多具体的测试方法法，如《微波消解法测定涂层中的总铅含量》（C-02.2）、《金属制消费品中总铅含量的测定》（C-02.4）、《消费品中摄入造成危害的可迁移性铅的测定》（C-08）。

3 国内外安全要素和标准技术指标对比分析情况

国内外都对首饰领域提出了各国或地区的安全要求，现将国内外的安全技术指标进行对比（见附表 2-3），并做如下分析：

（1）我国及所对比的国家和地区都以强制性标准或法规形式对首饰提出了安全要求：我国的标准 GB 28480—2012《饰品有害元素限量的规定》为强制性标准；美国、欧盟（英国）、加拿大均为法规。

（2）除欧盟（英国）外，美国、加拿大和我国都对儿童首饰以年龄作为主要划分手段进行了定义：美国规定 12 岁及 12 岁以下儿童佩戴的饰品为儿童首饰；加拿大及我国对儿童首饰年龄划分是一致的，但表述形式不同，加拿大法规的表述为“15 岁以下”，我国标准的表述为“14 岁及 14 岁以下”。

（3）从产品危害类别来看，所有对比的国家和地区都对化学危害（重金属）作了规定，美国和我国对物理危害（物理要求）在法规或标准中明确规定，没有国家和地区列出生物危害。

（4）除加拿大外，美国、欧盟（英国）和我国都对首饰中的镍释放量作了规定：要求都一致。欧盟是最早对镍释放量做出规定的地区，我国于 2002 年发布的 GB 11887—2002《首饰贵金属纯度的规定及命名方法》中等同采用了欧盟的镍指令，对首饰中的镍做出了规定，美国 2011 年发布 ASTM F2023-11《儿童首饰消费品安全标准规范》中开始对镍释放量加以规定，并明确了可以用作穿孔首饰的材料。

（5）所有国家和地区都对有害元素的总量作出了规定，但元素的种类及具体指标有差异。

① 有害元素种类

加拿大仅对铅总量有规定，美国和欧盟（英国）对铅、镉两种元素提出总量规定，我国不仅对铅、镉提出总量规定，还对汞、砷和铬（VI）作了规定。我国 GB 28480—2012《饰品有害元素限量的规定》在制定总量规定时不仅从保护消费者健康安全的角度出发，同时考虑了对于环境保护的需要。

② 总铅量

美国和我国分别对成人首饰和儿童首饰的铅总量作了规定，加拿大仅对儿童首饰的铅总量作了规定，欧盟（英国）的法规中没有区分儿童首饰和成人首饰（也可以看做儿童首饰和成人首饰的铅总量要求一致）。

从成人首饰铅总量的技术指标来看，欧盟（英国）的要求严于我国；美国对金属材料重铅总量的要求比我国宽松。但美国还对金属以外的材料，如塑料、橡胶等材料都作了规定，我国的 GB 28480—2012 中没有明确规定，但提到以其他材料制成的饰品，有相应国家标准要求的应符合的相应国家标准要求。

从儿童首饰铅总量的技术指标从小到大依次为美国、我国、欧盟（英国）和加拿大。

③ 总镉量

欧盟（英国）和我国对于首饰中的总镉量要求一致，都是 100mg/kg。加拿大现行法规中没有对总镉提出要求，但在 2011 年 7 月 25 日，加拿大卫生部发布公众咨询公告，要求利益相关方在 2011 年 10 月 10 日之前就《关于禁止销售含有过量镉元素的儿童珠宝首饰》的草案发表意见。草案提议对儿童珠宝中的镉制定 0.013%(130ppm）的最大限值，旨在防止儿童在吮吸、接触这类产品而意外中毒。美国对于总镉量没有限制，但对儿童首饰和成人首饰中的总镉量分别大于 300mg/kg 和 1.5%时，要求测试可萃取镉。

（6）重金属溶出量（迁移量）：我国和加拿大仅对儿童首饰的重金属溶出量作了规定，美国对儿童首饰和成人首饰的重金属溶出量都作了规定，欧盟（英国）未对首饰中重金属溶出量作明确规定；

我国对锑、砷、钡、镉、铬、铅、汞和硒等 8 种元素的溶出量都作了规定，加拿大仅对铅的溶出量作了规定，美国规定了铅以外的其他 7 种元素的溶出量。

我国和加拿大对铅溶出量的指标一致，我国和美国对锑、砷、钡、铬、镉、汞和硒等 7 种元素的溶出量指标也一致。此外，美国对于金属材料制成的小部件、金属或塑料/橡胶等材料制成的非小部件但可放入口中的部件要求测试可萃取镉。

（7）物理要求：仅我国和美国的相关标准明确对首饰中的物理要求作了规定。我国标准 QB/T 2062—2006 中仅对功能性尖点作了规定，美国除对此有规定外，还对磁铁及磁性组件、含电池首饰、颈饰的断开功能、充液饰品等作了规定。

（8）标签：GB 28480—2012 中要求标注儿童首饰，QB/T 4182—2011《饰品 标识》规定“使用不当，容易造成饰品损坏、镶石脱落、人体伤害，或有其他需注意事项的，应有中文警示说明或警示标志（需要时）”；美国对标签的标注要求更为具体，标准中给出了示例。

第 3 章　首饰行业国内外标准对比分析结论与建议

1　国内外标准比对分析结果

通过与美国、欧盟（英国）、加拿大等国家地区首饰领域安全标准技术指标的对比，可得出如下结论：

（1）目前，我国首饰领域的安全标准从化学危害和物理危害的角度分别制定了相关要求，在所对比的国家和地区中处于中上等水平。

（3）化学危害中的镍释放量、重金属溶出量、总镉量 3 项技术指标、物理危害中对功能性尖点的要求与所对比的国家和地区基本一致。

（3）总铅量的技术指标在所对比的国家和地区中处于中间水平：儿童首饰总铅的要求低于美国，高于欧盟（英国）和加拿大的要求；成人首饰低于欧盟（英国）的要求，高于美国的规定。

（4）由于制作首饰的材料种类繁多，我国首饰安全标准技术指标涉及的材料较为单一，仅对金属制作的首饰规定了相关安全技术指标，尚需对金属外的其他材料限量加以研究，补充，并根据我国首饰制作的原材料及工水艺平提出豁免材料。

（5）在首饰物理要求方面的规定比较简单，未考虑磁铁、断开功能、含电池的要求等内容。

（6）在标签标识中关于警示用语的规定还需细化。

2　相关标准修订建议

根据对比情况，建议修订强制性标准 GB 28480—2012 和检测方法标准 GB/T 19719—2005、GB/T 28021—2012。根据 GB 28480 的修订情况，如增加新的化学要求或物理要求时，及时制定配套的检测方法。具体见表 2-3-1。

表 2-3-1　相关标准制修订建议

建议修订标准编号	建议修订安全指标
GB 28480—2012	1. 总铅量 2. 成人饰品的重金属溶出量 3. 充液饰品要求 4. 物理要求（磁铁、断开功能、电池） 5. 豁免材料的规定 6. 标签中的警示用语

3 标准互认工作建议

我国是仿真首饰出口大国，欧美是重要的国际市场，从首饰领域安全标准的梳理情况看，在镍释放和总镉的要求方面与欧美基本一致，因此可将与之相关的标准进行标准互认。目前主要是两项关于镍释放量的检测方法：EN1811:2011 和 EN 12472：2005+A1:2009。需要说明的是我国的国家标准 GB/T 19719《首饰镍释放量的测定光谱法》修改采用的是 EN 1811：1998，因此有必要修订后再互认。

第 4 章　国内外标准对比行动工作报告摘要

2014 年 10 月 11 日，国家标准化管理委员会同 5 部委、7 省市、35 家单位在京召开消费品安全标准“筑篱”专项行动启动大会，作为筑篱专项行动之一的消费品安全标准比对行动同时开展。全国首饰标准化技术委员会承担了首饰领域国内外安全标准比对工作，历时 9 个月，查阅了了 ISO、欧盟、美国、英国和加拿大等 5 个国际组织和国家首饰领域（ICS 号为 39.060）标准 125 个，法规 6 个，最终比对首饰领域安全标准（法规）11 个，25 个安全指标（包括警示标识），涉及 19 个检测方法。通过比对，得出以下结论：

（1）从标准的数量和组成来看，我国首饰领域的标准发展起步虽然较欧美国家晚，但发展速度快，覆盖子领域全。从标准水平来讲，我国标准中除少数贵金属检测方法标准修改采用了国际标准，其他子领域标准虽然已经制定，但整体水平还尚未达到国际先进水平，有待于进一步提高。

（2）我国首饰领域的安全标准从化学危害和物理危害的角度分别制定了相关要求，在所对比的国家和地区中处于中上等水平。

化学危害中的镍释放量、重金属溶出量、总镉量 3 项技术指标、物理危害中对功能性尖点的要求与所对比的国家和地区基本一致。

总铅量的技术指标在所对比的国家和地区中处于中间水平：儿童首饰总铅的要求低于美国，高于欧盟（英国）和加拿大的要求；成人首饰低于欧盟（英国）的要求，高于美国的要求。

在首饰物理要求、警示用语方面的规定比较简单，还需细化；尚需对金属外的其他材料限量加以补充，并根据我国首饰制作的原材料及工水艺平提出豁免材料。

（3）根据比对结果，建议修订强制性标准 GB 28480—2012《饰品有害元素限量的规定》和检测方法标准 GB/T 19719—2005《首饰镍释放量的测定光谱法》（MOD EN 1811：1998）、GB/T 28021—2012《饰品有害元素的测定光谱法》；与英国就镍释放的测试标准 EN 1811：2011 和 EN 12472：2005+A1:2009 建立标准互认清单。

附表

附表 2-1 我国首饰安全标准基础信息采集表

序号	国家标准名称	标准编号	安全指标中文名称	安全指标英文名称	安全指标单位	适用产品类别（大类）	适用的具体产品名称（小类）	国家标准对应的国际、国外标准（名称、编号）	安全指标对应的检测方法标准（名称、编号）	检测方法标准对应的国际、国外标准（名称、编号）
1	饰品 有害元素限量的规定	GB 28480—2012	镍（释放量）	Nickel release	μg/（cm^2·week）	饰品	成人首饰及儿童首饰	—	首饰 镍释放量的测定 光谱法 GB/T 19719—2005	对直接插入并长期接触皮肤的制品中镍的释放量参考测试方法 EN 1811—1998
									镀层饰品 镍释放量的测定 磨损和腐蚀模拟法 GB/T 28485—2012	磨损和腐蚀模拟法用于测定镀层制品的镍释放量 EN 12472：2005+A1:2009
			总铅量	total Lead content	mg/kg			—	饰品 有害元素的测定 光谱法 GB/T 28021—2011	—
			总镉量	total Cadmium content	mg/kg			—		—
			总砷量	total Arsenic content	mg/kg			—	饰品 有害元素的测定 X 射线荧光光谱法 GB/T 28020—2011	—
			总汞量	total Mercury content	mg/kg			—		—
			总铬（VI）量	total Chromium（VI）content	mg/kg			—	饰品 六价铬的测定 二苯碳酰二肼分光光度法 GB/T 28020—201 饰品 有害元素的测定 X 射线荧光光谱法 GB/T 28020—2011	—
			重金属溶出量	content of soluble elements	mg/kg		儿童首饰	—	饰品 有害元素的测定 X 射线荧光光谱法 GB/T 28021—2011	—
			标识	Label（mark）	—		成人首饰及儿童首饰	—	—	—
2	贵金属饰品	QB/T 2062—2004	外观质量	presentation quality	—			—	贵金属饰品 QB/T 2062—2004	—
3	饰品 标识	QB/T 4182—2011	警示标识	Warning labels	—			—	—	—

附表 2-2　国际国外首饰安全标准信息采集表

序号	国际、国外标准名称	标准编号	安全指标中文名称	安全指标英文名称	安全指标单位	适用产品类别（大类）	适用的具体产品名称（小类）	安全指标对应的检测方法标准（名称、编号）	检测方法标准对应的国家标准（名称、编号）	国际标准对应的国家标准（名称、编号）
1	消费品安全改进法案	CPSIA 2008	总铅量	Total Lead content	ppm	消费品	儿童金属饰品、玩具	测定儿童金属产品（包括儿童金属首饰）中总铅量的标准操作规程 CPSC-CH-E1001-08	饰品 有害元素的测定 光谱法 GB/T 28021—2011 饰品 有害元素的测定 X 射线荧光光谱法 GB/T 28020—2011	饰品 有害元素限量的规定 GB 28480—2012
								测定油漆及类似涂层消费品中总铅量的标准操作规程 CPSC-CH-E1003-09		
			标签	Label	—			—	—	饰品 有害元素限量的规定 GB 28480—2012 饰品 标识 QB/T 4182—2011
2	儿童首饰消费品安全标准规范	ASTM F2923-14	总铅量	Total Lead content	ppm	首饰	儿童首饰	测定油漆及类似涂层消费品中总铅量的标准操作规程 CPSC-CH-E1003-09	饰品 有害元素的测定 光谱法 GB/T 28021—2011 饰品 有害元素的测定 X 射线荧光光谱法 GB/T 28020—2011	饰品 有害元素限量的规定 GB 28480—2012
								测定儿童非金属产品中总铅量的标准操作规程 CPSC-CH-E1002-08		
								测定儿童金属产品（包括儿童金属首饰）中总铅量的标准操作规程 CPSC-CH-E1001-08		
								沉积物、矿物、土壤的酸消解法 EPA 3050B		
								沉积物、矿物、土壤和油的微波辅助消解法 EPA 3051A		
								硅酸盐及有机物的微波辅助消解法 EPA 3052		
								用电感耦合等离子体原子发射光谱（ICP-AES），火焰原子吸收光谱（FAAS）或石墨炉原子吸收光谱（GFAAS）测定铅含量的标准试验方法 ASTM E1613-12		
			重金属溶出量	Soluble migrated Antimony, Arsenic, Barium, Cadmium,	mg/kg 或 ppm	首饰	儿童首饰	玩具产品安全标准 ASTM F963-11	饰品 有害元素的测定 光谱法 GB/T 28021—2011	饰品 有害元素限量的规定 GB 28480—2012
								儿童首饰消费品安全标准规范 ASTM F2923-14		

附表 2-2（续）

序号	国际、国外标准名称	标准编号	安全指标中文名称	安全指标英文名称	安全指标单位	适用产品类别（大类）	适用的具体产品名称（小类）	安全指标对应的检测方法标准（名称、编号）	检测方法标准对应的国家标准（名称、编号）	国际标准对应的国家标准（名称、编号）
2	儿童首饰消费品安全标准规范	ASTM F2923-14	重金属溶出量	Chromium, Mercury and Selenium	mg/kg 或 ppm	首饰	儿童首饰	儿童首饰消费品安全标准规范 ASTM F2923-14	饰品 有害元素的测定 光谱法 GB/T 28021—2011	饰品 有害元素限量的规定 GB 28480—2012
			镉	Cadmium	ppm			玩具产品安全标准 ASTM F963-11		
					μg			儿童金属首饰中可萃取镉的标准操作规范 CPSC-CH-E1004-11		
			镍释放	Nickel release	μg/（cm^2·week）			对直接插入并长期接触皮肤的制品中镍的释放量参考测试方法 EN 1811:2011	首饰 镍释放量的测定 光谱法 GB/T 19719—2005	
								磨损和腐蚀模拟法用于测定镀层制品的镍释放量 EN 12472：2005+A1:2009	镀层饰品 镍释放量的测定 磨损和腐蚀模拟法 GB/T 28485—2012	
								直接插入并长期接触皮肤的制品中镍释放量筛选测试法 CR 12471:2002	—	
			填充液体	Liquid filled	—			危害物质和物品管理及执行规定 16 CFR 1500	—	—
			物理要求	Mechanical requirements	—	首饰	儿童首饰	玩具产品安全标准 ASTM F963-11	—	贵金属饰品 QB/T 2062—2004
								危害物质和物品管理及执行规定 16 CFR 1500		
								儿童首饰消费品安全标准规范 ASTM F2923-14		
			标签	Label	—	首饰	儿童首饰	—	—	饰品 有害元素限量的规定 GB 28480—2012 饰品 标识 QB/T 4182—2011
3	成人首饰消费品安全标准规范	ASTM F2999-14	总铅量	Total Lead content	%或 mg/kg	首饰	成人首饰	测定油漆及类似涂层消费品中总铅量的标准操作规程 CPSC-CH-E1003-09	饰品 有害元素的测定 光谱法 GB/T 28021—2011 饰品 有害元素的测定 X 射线荧光光谱法 GB/T 28020—2011	饰品 有害元素限量的规定 GB 28480—2012
								测定儿童非金属产品中总铅量的标准操作规程 CPSC-CH-E1002-08		
								测定儿童金属产品（包括儿童金属首饰）中总铅量的标准操作规程 CPSC-CH-E1001-08		

附表 2-2（续）

序号	国际、国外标准名称	标准编号	安全指标中文名称	安全指标英文名称	安全指标单位	适用产品类别（大类）	适用的具体产品名称（小类）	安全指标对应的检测方法标准（名称、编号）	检测方法标准对应的国家标准（名称、编号）	国际标准对应的国家标准（名称、编号）
3	成人首饰消费品安全标准规范	ASTM F2999-14	总铅量	Total Lead content	%或mg/kg	首饰	成人首饰	沉积物、矿物、土壤的酸消解法 EPA 3050B	饰品 有害元素的测定 光谱法 GB/T 28021—2011 饰品 有害元素的测定 X 射线荧光光谱法 GB/T 28020—2011	饰品 有害元素限量的规定 GB 28480—2012
								沉积物、矿物、土壤和油的微波辅助消解法 EPA 3051A		
								硅酸盐及有机物的微波辅助消解法 EPA 3052		
								用电感耦合等离子体原子发射光谱（ICP-AES），火焰原子吸收光谱（FAAS）或石墨炉原子吸收光谱（GFAAS）测定铅含量的标准试验方法 ASTM E1613-12		
			镍释放	Nickel release	μg/（cm^2·week）	首饰	成人首饰	对直接插入并长期接触皮肤的制品中镍的释放量参考测试方法 EN 1811:2011	首饰 镍释放量的测定 光谱法 GB/T 19719—2005	饰品 有害元素限量的规定 GB 28480—2012
								磨损和腐蚀模拟法用于测定镀层制品的镍释放量 EN 12472:2005+A1:2009	镀层饰品 镍释放量的测定 磨损和腐蚀模拟法 GB/T 28485—2012	
								直接插入并长期接触皮肤的制品中镍释放量筛选测试法 CR 12471:2002	—	
			重金属溶出量	Soluble migrated Antimony, Arsenic, Barium, Cadmium, Chromium, Mercury and Selenium	mg/kg 或 ppm			玩具产品安全标准 ASTM F963-11	饰品 有害元素的测定 光谱法 GB/T 28021—2011	
								儿童首饰消费品安全标准规范 ASTM F2923-14		
			镉	Cadmium	%			玩具产品安全标准 ASTM F963-11	饰品 有害元素的测定 光谱法 GB/T 28021—2011	
					μg			儿童金属首饰中可萃取镉的标准操作规范 CPSC-CH-E1004-11		

附表 2-2（续）

序号	国际、国外标准名称	标准编号	安全指标中文名称	安全指标英文名称	安全指标单位	适用产品类别（大类）	适用的具体产品名称（小类）	安全指标对应的检测方法标准（名称、编号）	检测方法标准对应的国家标准（名称、编号）	国际标准对应的国家标准（名称、编号）
3	成人首饰消费品安全标准规范	ASTM F2999-14	填充液体	Liquid filled	—	首饰	成人首饰	危害物质和物品管理及执行规定 16 CFR 1500	—	—
			物理要求	Mechanical requirements	—			成人首饰消费品安全标准规范 ASTM F2999-13	—	贵金属饰品 QB/T 2062—2004
			标签	Label	—			—	—	饰品 标识 QB/T 4182—2011
4	REACH 法规附录ⅩⅦ第 27 项	Regulation（EC）No 552/2009	镍（释放）	Nickel（release）	μg/（cm^2·week）	首饰	成人首饰及儿童首饰	对直接插入并长期接触皮肤的制品中镍的释放量参考测试方法 EN 1811:2011	首饰 镍释放量的测定 光谱法 GB/T 19719—2005	饰品 有害元素限量的规定 GB 28480—2012
								磨损和腐蚀模拟法用于测定镀层制品的镍释放量 EN 12472：2005 +A1:2009	镀层饰品 镍释放量的测定 磨损和腐蚀模拟法 GB/T 28485—2012	
5	REACH 法规附录ⅩⅦ第 23 项	Regulation（EU）No494/2011	总镉量	Total Cadmium content	%			EN 1122：2001《塑料 镉的测定 湿法消解法》	饰品 有害元素的测定 光谱法 GB/T 28021—2011 饰品 有害元素的测定 X 射线荧光光谱法 GB/T 28020—2011	
6	REACH 法规附录ⅩⅦ第 63 项	Regulation（EU）No836/2012	总铅量	Total Lead content	%			—		
		Regulation（EU）No 628/2015	铅释放量	Lead Release	μg/(cm^2·h) μg/(g·h)			—	—	—
7	加拿大儿童首饰管理条例	SOR/2011-19	总铅量	Total Lead content	mg/kg	首饰	儿童首饰	《金属制消费品中总铅的测定》加拿大产品安全实验室手册 5-实验室政策和程序，B 部分：测试方法部分，方法 C-02.4	饰品 有害元素的测定 光谱法 GB/T 28021—2011 饰品 有害元素的测定 X 射线荧光光谱法 GB/T 28020—2011	饰品 有害元素限量的规定 GB 28480—2012
			铅溶出量	Soluble migrated Lead	mg/kg			《消费品中摄入可造成危害的可迁移性铅的测定》加拿大产品安全实验室手册 5-实验室政策和程序，B 部分：测试方法部分，方法 C-02.8:2008	饰品 有害元素的测定 光谱法 GB/T 28021—2011	

附表 2-3　国内外标准技术指标对比分析情况表

序号	产品类别	产品危害类别	安全指标中文名称	安全指标英文名称	安全指标对应的国家标准				安全指标对应的国际标准或国外标准				
					名称、编号	安全指标要求	安全指标单位	检测标准名称、编号	名称、编号	安全指标要求	安全指标单位	安全指标对应的检测标准名称、编号	安全指标差异情况
1	首饰	化学	镍释放量	Nickel release	饰品　有害元素限量的规定 GB 28480—2012	穿孔愈合过程：0.2； 直接长期接触皮肤：0.5	μg/(cm²·week)	首饰　镍释放量的测定　光谱法 GB/T 19719—2005 镀层饰品　镍释放量的测定　磨损和腐蚀模拟法 GB/T 28485—2012	REACH 法规附录 XVII Regulation（EC）No552/2009	穿孔愈合过程：0.2； 直接长期接触皮肤：0.5	μg/cm²/week	对直接插入并长期接触皮肤的制品中镍的释放量参考测试方法 EN 1811:2011 磨损和腐蚀模拟法用于测定镀层制品的镍释放量 EN 12472：2005 +A1: 2009	一致
									儿童首饰消费品安全标准规范 ASTM F2923-14				
									成人首饰消费品安全标准规范 ASTM F2999-14				
			总铅量	total Lead content		儿童（金属材料）：300	mg/kg	饰品　有害元素的测定　光谱法 GB/T 28021—2011 饰品　有害元素的测定　X 射线荧光光谱法 GB/T 28020—2011	REACH 法规附录 XVII Regulation（EU）No836/2012 Regulation（EU）No628/2015	0.05	%	—	宽于国标
									加拿大儿童首饰管理条例 SOR/2011-19	600	mg/kg	金属制消费品中总铅的测定加拿大产品安全实验室手册 5-实验室政策和程序，B 部分：测试方法部分，方法 C-02.4	宽于国标
									儿童首饰消费品安全标准规范 ASTM F2923-14	可触及油漆和表面涂层：90 除油漆和表面涂层外的其他可触及部件：100	ppm	测定油漆及类似涂层消费品中总铅量的标准操作规范 CPSC-CH-E1003-09 测定儿童非金属产品中总铅量的标准操作规范 CPSC-CH-E1002-08 测定儿童金属产品（包括儿童金属首饰）中总铅量的标准操作规范 CPSC-CH-E1001-08	严于国标

附表 2-3（续）

序号	产品类别	产品危害类别	安全指标中文名称	安全指标英文名称	安全指标对应的国家标准：名称、编号	安全指标要求	安全指标单位	检测标准名称、编号	安全指标对应的国际标准或国外标准：名称、编号	安全指标要求	安全指标单位	安全指标对应的检测标准名称、编号	安全指标差异情况
1	首饰	化学	总铅量	total Lead content	饰品 有害元素限量的规定 GB 28480—2012	儿童（金属材料）：300	mg/kg	饰品 有害元素的测定 光谱法 GB/T 28021—2011 饰品 有害元素的测定 X 射线荧光光谱法 GB/T 28020—2011	儿童首饰消费品安全标准规范 ASTM F2923-14	可触及油漆和表面涂层：90 除油漆和表面涂层外的其他可触及部件：100	ppm	沉积物、矿物、土壤的酸消解法 EPA 3050B	严于国标
												沉积物、矿物、土壤和油的微波辅助消解法 EPA 3051A	
												硅酸盐及有机物的微波辅助消解法 EPA 3052	
												采用多重单色激光 X 射线荧光光谱仪测定油漆、类似涂层或基材及均质材料中的铅的测试方法 ASTM F2853-10	
						成人（金属材料）：1000	mg/kg		REACH 法规附录 XVII Regulation（EU）No.836/2012 Regulation（EU）No 628/2015	0.05	%	—	严于国标
									成人首饰消费品安全标准规范 ASTM F2999-14	电镀金属：6.0；	%	测定儿童金属产品（包括儿童金属首饰）中总铅量的标准操作规范 CPSC-CH-E1001-08 测定儿童金属产品中总铅量的标准操作规范 CPSC-CH-E1002-08 测定油漆及类似涂层消费品中总铅量的标准操作规范 CPSC-CH-E1003-09	宽于国标
										非电镀金属：1.5			
										塑料、橡胶、石头及 PVC 材料：200	mg/kg		严于国标
										其他材料：600			
										油漆、涂层：600			

附表 2-3（续）

序号	产品类别	产品危害类别	安全指标中文名称	安全指标英文名称	安全指标对应的国家标准				安全指标对应的国际标准或国外标准				
					名称、编号	安全指标要求	安全指标单位	检测标准名称、编号	名称、编号	安全指标要求	安全指标单位	安全指标对应的检测标准名称、编号	安全指标差异情况
1	首饰	化学	总铅量	total Lead content	饰品 有害元素限量的规定 GB 28480—2012	成人（金属材料）：1000	mg/kg	饰品 有害元素的测定 光谱法 GB/T 28021—2011 饰品 有害元素的测定 X 射线荧光光谱法 GB/T 28020—2011	成人首饰消费品安全标准规范 ASTM F2999-14	油漆、涂层：600	mg/kg	沉积物、矿物、土壤的酸消解法 EPA 3050B, 沉积物、矿物、土壤和油的微波辅助消解法 EPA 3051A, 硅酸盐及有机物的微波辅助消解法 EPA 3052, 采用多重单色激光 X 射线荧光光谱仪测定油漆、类似涂层或基材及均质材料中的铅的测试方法 ASTM F2853-10	严于国标
			总镉量	total Cadmium content		100	mg/kg		REACH 法规附录 XVII Regulation（EU）No494/2011	0.01	%	—	一致
			总砷量	total Arsenic content		1000	mg/kg		—	—	—	—	—
			总汞量	total Mercury content		1000	mg/kg		—	—	—	—	—
			总铬（VI）量	total Chromium（VI）content		1000	mg/kg	饰品 有害元素的测定 光谱法 GB/T 28019—2011 饰品 有害元素的测定 X 射线荧光光谱法 GB/T 28020—2011	—	—	—	—	—

附表 2-3（续）

序号	产品类别	产品危害类别	安全指标中文名称	安全指标英文名称	安全指标对应的国家标准				安全指标对应的国际标准或国外标准					
					名称、编号	安全指标要求	安全指标单位	检测标准名称、编号	名称、编号	安全指标要求		安全指标单位	安全指标对应的检测标准名称、编号	安全指标差异情况
1	首饰	化学	重金属溶出量	content of soluble elements	饰品 有害元素限量的规定 GB 28480—2012	铅：90	mg/kg	饰品 有害元素的测定 X 射线荧光光谱法 GB/T 28021—2011	加拿大儿童首饰管理条例 SOR/2011-19	90		mg/kg	消费品中摄入可造成危害的可迁移性铅的测定 加拿大产品安全实验室手册 5-实验室政策和程序,B 部分：测试方法部分，方法 C-02.8: 2008	一致
						镉：75	mg/kg	饰品 有害元素的测定 X 射线荧光光谱法 GB/T 28021—2011	儿童首饰消费品安全标准规范 ASTM F2923-14	油漆和涂层：75		mg/kg 或 ppm	玩具产品安全标准 ASTM F963-11	一致
										总镉量大于 300ppm 时	可触及小部件塑料/聚合物部件：75ppm	Ppm	玩具产品安全标准 ASTM F963-11	部分一致，部分严于国标；国标中成人饰品没有相关规定
											可触及小部件金属部件：200μg	μg	儿童金属首饰中可萃取镉的标准操作规范 CPSC-CH-E1004-11	
											其他非小部件但可能被放入口中的可触及金属或塑料/聚合物部件[1]：18μg	Mg	玩具产品安全标准 ASTM F963-11 儿童首饰消费品安全标准规范 ASTM F2923-14 成人首饰消费品安全标准规范 ASTM F2999-14	
									成人首饰消费品安全标准规范 ASTM F2999-14	总镉量大于 1.5%时	可触及小部件塑料/聚合物部件：75ppm	ppm	玩具产品安全标准 ASTM F963-11	
											可触及小部件金属部件：200μg	μg	CPSC-CH-E1004-11	

附表 2-3（续）

序号	产品类别	产品危害类别	安全指标中文名称	安全指标英文名称	安全指标对应的国家标准：名称、编号	安全指标对应的国家标准：安全指标要求	安全指标对应的国家标准：安全指标单位	安全指标对应的国家标准：检测标准名称、编号	安全指标对应的国际标准或国外标准：名称、编号	安全指标对应的国际标准或国外标准：安全指标要求	安全指标对应的国际标准或国外标准：安全指标单位	安全指标对应的国际标准或国外标准：安全指标对应的检测标准名称、编号	安全指标差异情况
1	首饰	化学	重金属溶出量	content of soluble elements	饰品 有害元素限量的规定 GB 28480—2012	镉：75	mg/kg	饰品 有害元素的测定 X 射线荧光光谱法 GB/T 28021—2011	成人首饰消费品安全标准规范 ASTM F2999-14	总镉量大于1.5%时；其他非小部件但可能被放入口中的可触及金属或塑料/聚合物部件[1]：18μg	μg	玩具产品安全标准 ASTM F963-11 儿童首饰消费品安全标准规范 ASTM F2923-14 成人首饰消费品安全标准规范 ASTM F2999-14	国标中成人饰品没有相关规定
						锑：60			儿童首饰消费品安全标准规范 ASTM F2923-14 成人首饰消费品安全标准规范 ASTM F2999-14	锑：60	mg/kg 或 ppm	玩具产品安全标准 ASTM F963-11 儿童首饰消费品安全标准规范 ASTM F2923-14	儿童饰品一致；成人饰品中没有相关规定。
						砷：25				砷：25			
						钡：1000				钡：1000			
						铬：60				铬：60			
						汞：60				汞：60			
						硒：500				硒：500			
2		物理	外观质量	presentation quality	贵金属饰品 QB/T 2062—2004	针尖/钩尖略钝	—	贵金属饰品 QB/T 2062—2004	儿童首饰消费品安全标准规范 ASTM F2923-14	对功能性尖点，如针或胸针的针尖豁免 16 CFR 1500.48 要求		供 8 岁以下儿童使用的玩具或类似品中尖点的测定的技术要求 16 CFR 1500.48	严于国标
3	首饰	标签标识	—	—	饰品 有害元素限量的规定 GB 28480—2012	儿童饰品加以标注	—	—	成人首饰消费品安全标准规范 ASTM F2999-14	产品标签上需附有使用者的年龄等信息	—	—	一致
			—	—	饰品 标识 QB/T 4182—2011	使用不当，容易造成饰品损坏、镶	—	—	成人首饰消费品安全标准规范 ASTM F2999-14	含有危险磁体需附加警告语；若饰品含有吸入舌钉，需附加警告语；产品标签上需附有使用者的年龄等信息	—	—	基本一致，国标规定不明确

附表 2-3（续）

序号	产品类别	产品危害类别	安全指标中文名称	安全指标英文名称	安全指标对应的国家标准				安全指标对应的国际标准或国外标准				
					名称、编号	安全指标要求	安全指标单位	检测标准名称、编号	名称、编号	安全指标要求	安全指标单位	安全指标对应的检测标准名称、编号	安全指标差异情况
3	首饰	标签标识	—	—	饰品 标识 QB/T 4182—2011	石脱落、人体伤害，或有其他需注意事项的，应有中文警示说明或警示标志（需要时）	—	—	儿童首饰消费品安全标准规范 ASTM F2923-14	预期供 8 岁或 8 岁以上儿童使用的珠宝首饰（包含有未固定危险磁铁或危险磁性组件的耳环、胸针、项链或手镯）须含有关于耳环和所有其他珠宝首饰特定或相当文本警告声明；在同一电路中使用一个以上可替换电池的电池供电儿童珠宝必须在使用说明书或产品上标明特定（或相当）信息	—	—	基本一致，国标规定不明确

附表 2-4　我国首饰行业国家标准及行业标准汇总表

序号	标准编号	标准级别	标准名称	归口技术委员会
1	GB/T 9288—2006	国家标准	金合金首饰　金含量的测定　灰吹法（火试金法）	SAC/TC 256
2	GB/T 11886—2015	国家标准	银合金首饰 银含量的测定 伏尔哈特法	SAC/TC 256
3	GB 11887—2012	国家标准	首饰　贵金属纯度的规定及命名方法	SAC/TC 256
4	GB/T 11888—2014	国家标准	首饰　指环尺寸的定义、测量和命名	SAC/TC 256
5	GB/T 14459—2006	国家标准	贵金属饰品计数抽样检验规则	SAC/TC 256
6	GB/T 17832—2008	国家标准	银合金首饰　银含量的测定　溴化钾容量法（电位滴定法）	SAC/TC 256
7	GB/T 18043—2013	国家标准	首饰　贵金属含量的测定　X 射线荧光光谱法	SAC/TC 256
8	GB/T 18781—2008	国家标准	珍珠分级	SAC/TC 256
9	GB/T 18996—2003	国家标准	银合金首饰中含银量的测定氯化钠或氯化钾容量法（电位滴定法）	SAC/TC 256

附表 2-4（续）

序号	标准编号	标准级别	标准名称	归口技术委员会
10	GB/T 19718—2005	国家标准	首饰 镍含量的测定 火焰原子吸收光谱法	SAC/TC 256
11	GB/T 19719—2005	国家标准	首饰 镍释放量的测定 光谱法	SAC/TC 256
12	GB/T 19720—2005	国家标准	铂合金首饰 铂、钯含量的测定 氯铂酸铵重量法和丁二酮肟重量法	SAC/TC 256
13	GB/T 21198.1—2007	国家标准	贵金属首饰中贵金属含量的测定 ICP 光谱法 第 1 部分：铂合金首饰 铂含量的测定 采用钇为内标	SAC/TC 256
14	GB/T 21198.2—2007	国家标准	贵金属合金首饰中贵金属含量的测定 ICP 光谱法 第 2 部分：铂合金首饰 铂含量的测定 采用所有微量元素与铂强度比值法	SAC/TC 256
15	GB/T 21198.3—2007	国家标准	贵金属合金首饰中贵金属含量的测定 ICP 光谱法 第 3 部分：钯合金首饰 钯含量的测定 采用钇为内标	SAC/TC 256
16	GB/T 21198.4—2007	国家标准	贵金属合金首饰中贵金属含量的测定 ICP 光谱法 第 4 部分：999‰贵金属合金首饰 贵金属含量的测定 差减法	SAC/TC 256
17	GB/T 21198.5—2007	国家标准	贵金属合金首饰中贵金属含量的测定 ICP 光谱法 第 5 部分：999‰银合金首饰 银含量的测定 差减法	SAC/TC 256
18	GB/T 21198.6—2007	国家标准	贵金属合金首饰中贵金属含量的测定 ICP 光谱法 第 6 部分：差减法	SAC/TC 256
19	GB/T 28016—2011	国家标准	金合金首饰 金含量的测定 重量法	SAC/TC 256
20	GB/T 28019—2011	国家标准	饰品 六价铬的测定 二苯碳酰二肼分光光度法	SAC/TC 256
21	GB/T 28020—2011	国家标准	饰品 有害元素的测定 X 射线荧光光谱法	SAC/TC 256
22	GB/T 28021—2011	国家标准	饰品 有害元素的测定 光谱法	SAC/TC 256
23	GB 28480—2012	国家标准	饰品 有害元素限量的规定	SAC/TC 256
24	GB/T 28485—2012	国家标准	镀层饰品 镍释放量的测定 磨损和腐蚀模拟法	SAC/TC 256
25	GB/T 28487—2012	国家标准	贵金属及其合金链 抗拉强度的测定 拉伸试验法	SAC/TC 256
26	GB/T31108—2014	国家标准	首饰镶嵌工艺信息分类与代码	SAC/TC 256
27	GB/T 18303—2008	国家标准	钻石色级目视评价方法	SAC/TC 120
28	GB/T 16552—2010	国家标准	珠宝玉石 名称	SAC/TC 298
29	GB/T 16554—2010	国家标准	钻石分级	SAC/TC 298
30	GB/T 16553—2010	国家标准	珠宝玉石 鉴定	SAC/TC 298
31	GB/T 23885—2009	国家标准	翡翠分级	SAC/TC 298

附表 2-4（续）

序号	标准编号	标准级别	标准名称	归口技术委员会
32	GB/T 23886—2009	国家标准	珍珠珠层厚度测定方法 光学相干层析法	SAC/TC 298
33	GB/T 28748—2012	国家标准	珠宝玉石饰品产品元数据	SAC/TC 298
34	GB/T 29155—2012	国家标准	透明翡翠（无色）分级	SAC/TC 298
35	GB/T 30712—2014	国家标准	抛光钻石质量测量允差的规定	SAC/TC 298
36	GB/T 30713—2014	国家标准	砚石 显微鉴定方法	SAC/TC 298
37	GB/T 31432—2015	国家标准	独山玉 命名与分类	SAC/TC 298
38	GB/T 31390—2015	国家标准	观赏石鉴评	SAC/TC 298
39	QB 1131—2005	行业标准	首饰金覆盖层厚度的规定	SAC/TC 256
40	QB 1132—2005	行业标准	首饰银覆盖层厚度的规定	SAC/TC 256
41	QB/T 1133—1991	行业标准	首饰金覆盖层的测定方法——化学法	SAC/TC 256
42	QB/T 1134—1991	行业标准	首饰银覆盖层厚度的测定方法——化学法	SAC/TC 256
43	QB/T 1135—2006	行业标准	首饰 金、银覆盖层厚度的测定 X 射线荧光光谱法	SAC/TC 256
44	QB/T 1689—2006	行业标准	贵金属饰品术语	SAC/TC 256
45	QB/T 1690—2004	行业标准	贵金属饰品质量测量允差的规定	SAC/TC 256
46	QB/T 1734—2008	行业标准	金箔	SAC/TC 256
47	QB/T 2062—2006	行业标准	贵金属饰品	SAC/TC 256
48	QB/T 2630.1—2004	行业标准	金饰工艺画 第 1 部分：金膜画金层	SAC/TC 256
49	QB/T 2630.2—2004	行业标准	金饰工艺画 第 2 部分：金箔画金层	SAC/TC 256
50	QB/T 2631.1—2004	行业标准	金饰工艺画 金层厚度与含金量的测定 ICP 光谱法 第 1 部分：金膜画	SAC/TC 256
51	QB/T 2631.2—2004	行业标准	金饰工艺画 金层厚度与含金量的测定 ICP 光谱法 第 2 部分：金箔画	SAC/TC 256
52	QB/T 2855—2007	行业标准	首饰 贵金属含量的无损检测 密度综合法	SAC/TC 256
53	QB/T 2995—2008	行业标准	银箔	SAC/TC 256
54	QB/T 2996—2008	行业标准	工艺铜箔	SAC/TC 256

附表 2-4（续）

序号	标准编号	标准级别	标准名称	归口技术委员会
55	QB/T 2997—2008	行业标准	贵金属覆盖层饰品	SAC/TC 256
56	QB/T 4113—2010	行业标准	彩色钻石颜色分级	SAC/TC 256
57	QB/T 4114—2010	行业标准	千足金镶嵌首饰 镶嵌牢度	SAC/TC 256
58	QB/T 4182—2011	行业标准	饰品 标识	SAC/TC 256
59	QB/T 4185—2011	行业标准	铜锡合金覆盖层饰品	SAC/TC 256
60	QB/T 4186—2011	行业标准	贵金属覆盖层饰品 铸造通用技术条件	SAC/TC 256
61	QB/T 4187—2011	行业标准	贵金属覆盖层饰品 装配通用技术条件	SAC/TC 256
62	QB/T 4188—2011	行业标准	贵金属覆盖层饰品 电镀通用技术条件	SAC/TC 256
63	QB/T 4189—2011	行业标准	贵金属首饰工艺质量评价规范	SAC/TC 256
64	QB/T 4365—2012	行业标准	碳化钨饰品	SAC/TC 256
65	QB/T 4183—2012	行业标准	鸡血石制品 分级	SAC/TC 256
66	QB/T 4184—2012	行业标准	观赏石（摆件）命名及鉴定	SAC/TC 256
67	QB/T 4442—2012	行业标准	摆件 术语	SAC/TC 256
68	QB/T 4443—2012	行业标准	铂、钯饰品合金成分	SAC/TC 256
69	QB/T 4721—2014	行业标准	金覆盖层电铸摆件	SAC/TC 256
70	QB/T 4722—2014	行业标准	合金摆件 铸造安全技术规范	SAC/TC 256
71	QB/T 4723—2014	行业标准	首饰精密加工石膏模具	SAC/TC 256
72	QB/T 4724—2014	行业标准	首饰精密加工石膏模具 焙烧安全技术规范	SAC/TC 256
73	QB/T 4725—2014	行业标准	贵金属艺雕复镶首饰	SAC/TC 256

第三篇

烟 花 爆 竹

第1章　烟花爆竹行业现状分析

1　国内外监管体制

1.1　国际标准化组织（ISO）

目前，全球烟花爆竹具有产业规模小，生产、消费相对集中的总体特点，中国作为烟花爆竹的发源地，是全球最大的生产和消费国，占全球生产、消费总量的 80%以上，此外，日本、德国、意大利以及南美等国具有少量的生产，而欧盟、美国、英国、俄罗斯等国则主要从中国浏阳、醴陵、江西等地进口，国内基本无生产。

因此，ISO 在全球暂无统一的烟花爆竹安全监管体制，主要以各生产。消费国的法规、指令、标准等各自监管。2011 年 9 月，国际标准化组织烟花爆竹技术委员会的成立，是 ISO 在全球范围内对烟花爆竹安全监管体制和标准体系建设进行有益探索的开端，有望在不久的将来，全球会形成较为统一的烟花爆竹安全监管体制和标准体系。

1.2　欧盟

欧盟烟花爆竹安全监管主要通过欧盟指令进行，如《欧洲议会和欧盟理事会指令》（93/15/EC）规定了民用爆炸物市场监管；《欧洲议会和欧盟理事会指令》（96/82/EC），即 Seveso II Directive，旨在控制危险物品重大事故危害，提出了爆炸物（包括烟火制品）安置地（储存仓库）的安全要求；《欧洲议会和欧盟理事会关于烟火制品投放市场指令》（2007 / 23 / EC），则主要关注烟火制品产品安全，主要内容包括：

（1）对烟火制品、烟花、舞台烟火制品、交通工具中用烟火制品进行了定义。

（2）烟花分类（第 1 类、第 2 类、第 3 类、第 4 类）、舞台烟花分类（T1 类、T2 类）、其他烟火制品分类（P1 类、P2 类）。

例如，对于常见烟花分类为：

第 1 类烟花：具有极低危险性、极低噪音且用于室内建筑物等限定区域的烟花；

第 2 类烟花：具有低危险性、低噪音，可以在户外规定的范围内使用的烟花；

第 3 类烟花：具有中等危险性，以及产生的噪音不至于影响人们健康且用于室外空旷地方的烟花；

第 4 类烟花：具有高危险性，以及产生的噪音对人类健康构成危害，并只有专业人士才能使用的烟花。

（3）烟火制品标签：制造（或进口）商的名称和地址，烟火类型，最小年龄限制（12 岁、16 岁、18 岁），相关分类和使用说明，第 3 类和第 4 类烟花的生产日期，最短安全距离，爆炸物的净含量（NEQ）。烟花产品还分别标明“仅供户外燃放”、“仅供专业人士使用”和最小安全距离。

（4）指令的附录Ⅰ《基本安全要求》，则为了确定烟火制品最大的安全和可信度，对制品的性能特征（结构和特征、化学成分和尺寸、理化安定性、搬运敏感性、化学安定性兼容性、防水性、存放或使用低温高温抵抗性、烟火成分受热受冷下安全性可靠性、避免不恰当点火或引燃的安全性能、使用说明、抗衰老性等）给出了基本安全要求。

1.3 美国

美国是烟花的传统消费大国，也是世界上较早对烟花进行安全监管的国家之一，主要通过美国消费品安全委员会（CPSC）、美国烟花协会（APA）、美国运输部（DOT）对进口烟花爆竹产品的安全与质量进行监管。

CPSC 是美国联邦政府机构，主要职责是对消费产品使用的安全性制定标准和法规监督执行。CPSC 现有的目录上管理着 15 000 种不同的产品，CPSC 规则是收集产品的安全数据、提示客户产品的危险性以及降低危害的途径。制造商、进口商、分销商和零售商必须对被检测不安全的产品作书面报告，只有获得安全标志的产品才准许进入市场。

APA 是美国烟花行业的主要贸易协会，是美国烟花贸易商的联合组织，成立于 1948 年，位于美国马里兰州贝塞斯达市，现在有 240 多个企业会员，会员都是美国经营烟花的各类型公司，有销售商、经销商、制造商等，其中绝大多数较大的烟花采购商都是此协会的会员。协会影响力很大，与政府的关系保持良好，甚至能左右美国的烟花政策的制定。APA 一年一度（每年 9 月下旬或 10 月上中旬）的年会为美国经营企业提供了相互交流的机会。

同时，DOT 在参考 APA 标准《Standard 87-1》的基础上，依据联合国运输专家委员会《关于危险货物运输的建议书规章范本》（简称《规章范本》）制定了适用于美国的烟花批准、分类、包装等级、标记和标签、一般包装要求、包装测试等要求，规定只有合乎法规并申请到 EX 号码的烟花产品才能进入美国市场销售或燃放。

1.4 英国

英国主要通过烟花专用法令以及爆炸品法令中相关条例对口进入英国市场的烟花爆竹产品进行安全与质量监管。如《烟火制品法令》《烟火制品（安全）法令》以及《爆炸物品制造和储存法令》《爆炸物控制法令》《爆炸物分类和标签法令》等。

1.5 中国

我国烟花爆竹安全监管机制较为成熟，并在逐渐健全和完善，形成烟花爆竹安全监管长效机制。一是进行舆论宣传，通过舆论造势，浓厚宣传氛围，促进各级部门重视，形成齐抓共管的局面，使得安全监管深入人心；二是完善法规标准，以新《安全生产法》为基础，从国家到部门进一步完善规章制度和规范性文件，同时，进一步完善和制定《烟花爆竹工程设计审查规范》《烟花爆竹名录》等重要 AQ 标准，对烟花爆竹生产、经营、储存、运输、燃放等各个环节进行严格规定。特别值得一提的是 2010 年国办发 53 号文件《关于进一步加强烟花爆竹安全监督管理工作的意见》的出台，对规范产业发展，强化产业监管，确保产业安全方面发挥了巨大作用，引领了产业安全、健康的新发展；三是严格行政执法，形成监管合力，突出强化“打非治违”工作，确保烟花爆竹产业安全，我国的相关规章制度和文件见表 3-1-1。

表 3-1-1 我国现行烟花爆竹规章制度和规范性文件

序号	名称	发布号	备注
1	烟花爆竹安全管理条例	国务院令第 455 号	2006 年 1 月 21 日起施行
2	关于进一步加强烟花爆竹安全监督管理工作意见的通知	国办发〔2010〕53 号	安全监管总局、公安部、质检总局、工商总局、交通运输部、商务部、海关总署联合发文，2010 年 11 月 8 日发布
3	烟花爆竹生产企业安全生产许可证实施办法	国家安全生产监督管理总局令第 54 号	2012 年 8 月 1 日起施行
4	烟花爆竹经营许可实施办法	国家安全生产监督管理总局令第 65 号	2013 年 12 月 1 日起施行
5	建设项目安全设施“三同时”监督管理暂行办法	国家安全生产监督管理总局令第 36 号	2010 年 12 月 14 日发布，2011 年 2 月 1 日起施行
6	道路危险货物运输管理规定	中华人民共和国交通运输部令 2013 第 2 号	替代原交通部 2005 年《道路危险货物运输管理规定》（交通部令 2005 年第 9 号）及交通运输部 2010 年《关于修改〈道路危险货物运输管理规定〉的决定》（交通运输部令 2010 年第 5 号），2013 年 7 月 1 日起施行
7	出口烟花爆竹检验管理办法	中华人民共和国国家出入境检验检疫局令第 9 号	2000 年 1 月 1 日起施行

1.6 国内外烟花爆竹产品监管体制差异性分析

国外烟花爆竹产品监管体制较为单一，基本仅针对进入市场的产品进行监管，基本不涉及生产环节，以欧盟和美国为代表，主要通过政府部门制定相关法令对产品的质量和安全性能进行规定，此外，行业协会等机构对法令制定形成一定的影响力。

国内烟花爆竹监管体制较为健全，以国家和相关部门的法律法规、规范性文件为主导，如国务院、国家安全监管总局、工业和信息化部、公安部、交通运输部、国家工商总局、国家质检总局等，辅以国家标准、行业标准构建的标准体系，由烟花爆竹行业相关主管部门、检测机构等各司其职，共同承担烟花爆竹产品的安全监管。

2 国内外标准化工作机制和体系建设情况

2.1 国际标准化组织（ISO）

为制定全球适用的烟花爆竹国际标准并搭建烟花爆竹国际标准体系，规范全球烟花爆竹行业，促进全球烟花爆竹贸易，国际标准化组织烟花爆竹技术委员会（ISO/TC264）下设 4 个工作组，正在研制烟花术语、分级分类、安全与标签要求以及试验方法等 9 项国际标准研制，2013 年烟花爆竹国际标准新工作提案立项，2015 年底完成 DIS 阶段。

9 项烟花爆竹国际标准制定项目包括：ISO 25947-1《烟花—1，2，3 级—第 1 部分：术语》、ISO 25947-2《烟花—1，2，3 级—第 2 部分：烟花分级分类》、ISO 25947-3《烟花—1，2，3 级—第 3 部分：最低标签要求》、ISO 25947-4《烟花—1，2，3 级—第 4 部分：测试方法》、ISO 25947-5《烟花—1，2，3 级—第 5 部分：结构与性能要求》、ISO 26261-1《烟花—4 级—第 1 部分：术语》、ISO 26261-2《烟花—4 级—第 2 部分：要求》、ISO 26261-3《烟花—4 级—第 3 部分：测试方法》和 IS0 26261-4《烟花—4 级—第 4 部分：最低标签要求和使用说明》。此 9 项国际标准是以欧盟 EN15947 以及 EN16261 系列标准为基础，在收集全球各国意见后进行了多次修改，最终形成协商一致的国际标准，预计 2016 年底将颁布出版。

与欧盟标准相比，国际标准在我国的积极争取下加入了不少中国元素，例如在 ISO25947-2 烟花分级分类标准中，经过中国专家的不懈努力，将中国的分类表增加到标准附录，最大程度的维护了中国利益，同时我国专家所提出的药量、检测方法等修改意见都被予以采纳。在 ISO 烟花爆竹国际标准出台后，全球烟花爆竹行业有望执行统一的国际标准，并逐步构建统一的标准体系。

2.2 欧盟

欧盟烟花爆竹标准化工作主要在欧洲标准化委员会（CEN）的管理下，通过烟火技术委员会（CEN/TC 212）制修订烟花标准，建立相应标准体系（表 3-1-2），对烟花的术语、烟花的级别与品种、标签、测试方法、结构和性能等方面进行规定，保证进口烟花的安全与质量。同时，CEN/TC 212 还正在起草如：《烟火制品—4 级烟花》《烟火制品—舞台烟火制品》《烟火制品—车辆用烟火制品》《烟火制品—其他烟火制品》《烟火制品—引燃装置》等欧盟标准，作为欧盟烟花爆竹标准体系的补充。

表 3-1-2　欧盟现行烟花标准体系表

序号	标准号	标准名称
EN15947：欧洲标准化委员会（CEN）2010 年 8 月 21 日批准		
1	EN15947-1	烟火制品-1、2、3 级烟花-第 1 部分：术语
2	EN15947-2	烟火制品-1、2、3 级烟花-第 2 部分：烟花的级别与品种

表 3-1-2（续）

序号	标准号	标准名称
3	EN15947-3	烟火制品-1、2、3 级烟花-第 3 部分：标签的最低要求
4	EN15947-4	烟火制品-1、2、3 级烟花-第 4 部分：测试方法
5	EN15947-5	烟火制品-1、2、3 级烟花-第 5 部分：结构和性能的技术要
EN16261：欧洲标准化委员会（CEN）2012 年 7 月 20 日批准		
6	EN16261-1	烟火制品-4 级烟花-第 1 部分：术语
7	EN16261-2	烟火制品-4 级烟花-第 2 部分：结构和性能要求
8	EN16261-3	烟火制品-4 级烟花-第 3 部分：测试方法
9	EN16261-4	烟火制品-4 级烟花-第 4 部分：最低标签要求和使用说明

2.3 美国

美国烟花标准实验所（美标所，AFSL）成立于 1989 年，是一个由烟花业界人士组建的独立性非赢利组织，是一个民间志愿性组织，位于美国马里兰州贝塞斯达市。20 世纪 80 年代末，当时超过半数的消费品烟花不能符合美国政府发布的最低安全标准，这时美国烟花业界认识到必须采取更进一步的措施来纠正这一不合法现象，以避免消费品烟花被美国政府全面禁止，创立美标所就是要在烟花运往美国之前，在生产国就监控好它的合法性和安全性。

美标所宗旨是为各类烟花制定并维护一套自愿性的安全质量标准；帮助工厂在烟花设计、制造和效果方面提高安全性能与质量；提供一个测试程序以确定现有的和创新的烟花品种是否符合美标所标准；对运往美国的烟花货物实施一个检测认证计划；推广使用美标认证标识，使之成为象征烟花经过安全质量测试的符号；建立并维护好一套关于伤害事件和产品缺陷方面的数据管理系统，而且基于该系统的统计，适当修订标准。

AFSL 标准对 14 大类烟花的定义、产品设计、性能、标签等进行了规定，同时以附录形式规定了烟花的禁限用化学成分、警名标签、运输要求、试验方法等。内容涵盖了 CPSC、DOT 以及其他相关部门的联邦法规和要求，最新版本为 2007 版，共 14 个标准（AFSL101-114）。2013 年美国标准新增了飞碟（GIRANDOLAS）、脆皮带（CRACKLING STRIPS）2 个新烟花产品标准。AFSL 标准将可能代替 CPSC 目前的烟花标准。

按照 AFSL 标准（也是 CPSC 条例相同要求），依据产品燃放效果将玩具烟花分为全部 14 类（1.4G）消费品烟花。美标中玩具烟花其实都是个人消费烟花，与我国《烟花爆竹 安全与质量》（GB 10631）在分类、单个产品药量等方面存在一些异同。AFSL 标准还对禁限用化学物质、运输要求、警示语、引火线、烟花结构和燃放性能具体要求等分别进行了具体规定。

2.4 英国

英国烟花爆竹标准化工作和标准体系建设情况较为简单，目前，仅制定英国标准

（BS）7114 Part 2：198，将烟花爆竹产品按所用烟火药危险类型划分为 HT3、HT4 两个级别，并分为 4 类：

Category 1（室内使用。安全距离至少 1m）；

Category 2（庭院使用、3 ~ 13s 保险延期时间、3m 爆炸碎片距离、5m 观赏距离。安全距离至少 8m）；

Category 3（空旷区域如田野燃放、5 ~ 15s 保险延期时间、20m 爆炸碎片距离、25m 观赏距离。安全距离至少 15m）；

Category 4（大空旷区域专业燃放烟花）。

2.5 中国

2.5.1 我国标准发展史简介

国内烟花爆竹标准工作起步于 20 世纪 80 年代末，以 1989 年、1992 年制定并颁布《烟花爆竹 安全与质量》（GB 10631—89）和《烟花爆竹劳动安全技术规程》（GB 11652—89）、《烟花爆竹工厂设计安全规范》（GB 50161—92）等标准为标志，烟花爆竹标准化工作开始起步。

全国烟花爆竹标准化技术委员会（SAC/TC 149）经国家标准化管理委员会、国家质量技术监督局批准于 1989 年 10 月成立。标委会秘书处挂靠湖南烟花爆竹产品安全质量监督检测中心，主任委员由中心主任担任。标委会成立以来，承担烟花爆竹国家、行业标准的制修订工作，近年来，主要制修订了《烟花爆竹 安全与质量》（GB 10631）、《烟花爆竹 抽样检查规则》（GB/T 10632）、《烟花爆竹 组合烟花》（GB 19593）、《烟花爆竹 礼花弹》（GB 19594）、《烟花爆竹 包装》（GB 31368）等国家标准。

2.5.2 我国标准现状

（1）标准归口

我国现行有效烟花爆竹标准共计 165 个，包括：国家标准（GB）46 个，行业标准 119 个，其中：检验检疫行业标准（SN）80 个、安全生产行业标准（AQ）25 个、轻工行业标准（QB）3 个、公共安全行业标准（GA）2 个、农业标准（NY）9 个。

由于历史和监管体制等多方面原因，我国烟花爆竹标准归口部门有 10 个，详见表 3-1-3。

表 3-1-3 我国烟花爆竹标准归口及代号

序号	标准归口	标准发布	标准代号	备注
1	全国烟花爆竹标准化技术委员会	国家质量监督检验检疫总局	41 个国家标准，标准代号 GB	
	SAC/TC 149	原轻工部（轻工业联合会）	3 个轻工行业标准，标准代号 QB	

表 3-1-3（续）

序号	标准归口	标准发布	标准代号	备注
2	住房与城乡建设部	住房与城乡建设部、国家质检总局	1 个国家标准，标准代号 GB，《烟花爆竹工程设计安全规范》（GB 50161—2009）	
3	国家质量监督检验检疫总局	国家质量监督检验检疫总局	1 个国家标准，标准代号 GB，《烟火药剂中氯酸盐含量的测定》（GB/T 19468—2004）	
4	国家认证认可监督管理委员会	国家质量监督检验检疫总局	80 个检验检疫行业标准，标准代号 SN	
5	全国安全生产标准化技术委员会烟花爆竹分技术委员会 SAC/TC288/SC4	安全监管总局	1 个国家标准，标准代号 GB，《烟花爆竹作业安全技术规程》（GB11652—2012）；25 个安全生产行业标准，标准代号 AQ	
6	公安部社会公共安全应用基础标准化技术委员会	国家质量监督检验检疫总局	1 个国家标准，标准代号 GB，《大型焰火燃放安全技术规程》（GB 24284—2009）；2 个公共安全行业标准，标准代号 GA，《大型焰火燃放作业单位资质条件及管理》（GA899—2010）、《大型焰火燃放作业人员资格条件及管理》（GA898—2010）行业标准	
7	农业部	农业部	9 个农业行业标准，标准代号 NY，《礼花弹》（NY1148—2006）、《烟花爆竹 引火线》（NY 1149—2006）等	
8	全国危险化学品标准化技术委员会标准 SAC/TC251	国家质量监督检验检疫总局	3 个国家标准，标准代号 GB，《危险货物品名表》（GB 12268—2012）、《危险货物分类和品名编号》（GB 6944—2012）、《危险货物运输包装通用技术条件》（GB 12463—2009）	可供参照的标准
9	国防科工委提出、国防科工委民爆服务中心	国家质检总局、国家标准化管理委员会	2 个国家标准，标准代号 GB，《危险货物运输 爆炸品认可、分项程序及配装要求》（GB 14371—2005），《危险货物运输爆炸品认可、分项试验方法和判据》（GB/T 4372—2005）	可供参照的标准
10	中国兵器工业标准化研究所	原国防科工委	1 个国家标准，标准代号 GB，《民用黑火药》（GB18450—2001）	可供参照的标准
			17 个国家军用标准，标准代号 GJB； 5 个兵工民品行业标准，标准代号 WJ	

（2）标准体系

目前，我国已经建立比较完善烟花爆竹标准体系，包括：工程设计标准系列、生产（经营）标准系列、产品质量标准系列、焰火燃放标准系列，另外运输标准系列尚待制定，详见图 3-1-1。

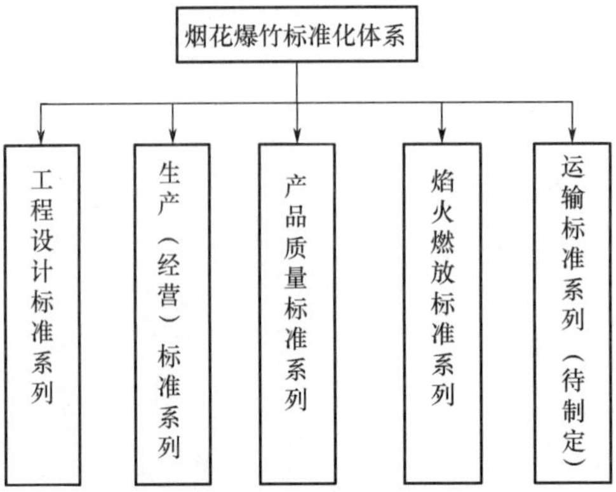

图 3-1-1　我国烟花爆竹标准体系图

其中，产品质量标准体系涉及的国家标准如表 3-1-4 所示。

表 3-1-4　我国烟花爆竹产品质量国家标准汇总表

序号	标准名称	标准编号
1	烟花爆竹 安全与质量	GB 10631—2013
2	民用黑火药	GB 18450—2001
3	烟花爆竹 组合烟花	GB 19593—2004
4	烟花爆竹 礼花弹	GB 19594—2004
5	烟花爆竹 黑药爆竹	GB 21552—2008
6	烟花爆竹 火箭	GB 21553—2008
7	烟花爆竹 双响	GB 21555—2008
8	烟花爆竹 标志	GB 24426—2009
9	烟花爆竹抽样检查规则	GB/T 10632—2004
10	烟花爆竹成型药剂 样品分离和粉碎	GB/T 15813—1995
11	烟花爆竹药剂 成分定性测定	GB/T 15814.1—2010
12	烟花爆竹药剂 密度测定	GB/T 15814.2—1995
13	烟花爆竹药剂 热相容性试验	GB/T 15814.3—1995
14	烟火药剂中氯酸钾含量的测定	GB/T 19468—2004
15	烟火药剂着火温度的测定 差热-热重分析法	GB/T 19469—2004
16	烟花爆竹 储存运输安全性能检验规范	GB/T 20613—2006
17	烟花爆竹 烟火药中高氯酸盐含量的测定	GB/T 20614—2006

表 3-1-4（续）

序号	标准名称	标准编号
18	烟花爆竹 烟火药中铝含量的测定	GB/T 20615—2006
19	烟花爆竹 烟火药中铋含量的测定	GB/T 20616—2006
20	烟花爆竹 烟火药中铁含量的测定	GB/T 20617—2006
21	烟花爆竹 烟火药中硝酸盐含量的测定	GB/T 20618—2006
22	烟花爆竹 禁限用药剂定性检测方法	GB/T 21242—2007
23	烟花爆竹 危险等级分类方法	GB/T 21243—2007
24	烟花爆竹用钛粉关键指标的测定	GB/T 22781—2008
25	烟花爆竹用氧化铜关键指标的测定	GB/T 22782—2008
26	烟花爆竹用硝酸钾关键指标的测定	GB/T 22783—2008
27	烟花爆竹用铝镁合金粉关键指标的测定	GB/T 22784—2008
28	烟花爆竹用铝粉关键指标的测定	GB/T 22785—2008
29	烟花爆竹用高氯酸钾关键指标的测定	GB/T 22786—2008
30	烟花爆竹用冰晶石关键指标的测定	GB/T 22787—2008
31	烟花爆竹 安全性能检测规程	GB/T 22809—2008
32	烟花爆竹检验规程	GB/T 22810—2008
33	烟火药中砷的测定	GB/T 26195—2010
34	烟花爆竹 烟火药中碳含量的测定高频-红外吸收法	GB/T 26196—2010

2.6 差异性分析

2.6.1 标准体系

我国烟花爆竹标准体系不仅包含产品标准，而且从原辅材料、生产操作过程、生产厂房设施、包装、燃放、测试方法、贮存、运输等各个环节各领域都以国家标准、行业标准的形式作出规定，因此相对而言，我国标准类型齐全。欧盟、美国、英国、加拿大等发达国家均根据相应的法律、指令制定了烟花标准，各国标准中都包括术语定义、烟花分级分类、结构性能要求、测试方法、标签要求、抽样判定规则等部分，欧盟标准要求进行类型测试、批测试以及进行产品认证，加拿大标准对包装提出要求，美国 AFSL 标准对运输提出要求。显然，国外标准主要专注于对烟花产品作出规定。

2.6.2 标准类别

我国标准对烟花爆竹行业涉及的各环节、各领域分别制定了标准。但就国家标准而言，有涉及产品安全与质量、作业安全技术规程、燃放安全技术规程、工程设计安全规范等基础标准 4 项，烟花爆竹用高氯酸钾、铝银粉、合金粉、钛粉等原辅材料标准 9 项，烟花爆竹产品分类标准标准 7 项，检测方法标准 24 项。我国标准的名称和数量远远超越国外任何一个国家和地区，但相关标准仍未全面，如原辅材料标准未覆盖到所有烟花爆竹用材料，烟花爆竹产品现行分 9 类，每类产品的分标准还未制定完全，检测方法标准还有待完善。

欧美国家仅有产品标准，包含术语定义、烟花分级分类、结构性能要求、测试方法、标签要求、抽样判定规则等部分。

2.6.3 标准适用范围

我国烟花爆竹标准包括国家标准、行业标准、地方标准以及企业标准，涵盖烟花的生产、销售、贮存、运输、燃放、出口以及原辅材料和生产机械等方面，确保烟花爆竹整个过程的安全与质量。因此，我国烟花爆竹标准适用于烟花的各个环节，在全国范围内实施有效。

欧盟烟花 2007/23/EC 指令和 EN 15947、EN 16261 标准在欧盟标准化委员会（CEN）各成员国适用，规定了将要投入市场的烟花、烟火制品必须遵守的基本要求，是烟花设计、结构、包装、测试和合格评定的依据。

美国的 AFSL 标准涵盖了美国消费品安全委员会对烟花在性能和标签方面的全部法规，也涵盖了美国交通部对运输、船运和储存烟花的有关规定，同时在这份标准中作出一些比联邦法规要求更严格、范围更广泛的规定，以进一步改善烟花的安全性，使产品能够更加稳定和优质。符合美标所这份标准的烟花产品也将同时满足所有联邦法规的要求。

2.6.4 标准制定主体

我国烟花爆竹国家标准由国家标准委批准立项，国务院有关行政主管部门、具有行业管理职能的行业协会、企业集团、各技术委员会和各省、自治区、直辖市标准化行政主管部门应按照国家标准制修订计划项目立项条件的要求，提出国家标准制修订计划项目立项建议，任何单位、个人均可根据国家标准制修订计划项目的立项条件提出国家标准制修订计划项目提案，形成送审稿后，由技术归口单位全国烟花爆竹标准化技术委员会组织审查，经审查同意后，报国家标准委批准，统一编号、发布。行业标准则由技术归口单位报送主管部门批准实施。

欧盟 2007/23/EC 烟花指令由欧洲议会和欧盟理事会在参考了《建立欧共体共同协约》，特别是其中第九十五条、欧盟委员会提案、欧洲经济和社会委员会的意见等制定和颁布实施的。EN 15947、EN 16261 标准由 CEN/TC212 欧盟标准化烟火技术委员会起草，各成员国当做本国国家标准共同遵守。

美国标准是由美标所成立了一个标准委员会，从事编写和修订全部 12 类 1.4G 消费品烟花的安全和质量标准，这份标准是自愿执行的。标准委员会的成员来自烟花行业的代表、联邦和各州管理机构的权威人士、消费者和技术专家。委员会制定的这份标准确保涵盖了所有联邦法规对烟花的要求。

第 2 章　国内外标准对比分析

我国烟花爆竹产品标准较为完善，以《烟花爆竹 安全与质量》（GB 10631）和《烟花爆竹 抽样检查规则》（GB/T 10632）为基础，衍生出《烟花爆竹 组合烟花》（GB 19593）、《烟花爆竹 礼花弹》（GB 19594）等产品标准，分门别类，对产品的分级分类、标志、包装、外观、部件、结构与材质、燃放性能、药种药量、安全性能等方面制定出详细的技术规定（详见附表 3-1），涵盖了国内 9 大类、19 小类、4000 余品种的烟花爆竹产品，保障了国内烟花爆竹产品生产、运输、储存和消费领域的安全与质量。

1　欧盟与我国标准对比分析

欧盟烟花爆竹产品标准侧重于产品的分级、品种、标签要求、测试要求、结构和性能要求，主要用于产品的检测检验，作为判定是否准入市场的基本条件，详见附表 3-2、附表 3-3。

2　美国与我国标准对比分析

美国烟花爆竹产品标准主要以产品为基础制定相应标准，如 14 个玩具类烟花产品标准（AFSL 101 ~ 114），以及 2013 年新增的飞碟（GIRANDOLAS）、脆皮带（CRACKLING STRIPS）两个产品标准，同时，对禁限用化学物质、运输要求、警示语、引火线、烟花结构和燃放性能具体要求等分别进行了具体规定，与我国现行标准有一些异同，详见附表 3-2、附表 3-3。

第 3 章　烟花爆竹行业国内外标准对比分析结论与建议

1　国内外标准对比分析结果

主要从烟花爆竹产品的分类与分级、结构和材质、药种和药量、安全性能、标志、外观、部件、检验方法、产品包装及运输等方面内容进行了国内外标准的比对分析。

1.1　分类分级

（1）中国烟花产品的分类与分级

目前我国烟花爆竹产品按照产品的药量及所能构成的危险性分为 A、B、C、D 4 级。A 级：由专业燃放人员在特定的室外空旷地点燃放、危险性很大的产品；B 级：由专业燃放人员在特定的室外空旷地点燃放、危险性较大的产品；C 级：适于室外开放空间燃放、危险性较小的产品；D 级：适于近距离燃放、危险性很小的产品。

按照对燃放人员要求的不同，烟花爆竹产品分为个人燃放类和专业燃放类。

个人燃放类：不需加工安装，普通消费者可以燃放的 C 级、D 级产品。

专业燃放类：应由取得燃放专业资质人员燃放的 A 级、B 级产品和需加工安装的 C 级、D 级产品。

根据结构与组成、燃放运动轨迹及燃放效果，烟花爆竹产品分为以下 9 大类和若干小类，产品类别及定义见表 3-3-1。

表 3-3-1　我国烟花爆竹标准的产品类别及定义

序号	产品大类	产品大类定义	产品小类	产品小类定义
1	爆竹类	燃放时主体爆炸（主体筒体破碎或者爆裂）但不升空，产生爆炸声音、闪光等效果，以听觉效果为主的产品	黑药炮	以黑火药为爆响药的爆竹
			白药炮	以高氯酸盐或其他氧化剂并含有金属粉成分为爆响药的爆竹
2	喷花类	燃放时以直向喷射火苗、火花、响声（响珠）为主的产品	地面（水上）喷花	固定放置在地面（或者水面）上燃放的喷花类产品
			手持（插入）喷花	手持或插入某种装置上燃放的喷花类产品
3	旋转类	燃放时主体自身旋转但不升空的产品	有固定轴旋转烟花	产品设置有固定旋转轴的部件，燃放时以此部件为中心旋转，产生旋转效果的旋转类产品

表 3-3-1（续）

序号	产品大类	产品大类定义	产品小类	产品小类定义
3	旋转类	燃放时主体自身旋转但不升空的产品	无固定轴旋转烟花	产品无固定轴，燃放时无固定轴而旋转的旋转类产品
4	升空类	燃放时主体定向或旋转升空的产品	火箭	产品安装有定向装置，起到稳定方向作用的升空类产品
			双响	圆柱型筒体内分别装填发射药和爆响药，点燃发射竖直升空（产生第一声爆响），在空中产生第二声爆响（可伴有其他效果）的升空类产品
			旋转升空烟花	燃放时自身旋转升空的产品
5	吐珠类	燃放时从同一筒体内有规律地发射出（药粒或药柱）彩珠、彩花、声响等效果的产品		
6	玩具类	形式多样、运动范围相对较小的低空产品，燃放时产生火花、烟雾、爆响等效果，有玩具造型、线香型、摩擦型、烟雾型产品等	玩具造型	产品外壳制成各种形状，燃放时或燃放后能模仿所造形象或动作；或产品外表无造型，但燃放时或燃放后能产生某种形象的产品
			线香型	将烟火药涂敷在金属丝、木杆、竹竿、纸条上，或将烟火药包裹在能形成线状可燃的载体内，燃烧时产生声、光、色、形效果的产品
			烟雾型	燃放时以产生烟雾效果为主的产品
			摩擦型	用撞击、摩擦等方式直接引燃引爆主体的产品
7	礼花类	燃放时弹体、效果件从发射筒（单筒，含专用发射筒）发射到高空或水域后能爆发出各种光色、花型图案或其他效果的产品	小礼花	发射筒内径<76mm，筒体内发射出单个或多个效果部件，在空中或水域产生各种花型、图案等效果。可分为裸药型、非裸药型；可发射单发、多发
			礼花弹	弹体或效果件从专用发射筒（发射筒内径≥76mm）发射到空中或水域产生各种花型图案等效果。可分为药粒型（花束）、圆柱型、球型

表 3-3-1（续）

序号	产品大类	产品大类定义	产品小类	产品小类定义
8	架子烟花类	以悬挂形式固在架子装置上燃放的产品，燃放时、以喷射火苗、火花，形成字幕、图案、瀑布、人物、山水等画面。分为瀑布、字幕、图案等		
9	组合烟花类	由两个或两个以上小礼花、喷花、吐珠同类或不同类烟花组合而成的产品	同类组合烟花	限由小礼花、喷花、吐珠同类组合，小礼花组合包括药粒（花束）型、药柱型、圆柱型、球型以及助推型
			不同类组合烟花	仅限由喷花、吐珠、小礼花中两种组合

注：烟雾型、摩擦型仅限出口。

（2）欧盟烟花产品的分类与分级

欧盟指令和标准中根据烟火制品的用途、目的、危险程度、噪音水平对烟火制品进行分级，指令机构应确认这个分级，作为合格评定程序一部分。

一级：具有极低的危险性、极低的噪音且用于室内建筑物等限定区域的烟花。

二级：具有低的危险性、低噪音，可以在户外规定的范围内使用的烟花。

三级：具有中等危险性，产生的噪音不至影响人们的健康，且用于室外空旷地方的烟花。

四级：具有高危险性，以及噪音对人类健康构成危害，并只有专业人员才能使用的烟花。

将舞台烟花分为：T1 类：具有低的危险性的舞台用烟火制品；T2 类：只有专业人员才能使用的烟花舞台用烟火制品。

其他烟花制品分为：P1 类：除了烟花、舞台烟花之外的舞台用烟火制品；P2 类：除了烟花、舞台烟花之外的只有专业人员才能使用的烟花舞台用烟火制品。

欧盟标准同样采取分类消费，由普通消费者使用的一、二、三级产品在 EN 15947 标准中作出规定，而 EN 16261 对由专业人员燃放的第四类烟花作出规定。

（3）美国烟花产品的分类与分级

美国烟花条例和标准将烟花产品分为适合大众消费者消费类烟花（1.4G）和专业人员燃放燃放类烟花（1.3G）。AFSL 标准对适合大众消费的烟花产品作出规定，依据产品的燃放效果将烟花分为如表 3-3-2 所示的 12 类，但没有进一步分级。

（4）小结

各国和地区所执行的烟花标准对烟花分级分类似乎千差万别，但从分析中不难看出，各国烟花标准对烟花的分级分类的原则均是按照烟花产品的结构形状、燃放效果、运动轨迹、所含药量、危险程度或声级等条件来划分的。因此，在各国的标准中存在分级相似，很多类别名称相同，如欧盟标准一、二、三、四级与我国标准中 D、C、B、A 级的划分有很大的相似性；都将烟花分为普通消费类和专业燃放类产品，如组合烟花、爆竹、花筒（喷花）、礼花弹、火箭、罗马烛光、玩具烟花、蛇、电光花、转轮等各国都有相同或相近的类别名称；另外有的类别虽然名称不同，外观形状存在一定的差异，但其燃放的效果一致，这样可以归为一大类和若干小类，各国标准在分类分级方面具有一致性。

表 3-3-2 美标烟花类别和定义

序号	类别	定义和描述
1	组合类	各种不同烟花种类的组合
2	彗尾、地面花束和礼花弹类	成品一般包含一个或多个完全装配好的非重复装填发射筒，安装于一个底座上，发射各种视觉和听觉的效果升空
3	爆竹类	常是由多个产品结鞭成串并包装成一个单位，也可是独立引线的单个产品，在地面发生一个小的炸响
4	花筒类	产生各种颜色的火花、哨声、烟和爆响声，也可能是这些功能的一部分
5	地面旋转和地老鼠类	在地面产生旋转或随机运动的烟花，地面旋转类烟花一般在旋转时产生彩色的火花，地老鼠类在地面随机运动时通常带有哨声和炸子
6	特别类	含有相对少量的化学成分的小型装置，产生有限的视觉听觉或移动效果
7	聚会、戏耍和烟类	聚会时使用的小型烟花
8	反复装填小礼花弹类	一个可以反复装填的筒子内发射升空并产生各种视觉和听觉的效果
9	吐珠筒类	由一根筒内交替包含几层黑火药和效果药，如彩珠和炸子
10	火箭、飞弹和直升飞机类	发射升空，在飞行最高处附近产生视觉或听觉的效果
11	手持电光花装置	由金属线或木杆或竹杆覆盖或裹着烟火药，点燃后产生火花的产品
12	转轮类	围绕着钉或绳旋转并产生各种效果

相同点：

① 因为大众消费这一特点，世界各国烟花分类具有共同性，特别是传统类型的烟花，各国基本一致；

② 根据危险性及燃放人员不同，世界各国一般都将烟花分为普通消费类和专业燃放类。

差异性：

因为分类依据、法律要求和消费习惯的不一样，各国烟花在分类分级上又有很大的差异：

① 分类的依据不一样导致分类差异：中国、美国、日本都是按产品结构、运动形式分为大类，类别相对少，而欧盟、加拿大等则是按产品俗称分小类，类别较多；

② 法律要求不一样导致分类差异：中国从规模生产及安全角度等出发，严格控制摩擦类产品生产及其销售途径，而美国和欧盟允许有摩擦类的个人燃放烟花产品销售，供聚会及未成年人燃放。

③ 消费习惯不一样导致分类差异：中国销量最大的是鞭炮，而部分国家因为鞭炮噪音大而没有鞭炮类别，美国消费最大的是反复装填的小礼花弹，而欧盟并没有此类别。

④ 分级的差异性：美国只有消费烟花和专业燃放烟花两个分级，而中国将专业燃放类和个人燃放类各有细分为两级，欧盟根据燃放的年龄限制将消费烟花细分为 3 个级别。

1.2　结构与材质

（1）中国标准

不需要加工安装的 C 级、D 级，且放置在地面燃放主体不运动的烟花产品（喷花类、玩具类产品），筒高超过外径 3 倍的，应安装底座，底座的外径或边长应大于主体高度（含安装底座后增加的高度）1/3。底座应安装牢固，在燃放过程中，底座应不散开、不脱落。底塞应安装牢固，跌落试验过程中，不开裂、不脱落。吊线应在 50cm 以上，安装牢固并保持一定的强度。手持部位不应装药或涂敷药物。手持部位长度：C 级 ≥100mm，D 级≥80mm。A 级、B 级产品不应设计为手持燃放。个人燃放类产品不应含漂浮物和雷弹。其他部件应符合有关标准要求，安装牢固，不脱落。产品的结构和材质应符合安全要求，保证产品及产品燃放时安全可靠。个人燃放类组合烟花不应两盆以上（含两盆）联结。个人燃放类组合烟花筒体高度与底面最小水平尺寸或直径的比值应≤1.5，且筒体高度应≤300mm。产品运动部件、爆炸部件及相关附件一般采用纸质材料，不应采用金属等硬质材料，以保证在燃放时不产生尖锐碎片或大块坚硬物。如技术需要，固定物可采用木材、订书钉、钉子或捆绑用金属线，但固定物不应与烟火药物直接接触。带炸效果件和单个爆竹产品内径>5mm 的，如需使用固引剂，应能确保固引剂燃放后散开，固引剂碎片中不应含有直径>5mm 的块状物。

（2）欧盟标准

EN15947 标准规定，烟花外壳有纸，纸板或塑料制成。底座（底端）或固定物由非金属材料制成。如技术需要，木材、订书钉、钉子或捆绑用金属线方可使用。撞击面应承受能让初始包装中所有的产品通过撞击而点燃的耐久性。包装上的撞击面应被覆盖或包装密封。爆竹和白药炮中细绳捆绑的纸板允许作为结构材料；罗马烛光、地雷或单筒地礼的同类组合，筒子的最大垂直角度不能超过 30°，该要求也适用于地雷、罗马烛光和单筒地礼的不同类组合的筒子；圣诞炮和拉炮折叠片由纸板、纸或绳组成；弹跳炮外壳只能由纸制成；小火箭：装有发射药的筒由纸板制成，或没有炸子成分时由塑料制成；快乐烟花形状不能与枪相似；火箭装有发射药的筒可由纸板，塑料或铝鞘组成；罗马烛光和单筒地礼药物单元的外壳由纸，纸板或塑料组成，二级单筒地礼的筒内径不超过 30mm，三级单筒地礼的筒内径不超过 65mm；旋转升空类机翼由纸板或塑料组成；摔炮主体由棉纸或箔组成。未覆盖端的长度孟加拉火柴至少有总长度的 40%并且最短有 20mm；孟加拉烟花棒至少有 75mm；无药的手持花筒外壳的底端充当手柄，至少有 40mm 长；手持电光花一级的手柄长度至少 75mm，总长度不超过 450mm 的二级的手柄长度至少 75mm，超过 450mm 的二级的手柄长度至少 150mm；玩具火柴至少 20mm；圣诞炮和拉炮拉绳的总长度至少需要 50mm；快乐烟花拉绳的总长度至少需要 75mm。同类或不同类组合中允许的类型分别为，同类组合：爆竹和白药炮、孟加拉火焰、爆裂粒、花筒、地面旋转、地雷、火箭（装配在一个发射装置中）、罗马烛光、旋转升空类、单筒地礼和转轮；不同类组合：爆竹和白药炮、孟加拉火焰、花筒、地雷、罗马烛光、单筒地礼和转轮。小火箭尺寸外筒外径最大 10mm；筒子长度最大 60mm；总长度最小 250mm，最大 350mm。

（3）AFSL 标准

任何产品装置在功能发生时（或在功能不良时）不能产生尖锐的碎片；不能对碰撞敏感或在运输、搬运及正常使用时有过早点燃爆炸的危险；装置的结构必须能够防止化学成分在任何时候泄漏或流失；必须装配良好，以防止在运输、搬运或正常操作时损坏；任何由多于一个筒组成的花筒装置，其全部筒子均固定在一个木制或塑料底座上，且所有筒子在底座上的间距至少有 0.5in（12.7mm），直立向上发射的烟花装置，其底座或底部的最小水平尺寸或直径不可小于其高度的 1/3，该高度包括所有附加的底座或帽，但不包括伸出的引线，所有在底座上燃放的产品放置在 12° 斜板上不应翻倒，放置时应取其最易翻倒之位置。

另外，还对对其划分的 12 类产品的分别作了具体要求：①组合类中所有立于底座上使用的装置，还要按照相应种类之要求通过一个斜面稳定性测试。②彗尾、地面花束和礼花弹类的筒子作为发射一个空中效果，应有足够的强度，以保证在正常的运输、搬运和使用中不变形，其材料结构应保证其在功能发生时没有烧筒或炸筒现象产生，必须可靠地与底座相连，在正常的运输、搬运和使用中不会脱离和松动。多筒的装置发生功能时必须保持完整，不能有筒子分离脱落。带有开爆药的内筒不准含有压紧的泥塞、隔断物或其他任何在内筒开爆时能形成抛射物的坚硬内容物。底座的制做材料在运输、搬运和正常使用时不能断裂，必须可靠地与装置连接，在运输、搬运和正常使用时不会分开。每个筒的底部塞子必须用泥或其他非可燃材料制造，必须牢固地安装在发射筒内。塞子的结构和材料应在运输、搬运和正常使用时不会破损或分离出来，并且假如一个礼花弹在筒子内过早地开爆也不会产生尖锐的碎片。③花筒的材料结构应保证其在功能产生时没有烧穿或炸穿现象产生，还须有一个牢固安装的塞。柱形和锥形花筒在正常的运输、搬运和使用中不会开裂和破损，在运输、搬运和正常使用时底座必须牢固地与装置连接。任何柱形或锥形花筒放置在 12° 斜板上不可翻倒，测试时应取其最易翻倒之位置。手持式或插座式花筒手把或插座必须连接可靠或与装置一体。必须能可靠地防护塞子冲出或火焰从手柄处喷出。手柄包括插座的任何区域不能含有火药。安装的手柄，其外露长度至少是 10.2cm（4in）。从插座的尖端到底塞的距离至少是 10.2cm（4in），外露部位至少是 5.1cm（2in）。插座的尖端必须钝，其截面尺寸要不小于 3.2mm（1/8in）。

插座所用的材质必须是可以插进地面的。④聚会，戏耍和玩具烟类符合本标准的产品，它的形状、颜色或产品名不能类似于违禁的烟花产品，如 M-80 礼炮、银色礼炮、樱桃炮等。其中，烟类产品不能有塑料部件直接与火药接触。烟类的产品结构必须保证在点燃后不会开爆也不会产生外部火焰。快乐烟花的内容物只能是软纸或布。⑤反复装填的小礼花弹类，作为发射一个空中效果的筒子，其材料结构在发射时或礼花弹在发射筒内爆炸时不会产生尖锐碎片。筒子材料结构应保证其在正常功能发生时没有烧筒或炸筒现象产生。发射筒材料结构应有足够的强度，以保证在正常的运输、搬运和使用中不变形。筒子必须牢固地与底座相连，在正常的运输、搬运和使用中不会脱离和松动。发射筒必须能够承受至少 2 倍于正常的发射次数而不会烧筒、炸筒、从底座上分离或其他缺陷。当任意一个小炮弹被倒置放入发射筒并点燃后，其发射筒包括底座必须能承受爆炸而不被炸散。底座在运输、搬运和正常使用时不能破裂。在运输、搬运和正常使用时，底座必须保持与发射筒牢固。在使用过程中，底座与筒子不能起引燃的作用。礼花弹的形状不能增加堵住发射筒的风险，外径不超过 44.5mm（1.75in），弹内不得含有压紧的泥塞、隔断物，或其他任何在炮弹开爆时能形成抛射物的坚硬内容物。任何炸子的筒壁须足够厚以防止出现同时爆炸的情况，每个弹的顶部必须有一个导向线圈以固定引线和保持炮弹正确的放置方向。用弹体包裹物或其他方法确保弹的正确方向也是允许的。但只使用胶粘带则不符合要求。礼花弹上不能有任何图案、鼻锥体、飞行翼或其他可导致其被误认为成品烟花装置的装饰物。礼花弹外表必须使用单一颜色材料，诸如棕色牛皮纸或其他单色外表，无任何外观设计，禁止彩色的装饰。发射筒装置符合本标准的含有多个发射筒安装在底座上且其中任何一个发射筒的内径大于等于 3.81cm（1.5in）的装置，必须通过一项 60° 斜板测试。多筒重复装填装置，若有任何一个发射筒内径大于 2.54cm（1in）则须放置于 5.08cm（2in）厚中等密度的海绵块上发射而不能翻倒。⑥吐珠筒的火药腔体的结构必须保证其在功能产生时没有烧筒或炸筒现象产生，也没有插座被炸。火药腔体必须有一个塞子，有效地防止炸筒或炸脱筒底部的插座。每个筒子的塞必须用泥砂或其他非燃烧材料制造。塞必须牢固地安装在筒子里。塞子的结构和材料应在运输、搬运和正常使用时不会破损或脱落，并且假如效果过早在筒子内爆炸也不会产生尖锐的碎片。火药腔的底部到筒子底端的距离要求至少 10.2cm（4in）。吐珠筒允许有一个插座用以插入地面，插座必须牢靠地与产品连接或与成品是一体的。插座外露部分的长度至少 5cm（2in）。在火药腔塞子的底部和插座的外端之间不能有任何化学成分存在。插座的头部应是钝的，且其横面直径不能少于 3.2mm（1/8in）。由塞子的底部到插座的外端之间距离要求至少 10.2cm（4in）。插座的构造材料必须能使装置插入地面。⑦火箭、飞弹和直升飞机类产品的结构不能有锐边和尖点。符合本标准的产品火药腔体在功能发生时没有烧筒或炸筒现象产生。稳定飞行的部件如杆、翅膀或尾翼必须牢靠地与产品相连，防止在运输、搬运和使用中损坏或分离。火箭飞行稳定杆必须是直的并有一定刚性，以保证飞行的稳定和方向。在运输、搬运和正常使用时，要保持其直度、刚度和与产品的连接，以防止损坏或分离。飞弹的底座或底部（如尾翼），其水平方向的最小尺寸应至少是产品高度的 1/3，这个高度包括任何底座或固定的帽子。当将飞弹置于一个 18° 斜板上时，其最易翻倒的位置也必须保持不倒。⑧手持电光花装置产品总长度小于或等于 25cm（10in），手柄长度至少是 7.5cm（3in）；产品总长度界于 25cm（10in）和 50cm（20in）之间时，手柄长度至少是 10cm（4in）；产品总长度大于或等于 50cm（20in），其手柄长度至少是 15cm（6in）。金属杆火花条的金属线端部必须经过修整，以消除尖锐的金属线边或毛刺。一般金属杆端部的横断面大于 0.63mm（0.025in）则可以接受。在水平位置燃放一根火花条，金属杆的头部下垂距离不应大于其火药覆盖长度的 50%。在电光花燃放时，以 2 次/s 的速度沿水平位置 90° 角摇摆，金属杆不能断裂或造成明显的熔渣掉落。木或竹杆必须作阻燃处理使其在功能完成后不再继续燃烧。在烟花棒或电光花燃放时，以 2 次/s 的速度沿水平位置 90° 角摇摆，杆不能断裂或造成明显的熔渣掉落。当水平位置燃放烟花棒或电光花装置，杆子的头部下垂距离不应大于其火药覆盖长度的 50%。⑨转轮产品驱动器的筒子其材料结构必须确保功能在产生时没有烧筒或炸筒现象产生。在运输、搬运或正常使用时转轮驱动器必须牢靠地与产品相连。轴类转轮必须提供钉子或其他合适的固定装置，且必须使转轮在燃放时能自由转动，位置不变。轴在运输，搬运和正常使用时必须老固。吊绳类转轮在正常使用时，绳类转轮的绳子必须可靠地与产品连接。⑩爆竹类、地面旋转和地老鼠类、特别类的结构材质应符合一般要求。

（4）小结

我国和欧美烟花标准都对产品的结构、材质和部件作出了较为详细的要求，既有基本要求，又根据每类产品特点分别作出规定。各国标准都要求以纸质为主，辅之以木质和塑料等，要求各部件安装牢固确保运输和燃放时不散筒、不开裂等，燃放时不产生尖锐碎片或大块坚硬物确保安全，都对手持类产品的手持部分作出了规定。我国标准对筒体内径、壁厚和高度作出规定，个人燃放类不能含漂浮物和雷弹，不能两盆以上（含两盆）联结燃放，筒体必须垂直安装，更注重从生产和内因的角度加强产品的安全与质量；欧美标准更注重从产品表现的结果加以规定，欧盟标准规定普通消费者燃放产品筒体安装角度≤30° ，对四级烟花没做详细的规定，只要求和设计效果保持一致；美国标准要求产品通过斜面测试，并要求筒体之间用隔板隔开 1.27cm（0.5in）以上，以保证燃放时的不会倒筒。

标准差异性主要体现在：个人燃放类组合类烟花的筒内径要求：欧盟规定 2 级组合烟花的筒内径不超过 30mm，3 级不超过 50mm，美国没有规定，筒内径为 75mm（3in）的 9 发产品是美国销量最大的组合烟花，我国规定个人燃放类组合烟花筒内径不得超过 30mm。

1.3 药种和药量

烟花爆竹产品的药种、药量涉及到烟花爆竹的生产、储存、运输以及消费、使用等各方面的安全，世界各国都对烟花爆竹药剂的化学成分作了禁止或限制使用的规定，这些成分加入到烟火药中，会增加其爆炸危险性或影响其环保性能。

（1）药种的限制

① 中国标准

产品不应使用氯酸盐（烟雾型、摩擦型的过火药、结鞭爆竹中纸引和擦火药头除外，所用氯酸盐仅限氯酸钾，结鞭爆竹中纸引仅限氯酸钾和炭粉配方），微量杂质检出限量为 0.1%。产品不应使用双（多）基火药，不应直接使用退役单基火药。使用退役单基火药时，安定剂含量≥1.2%。产品不应使用砷化合物、汞化合物、没食子酸、苦味酸、六氯代苯、镁粉、锆粉、磷（摩擦型除外）等，爆竹类、喷花类、旋转类、吐珠类、玩具类产品及个人燃放类组合烟花不应使用铅化合物，检出限量为 0.1%。喷花类、旋转类、玩具类产品除可含每单个药量<0.13g 的响珠和炸子外，不应使用爆炸药和带炸效果件。架子烟花产品仅限燃烧型烟火药，不应使用爆炸药和带炸效果件。

② 欧盟标准

将下列化学品列为禁用物质或含量作为限用条件：砷或砷化合物，如雄黄，雌黄等、六氯代苯、氯酸盐含量超过 80%的混合物、含金属的氯酸盐混合物、含红磷的氯酸盐混合物（除了圣诞炮、快乐烟花、拉炮）、含六环钾（Ⅱ）的氯酸盐混合物、含硫磺的氯酸盐混合物（此混合物只允许在擦火头中使用）、含硫化物的氯酸盐混合物、铅或铅化合物，如红丹、汞化合物、白磷、苦味酸盐或苦味酸、溴酸盐含量超过 0.15%的氯酸钾、酸度超过 0.002%的硫磺、颗粒小于 40μm 的锆。

③ AFSL 标准

烟花产品中禁止使用下列化学品：硫化砷、砷酸盐、亚砷酸盐、硼、氯酸盐类[除了在彩色烟类产品中碳酸氢钠在质量上等于或大于氯酸盐类的质量；在快乐烟花中；在一些较小的产品中（如地面旋转类）其全部火药量不超过 4g，而其中的氯酸钾、钠、或钡的含量不超过 15%（或 600mg）；在鞭炮爆竹中]、没食子（镓）或没食子酸（镓酸）、铅和铅的化合物（包括红色的氧化铅——红丹）、金属镁（镁铝合金允许存在）、汞盐、磷（红磷或白磷）（除了在帽类和快乐烟花中可使用红磷）、苦味酸或苦味盐酸、硫氰酸盐、金属钛（除非颗粒尺寸大于 100 目）、金属锆。

④ 小结

各国标准都从安全、环保角度禁止或限制烟火药的成分，以免对消费者造成伤害，各国禁限药物成分基本相同，都对氯酸盐、砷化合物、汞化合物、没食子酸、苦味酸、六氯代苯、锆粉、磷、铅化物等除个别产品外禁止使用或限量使用，另外我国要求使用改良镁粉或铝镁合金粉，禁止直接使用普通镁粉；欧盟标准对含六环钾（Ⅱ）的氯酸盐混合物、溴酸盐含量超过 0.15%的氯酸钾、酸度超过 0.002%的硫磺作出禁止规定，对锆使用明确了颗粒应不小于 40μm；美国标准禁止硼、硫氰酸盐的使用，金属钛要求颗粒尺寸大于 100 目。

药物中的限制不同处主要有：

a）禁限用药物有一定的差别，欧美所有烟花都禁用铅化合物，而中国专业燃放类允许使用；

b）禁限用药物限量值有区别，欧盟规定铅限量值为 100ppm，六氯代苯为 10ppm，美国规定铅限量值为 600ppm，而中国规定的检出限为 0.1%。

c）中国和欧盟都允许组合烟花开爆药为白药，而美国只允许黑药作为开爆药。

（2）药量的限制

① 中国标准

单个产品不应超过最大装药量（见表 3-3-3 个人燃放类产品最大允许药量和表 3-3-4 专业燃放类产品最大允许药量，不包括引火线和填充物）。实际药量与标称药量的允许误差：药量≤2g，误差±20%；2g<药量≤25g，误差±10%；药量>25g，误差±5%。

表 3-3-3　个人燃放类产品最大允许药量

序号	产品大类	产品小类	最大允许药量	
			C 级	D 级
1	爆竹类	黑药炮	1g/个	—
		白药炮	0.2g/个	
2	喷花类	地面（水上）喷花	200g	10g
		手持（插入）喷花	75g	10g
3	旋转类	有固定轴旋转烟花	30g	—
		无固定轴旋转烟花	15g	1g
4	升空类	火箭	10g	—
		双响	9g	
		旋转升空烟花	5g/发	—
5	吐珠类	药粒型吐珠	20g（2g/珠）	—
6	玩具类	玩具造型	15g	3g
		线香型	25g	5g
7	组合烟花类	同类组合和不同类组合，其中： 小礼花单筒内径≤30mm； 圆柱型喷花内径≤52mm； 圆锥型喷花内径≤86mm； 吐珠单筒内径≤20mm	小礼花：25g/筒； 喷花：200g/筒； 吐珠：20g/筒； 总药量：1200g。 （开包药：黑火药 10g， 硝酸盐加金属粉 4g， 高氯酸盐加金属粉 2g）	50g （仅限喷花组合）

注 1. 图中符号“—”代表无此级别产品。

表 3-3-4　专业燃放类产品最大允许药量

序号	产品大类	产品小类	最大允许药量			
			A 级	B 级	C 级	D 级
1	喷花类	地面（水上）喷花	1000g	500g	—	—
2	旋转类	有固定轴旋转烟花	150g/发	60g/发	—	—
		无固定轴旋转烟花	—	30g		

表 3-3-4（续）

<table>
<tr><th rowspan="2">序号</th><th rowspan="2">产品大类</th><th rowspan="2" colspan="2">产品小类</th><th colspan="5">最大允许药量</th></tr>
<tr><th colspan="2">A 级</th><th>B 级</th><th>C 级</th><th>D 级</th></tr>
<tr><td rowspan="2">3</td><td rowspan="2">升空类</td><td colspan="2">火箭</td><td colspan="2">180g</td><td>30g</td><td rowspan="2">—</td><td rowspan="2">—</td></tr>
<tr><td colspan="2">旋转升空烟花</td><td colspan="2">30g/发</td><td>20g/发</td></tr>
<tr><td>4</td><td>吐珠类</td><td colspan="2">吐珠</td><td colspan="2">400g（20g/珠）</td><td>80g（4g/珠）</td><td>—</td><td>—</td></tr>
<tr><td rowspan="3">5</td><td rowspan="3">礼花类</td><td colspan="2">小礼花</td><td colspan="2">—</td><td>70g/发</td><td>—</td><td>—</td></tr>
<tr><td rowspan="2">礼花弹</td><td>药粒型（花束）（外径≤125mm）</td><td colspan="2">250g</td><td rowspan="2">—</td><td rowspan="2">—</td><td rowspan="2">—</td></tr>
<tr><td>圆柱型和球型（外径≤305mm，其中雷弹外径≤76mm）</td><td colspan="2">爆炸药 50g
总药量 8000g</td></tr>
<tr><td>6</td><td>架子烟花</td><td colspan="2">架子烟花</td><td colspan="2">—</td><td>瀑布 100g/发
字幕和图案 30g/发</td><td>瀑布 50g/发
字幕和图案 20g/发</td><td>—</td></tr>
<tr><td rowspan="2">7</td><td rowspan="2">组合烟花类</td><td rowspan="2" colspan="2">同类组合和不同类组合</td><td>药柱型、圆柱型内径≤76mm
100g/筒</td><td rowspan="2">总药量 8000g</td><td rowspan="2">内径≤51mm
50g/筒
总药量 3000g</td><td rowspan="2">—</td><td rowspan="2">—</td></tr>
<tr><td>球型内径≤102mm
320g/筒</td></tr>
</table>

注：1.“—”表示无此级别产品。

2.舞台上用各类产品均为专业燃放类产品。

3.含烟雾效果件产品均为专业燃放类产品。

② 欧盟标准

对 1、2、3 级烟花的最大药量作了规定（表 3-3-5），而对第四级烟花的含药量未作规定。

表 3-3-5 欧盟烟花药物成分含量表

<table>
<tr><th>烟花类型</th><th>级别</th><th>净药量</th></tr>
<tr><td>空中转轮</td><td>3</td><td>≤160g；≤8 个药物单元，每个药物单元药量≤20g；炸子药量≤10.0g 黑药或 4.0g 硝酸盐与金属混合物或 2.0g 高氯酸盐与金属混合的炸子成分</td></tr>
<tr><td rowspan="2">雷鸣炮</td><td>2</td><td>≤6.0g 黑药</td></tr>
<tr><td>3</td><td>≤10.0g 黑药</td></tr>
</table>

表 3-3-5（续）

烟花类型	级别	净药量
同类/不同类组合	2	≤500g（除非含有花筒） ≤600g（含有花筒）和≤500g（除花筒外） ≤600g（花筒组合类） ≤100g（爆竹在同类/不同类组合中） ≤25.0g（白药炮在同类/不同类组合中）
	3	≤2000g（除非含有花筒） ≤3000g（不同类组合含有花筒）和≤2000g（除花筒外） ≤3000g（花筒组合类） ≤1000g（爆竹在同类/不同类组合中） ≤250g（白药炮在同类/不同类组合中）
孟加拉火焰	1	≤20.0g
	2	≤250.0g
	3	≤1000.0g
孟加拉火柴	1	≤3.0g
孟加拉烟火棒	1	≤7.5g
	2	≤50.0g
圣诞炮	1	≤16.0mg（炸子成分为氯酸钾和红磷）或≤1.6mg（炸子成分为雷酸银）
爆裂粒	1	≤3.0g
	2	≤15.0g
双响炮	2	≤10.0g（只能是黑药）
白药炮	2	≤1.0g（硝酸盐和金属混合的炸子成分）或≤0.5g（高氯酸盐和金属混合的炸子成分）
	3	≤10.0g（硝酸盐和金属混合的炸子成分）或≤5.0g（高氯酸盐和金属混合的炸子成分）
闪光球	1	≤2.0g
	2	≤30.0g
花筒	1	≤7.5g（仅供室内使用：药物成分是含氮量不超过 12.6%的硝化纤维和其他氧化物质）
	2	≤250.0g，每个叫声药量≤5.0g
	3	≤1000.0g，每个叫声药量≤20.0g
地面移动类	2	≤25.0g，每个药物单元药量≤3.0g，不允许有炸子成分
地面旋转类	1	≤5.0g
	2	≤25.0g，每个药物单元药量≤8.0g
弹跳炮	2	≤10.0g（只能是黑药）

表 3-3-5（续）

烟花类型	级别	净药量
地面弹跳旋转类	2	≤25.0g，每个药物单元药量≤5.0g
地雷	2	≤50.0g；≤5 个含有炸子成分的药物单元；炸子药量≤5.0g 黑药或 2.0g 硝酸盐金属混合物或 1.0g 高氯酸盐金属炸子成分；如果地雷含有非药物物体≤8.0g 硝化纤维（含氮量不超 12.6%）
	3	≤300.0g；≤25 个含有炸子成分的药物单元；炸子药量≤5.0g 黑药或 2.0g 硝酸盐金属混合物或 1.0g 高氯酸盐金属炸子成分
小火箭	2	≤1.5gand≤0.13g 炸子成分
玩具火柴	1	≤50.0mg，只能含有一个炸子成分，炸子成分药量≤2.5mg 雷酸银
快乐烟花	1	≤16mg（氯酸钾和红磷混合）
火箭	2	≤75.0g；炸子药量≤5.0g 黑药或 2.0g 硝酸盐金属混合物 1.0g 高氯酸盐金属炸子成分
	3	≤300.0g；炸子药量≤50.0g 黑药或 20.0g 硝酸盐金属混合物或 10.0g 高氯酸盐金属炸子成分
罗马烛光	2	≤50.0g；单个药物单元药量≤10.0g，≤5 个含有炸子成分的药物单元；炸子药量≤10.0g 黑药或 4.0g 硝酸盐金属混合物或 2.0g 高氯酸盐金属炸子成分
	3	≤300.0g；单个药物单元药量≤50.0g，≤10 个含有炸子成分的药物单元；炸子药量≤20.0g 黑药或 8.0g 硝酸盐金属混合物或 4.0g 高氯酸盐金属炸子成分
蛇	1	≤3.0g
单筒地礼	2	≤25.0g；炸子药量≤10.0g 黑药或 4.0g 硝酸盐金属混合物或 2.0g 高氯酸盐金属炸子成分
	3	≤50.0g；炸子药量≤20.0g 黑药或 8.0g 硝酸盐金属混合物或 4.0g 高氯酸盐金属炸子成分
拉炮	1	≤16mg（氯酸钾和红磷炸子成分）≤1.6mg 雷酸银炸子成分
电光花	1	≤7.5g
	2	≤50.0g
旋转升空类	2	≤30.0g
桌面烟花	1	≤2.0mg 硝化纤维（含氮量不超过 12.6%）
摔炮	1	≤2.0mg 雷酸银
转轮	2	≤100.0g，每个叫声药量≤5.0g
	3	≤900.0g，单个单元药量≤150.0g，每个叫声药量≤20.0g

③ AFSL 标准

对单个烟花作出如表 3-3-6 所示规定。

表 3-3-6 AFSL 标准规定单个烟花产品最大含药量

序号	产品类别	产品最大含药量
1	组合类、多筒地面礼花	总药量≤200g；带木制或塑料底座且同之间距≥12.7mm 的：≤500g；符合单个组合成分要求
2	单筒地面礼花	效果药加开炸药≤40g，发射药≤20g；弹外径>25mm：开炸药≤总药量的 25%或 10g，弹外径≤25mm：开炸药≤总药量的 50%或 10g
3	爆竹类	单个爆竹≤0.05g（引线重量不计），应只含爆炸药，不含其他火药
4	花筒类	手持式、单筒≤75g；锥形≤50g；多筒≤200g（单根≤75g）；带木制或塑料底座且同之间距≥12.7mm 的：≤500g
5	地面旋转和地老鼠类	单个≤20g；单个炸子≤0.05g
6	特别类	总药量≤20g；单筒≤20g
7	聚会、戏耍和烟类	快乐烟花、拉炮≤0.016g；砂炮≤0.001g；小青蛇≤2g；烟雾类≤100g
8	反复装填小礼花弹	总药量≤60g，发射药≤20g；开炸药≤总药量的 25%或 10g；单个炸子≤0.13g
9	吐珠筒类	每个<20g；筒内任何独立单元<5g；单个炸子≤0.13g；每个发射数≥5 发，≤10 发
10	火箭、飞弹和直升飞机	总药量≤60g，开炸药≤总药量的 25%或 10g；单个炸子≤0.13g
11	手持电光花装置	含氯酸盐≤4g；含高氯酸盐≤5g；不含氯酸盐或高氯酸盐≤100g
12	转轮类	总药量≤20g；单个炸子≤0.05g

④ 小结

各国标准都对每类烟花产品的总药量、单发药量、开炸药等作出规定，我国标准规定个人燃放类单个爆竹最大药量为 0.2g，危险性大小礼花组合最大药量 1200g/个，单发不超过 25g，开炸药高氯酸盐加金属粉不超过 2g；欧盟标准中普通消费的小礼花组合最大含药量 2000g/个，单发药量可不超过 50g 以及高氯酸盐金属炸子成分不超过 4.0g，单个白药炮爆竹高氯酸盐和金属混合物≤5.0g，但白药炮在同类/不同类组合中总药量应≤250g；美国标准规定单个爆竹药量应≤0.05g，组合类、多筒地面礼花单个药量应≤500g，单筒地面礼花效果药加开炸药≤40g，发射药≤20g，开炸药≤总药量的 25%或 10g，另外还对发射药含量作出规定，可见国外标准在最大含药方面，欧盟比我国规定的大，美国比我国规定的小，但单发药量和开炸药比我国药量大。

药量限制不同主要体现在：欧盟和美国对专业燃放类产品没有药量要求。而我国对专业燃放类的 A、B 级产品药量做了具体的限值规定。

1.4 安全性能

（1）中国标准

产品及烟火药的安全性能应定期进行检测。新产品批量生产前应对产品及烟火药进行检测。产品安全性能检测包括跌落试验、热安定性、低温试验及烟火药安全性能检测。烟火药安全性能检测包括摩擦感度、撞击感度、火焰感度、静电感度、着火温度、爆发点、相容性、吸湿性、水份、pH。产品及烟火药热安定性在 75℃±2℃、48h 条件下应无肉眼可见分解现象，且燃放效果无改变。产品低温实验在-35℃～-25℃、48h 条件下应无肉眼可见冻裂现象，且燃放效果无改变。产品的跌落试验不应出现燃烧、爆炸或漏药的现象。产品各类烟火药摩擦感度、撞击感度、火焰感度、静电感度、着火温度、爆发点、热安定性、相容性应符合相关标准要求。烟火药的吸湿率应≤2.0%，笛音药、粉状黑火药、含单基火药的烟火药应≤4.0%。烟火药的水分应≤1.5%，笛音药、粉状黑火药、含单基火药的烟火药≤3.5%。烟火药的 pH 应为 5～9。喷花类的喷射高度应符合以下规定：D 级≤1m；C 级≤8m；B 级≤15m。各类升空产品效果出现的最低高度见表 3-3-7。发射升空产品的发射偏斜角应≤22.5°，造型组合烟花和旋转升空烟花的发射偏斜角应≤45°（仅限专业燃放类）。

表 3-3-7 各类升空产品效果出现的最低高度值

产品类别	典型产品	产品型号或级别	最低高度值/m
礼花类	小礼花	B 级	35
	礼花弹	3 号	50
		4 号	60
		5 号	80
		6 号	100
		7 号	110
		8 号	130
		10 号	140
		12 号	160
组合烟花类		C 级	15
		B 级	35
		A 级	45（3 号）/60（4 号）
升空类	旋转升空		3
	其他		5

注：不包括花束和水上效果的产品。

A 级产品的声级值应≤120dB，B 级、C 级、D 级产品的声级值应≤110dB。个人燃放类产品燃放时产生的火焰、燃烧物、色火或带火残体不应落到距离燃放中心点 8m

之外的地面。专业燃放类产品燃放时产生的火焰、燃烧物、色火或带火残体不应落到距离燃放中心点B级20m，A级40m之外的地面（特殊设计的专业燃放类产品除外）。产品燃放时产生的炙热物与燃放中心点横向距离：C级≤15m、B级≤25m、A级≤50m。产品燃放时产生的质量>5g（纸质>15g，设计效果中的漂浮物除外）的抛射物与燃放中心点横向距离：C级≤20m，B级≤30m，A级≤60m。产品燃放不应出现倒筒、烧筒、散筒、低炸现象，且燃放后筒体不应继续燃烧超过30s；其他缺陷应符合GB/T 10632的要求。计数类产品，计量误差应在±5%的范围内。计数类产品烧成率应>90%。旋转类产品的允许飞离地面高度应≤0.5m，旋转直径范围应≤2m。线香型产品不应爆燃，燃放高度1m±0.1m时不应有火星落地。烟雾效果不应出现明火。玩具造型产品行走距离应≤2m。

（2）欧盟标准

烟花产品经振动测试后漏出的药量不能超过100mg，圣诞炮和拉炮的漏药不能超过1mg。除因为技术要求需要保证烟花的合适功能外，烟花外壳的主体上不能有洞，裂缝，凹进或凸起。底端不能有洞或裂缝。如果底端是分离的应当牢固放置于合适位置。对部件分离的烟花，这些部件应当牢固放置于合适位置，如果手柄是主体的一部分则应当有清楚的识别。同类/不同类组合每个单独的组成部分跟另外的组成部分或烟花框架需要牢固连接（不是指仅由传导引线连接）。对火箭组合类，该要求适用于火箭发射装置而不是指火箭。爆竹组合，白药炮组合类其组成部分可由传导引线整个地连接确保正常操作时各个组成部分连接在一起。孟加拉火焰允许其底端有用做固定用的洞和裂缝。孟加拉火柴，孟加拉烟花棒和玩具火柴木杆上不能有裂缝。圣诞炮和拉炮：药物成分需要密封。其覆盖面不能松动，但允许因功能需要的移动。快乐烟花和桌面烟花：底端不能有洞或裂缝，底端应在适当位置确保内含物不漏出。摔炮：外壳应确保内含物不漏出。小火箭应当装配有一根杆或多根杆作为稳定装置；火箭应当装配有一根杆（多根杆）或其他飞行稳定装置（比如尾翅，吊篮或环）。飞行稳定装置除用于固定杆的订书钉外需要由非金属材料组成。摔炮在进行机械振动测试时不能爆炸，在连续性测试时只产生一个单一的炸子。产品的主要效果需要与其在标志标签中描述的主要效果要一样。所有的药物单元都需要发生功能。空中转轮在距离地面20m的高度内其飞行角度在垂直方向上不能超过15°。双响炮在距离地面3m的高度内其飞行角度在垂直方向上不能超过8°。小火箭飞行角度在垂直方向上不能超过30°。火箭在距离地面20m的高度内其飞行角度在垂直方向上不能超过15°。旋转升空类在距离地面3m的高度内其飞行角度在垂直方向上不能超过15°。地面移动类的移动范围不能超过距离测试点8m。地面旋转类的移动范围不能超过距离测试点1m（一类）或8m（二类）；上升高度不能大于0.2m。地面弹跳旋转类移动范围不能超过距离测试点8m；上升高度不能超过3m。发生功能时下列烟花类型需要保持直立：同类/不同类组合，爆竹或白药炮的同类/不同类组合除（对火箭组合类，该要求适用于发射装置）、孟加拉火焰、设计成放置在地面上燃放的花筒、地雷、罗马烛光、单筒地面礼花、桌面烟花。空中转轮低于20m没有爆炸发生。双响炮的第二个炸响需发生在距离地面3m以上。小火箭低于8m没有爆炸发生；火箭低于20m没有爆炸发生，产品也不能爆裂；罗马烛光所有的药物单元在低于 8m（二类）或 30m（三类）时不能不能爆炸或爆裂；单筒地面礼花药物单元在低于 8m（二类）或 30m（三类）时不能不能爆炸或爆裂。在距离地面 1m 高，距离测试点 1m 远（一类）或 8m 远（二类）或 15m 远（三类）测量其声级时，最大的 A 加权脉冲声级（L_{AImax}）需要小于 120dB。快乐烟花在水平距离 500mm 处测量其声级时，最大的 A 加权脉冲声级（L_{AImax}）需要小于 120dB。圣诞炮或拉炮在距离其水平距离 200mm 处测量其声级时，最大的 A 加权脉冲声级（L_{AImax}）需要小于 120dB。发生正常功能时以下烟花不能发生爆炸：孟加拉火焰、闪光球、花筒、地面旋转类、手持电光花、地面弹跳旋转、非手持电光花、旋转升空类、转轮。花筒发生功能时外壳不能破裂；除爆竹组合和白药炮组合外，同类/不同类组合不能产生爆炸损坏该烟花的完整性。燃烧或炙热物跌落到地面距离测试点的距离一类不超过 1m，二类不超过 8m，三类不超过 15m。室内使用的烟花进行纸张测试时不能有导致测试纸上有燃烧形成孔洞。空中转轮，火箭和单筒地面礼花除上升过程中伴随的效果外，其他因产品产生的燃烧效果需要在距离地面 3m 以上熄灭掉。圣诞炮，快乐烟花和桌面烟花：烟花发生功能不能导致喷射出的物质着火。烟花因发生功能产生的火焰需要在烟花功能停止后 5s 内熄灭，该要求适用于以下烟花类型：爆竹、孟加拉火柴、孟加拉烟火棒、爆裂粒、双响炮、白药炮、闪光球（无底座）、花筒（室内）、弹跳炮、蛇；火焰需要在烟花功能停止后 10s 内熄灭，该要求适用于以下烟花类型：室外手持花筒、旋转升空类；火焰需要在烟花功能停止后 120s 内熄灭，该要求适用于以下烟花类型：同类/不同类组合、孟加拉火焰、闪光球（带底座）、花筒（室外）、地面移动类、地面旋转类、地面弹跳旋转类、地雷、罗马烛光、单筒地面礼花、转轮。不能有金属抛射物。烟花残渣的横向抛射距离测试点不能超过 1m（一类），8m（二类）或 15m（三类），该要求适用于以下烟花类型：空中转轮、爆竹、同类/不同类组合、爆裂粒、双响炮、白药炮、地面旋转、弹跳炮、地面弹跳旋转类。空中转轮主要效果（非上升效果）产生之前飞行稳定装置不能脱离，任何残渣碎片的重量不能超过 150g。圣诞炮，快乐烟花和桌面烟花抛射物不能穿透测试纸。火箭和小火箭爆裂之前其飞行稳定装置不能脱离，任何残渣碎片的重量不能超过 100g（二类）或 150g（三类）。桌面烟花喷射物不能是玻璃或尖锐的金属。孟加拉火焰的药物燃烧速率小于 1.7g/s；孟加拉火柴和孟加拉烟花棒的药物燃烧速率小于 0.17g/s。当按照说明进行使用时，拉绳或拉条不能断裂。手持电光花效果发生后，铁杆水平方向的弯曲度小于 45° 。爆竹，爆裂粒和白药炮如果有塑料壳身，燃放时塑料壳身不能裂成碎片。火箭驱动器如果发射药是装在铝鞘筒内，燃放时铝鞘筒不能裂成碎片。功能完成后烟花外壳不能有额外的洞或裂缝，该要求适用于以下烟花类型：地雷、快乐烟花、罗马烛光、单筒地面礼花、桌面烟花。

（3）AFSL 标准

所有烟花装置或产品名称、产品使用的指示图不可提示和警句标签的说明文不一致的用法。①组合类装置的性能不能超出美标所标准对每个独立品种的性能要求。烟花装置的火药腔体在正常功能发生时，不能有烧穿或炸穿现象。空中装置的燃烧碎片必须在离地 3m（9.75ft）之上熄灭。②彗尾、地面花束和礼花弹，若有筒子内径大于 2.54cm（1in）则应放置在 5.08cm（2in）厚中等密度的海棉块上发射，不能发生翻倒。

礼花弹和彗尾按标签的说明燃放，应是在接近垂直向上的一个范围内喷射，其主要效果必须发生在飞行的最高处或附近，且不能低于 6m（20ft），且在离地 3m（9.75ft）之上应熄灭，作为上升功能的效果延伸，例如引燃后产生的彗尾效果以及上升时附带的哨响或视觉效果都不是主要效果，燃烧的碎片在离地面 3m（9.75ft）以上范围应熄灭，符合其标注的轨迹示意图。地面花束的效果应不超过半径为 4m（13ft）范围的区域，符合其标注的轨迹示意图。③爆竹的外壳在效果产生后不能燃烧，不能被摩擦点燃，超过 100 头的鞭炮装置，包括结鞭炮串，其引线连接方式必须使每个爆竹只能按顺序燃放；顺序燃放的定义是指每秒不超过 125 个独立的爆竹被燃放。④花筒视觉效果限制，座式和插座式花筒的视觉效果不应超过地面水平 5m（16.4ft）直径的圆圈范围，在高度上不应超过 5m（16.4ft）；手持式花筒的视觉效果不应超过直径 2m、长度 2m（6.6ft）的范围，其烟火药燃烧时不能产生一个超过 0.5m（20in）的连续的火焰（效果中的火花不计算为连续的火焰）。当装置依照警句说明的要求操作时，火花或其他烟火效果不能触及使用者。⑤地面旋转类其功能效果发生时，装置不能上升高出 1m（3.3ft）。其功能效果必须在一个 10m（33ft）直径范围内发生。地老鼠类在其发生功能时由点燃处往任何方向移动不能超过 10m，且上升高度不能超过 0.5m（1.6ft）。且必须保证其在功能产生时没有烧筒或炸筒现象产生。⑥特别类烟花向任何方向抛射的效果，其初次空中飞行距离不能超过 2m。产品在燃放后不可着火。烟花产品的火药腔体必须保证其在功能发生时没有烧筒或炸筒现象产生。⑦聚会，戏耍和烟类产品必须是只产生视觉和听觉的效果，其火药腔在正常使用时没有烧筒或炸筒现象产生。烟类在烟的发生过程中伴随的小火或爆出的微弱火焰，其时间不能超过喷烟时间总长的 25%，且初次火焰的时间不能超过全部功能时间的 25%。⑧反复装填小礼花弹发射装置包括一颗弹在内，置于 22° 斜板上，在最易翻倒的位置也必须保持不翻倒。礼花弹按标签的说明燃放礼花弹，其射出的轨迹应接近垂直方向，其在空中开爆的高度最少是 15m（49ft），主要效果必须在离地面 5m（16ft）之上熄灭（伴随上升功能产生的哨声，彗尾或其他听觉效果不算作主要效果）。燃烧的碎片在落到地面 3m（9.75ft）之上时，必须熄灭。⑨吐珠筒如果有炸子存在，其效果必须在离发射点至少 3m（9.75ft）以上的空中产生，在燃放中烟火药不能产生一个大于 0.5m（20in）的连续的外部火焰（火花不算作连续火焰）。⑩火箭、飞弹和直升飞机产生视觉和听觉的主效果必须在产品飞行的最高处附近发生，主效果不能发生在离地面 5m（16.ft）之内。推进器的上升发射功能不算作是主效果。产品中飞出的燃烧碎片必须在离地 3m（10ft）以上熄灭。当按说明燃放产品时，其飞行高度不能少于 15m（49ft）。产品的效果范围不能超出与其飞行轨迹相垂直的任何方向 5m 之外（16ft）。没有主要视觉和听觉效果（彩珠或炸子）的直升机可免除最小飞行高度的要求。上升的效果（发射效果），不算是主要效果。火箭的飞行方向应在发射垂直方向 45° 夹角范围内。飞弹和直升机的飞行方向在 15m（49ft）高度内应在其发射点垂线左右各 22.5° 角范围之内。⑪手持电光花装置只能产生视觉和噼啪爆响的效果，使用的烟火药应产生均匀的视觉效果，不产生可能引起燃烧或火焰的熔渣或其他融熔的颗粒。金属杆火花条的火花残渣应是无毒且不会对身体造成伤害。在水平位置燃放一根火花条，金属杆的头部下垂距离不应大于其火药覆盖长度的 50%。在电光花燃放时，以 2 次/s 的速度沿水平位置 90° 角摇摆，金属杆不能断裂或造成明显的熔渣掉落。对烟花棒或木或竹杆类电光花在燃放时，以 2 次/s 的速度沿水平位置 90° 角摇摆，杆不能断裂或造成明显的熔渣掉落。当水平位置燃放烟花棒或电光花装置，杆子的头部下垂距离不应大于其火药覆盖长度的 50%。⑫转轮使用时其从转轴的中心量到火焰的边缘的火焰半径不能超过 1m（39in）（火花不计为火焰效果），烟火药应产生均匀的效果，不产生可能引起燃烧或火焰的熔渣或其他燃烧的颗粒。

（4）小结

我国标准中产品的性能包括安全性能和燃放性能，因此对安全性能和燃放性能都作出了规定，国外标准仅对燃放性能作出规定。在对燃放性能的规定中，主要是针对不同产品的发射、飞行的高度和角度，移动距离，炸筒、烧筒、倒筒等作出规定。我国标准借鉴军工或民爆物品的方法对烟火药安全性能作出规定；我国和欧盟标准对产品的燃放的声级值作出要求，我国标准最大允许声级值为 110dB，严于欧盟标准；我国和欧盟标准对炙热物和抛射物的抛射距离作出规定，而美国美国标准要求带火焰的炙热物必须在离地面 3m 以上熄灭。

1.5 标志

（1）中国标准

产品应有符合国家有关规定的标志和流向登记标签。产品标志分为运输包装标志和销售包装标志。标志应附在运输包装和销售包装上不脱落。包装标志内容样式见表 3-3-8、表 3-3-9。运输包装标志的基本信息应包含：产品名称、消费类别、产品级别、产品类别、制造商名称及地址、安全生产许可证号、箱含量、箱含药量、毛重、体积、生产日期、保质期、执行标准代号以及“烟花爆竹”“防火防潮”“轻拿轻放”等安全用语或图案，安全图案应符合 GB 190、GB/T191 要求。销售包装标志的基本信息应包含：产品名称、消费类别、产品级别、产品类别、制造商名称及地址、含药量（总药量和单发药量）、警示语、燃放说明、生产日期、保质期。计数类产品应标明数量。专业燃放类产品应使用红色字体注明“专业燃放”的字样，个人燃放类产品应使用绿色字体注明“个人燃放”的字样。摩擦型产品应用红色字体注明“不应拆开”的字样。专业燃放类产品还应标注加工、安装方法，发射高度、辐射半径、火焰熄灭高度、燃放轨迹等信息。设计为水上效果的产品应标注其适用的水域范围。标注内容正确且清晰可见，易于识别，难以消除并且与背景色对比鲜明。运输包装上的“消费类别”字体高度≥28mm，其他字体高度≥6mm，销售包装上的“警示语及内容”字体高度≥4mm，其他字体高度≥2.2mm。燃放说明和警示语内容应符合 GB 24426 的规定。

（2）欧盟标准

欧盟标准规定了最低标签要求，所有烟花应当标注有：①烟花的类型、类别和登记号码。烟花类型应当以大写标注。除类型名称外如果有商标，它不得与相关类型的主要效果或另一个类型的名称相冲突。以 8 发的罗马烛光为例：“8 SHOT ROMAN CANDLE”。类别需要以大写标注，比如“CATEGORY 2”或“CAT 2”。跟踪产品的登记号码如下：XXXX-YY-ZZZZ...，XXXX 指通报机构所发证书上的登记号码，YY 是

表 3-3-8 爆竹类产品销售包装标志内容示例

消费类别	个人燃放类	产品名称	爆竹 （××××响大地红）
产品类别	爆竹类	产品级别	C 级
总 药 量	×××g	单发（个）药量	0.×g
警 示 语	按照相关标准规范填写		
燃放说明	按照相关标准规范填写		
生产日期	20××年××月××日	保 质 期	3 年
生产厂家	××烟花爆竹××公司	联系电话	××××-××××××××
地 址	××省××市××县××镇××村		

表 3-3-9 烟花爆竹销售包装标志内容示例

消费类别	个人燃放类	产品名称	组合烟花 （××发万紫千红）
产品类别	组合烟花类	产品级别	C 级
总 药 量	××××g	单发（个）药量	××g
警 示 语	按照相关标准规范填写		
燃放说明	按照相关标准规范填写		
生产日期	20××年××月××日	保 质 期	3 年
生产厂家	××烟花爆竹××公司（厂）	联系电话	××××-××××××××
地 址	××省××市××县××镇××村		

产品类别的缩写（F1，F2 或 F3 分别代表一类，二类或三类），ZZZZ...是通报机构的处理号码。②标签上需要清楚标明最小年龄限制，具体见如下：一类：12 岁；二类：16 岁；三类：18 岁。③标签上需要标明烟花的药量。④生产年份：三类烟花需要在标签的右下角用两位数或四位数清楚标明生产年份，比如“2014”或“14”。⑤安全信息：标签应当包括相关烟花类型安全信息。安全信息需要有标题或粗体或类似的加以强调。⑥制造商或进口商的详细资料：制造商的名称或商标，地址和电话号码。如果制造商不在欧共体内，标签应当包括制造商的名称或商标，进口商的地址和电话或其缩写或代码以识别进口商。地址应至少包含城镇和国家名称。⑦印刷：标签内容应当清晰可见，易于识别，难以消除并且与背景色对比鲜明。印刷错误但不至于引起误导的不归作缺陷。大写的烟花类型、类别、安全信息和初始包装上的其他信息的字体高度至少为 2.8mm，如合适，其他信息的字体高度至少为 2.1mm。CE 标志的最小高度为 5mm。⑧小产品的标注：如果烟花没有足够的空间容纳下⑦中规定的字体高度的特定信息，则名称、类别和安全信息的字体高度可以减少到 2.1mm。如果即使字体减少到 2.1mm 仍不能容纳下所有特定的信息，则烟花上至少有生产商的信息，或进口商的信息（如果制造商不在欧共体内）。⑨其他信息：如果烟花上没有标明该烟花特定的安全信息，或

用初始包装保护引线的，烟花必须以初始包装整体销售，初始包装上需要注明“Must be sold as packaged”；如果用混合包装保护引线的，混合包装上需要注明“Must be sold as packaged”，该标注需要靠近类型名称或类别。⑩如果有初始包装，应当标注有上述①~⑦和⑨中特定的信息。以下烟花类型必须使用初始包装，标注整个适应于初始包装：孟加拉火柴、孟加拉烟花棒、圣诞炮、爆裂粒、闪光球、手持电光花、弹跳炮、非手持电光花、玩具火柴、蛇、拉炮、摔炮。⑪特定的信息应当以烟花产品或初始包装零售地所属国家的语言表示。每种语言的表述应该是一个整体，不能被其他文本隔断。以另外一种语言表述的其他文本不能与特定的信息相冲突。⑫同类/不同类组合的特定标签要求带有两根初始引线的同类/不同类组合，其第二根引线必须清楚地注明“SECOND FUSE”。⑬混合包的特定标签要求。包含有一个或多个类别的混合包的类别以其最高类别为准并注明，比如“CAT.3”。

（3）美国 AFSL 标准

规定了消费者使用烟花的警句标签要求，每一个消费者使用的烟花产品必须要有警句标签，以警告使用者这个烟花产品可能有伤害的危险，以及提供一份正确使用这个烟花产品的说明。为了帮助制造商使用能够符合要求的警句标签，美标所将包含所有1.4G 类消费者使用烟花品种的警句标签均纳入美标所的标准。

① 标签的字，每一个烟花产品必须有警句标签，通常包括下列内容：a. 警告提示是为了引起使用者的注意，提示应该阅读有关的重要内容。一般该警告提示是“WARNING”（警告）或“CAUTION”（注意）。“WARNING”这个字用于潜在的危险更大一些的产品。一般使用在有爆炸，产生炸子或发射进入空中的产品。包括火箭、飞弹、直升机、反复装填小礼花弹、彗尾、地面礼花和礼花弹、吐珠筒和鞭炮。产品潜在的危险小一些，则使用“CAUTION”这个字，包括的产品有花筒、玩具类、电光花、烟类、快乐烟花等。警告提示比其他陈述危险的声明和使用说明的字体要更大一些，更突出一些。b. 陈述危险的声明陈述危险的声明是为了警告使用者该产品使用时的特征和潜在的伤害危险。其陈述如：“可燃”“发射火球及炸子”“在地面旋转”“喷出火花”等。c. 使用说明提供给产品使用者的说明，其内容包括应该如何使用该产品，如何避免前面警句陈述的潜在危险。一般使用说明包括了下列内容：包括在警句标签中的其他的说明将取决于产品的类形和功能。

② 标签的位置，警告提示和陈述危险的声明必须出现在烟花产品的主显示面上。另外，每个主显示面必须有剩余的警告标签内容或者是指示性说明“仔细阅读在侧面的、背面的或后面的警告说明内容”。而美标所对于产品所要求的完整的警句标签内容，包括警告提示和陈述危险的声明必须出现在前面所提到的侧面、背面或后面。“主显示面”被定义作为每个产品的一部分，及零售包装的一部分，在这一部分印有警句标签且最醒目，最突出或在零售摆放时最易展现。因此，一个盒形的产品在 4 个侧面上都有产品名和/或显眼的图案，就要求必须在 4 个面上都显示警句标签。如果仅仅一个面有产品名和/或显眼的图案，则这个面就必须有警句标签。如果一个产品的一个面只有显眼的图案而没有产品名，但在另一个面有简单字体的产品名而没有图案，那么这两个面均被认为是产品的主显示面。这个解释亦适用于零售包装。注：如果零售包装被透明

的玻璃纸裹着，而在独立的产品上的一个完整的警句标签可以透过这裹着的玻璃纸清楚地读出，则就不再要求在透明纸或包装外部有额外的警句标签。对圆柱形产品，其主显示面积为整个圆柱侧面积 40%，对应着产品名的中心线位置。如果警句标签直接显示在产品名之下则是符合要求的。对于一些异形的产品如青蛙、公鸡、花瓶等，将其零售时摆放的显示面作为主显示面。

③ 明显和突出，所有的警句标签必须显示清楚与背景及印在产品上的其他图案对比强烈。色彩——使用的墨水与纸对比强烈。例如，黑色印在深蓝的背景上是不可取的。而黑或深蓝色的字印在白色背景上是可以接受的。警句标签的背景应是清楚且无任何图案或其他印刷内容在其中。边框——警告提示，陈述危险的声明和其他需注意的内容，在每一个主显示面上（每个产品和每个零售包装）必须集中放在一个方形或矩形的区域内（有或无边框）。水平位置——警句标签的行文必须与产品的底座相平行。底座是产品在零售时展示位置的底面。在某些情况，有警句标签内容显示在另一个面上而不是主显示面上，这些警告说明可以与所在面上另一些印刷相平行，而非与底座平行。这个平行要求不适用与较小直径的圆柱形产品，在圆柱形产品上是可以纵向印刷的。

④ 字体大小的要求，警句标签的字体尺寸取决于产品的主显示面的面积，每一个产品的主显示面应该进行计算。对于方形或矩形面的产品，其有产品名的一个完整的面就是主显示面。计算这个主显示面面积，用这个面的底边长乘以产品的高即可。对于三角形，六面体形或其他有矩形面的几何体形状，选择有产品名的面，将有产品名的几个面（或一个面）的长度乘以产品高就是这个产品的主显示面面积。对于圆柱形产品，其主显示面的计算是产品的高乘以直径再乘 1.26（圆柱形主显示面=高 × 直径 × 1.26）对于不规则形状的产品，你必须使用自己最好的判断力去确定主显示面面积。如有问题请与美标所联系。最小的字体尺寸在计算了主显示面面积后，使用表 3-3-10、表 3-3-11 确定警句标签及字体最小尺寸。要尽可能将使用的字体更大于最小尺寸要求。这可以提供一个“保险系数”确保印的字不会小于你的要求。

表 3-3-10　警句标签的示例

必须在成人的陪伴下使用
只在室外使用
直立放置在平的地面（或其他合适的说明为了放置和点燃这个产品）
不要拿在手里（除了手持式的产品）点燃引线并且迅速离开

表 3-3-11　字体的最小尺寸要求

主显示面/in^2	字体的最小尺寸要求/in		
	警告提示	陈述危险的声明	其他警句
0 ~ 2	3/64	3/64	2/64
>2 ~ 5	4/64	3/64	3/64
>5 ~ 10	6/64	4/64	4/64
>10 ~ 15	7/64	6/64	4/64

表 3-3-11（续）

主显示面/in^2	字体的最小尺寸要求/in		
	警告提示	陈述危险的声明	其他警句
>15 ~ 30	8/64	6/64	5/64
>30	10/64	7/64	6/64

注：1in=25.4mm。

⑤ 对一些小产品的例外，独立的产品太小以至于不能容纳要求的警句标签（仅仅是在这种情况下），则所要求的警句标签可以印在零售包装上且要符合字体的尺寸和位置要求。独立的产品则不再要求警句标签，但销售时这个零售包装应作为一个销售单位不能打开包装销售。无论何时，只要可能独立的产品必须至少显示警告提示、陈述危险的声明和“仔细读包装上的说明书”这句话。

⑥ 对于混合包装的专用标签，混合包装包含有多种不同类型的烟花，在其混合包装上必须有以下的标签。上述的位置、明显度和字体大小等要求也适用于混合包装。

（4）小结

各国标准都对产品标志内容、文字作出了规定，都包含产品名称、类型、级别，生产商的名称和地址，以及使用说明和警示语等，我国标准将产品包装分为运输包装和销售包装，因此产品标志包含运输包装标志和销售包装标志，我国标准中给出了运输包装和销售包装标志明确的示例，方便生产商应用。欧美标准只对销售包装作出规定，不仅有明确的标志内容，还对文字大小、位置，特别是小产品包装面小时，作出了非常明确的规定，很具操作性。

1.6 外观

（1）中国标准

我国烟花爆竹产品标准 GB 10631—2013 规定，产品应保证完整、清洁，文字图案清晰；表面无浮药、无霉变、无污染，外型无明显变形、无损坏、无漏药；筒标纸粘贴吻合平整，无遮盖、无露头露脚、无包头包脚、无露白现象；筒体应黏合牢固，不开裂、不散筒。

（2）欧盟标准

欧盟标准虽未明确对外观作出规定，但要求包装应将其内的烟花完全密封，除了特定的用于打开包装或因为技术要求的孔洞和裂缝外，包装上不能有孔洞或裂缝。

（3）美国标准

AFSL 标准要求烟花装置的外形或包装不能类似于糖果或其他食品。

1.7 引燃装置

（1）中国标准

引燃装置在所有正常、可预见的使用条件下使用引燃装置，应能正常地点燃并引燃效果药。引火线、引线接驳器、电点火头应符合相应的质量标准要求。点火引火线应为绿色安全引线，点火部位应有明显标识。点火引火线应安装牢固，可承受产品自身重量 2 倍或 200g 的作用力而不脱落或损坏。快速引火线、电点火头和引线接驳器应慎重使用。并遵循下列要求：

a）产品不应预先连接电点火头（舞台用焰火采取固定防摩擦且有短路措施的除外）；

b）个人燃放类产品不应使用电点火头；

c）使用快速引火线和引线接驳器（仅限定在特殊的组合烟花）时，快速引火线与安全引火线及引线接驳器之间应安装牢固，可承受 1kg 的作用力而不脱落或损坏，快速引火线和引线接驳器均应有防火措施；

d）快速引火线只能作为连接引火线，颜色应为银色、红色或黄色。点火引火线的引燃时间应保证燃放人员安全离开，且在规定时间内引燃主体。D 级：2s ~ 5s；C 级：3s ~ 8s；A 级、B 级：6s ~ 12s。C 级、D 级产品设计无引燃时间的产品可不计引燃时间，专业燃放类产品采用电点火引燃的不规定引燃时间。

（2）欧盟标准

点燃方式采用外露引线、点火头、密封纸、摩擦头。同类/不同类组合可以装配两根引线；一级的孟加拉火焰常没有初始引线而是带有密封纸；孟加拉烟火棒、圣诞炮、拉炮、小的闪光球、室内花筒、小的手持花筒、快乐烟花、蛇等没有初始引线。初始引线的保护采用橙色引线套（贴），初始包装或混合包装，其中孟加拉火柴、带摩擦头的爆竹、带摩擦头的室外花筒、手持和非手持电光花、玩具火柴和摔炮必须有初始包装；孟加拉烟火棒、圣诞炮、闪光球、弹跳炮、小火箭、快乐烟花、蛇、拉炮和旋转升空类必须有初始包装或混合包装；摔炮必须放置在锯末灰中；有传导引线的烟花不能有外露的快引。点火装置应牢固，1 类烟花或 2 类小火箭，能承受 50g 质量夹；2 类或 3 类烟花，能承受 100g 质量夹超过 10s 仍未脱落，点火头，密封纸或摩擦头应能通过振动测试而不脱落。点燃的方式应清楚可见或有标签或说明指示。初始引线在 10s 内需要被点燃且燃烧可见，或摩擦点火头可以点燃且燃烧可见。一级，二级的引线燃烧时间为 3 ~ 8s，三级的引线燃烧时间为 5 ~ 13s。带摩擦头的烟花：用砂纸测试其抗点燃性能时，摩擦头不能被点燃。一级的室内花筒在 5s 内需要被点燃；罗马烛光初始效果后的不可见燃烧时间不能超过 5s（二级）或 10s（三级）；旋转升空和地面弹跳旋转类：点燃点在产品的顶部可见；手持和非手持电光花：15s 内被点燃。

（3）AFSL 标准

进入烟花装置内的主引线必须是安全引线或其他经过保护能抵御旁燃的引线。引线必须与装置牢固地连接，可以承受产品自重加 227g（8oz）重物或两个产品自重的力（取两者中之轻者），引线不会从装置上分离引线位置应明显或在装置外部标示清楚。外露引线，包括筒子之间的连接引线，必须能够承受至少 3s 的旁燃测试。从点燃引线的头部到引燃这个装置的时间必须是至少 3s，而不超过 9s。对于多个效果或多筒装置，其效果（或筒子）间的时间间隔不能超过 10s。

① 组合类中当一个多种效果装置由较温和效果（如花筒效果）转换到较猛烈效果（如花束、礼花弹或彗尾效果），其效果间的时间间隔不能超过 3s。因功能所需其喷口很小并且总药量少于 6g（0.21oz）的装置，其引线没有旁燃要求。符合本标准的装置必

须只包含一条主引线。禁止使用任何附加的引线、引燃点、插引孔或导火点。

② 彗尾、地面花束和礼花弹类任何装置若含有一个毛重超过 25g（0.9oz）的抛射物，其主引必须从发射筒接近底部的侧面进入筒内（地面花束不被认为是抛射物）。符合标准的装置必须只包含一条主引线。禁止使用任何附加引线、引燃点、插引孔或导火点。在一个底座上的所有筒子都必须由引线联接使之有序地发射。如果引线连接使用分支或交叉的方式，则必须防止有两支或更多的筒子同时发射。主引（开始引燃的引线）必须伸出装置外 2.5cm（1in）以上。

③ 爆竹类中鞭炮串的引线要包括一根主引（可能是贯穿整串的），主引可不经过旁燃测试。

④ 花筒类中符合标准的装置必须只包含一条主引线。禁止使用任何附加的引线、引燃点、插引孔或导火点。

⑤ 地面旋转和地老鼠类因功能所需其喷口很小并且总药量少于 6g（0.21oz）的装置，其引线没有旁燃要求。

⑥ 特别类因功能所需其喷口很小并且总药量少于 6g（0.21oz）的装置，其引线没有旁燃要求。多个效果或多筒的装置，其效果或筒子之间的间隔时间不能超过 5s。符合标准的多筒装置不要求引线顺序连接使之顺序发射。

⑦ 聚会、戏耍和烟类因功能所需其喷口很小并且总药量少于 6g（0.21oz）的装置，其引线没有旁燃要求。

⑧ 反复装填小礼花弹类主引必须足够长可以露出发射筒至少 5cm（2in），引线应有足够的刚度，以保证使用时不会掉进发射筒内。

⑨ 吐珠筒从点燃引线的头部到引燃这个产品的时间必须是至少 3s，而不超过 12s。

⑩ 火箭、飞弹和直升飞机类因功能所需其喷口很小并且总药量少于 6g（0.21oz）的装置，其引线没有旁燃要求。

⑪ 手持电光花装置其引燃温度必须足够高，产品不能被其他手持火花条上绽出的火花引燃。

⑫ 转轮因功能所需其喷口很小并且总药量少于 6g（0.21oz）的装置，其引线没有旁燃要求。

（4）小结

各国标准对烟花产品的引火线、引燃装置作出了规定，主要是引火线的牢固度，引火线的标志和保护，以及引燃时间等。牢固度测试要求引火线承受的拉力欧盟标准稍微小些，美国标准最高。我国和欧盟标准明确规定个人燃放类不应使用电点火头。美国标准规定了效果的间隔时间，并要求进行旁燃测试，欧盟标准还规定了点燃引火线的时间。产品的引燃时间我国标准规定为 2s ~ 5s（D 级）、3s ~ 8s（C 级）、6s ~ 12s（A 级、B 级）；欧盟标准规定为 3s ~ 8s（一级，二级）、5s ~ 13s（三级）、美国标准规定为 3s ~ 9s，各国标准规定引燃时间虽然长短不一，但还是相对集中在相同时间段。

1.8 检验方法

我国关于烟花测试方法标准有 10 多项，不仅在产品基础标准 GB 10631《烟花爆竹安全与质量》以及各分类标准中规定了产品结构性能的检测方法，还制定了专门的检测方法规程、规范《烟花爆竹检验规程》、《烟花爆竹 安全性能检验规程》、《烟花爆竹储存运输安全性能检验规范》，另外对烟花爆竹的危险等级分类制定了《烟花爆竹危险等级分类方法》，对烟火药的成分、性质制定了相关测试方法标准，如《烟花爆竹药剂成分定性测定》《烟花爆竹 烟火药中高氯酸盐含量的测定》《烟花爆竹 药剂密度测定》等。

国外标准中对烟花测试方法的规定仅包含在产品标准中，对产品的结构性能指标和禁限用药物成分含量进行测试，除药物成分含量测试需要大型仪器设备外（如六氯代苯测试需要用到气质联用，微量杂质需要用到原子吸收或发射光谱仪），产品结构性能的测试一般只需简单的计量器具卷尺、卡尺、天平、秒表、标杆等，很多项目目测就可以完成，但对烟花发射高度和亮珠辐射半径的测试，国外还没有专用工具进行精确测量，我国已进行了大量的研究，目前已能对发射高度进行精确测量，但辐射直径方面还有待突破。我国标准规定了安全性能测试方法，欧盟标准要求进行振动测试，美国标准确立了旁燃测试和斜坡测试。

（1）中国标准

GB/T 10632《烟花爆竹 抽样检查规则》是根据 GB 2828（等效于 ISO 2859-1）制定的专用于烟花爆竹产品抽样检测的标准。

① 样本量

根据产品批量查表确定样本量，如表 3-3-12 ~ 表 3-3-14 所示。

表 3-3-12 一般产品抽样样本量规

批量范围 N	≤500	501 ~ 1000	1001 ~ 2000	>2000
样本量 n	5	8	10	13

表 3-3-13 鞭炮抽样样本量规定

批量范围 N/（挂、卷）	样本量 n/（挂、卷）			
	≤50 响/（挂、卷）	51 ~ 500 响/（挂、卷）	501 ~ 2000 响/（挂、卷）	>2000 响/（挂、卷）
≤500	8	6	5	4
501 ~ 1000	10	8	6	4
1000 ~ 2000	13	10	8	5
>2000	13	12	10	6

表中批量范围及样本量以该产品实际燃放时的最小单位为单位。摩擦类的产品以最小包装盒为单位。最大批量为 5000 箱。3 号 ~ 6 号礼花弹按表 3-3-12 规定的样本量的 60%抽取样品，7 号以上礼花弹按表 3-3-12 规定的样本量的 30%抽取样品，但最小样本量不应少于 3 个。表 3-3-12 ~ 表 3-3-14 中规定为产品出厂检验及药种检验所须最小样本量，如需留样备查，按表 3-3-12 ~ 表 3-3-14 中规定加倍抽样。产品型式试验按表 3-3-12 ~ 表 3-3-14 规定加一倍抽样。

表 3-3-14 组合烟花抽样样本量规定

批量范围 N/个	样本量 n/个					
	组合发数/（发/个）					
	≤20 发		21～50		>50	
	单筒内径/mm					
	>30	≤30	>30	≤30	>30	≤30
≤500	5	6	4	5	4	4
501～1000	6	7	5	6	4	5
≥1001	7	8	6	7	5	6

② 抽样规则

成箱产品，按表 3-3-12 中规定的样本量数的 50%以上确定开箱检查数，再在所检查的箱中随机抽取样本。散装产品按分群随机抽样方法抽样。抽取样本应尽最大可能分散抽取。

③ 检查

按照 GB10631 中的规定执行。运输包装及其标志检验：检查整批产品。销售包装、内包装及其标志及产品外观检验：检查开箱产品。规格尺寸、部件及燃放效果检验：检查产品不应少于 3 个，50 发以上组合烟花不应少于 2 个，鞭炮不应少于 2 挂（卷）。

④ 判定规则

检查中发现的缺陷根据表 3-3-15 确定缺陷类别，检查中发现的缺陷数或不合格品的数小于或等于接收判定数，则接收；不合格品数或缺陷数大于或等于拒收判定数，则拒收。

表 3-3-15 批量与判定数

<table>
<tr><th rowspan="3">批量范围 N</th><th colspan="10">缺陷类别及缺陷数</th></tr>
<tr><th colspan="2">a</th><th colspan="2">b1</th><th colspan="2">b2</th><th colspan="2">c1</th><th colspan="2">c2</th></tr>
<tr><th>Ac</th><th>Re</th><th>Ac</th><th>Re</th><th>Ac</th><th>Re</th><th>Ac</th><th>Re</th><th>Ac</th><th>Re</th></tr>
<tr><td>≤500</td><td rowspan="4">0</td><td rowspan="4">1</td><td>1</td><td>2</td><td>1</td><td>2</td><td>2</td><td>3</td><td>2</td><td>3</td></tr>
<tr><td>501～1000</td><td>1</td><td>2</td><td>2</td><td>3</td><td>3</td><td>4</td><td>2</td><td>3</td></tr>
<tr><td>1001～2000</td><td>1</td><td>2</td><td>2</td><td>3</td><td>4</td><td>5</td><td>2</td><td>3</td></tr>
<tr><td>>2000</td><td>2</td><td>3</td><td>3</td><td>4</td><td>5</td><td>6</td><td>2</td><td>3</td></tr>
</table>

⑤ 特殊规定

对致命缺陷的特殊规定：为了排除致命缺陷，负责部门可以对提交批进行逐个检查，也可以采取抽样检查方式进行验证检查，一旦发现致命缺陷，则拒收该批。已发现有致命缺陷的烟花爆竹，不管它是不是样本的一部分，也不管整批是否接收，都应剔除，并拒收该批。负责部门系指下列部门之一：供方或需方内部的质检部门、第三方检验机构、供需双方协商同意的部门。不合格品的处理：一旦发现有严重缺陷或轻微缺陷的烟花爆竹，不管它是不是样本的一部分，也不管批是否接收，都应剔除。不合格批的处理：因含有不可修复致命缺陷而拒收的不合格批，一旦拒收，决不允许再提交。除“含有不可修复致命缺陷而拒收的”不合格批外，拒收的不合格批经过返修或返检，剔除不合格品后，允许再提交。再次提交批采取正常或加严检查，检查范围是全部类别的缺陷，还是仅仅导致批拒收的特定类别缺陷，应由负责部门确定，具体缺陷见表 3-3-16、表 3-3-17。

表 3-3-16 一般缺陷

序号	检验项目	GB 10631		缺陷名称	缺陷类别
		技术要求	试验方法		
1	标志	5.1	6.1	无厂名、无厂址、无产品名称、无燃放说明、无警示语	a2
				除厂名、厂址、产品名称、燃放说明和警示语外标志内容不齐、标志内容错误、字体、颜色错误	c2
2	包装	5.2	6.1	运输包装、销售包装不符合要求	b1
3	外观	5.3	6.1	重霉变，主体严重变形，开裂	a1
				主体轻度变形，表面有浮药	b1
				污染，轻霉变、包头包脚，露头露脚,、露白（线香类、礼花弹类、爆竹类除外）	c2
4	部件	5.4	6.4	引燃时间 t 小于标准规定的最小值	a1
				点火引火线安装不牢固	a2
				引燃时间 t 大于标准规定的最大值，快速引火线、电点火头和引线接驳器使用不符合标准要求	b1
				点火引火线不是绿色安全引，无护引装置，点火部位不明显	b1
				未按要求安装底座	a2
				底塞不牢固、部件安装不牢，主体稳定性试验不合格	a1
				吊线强度不符合要求，定向器安装不牢	b1
				手持部分长度不符合标准要求	b1
				含有不应有的漂浮物、雷弹	b1
5	结构与材质	5.5	6.5	结构与材质不符合要求	b1
				固引剂使用不符合标准要求	b1

表 3-3-16（续）

序号	检验项目	GB 10631		缺 陷 名 称	缺陷类别
		技术要求	试验方法		
6	药种、药量	5.6	6.6	使用违禁药物，超药量	a1
				实测药量平均值超出标示值允许误差范围 3 倍以上	b1
				实测药量平均值超出标示值允许误差范围 1 ~ 3 倍	b2
				爆炸药、带炸效果件使用不符合标准要求	b1
7	安全性能	5.6.3	6.6.3.	热安定性试验、跌落试验不合格、低温试验不合格	b1
				药物吸湿性、水分、pH 值超标	a1
8	燃放性能	5.7	6.7	不符合设计要求、声级超过规定值	b2
				色火、炙热物与燃放点横向距离超过规定值	b1
				抛射物与燃放点横向距离超过规定值，且单块质量>5g≤20g（纸质>15g，≤50g）	c1
				抛射物与燃放点横向距离超过规定值，且单块质量>20g（纸质>50g）	b1
				专业燃放类产品火焰（炙热物）熄灭高度不符合标识要求	b1
				未烧成	b2
9	计数误差	5.7	6.7	超出标准规定误差范围	b2

注：1. *t* 表示实测引燃时间。

2. 产品无其他缺陷时，单筒壁厚不作判定

表 3-3-17　燃放性能缺陷

序号	产品类别	小类	GB 10631		缺陷名称	缺陷类别
			技术要求	试验方法		
1	爆竹类	黑药炮 白药炮	5.7	6.7	火焰、燃烧物超过标准规定范围	b1
					烧成率不合格	b2
2	喷花类	地面（水上）喷花 手持喷花 插入式喷花	5.7	6.7	炸筒、散筒、穿孔	a1
					倒筒、冲底	a1
					喷射高度大于规定要求、烧筒	b1
					未烧成、断火	b2

表 3-3-17（续）

序号	产品类别	小类	GB 10631		缺陷名称	缺陷类别
			技术要求	试验方法		
3	旋转类	有轴旋转烟花 无轴旋转烟花	5.7	6.7	炸筒、散筒	a1
					飞离地面高度大于规定要求 行走距离大于规定要求、烧筒	b1
					未烧成、断火	b2
4	升空类	火箭 双响 旋转升空烟花	5.7	6.7	低炸、急炸	a1
					发射高度、发射偏斜角不合格	b1
					未烧成、断火	b2
5	吐珠类		5.7	6.7	炸筒、散筒、冲底	a1
					烧成率不合格	a1
					发射距离或高度不符合要求	b2
6	玩具类	玩具造型	5.7	6.7	炸筒、倒筒、冲底	a1
					行走距离大于 2 m、烧筒	b1
					未烧成、断火	b2
		线香型	5.7	6.7	爆燃、火星落地	b1
					未烧成、断火	b2
		烟雾型	5.7	6.7	炸筒，出现明火、烧筒	a1
					未烧成、断火	b2
		摩擦型	5.7	6.7	火花飞溅距离不符合要求	b1
					未烧成	b2
7	礼花类	小礼花	5.7	6.7	炸筒、低炸、急炸、倒筒、散筒、冲底	a1
					发射高度与发射偏斜角不合格、烧筒	b1
					未烧成、断火	b2
		礼花弹	5.7	6.7	炸筒、低炸、急炸、哑弹、殉爆	a1
					发射高度不合格，未烧成、断火	b1
8	架子烟花类		5.7	6.7	炸筒、散筒、冲底、烧筒	a1
					燃烧不均匀、未达到设计效果时间、断火	b2
9	组合烟花类	同类组合 不同类组合	5.7	6.7	炸筒、低炸、急炸、倒筒、散筒、冲底、点火引火线断火	a1
					发射高度、发射偏斜角不合格、烧筒	b1
					连接引线、效果件断火、未烧成	b2

样本量大于或等于批量的规定：当采用的抽样方案的样本量大于或等于批量时，进行百分之百检查。连续批抽样方案调整规定：除负责部门另有规定外，检查开始时执行正常检查，正常检查方案按表 3-3-15 规定。生产稳定情况下，正常检查连续 5 批被接收，则转入放宽检查，放宽检查抽样方案为样本量抽取按表 3-3-12～表 3-3-14 规定减半。正常检查被拒收，立即转入加严检查，加严检查抽样样本量按表 3-3-12～表 3-3-14 规定加一倍。加严检查被接收，则从下一批开始执行正常检查。

（2）欧盟标准规定

EN 15947 和 EN 16261 对烟花产品的抽样方法、缺陷分类、检验判定等作了规定。这两个标准将对烟花的检测分为型式测试和批测试，抽样方法按照 ISO 2859-1 执行。

① 型式测试

一、二、三级烟花型式测试需要的样品数量如表 3-3-18 所示。

表 3-3-18 型式测试样品数量

测试需要的数量	测试条件	EN 15947-5 中测试条款
10	原样测试	目测、4、6、7、8、标签
10	热稳定性测试	目测、6、7
10	振动测试	目测、6、7
3	结构检查和药物称量	

带摩擦头的烟花：额外需要 10 个（用于用砂纸测试其抵御点燃的特性）；地面旋转和弹跳炮：额外需要 10 个（用于其在固定点测量分贝用）。需要检查的初始包装的数量：有初始包装的产品在进行热稳定测试和振荡测试时需要用初始包装。烟花产品有初始包装保护其初始引线时，至少需要检查 5 个包装以评估其是否达到最低标签要求。四级烟花型式测试需要的样品数量如表 3-3-19 所示。

表 3-3-19 型式测试样品数量

测试需要的数量	测试条件	EN 16261-2 中测试条款
3	原样测试	5、6、7、8、标签说明
3	热稳定性测试	6、7
3	振动测试	6、7

② 批测试

抽样方案按照 ISO 2850-1 使用双次抽样，可进行正常，加严和减少抽样的转换，检验水平为 S-4，一、二、三级按表 3-3-20 执行，四级按表 3-3-21 执行。

四级烟花当批量小于 1201 个每批时，抽样方案按表 3-3-22 所示进行抽样，且不得出现严重缺陷和主要缺陷。

抽样单位如果没有初始包装的烟花产品，抽样数量指单个烟花产品；有初始包装的，抽样数量指单个产品和包含单个产品的适当的初始包装；同时需要检查抽取的适当初始包装是否有缺陷。

表 3-3-20 抽样方案

批量	样本量 n		AQL	Ac	Re	AQL	Ac	Re	AQL	Ac	Re
	第一次抽样	第二次抽样									
2 ~ 25	2		0.65	0	1	2.5	0	1	10	0	2
		2								1	2
26 ~ 90	3		0.65	0	1	2.5	0	1	10	0	2
		3								1	2
91 ~ 150	5		0.65	0	1	2.5	0	1	10	0	3
		5								3	4
151 ~ 500	8		0.65	0	1	2.5	0	2	10	1	3
		8					1	2		4	5
501 ~ 1200	13		0.65	0	1	2.5	0	2	10	2	5
		13					1	2		6	7
1201 ~ 10000	20		0.65	0	1	2.5	0	3	10	3	6
		20					3	4		9	10
10001 ~ 35000	32		0.65	0	2	2.5	1	3	10	5	9
		32		1	2		4	5		12	13
35001 ~ 500000	50		0.65	0	2	2.5	2	5	10	7	11
		50		1	2		6	7		18	19
≥500001	80		0.65	0	2	2.5	3	6	10	11	16
		80		1	2		9	10		26	27

表 3-3-21 抽样方案

批量	样本量 n		AQL	Ac	Re	AQL	Ac	Re	AQL	Ac	Re
	第一次抽样	第二次抽样									
1 ~ 35000	20		0.65	0	1	2.5	0	3	10	3	6
		20					3	4		9	10
35001 ~ 500000	50		0.65	0	2	2.5	2	5	10	7	11
		50		1	2		6	7		18	19
≥500001	80		0.65	0	2	2.5	3	6	10	11	16
		80		1	2		9	10		26	27

表 3-3-22　抽样方案

批量数	抽样数	可接受的轻缺陷
2 ~ 25	1	0
26 ~ 150	2	0
151 ~ 500	3	1
501 ~ 1200	8	2

一、二、三级烟花缺陷类别划分如表 3-3-23 所示，四级烟花缺陷类别划分如表 3-3-24 所示。

表 3-3-23　缺陷类别划分

要求	类别	缺陷类型
结构材料		严重
未包裹部分长度		次要
同类/不同类组合中的要素		主要
允许的点燃方式		主要
初始引线的保护		主要
摔炮的保护		主要
点燃方式的牢固度		主要
初始引线的点燃		主要
初始引线的燃烧时间	一类和二类	严重：<2s 或>10s 主要：≥2s 和<3s 主要：>8s 和≤10s
	三类	严重：<3s 或>15s 主要：≥3s 和<5s 主要：>13s 和≤15s
用砂纸测试摩擦头的抗点燃性		主要
一类室内烟花的点燃时间		主要
罗马烛光的不可见燃烧		主要
旋转升空和地面弹跳旋转顶部的点燃点的可见性		次要
电光花的点燃时间		主要
完整性		主要
飞行稳定性		严重
主要效果		次要
功能		主要

表 3-3-23（续）

要求	类别	缺陷类型
上升或飞行的角度	空中转轮，火箭和旋转升空类	次要：>15° 和≤30°、主要：>30°
	双响炮	次要：>8° 和≤16°；主要：>16°
	小火箭	主要：>30°
移动		主要
发生功能时的稳定性		严重
爆炸高度		主要
声级		主要
爆炸和其他缺陷		严重
燃烧物或炙热物		主要
火焰的熄灭		次要
抛射物		主要
药物的燃烧速率		主要
拉绳或拉条		主要
弯曲度		主要
塑料壳身		主要
火箭驱动器		主要
功能完成后的完整性		次要
初始包装或混合包装		主要

表 3-3-24　缺陷类别划分

要求	缺陷类型
结构	主要缺陷：礼花弹径在生产厂家声明值之外（含偏差）
	轻缺陷：除礼花弹径外的其他尺寸在生产厂家声明值之外（含偏差）
	主要缺陷：产品毛重在生产厂家声明值之外（含偏差）
引燃方式识别	轻缺陷
引燃方式保护	严重缺陷
完整性：漏药	严重缺陷
完整性：其他缺陷	主要缺陷
主要效果	主要缺陷
功能释放不完全	严重缺陷：抛射或升空类烟花
	轻缺陷：其他烟花

表 3-3-24（续）

要求	缺陷类型
功能释放：未按设计方式或非可见方式	根据燃放可能造成的效果分为严重缺陷、主要缺陷、轻缺陷
功能释放过程中的稳定性	严重缺陷
性能参数	主要缺陷
声级值	主要缺陷
抛射物	主要缺陷（对非可遇见碎片）
保护性包装	主要缺陷
标签和说明核实	严重缺陷：当地面礼花发射筒角度不可见时，最大发射角没有在标签上标明
	严重缺陷：标签或使用说明上的信息不完整或产生误导
注：公差是指生产商获得型式试验证书时的证明值或者更贴近实际值的值。	

③ 判定准则

严重缺陷单元：可接受质量限制为 AQL 0.65%；主要缺陷单元：可接受质量限制为 AQL 2.5%；次要缺陷单元：可接受质量限制为 AQL 10%。

（3）AFSL 标准规定

美国 AFSL 标准没有对烟花产品的抽样方法、缺陷类别、检测判定作出具体规定，仅要求随机抽样检测，测试结果符合标准的所有规定。

（4）小结

从我国和欧盟标准的抽样方法、缺陷类别判定的对比分析中可以看出，我国标准和欧盟标准的抽样方法都是出自 ISO2859-1 标准，我国标准的抽样方法是在此基础上进一步简化而来，从缺陷类别细分来看，我国和欧盟标准的缺陷类别基本相同，美国标准虽没有对烟花产品的抽样方法、缺陷类别、检测判定作出具体规定，但要求随机抽样，测试结果必须符合标准的所有规定，更为严格。

不同点体现在：

① 检验类型不一样：中国是安全质量监督抽查（质检的质量监督抽查和安监的安全监督抽查）+出厂批次检验的模式，美国采用的是装运前批次检验（第三方机构）+EX 号认证（运输安全性认证，美国运输部）+执法监督抽查（美国消费者安全委员会）的模式，欧盟采用的是型式试验（指令机构）+批次检验（质量体系认证或第三方检验）+政府执法抽查的模式。检验模式的共同点是都进行批次检验，以保证流向市场的烟花的基本安全。

② 批次检验抽样方案不一样：中国采用的是计数抽样的方式抽样，给定抽样数和结果判定数对产品合格与否作出判定，欧盟采用的 ISO-2859 抽样方案根据 AQL 值和抽样水平对产品合格与否作出判定，美国标准为规定抽样方案，但检验时用到的作业指导书是根据 ISO-2859 进行抽样和判定的。

1.9 产品包装及运输

（1）中国

我国《烟花爆竹安全管理条例》对烟花的运输作了规定，对经由道路运输烟花爆竹的，应当经公安部门许可，经由铁路、水路、航空运输烟花爆竹的，依照铁路、水路、航空运输安全管理的有关法律、法规、规章的规定执行。经由道路运输烟花爆竹的，托运人应当向运达地县级人民政府公安部门提出申请，并提交下列有关材料：

① 承运人从事危险货物运输的资质证明；

② 驾驶员、押运员从事危险货物运输的资格证明；

③ 危险货物运输车辆的道路运输证明；

④ 托运人从事烟花爆竹生产、经营的资质证明；

⑤ 烟花爆竹的购销合同及运输烟花爆竹的种类、规格、数量；

⑥ 烟花爆竹的产品质量和包装合格证明；

⑦ 运输车辆牌号、运输时间、起始地点、行驶路线、经停地点。

受理申请的公安部门应当自受理申请之日起 3 日内对提交的有关材料进行审查，对符合条件的，核发《烟花爆竹道路运输许可证》；对不符合条件的，应当说明理由。《烟花爆竹道路运输许可证》应当载明托运人、承运人、一次性运输有效期限、起始地点、行驶路线、经停地点、烟花爆竹的种类、规格和数量。

经由道路运输烟花爆竹的，除应当遵守《中华人民共和国道路交通安全法》外，还应当遵守下列规定：

① 随车携带《烟花爆竹道路运输许可证》；

② 不得违反运输许可事项；

③ 运输车辆悬挂或者安装符合国家标准的易燃易爆危险物品警示标志；

④ 烟花爆竹的装载符合国家有关标准和规范；

⑤ 装载烟花爆竹的车厢不得载人；

⑥ 运输车辆限速行驶，途中经停必须有专人看守；

⑦ 出现危险情况立即采取必要的措施，并报告当地公安部门。

烟花爆竹运达目的地后，收货人应当在 3 日内将《烟花爆竹道路运输许可证》交回发证机关核销。禁止携带烟花爆竹搭乘公共交通工具。禁止邮寄烟花爆竹，禁止在托运的行李、包裹、邮件中夹带烟花爆竹。

a）国内销产品运输

《烟花爆竹安全管理条例》对经由道路运输烟花爆竹作出了详细规定规定，公安部门是监管主体。经由道路运输烟花爆竹的，除应当遵守《中华人民共和国道路交通安全法》外，还应有县级以上公安部门核发《烟花爆竹道路运输许可证》，并对车辆、转载和运输有相应的要求。禁止携带烟花爆竹搭乘公共交通工具。禁止邮寄烟花爆竹，禁止在托运的行李、包裹、邮件中夹带烟花爆竹。为进一步细化《烟花爆竹安全管理条例》条例的要求，交通运输部拟尽快制定《烟花爆竹运输分类及品名表》《烟花爆竹陆路运输及储存》《烟花爆竹水路运输及储存》《烟花爆竹储运电子信息监控》等 4 个标准加强对烟花运输的安全管理。

b）出口产品运输

出口产品的运输由交通、海事和检验检疫部门负责监管。自广东口岸停运出口烟花后，上海成为我国烟花主要外运口岸。为避免口岸烟花装卸危险性，上海海事局、交通部门对湖南、江西出口烟花主产区实施产地集装箱监装、口岸直通放行的模式加强了对出口烟花运输的管理。出口产品还需遵守《国际海运危险货物规则》《联合国关于危险货物运输的建议书》等国际规则。根据国际规则的要求，制定的 GB 19270—2009《水路运输危险货物包装检验安全规范》、GB 19296—2009《陆路运输危险货物包装检验安全规范》、GB 19359—2009《铁路运输危险货物包装检验安全规范》和 GB 19433—2009《空运危险货物包装检验安全规范》适用于通过水路、陆路、铁路和航空运输的出口烟花运输管理。

GB10631—2013《烟花爆竹 安全与质量》标准规定了烟花产品应有销售包装（含内包装）和运输包装；销售包装与运输包装等同时，应同时符合销售包装与运输包装要求。销售包装（含内包装）材料应采用防潮性好的塑料、纸张等，封闭包装，产品排列整齐、不松动。内包装材质不应与烟火药发生化学反应。运输包装应符合 GB 12463—2009《危险货物运输包装通用技术条件》的要求。运输包装容器体积符合品种规格的设计要求，每件毛重不超过 30kg。水路、铁路运输和空运产品的运输包装应分别符合 GB 19270—2009《水路运输危险货物包装检验安全规范》、GB 19359—2009《铁路运输危险货物包装检验安全规范》、GB 19433—2009《空运运输危险货物包装检验安全规范》、GB 19269—2009《公路运输危险货物包装检验安全规范》的技术要求。专业燃放类产品包装（包括运输包装和销售包装）应使用单一色彩（瓦楞纸原色、灰色、草黄）的包装，不应使用其他彩色包装；个人燃放类产品包装可使用对比度鲜明的彩色包装。摩擦型产品包装应采取隔栅或填充物等方式。GB 11652—2012《烟花爆竹作业安全技术规程》中对烟花产品的包装安全操作过程、场内运输、装卸作了规定，AQ 4112—2008《烟花爆竹出厂包装检验规程》对烟花爆竹出厂包装检验方法作出了规定。

（2）欧盟

欧盟烟花指令和标准没有对产品包装作出具体要求，一般要求符合运输的规定，如果需要初始包装或混合包装保护初始引线，包装应将其内的烟花完全密封。除了特定的用于打开包装或因为技术要求的孔洞和裂缝外，包装上不能有孔洞或裂缝。

欧盟各国的交通运输部门按照《国际海运危险货物规则》《联合国关于危险货物运输的建议书》以及各国的危险品法案对烟花运输进行监管。欧盟对烟花运输的管理除国际公约外，还有针对危险品运输的 2008/68/EC 指令同样适用于对烟花运输的管理。因荷兰 2000 年、丹麦 2004 年相继发生烟花仓库爆炸事故，欧盟对烟花运输危险等级要求非常严格，在欧盟力推下，联合国危险货物专家委员会于 2004 年制定发布了《关于烟花运输默认定级表》(Default fireworks classification table)，要求输欧烟花标注真实的运输危险等级。荷兰基础设施与环境保护部和中国国家质检总局就烟花非法违规运输建立合作协议。

（3）美国

美国运输部（DOT）按照美国联邦法规 49 部（Code of Federal Regulation-Transportation 49）对美国烟花运输进行监管。美国运输部制定适用于美国的烟花批准、分类、包装等级、标记和标签、一般包装要求、包装测试等要求，并按其对烟花运输进行管理，例如要求烟花进行储运危险性的 EX 认证，EX 认证包括烟花制品 75℃热稳定性试验和 12m 跌落试验。另外，美国对危险性小的烟花，例如砂炮、电光花等联合国编号为 1.4S 的烟花经美国运输批准可不作为危险品运输。

美标 AFSL 标准烟花的包装和运输作出了规定，所有消费者使用的烟花必须符合美国运输部公布的法规，这些法规规定了批准运载的烟花，其包装箱的结构和测试的要求及该包装箱的标记和标签。产品设计、包装和装箱要满足在一个独立的运输包装中，当一个装置引燃时，其他装置不会同时爆炸。包装不能难于打开，甚至一打开可能就会损坏里面的物品。装置必须被可靠地包装，要有防潮和防止损坏的保护，运输箱内的货物不能有漏出去的风险。

① 批准

除按运输部法规准备的样品外，任何烟花类或玩具烟花类产品必须先被美国运输部分类和批准并获得批准号（EX 号）方可进行运输或转运。

② 分类

所有烟花专有的运输名是“FIREWORKS”。消费者使用的烟花其危险的分类一般均是“1.4G”。消费者使用的烟花其 UN 的编号是“UN0336”，专业燃放使用的烟花其危险分类多为 1.3G，编号 UN0335。

③ 包装等级

运输危险材料的包装规定了等级，所有烟花是用包装等级 II。并且这个箱子必须被测试和认证。

④ 标记和标签

所有运输的包装箱必须有一个橘红色，棱形的表示危险的标签。这个标签必须在专有运输名（如“FIREWORKS UN0336”）的同一面和其附近处。此外，每个装有烟花的包装箱或运输单据必须显示每一个产品的 EX 号。如果一个包装箱装有 5 种以上不同的产品，仅仅显示其中 5 个号即可。每一个包装都要标上收货人或发货人的名字，除非卡车或货柜内的整批产品是由同一个发货人发往同一个收货人。

⑤ 一般包装要求

如上述烟花的运输包装箱按等级 2 的要求。并且必须要经过测试以满足这一等级之要求。钉或 U 型钉一定不能穿透包装箱的外部并且包装后在包装箱内不能有明显的松动。1.4G 级的爆炸物品可以被装进 4G 型纤维板箱，4G 型纤维板箱的标准可以在联邦法规第 49 卷 178.516 中找到。包装箱必须有编号以说明箱子的类型，所允许的最大毛重，箱子的生产年份等。对这些标记的专门说明见联邦法规第 49 卷 178.503。烟花产品必须使用的包装方法在联邦法规第 49 卷 173.62 中的爆炸物品表 E-130 中可以找到要求所有烟花都要使用内包装，内包装可以是硬纸板、纸张、塑料或金属容器。

⑥ 包装测试

包装箱的制造商和烟花的报运者，负责装箱和最后封箱的人都有责任测试包装物。测试包括：摔箱测试，堆积测试和防潮测试。测试前包装箱应在控制的温度和湿度条件下预置 24h。对于 1.4G 和 1.3G 的产品有其不同强度的纸箱要求，并于纸箱外侧标示印刷。

⑦ 重新测试

在一定的周期，包装箱需要重新进行测试，对有内包装的 4G 型纤维板箱，这一周期为每 24 个月至少一次。

⑧ 授权的运输方式

汽车运输、铁路运输、货柜船运、航空运输和航空货柜。

（4）小结

共同点：各国都高度重视烟花的运输安全性，一般都将国际公约作为运输安全管理的首要依据，并依据国际公约细化适用于本国（地区）的烟花运输安全管理要求。

不同点：

① 美国运输部制定了专业的烟花运输管理要求和标准；中国《烟花爆竹安全管理条例》中明确了烟花运输的要求，而暂时并未出台相应的运输安全标准，目前适用的标准是有关危险品的运输要求。欧盟执行的法规也是欧盟对危险品运输的指令，而未有专门针对烟花运输的指令和标准。

② 美国和欧盟强调对烟花运输危险级别的管理，中国国内对烟花运输危险级别并未高度重视。

2 我国烟花爆竹标准的优势

通过对比研究我国和国外欧美发达国家烟花标准体系、标准名称、标准内容、包装运输要求，以及监督执行等情况对比研究，可以看出我国作为烟花的发源地、最大的生产国、消费国和出口国，对烟花的性能和工艺认知程度较深，我国标准体现出较大优势。

（1）我国烟花爆竹标准涉及烟花产业各个领域和环节，制定了包括烟花爆竹工程设计和建设，烟花爆竹生产和经营企业作业安全（生产、研制、储存、装卸、企业内运输、燃放试验、危险性废弃物处置等），产品结构性能检测，产品包装、运输、燃放以及原辅材料、生产设备等全过程的国家标准和行业标准，标准数量多、涉及面广，有利于生产、经营和运输企业、从业人员以及监督管理部门有标可依，有章可循，加强管理，提高产业全过程的安全。

欧美等国在烟花产业中主要从事经营和燃放等方面活动，所以制定的标准只对产品的结构、性能、标签等方面作出规定，以确保消费者的消费安全，也没有制定专用于燃放、运输、贮存方面的标准，因此在这方面我国标准体现出较大的优势。

（2）我国标准侧重于从生产过程中的安全、工艺、技术等方面作出规定，有利于保障产品的本质安全，我国作为烟花的发源地、最大的生产国，拥有约 3800 家生产企业，我国烟花标准的起草人员和评审专家都对烟花的制作工艺、技术和性能方面有很深的认知，因此从生产厂房布局、操作工艺流程、产品材质性能、原辅材料性能都以标准形式加以规定，专用于烟花产业，如为了保障产品性能我国标准规定筒体应用瓦楞纸，引火线应用绿色安全引火线。

国外标准则注重确保产品燃放结果的安全性，如抛射物、炙热物应落在多少安全范围之内。

（3）我国标准规定的产品的检验较为全面，检验设备较为先进，从对比中可以看出，较之国外产品标准中规定产品的结构材质、药种、药量以及燃放性能的测试，我国标准中还规定了烟火药安全性能的测试，从烟火药的安全性能进行控制、提升产品的安全性能，这是我国标准的特色。

国外标准中对产品的发射、飞行高度和角度、火焰熄灭高度的测试都是采用标杆和观测屏之类的设备，基本处于定性检测水平，目前国内湖南烟花爆竹产品质量监督检测中心与安徽质检院联合开发出烟花反射检测装置，能够精确地检测出烟花的发射、飞行高度和角度、火焰熄灭高度等。

3　我国标准存在的差异

（1）我国标准归口和发布部门众多

我国标准最初是主管部门为了加强对行业监督管理，做到有据可依而制定的，由于烟花爆竹是一种危险性的娱乐品，在生产、经营、运输和产品质量等方面都应受到相关部门管理、监督和许可，因此不同的部门针对各自领域，在没有完善的统一的法律法规要求情况下，通过标准从技术层面上作出规定，加之国内政府机构改革和职能调整等诸方面原因，这就出现了标准多头制定和多头归口的局面。例如，农业部已没有管理烟花爆竹的职能，其发布的 9 个农业行业标准（NY）已无法制修订。国家已撤销轻工业部，其发布的 3 个轻工行业标准（QB）也无法制修订。

（2）我国标准大多是单行本，体系化不强

从对比研究中发现，我国烟花爆竹的相关标准数量很多，远远多于其他国家，涉及的领域包括工程建设设计、原辅材料、生产、经营、贮存、运输、燃放以及生产设备、产品质量检测等。国外标准都是自成体系，如 EN15947 标准包含定义术语、级别与品种、标签最低要求、测试方法、结构和性能的技术要求 5 部分，形成一个完整的标准体。我国的标准中，如有 GB 10631—2013《烟花爆竹 安全与质量》、GB/T22810—2008《烟花爆竹检验规程》、GB/T 22809—2008《烟花爆竹 安全性能检测规程》、GB/T 20210—2006《烟花爆竹用铝粉》、GB/T 20615—2006《烟花爆竹 烟火药中铝含量的测定》、GB/T 22785—2008《烟花爆竹用铝粉关键指标的测定》等独立标准，这些标准完全可以形成一套标准体，但没形成一整套体系。

（3）我国标准交叉重叠，内容不一致

在不同时期、不同主管部门和不同归口单位情况下，从各自行业领域制定的标准由于缺少协调机制等，烟花爆竹标准存在重叠交叉现象，而且还可能存在重叠内容不一致，甚至相互矛盾等问题。

如：GB/T 22809—2008《烟花爆竹 安全性能检测规程》标准，其检测项目内容是GB/T 22810—2008《烟花爆竹检验规程》中的一部分，另外在GB10631—2013《烟花爆竹 安全与质量》中对已包含了GB/T 22809—2008《烟花爆竹检验规程》中的检验项目，但两项标准在检验方法的确立上存在不一致问题。

GB/T 20209—2006《烟花爆竹用铝镁合金粉》标准规定了化学成分指标的测定方法，而又制定了GB/T 22784—2008《烟花爆竹用铝镁合金粉关键指标的测定方法》标准，其中确立的关键指标包含在GB/T 20209—2006《烟花爆竹用铝镁合金粉》标准中，但方法不一致。

GB/T 20211—2006《烟花爆竹用钛粉》、GB 19594—2004《烟花爆竹 礼花弹（专业燃放类）》、GB 19595—2004《烟花爆竹 引火线》、GB 20208—2006《烟花爆竹礼花弹发射炮筒》、GB 21555—2008《烟花爆竹 双响（个人燃放类）》均是由全国烟花爆竹标准化技术委员会（SCA/TC 149）归口，以上标准均适用于烟花爆竹，对应的标准内容重复。

（4）我国标准修订不及时

我国标准中使用年限超过5年的标准很多，如GB/T 15814.3—95《烟花爆竹 药剂热相容性试验》等。有的标准内容需修订，有的标准部分或大部分内容已滞后于行业发展的实际要求，需修订或增加制定相关标准，如随着GB 10631—2013《烟花爆竹 安全与质量》修订，各类产品分标准也应进行相应的修订；随着生产工艺的改进，各类原辅材料的性质，杂质成分和含量也将发生改变，其标准也应及时修订。

（5）我国标准体系还有待进一步丰富和完善

从对比研究中发现，我国烟花爆竹的相关标准虽然数量多、涉及的领域划分细，但有些领域的标准还不完善。如关于烟花爆竹用原辅材料标准，还没制定出所有专用于烟花爆竹的原辅材料标准；烟花爆竹分为9大类，现行实施的大类标准只有GB 19593—2004《烟花爆竹 组合烟花》、GB 19594—2004《烟花爆竹 礼花弹》、GB 21552—2008《烟花爆竹 黑药爆竹》等，并随着GB 10631—2013《烟花爆竹 安全与质量》的修订，也处于修订中；烟花道路运输方面还没有相关标准。

（6）我国部分标准的实用性还有待提高

从标准的对比研究发现，欧盟标准在产品的结构性能规定、检测方法和设备、抽样方法和数量、类型测试和批测试项目、缺陷类别与判定等方面的规定非常清楚，具有很强的实用性，值得我国标准学习。例如，国内GB/T 20614—2006《烟花爆竹 烟火药中高氯酸盐含量的测定》、GB/T 20616—2006《烟花爆竹 烟火药中铋含量的测定》等标准意义不大，没有实际操作价值。

4 我国标准制修订建议

国内外对标工作表明，需要加强国内烟花爆竹行业标准制修订工作，尤其是现阶段标准体系梳理构建工作和标准协调整合工作，确保行业标准的适应性、一致性、系统性和科学性。

4.1 体制方面

（1）整合烟花爆竹行业标准归口单位、发布单位和主管单位，从源头上保证烟花爆竹行业制修订标准的一致性和协同性。目前，我国烟花爆竹行业标准归口单位、发布单位和主管单位有 7 个，标准类型代号有 GB、AQ、SN、GA、QB、NY 6 种。建议研究并整合全国烟花爆竹标准化技术委员会和全国安全生产标准化技术委员会烟花爆竹分技术委员会等标准归口单位可行性，使之成为烟花爆竹行业唯一的标准归口单位，再下设各专业分技术委员会等，从而建立科学合理、层次分明的烟花爆竹行业标准体系。

（2）清理实用价值不大的标准，替代或废除目前体制下不能制修订的标准。如农业行业标准（NY）、轻工行业标准（QB）目前体制下不能制修订，需要替代或废除。

（3）标准的执行力是标准生命力的保障，需要加强国内标准的执行力度。要加强标准的宣贯，充分发挥企业执行标准的主体作用，让标准执行成为企业的自觉行为，同时还要加强监管部门对企业执行标准的监管力度。

（4）延长标准颁布实施的过渡期。研究发现国外法令、标准颁布实施的过渡期，一般都有 2～3 年的时间，最短的也有半年。我国标准颁布实施的过渡期一般不足半年，有的标准一旦颁布就立即实施生效。为了使标准更具适用性和科学性，应当让标准在试用中经受更长时间的考验，接受反馈信息，延长过渡期。

（5）加大标准研发的投入。烟花爆竹是我国最具特色的传统优势产业之一，为我国经济扩大出口，争创外汇发挥着重要的作用。由于该行业的特殊性，其标准化建设任重而道远，应加大标准科研的投入力度，确保安全与质量，促进行业的发展。

4.2 体系方面

（1）继续丰富和完善我国烟花爆竹标准体系，加快行业缺失标准的制定工作，填补国内标准的空白。

GB 10631—2013《烟花爆竹 安全与质量》修订后，国内现行实施的烟花爆竹分类标准只有 GB 19593—2004《烟花爆竹 组合烟花》、GB 19594—2004《烟花爆竹 礼花弹》、GB 21552—2008《烟花爆竹 黑药爆竹》3 大类，尚缺少其他 6 大类标准，且现行标准内容也需要修订。

烟花爆竹运输是该产业中重要环节，目前尚无专用的标准对该环节进行规范，因此应当在满足相关法律法规前提下，借鉴国际、国外先进经验或相关规定，尽快制定相应的标准。

加快环保烟花标准研制。烟花爆竹的环保性能越来越成为广大人民群众和各级部门关注的焦点。由于烟花爆竹传统的消费习惯，至今未有标准对烟花爆竹燃放的环保指标作出规定，因此必须加快对烟花爆竹环保性能的研究和测试，实现将烟花爆竹按照其环保性能进行分级分类等，如将环保性能优越的产品划为一、二级，可能是目前少数产品，但作为发展方向或是追求目标，将环保性差的划为三、四级，符合目前烟花爆竹行业发展或是过渡时期的需要。

（2）加快标准修订工作，对于超龄标准，如对烟花安全与质量还能继续发挥作用的应及时申请修订，如早已没有发挥作用或可以被其他标准替代的标准应及时进行废止。例如，GB/T 21243—2007《烟花爆竹危险等级分类方法》采纳《联合国关于危险货物运输的建议书 规章范本》（大橘皮书），还是第 14 版，而当前国内其他相关标准已同等采纳到第 16 版（联合国最新版本为第 17 版）。

建议制修订的烟花爆竹标准见表 3-3-25。

表 3-3-25 建议制修订的烟花爆竹标准

序号	标准名称	标准类型	备注
1	烟花爆竹名词术语	基础通用标准	GB10631—2012《烟花爆竹 安全与质量》的要求，安全与环保的需要
2	烟花爆竹分级分类	基础通用标准	分级分类是保障安全的首要条件
3	烟花爆竹产品设计规范	基础通用标准	烟花爆竹产品设计的合理性可以保障消费者人身财产安全的
4	烟花爆竹售后及召回服务规范（缺陷的处理）	基础通用标准	
5	烟花爆竹小型焰火燃放规程	基础通用标准	
6	烟花爆竹机械设备名词术语	基础通用标准	
7	烟花爆竹运输安全要求	基础通用标准	减少运输安全事故
8	烟花爆竹 专业燃放类产品安全与质量	产品标准	根据目前烟花爆竹分类，专业燃放类和个人消费类都需要有专门的标准
9	爆竹机械设备	产品标准	烟花爆竹机械设备目前没有标准可以参考，都是自行研制，可控性不高
10	烟花爆竹 原辅材料	产品标准	
11	烟花爆竹礼花弹发射炮筒	产品标准	目前的标准已经不适应产品发展的需要
12	烟花爆竹 喷花类	产品标准	
13	烟花爆竹 旋转类	产品标准	
14	烟花爆竹 升空类	产品标准	
15	烟花爆竹 吐珠类	产品标准	
16	烟花爆竹 玩具类	产品标准	
17	烟花爆竹 氧化铜	产品标准	
18	烟花爆竹用硝化棉系列产品	产品标准	

表 3-3-25（续）

序号	标准名称	标准类型	备注
19	烟花爆竹用酚醛树脂	产品标准	
20	烟花爆竹用碳酸锶	产品标准	
21	烟花爆竹用聚氯乙烯	产品标准	
22	烟花爆竹检验规程	基础通用标准	烟花爆竹检验的基础标准
23	烟花爆竹燃放性能检测方法	方法标准	
24	烟花爆竹 PM2.5 检测方法	方法标准	涉及目前热点话题，急需解决的问题
25	烟花爆竹 温度试验	方法标准	
26	烟花爆竹 湿度试验	方法标准	
27	烟花爆竹 低温试验	方法标准	
28	烟花爆竹 发射高度检测方法	方法标准	
29	烟花爆竹 发射角度检测方法	方法标准	
30	烟花爆竹 药剂着火温度测定	方法标准	
31	烟花爆竹 碰撞试验	方法标准	
32	烟花爆竹 振动试验	方法标准	
33	烟花爆竹 跌落试验	方法标准	重要的试验方法标准
34	烟花爆竹 烟雾测定方法	方法标准	重要的试验方法标准，与环保要求息息相关
35	烟花爆竹 发射力测定方法	方法标准	重要的试验方法标准
36	烟花爆竹型式试验规范 药剂安全性能	方法标准	
37	烟花爆竹型式试验规范 产品安全性能通用要求	方法标准	
38	烟花爆竹 经营企业安全管理规范	方法标准	
39	烟花爆竹 运输品名默认表	方法标准	
40	烟花爆竹 燃放后颗粒物检测方法	方法标准	

5 标准互认工作建议

（1）学习国外标准的优势，将我国标准成套化、体系化，改变国内烟花爆竹行业标准存在的重叠交叉、标准内容重叠不一致，甚至相互矛盾等现状。例如，建议将 GB 10631《烟花爆竹 安全与质量》、GB/T 10632《烟花爆竹 安全性能检测规程》、GB/T 22809《烟花爆竹安全性能检测规程》、GB/T 22810《烟花爆竹检验规程》4 个标准成套化体系化；将 GB/T 20210《烟花爆竹用铝粉》、GB/T 20615《烟花爆竹 烟火药中铝含量的测定》、GB/T 22785《烟花爆竹用铝粉关键指标的测定》3 个标准成套化体系化等。

（2）引进国外先进经验，对烟花产品进行型式试验检测，建立产品认证制度，以确保产品的安全与质量。

（3）利用 ISO/TC264 秘书处设置在我国的优势，积极推动国内标准的国际标准化工作。将我国的优势标准推向国际，为国内出口企业出口产品的生产和出口创造良好的外部环境。

附表

附表 3-1 我国烟花爆竹安全标准基础信息采集表

国家标准名称	标准编号	安全指标中文名称	安全指标英文名称	安全指标单位	适用产品类别（大类）	适用的具体产品名称（小类）	国家标准对应的国际、国外标准（名称、编号）	安全指标对应的检测方法标准（名称、编号）	检测方法标准对应的国际、国外标准（名称、编号）
烟花爆竹安全与质量	GB 10631—2013	标志	Label	—	全部 9 大类	全部 19 小类	EN 15947-3 EN 15947-5 EN 16261-2 EN 16261-4 AFSL 标准	GB 10631—2013《烟花爆竹安全与质量》（第 6 部分） 注：第 6 部分为检测方法部分	EN 15947-4 EN 16261-3 AFSL 标准
		包装	Packaging	—					
		外观	Appearance	—					
		底座、底塞和吊线	Base, Plug, hanging string	—					
		引燃装置	Attachment of ignition	—					
		引燃时间	Time of fuse burning	s					
		结构和材质	Construction and materials	—					
		药种	Powder species	—					
		药量	Powder Weight	s					
		跌落试验	Drop test	—					
		热安定性	Thermal stability	—					
		低温试验	Low-temperature experiment	—					
		摩擦感度	Friction sensitivity	%					
		撞击感度	Impact sensitivity	%					
		火焰感度	Flame sensitivity	—					
		静电感度	Electrostatic sensitivity						
		着火温度	Ignition temperature	℃					
		爆发点	Bursting point	—					
		相容性	Compatibility	—					
		吸湿率	Moisture	%					
		水分	Water	%					
		pH 值	PH value	—					

附表 3-1（续）

国家标准名称	标准编号	安全指标中文名称	安全指标英文名称	安全指标单位	适用产品类别（大类）	适用的具体产品名称（小类）	国家标准对应的国际、国外标准（名称、编号）	安全指标对应的检测方法标准（名称、编号）	检测方法标准对应的国际、国外标准（名称、编号）
烟花爆竹安全与质量	GB 10631—2013	喷射高度	Spray height	m	喷花类	地面（水上）喷花			
						手持（插入）喷花			
		效果出现的最低高度	The lowest shot height	m	礼花类	小礼花			
						礼花弹			
					组合烟花类	同类组合			
						不同类组合			
					升空类	火箭			
						双响			
						旋转升空烟花			
		发射偏斜角	Deflection angle	（°）	礼花类	小礼花			
						礼花弹			
					组合烟花类	同类组合			
						不同类组合			
					升空类	火箭			
						双响			
						旋转升空烟花			
		声级值	Sound level	dB	全部 9 大类	全部 19 小类			
		燃放时产生的火焰、燃烧物、色火或带火残体	Burning or incandescent matter	—					
		抛射物	Projected debris	—					
		倒筒、烧筒、散筒、低炸	Tube dumping, Tube burning, Tube loose, Low blow	—					
		计数误差、烧成率	Measurement error, Firing rate	%	爆竹类	黑药炮			
						白药炮			

附表 3-1（续）

国家标准名称	标准编号	安全指标中文名称	安全指标英文名称	安全指标单位	适用产品类别（大类）	适用的具体产品名称（小类）	国家标准对应的国际、国外标准（名称、编号）	安全指标对应的检测方法标准（名称、编号）	检测方法标准对应的国际、国外标准（名称、编号）
烟花爆竹安全与质量	GB 10631—2013	飞离地面高度	Off the ground height	%	旋转类	有固定轴旋转烟花 无固定轴旋转烟花			
		不应爆燃、火星	Deflagration or spark landing	—	玩具类	线香型			
		不应出现明火	Open fissure	—	玩具类	烟雾型			
		行走距离	Walking distance	m	玩具类	玩具造型			
烟花爆竹标志	GB 24426—2015	内容要求		—	全部 9 大类	全部 19 小类	EN 15947-3 EN 16261-4 AFSL 标准	GB 10631—2013《烟花爆竹 安全与质量》（第 6 部分）	EN 15947-4， EN 16261-3 AFSL 标准
		文字要求		—					
		字体高度		—					
		销售包装标志及内容		—					
		运输包装标志及内容		—					
烟花爆竹包装	GB 31368—2015	总则要求			全部 9 大类	全部 19 小类		GB 10631—2013《烟花爆竹 安全与质量》（第 6 部分） GB 31368—2015《烟花爆竹 包装》	
		运输包装							
		销售包装							
		印刷标志							
		包装物一般要求							
		含水率		%					
		箱盖							
		堆码试验							
		抗压力试验		N					
		振动试验							
		戳穿试验		J					

附表 3-1（续）

国家标准名称	标准编号	安全指标中文名称	安全指标英文名称	安全指标单位	适用产品类别（大类）	适用的具体产品名称（小类）	国家标准对应的国际、国外标准（名称、编号）	安全指标对应的检测方法标准（名称、编号）	检测方法标准对应的国际、国外标准（名称、编号）
烟花爆竹 礼花弹	GB 19594—2015	标志	Label		礼花类	礼花弹	EN 16261-2 EN 16261-4 AFSL 标准	《烟花爆竹 安全与质量》 GB 10631—2013 （第 6 部分） 《烟花爆竹 礼花弹》 GB 19594—2015	EN 16261-3 AFSL 标准
		包装	Packaging						
		外观	Appearance						
		引燃装置	Attachment of ignition						
		规格型号		mm					
		结构	Construction						
		零部件							
		药种	Construction and materials						
		药量	Powder species	g					
		跌落试验	Drop test						
		热安定性	Thermal stability						
		低温试验	Low-temperature experiment						
		摩擦感度	Friction sensitivity						
		撞击感度	Impact sensitivity						
		火焰感度	Flame sensitivity						
		静电感度	Electrostatic sensitivity						
		着火温度	Ignition temperature						
		爆发点	Bursting point						
		相容性	Compatibility						
		吸湿率	Moisture						
		水分	Water						
		pH	pH value						
		效果出现的最低高度	The lowest shot height						

附表 3-1（续）

国家标准名称	标准编号	安全指标中文名称	安全指标英文名称	安全指标单位	适用产品类别（大类）	适用的具体产品名称（小类）	国家标准对应的国际、国外标准（名称、编号）	安全指标对应的检测方法标准（名称、编号）	检测方法标准对应的国际、国外标准（名称、编号）
烟花爆竹礼花弹	GB 19594—2015	发射偏斜角	Deflection angle						
		声级值	Sound level						
		燃放时产生的火焰、燃烧物、色火或带火残体	Burning or incandescent matter						
		抛射物	Projected debris						
		膛炸、低炸、哑弹、殉爆							
		辐射直径		m					
		发射筒							
烟花爆竹组合烟花	GB 19593—2015	标志	Label		组合烟花	同类/不同类组合烟花	EN 15947-3 EN 15947-5 EN 16261-2 EN 16261-4 AFSL 标准	《烟花爆竹 安全与质量》 GB 10631—2013（第 6 部分） 《烟花爆竹 组合烟花》 GB 19593—2015	EN 15947-4 EN 16261-3 AFSL 标准
		包装	Packaging						
		外观	Appearance						
		底座、底塞	Base, Plug						
		引燃装置	Attachment of ignition						
		引燃时间	Time of fuse burning						
		结构和材质	Construction and materials						
		药种	Powder species						
		药量	Powder weight						
		主体稳定性							
		跌落试验	Drop test						
		热安定性	Thermal stability						
		低温试验	Low-temperature experiment						
		摩擦感度	Friction sensitivity						
		撞击感度	Impact sensitivity						

附表 3-1（续）

国家标准名称	标准编号	安全指标中文名称	安全指标英文名称	安全指标单位	适用产品类别（大类）	适用的具体产品名称（小类）	国家标准对应的国际、国外标准（名称、编号）	安全指标对应的检测方法标准（名称、编号）	检测方法标准对应的国际、国外标准（名称、编号）
烟花爆竹组合烟花	GB 19593—2015	火焰感度	Flame sensitivity						
		静电感度	Electrostatic sensitivity						
		着火温度	Ignition temperature						
		爆发点	Bursting point						
		相容性	Compatibility						
		吸湿率	Moisture						
		水分	Water						
		pH 值	pH value						
		效果出现的最低高度	The lowest shot height						
		发射偏斜角	Deflection angle						
		声级值	Sound level						
		燃放时产生的火焰、燃烧物、色火或带火残体	Burning or incandescent matter						
		抛射物	Projected debris						
		倒筒、烧筒、散筒、低炸	Tube dumping, Tube burning, Tube loose, Low blow						

附表 3-2 国际国外烟花爆竹安全标准基础信息采集表

国际、国外标准名称	标准编号	安全指标中文名称	安全指标英文名称	安全指标单位	适用产品类别（大类）	适用的具体产品名称（小类）	国家标准对应的国际、国外标准（名称、编号）	安全指标对应的检测方法标准（名称、编号）	检测方法标准对应的国际、国外标准（名称、编号）
美国 AFSL 标准	AFSL-2011	产品设计	Product design	—	全部 14 大类	全部 21 小类	AFSL-2011	GB 10631—2013《烟花爆竹 安全与质量》	GB 10631—2013《烟花爆竹 安全与质量》

附表 3-2（续）

国际、国外标准名称	标准编号	安全指标中文名称	安全指标英文名称	安全指标单位	适用产品类别（大类）	适用的具体产品名称（小类）	国家标准对应的国际、国外标准（名称、编号）	安全指标对应的检测方法标准（名称、编号）	检测方法标准对应的国际、国外标准（名称、编号）
美国 AFSL 标准	AFSL-2011	标签	Labeling	—	全部 14 大类	全部 21 小类	AFSL-2011	GB 10631—2013《烟花爆竹 安全与质量》	GB 10631—2013《烟花爆竹 安全与质量》、GB31368—2015《烟花爆竹包装》、GB24426—2015《烟花爆竹 标志》
	AFSL-2011	运输	Shipping	—	全部 14 大类	全部 21 小类	AFSL-2011	GB 10631—2013《烟花爆竹 安全与质量》	GB 10631—2013《烟花爆竹 安全与质量》
日本 JIS 标准	JIS K4854：2013	引火线	Ignition fuse	s	玩具类	全部 9 小类	JIS K4854：2013	GB 19595—2004《烟花爆竹 引火线》	GB 10631—2013《烟花爆竹 安全与质量》
	JIS K4854：2013	底座	Bottom plug	—	玩具类	3 小类	JIS K4854：2013	GB 10631—2013《烟花爆竹 安全与质量》	GB 10631—2013《烟花爆竹 安全与质量》
	JIS K4854：2013	发射底座	Launch base	—	玩具类	笛火箭及流星	JIS K4854：2013	GB 10631—2013《烟花爆竹 安全与质量》	GB 10631—2013《烟花爆竹 安全与质量》
	JIS K4854：2013	标志	Label	—	玩具类	全部 9 小类	JIS K4854：2013	GB 10631—2013《烟花爆竹 安全与质量》	GB 10631—2013《烟花爆竹 安全与质量》、GB24426—2015《烟花爆竹 标志》
	JIS K4854：2013	声极值	Acoustic extremum	dB	玩具类	属于 f 类以外，并且持续发出噼啪噼啪声的产品	JIS K4854：2013	GB 10631—2013《烟花爆竹 安全与质量》	GB 10631—2013《烟花爆竹 安全与质量》
	JIS K4854：2013	烟火药剂	Chemical composition	—	玩具类	全部 9 小类	JIS K4854：2013	GB 10631—2013《烟花爆竹 安全与质量》	GB 10631—2013《烟花爆竹 安全与质量》
	JIS K4854：2013	包装	Packaging	—	玩具类	全部 9 小类	JIS K4854：2013	GB 10631—2013《烟花爆竹 安全与质量》	GB 10631—2013《烟花爆竹 安全与质量》、GB31368—2015《烟花爆竹 包装》
	JIS K4854：2013	综合标准（构造等的说明）	Product design	—	玩具类	全部 9 小类	JIS K4854：2013	GB 10631—2013《烟花爆竹 安全与质量》	GB 10631—2013《烟花爆竹 安全与质量》

附表 3-2（续）

国际、国外标准名称	标准编号	安全指标中文名称	安全指标英文名称	安全指标单位	适用产品类别（大类）	适用的具体产品名称（小类）	国家标准对应的国际、国外标准（名称、编号）	安全指标对应的检测方法标准（名称、编号）	检测方法标准对应的国际、国外标准（名称、编号）
加拿大烟花授权导则	Authorization Guidelines for Consumer and Display Fireworks（2010）	烟火药剂	Chemical composition	—	消费类和专业燃放类	全部 33 类	Authorization Guidelines for Consumer and Display Fireworks	GB 10631—2013《烟花爆竹 安全与质量》	GB 10631—2013《烟花爆竹安全与质量》
		公差	Tolerances for Chemical composition and Physical dimensions	—	消费类和专业燃放类	全部 33 类	Authorization Guidelines for Consumer and Display Fireworks	GB 10631—2013《烟花爆竹 安全与质量》	GB 10631—2013《烟花爆竹安全与质量》
		药量	Charge weight	—	消费类和专业燃放类	全部 33 类	Authorization Guidelines for Consumer and Display Fireworks	GB 10631—2013《烟花爆竹 安全与质量》	GB 10631—2013《烟花爆竹安全与质量》
		包装	Packaging	—	消费类和专业燃放类	全部 33 类	Authorization Guidelines for Consumer and Display Fireworks	GB 10631—2013《烟花爆竹 安全与质量》	GB 10631—2013《烟花爆竹安全与质量》
		标志	Marking and labelling	—	消费类和专业燃放类	全部 33 类	Authorization Guidelines for Consumer and Display Fireworks	GB 10631—2013《烟花爆竹 安全与质量》	GB 10631—2013《烟花爆竹安全与质量》、GB31368—2015《烟花爆竹包装》、GB24426—2015《烟花爆竹标志》
俄罗斯烟花烟火成分和烟火制品安全技术规范	Technical Regulation on the Safety of pyrotechnic compositions and products containing them	烟火药剂	Pyrotechnic compositions	—	I class, II class, III class, IV class, V class	—	Technical Regulation on the Safety of pyrotechnic compositions and products containing them	GB 10631—2013《烟花爆竹 安全与质量》	GB 10631—2013《烟花爆竹安全与质量》
	Technical Regulation on the Safety of pyrotechnic compositions and products containing them	最高安全级别	Maximum level of security	—	I class, II class, III class, IV class, V class	—	Technical Regulation on the Safety of pyrotechnic compositions and products containing them	GB 10631—2013《烟花爆竹 安全与质量》	GB 10631—2013《烟花爆竹安全与质量》

附表 3-2（续）

国际、国外标准名称	标准编号	安全指标中文名称	安全指标英文名称	安全指标单位	适用产品类别（大类）	适用的具体产品名称（小类）	国家标准对应的国际、国外标准（名称、编号）	安全指标对应的检测方法标准（名称、编号）	检测方法标准对应的国际、国外标准（名称、编号）
俄罗斯烟花烟火成分和烟火制品安全技术规范	Technical Regulation on the Safety of pyrotechnic compositions and products containing them	殉爆	detonation	—	I class, II class, III class, IV class, V class	—	Technical Regulation on the Safety of pyrotechnic compositions and products containing them	GB 10631—2013《烟花爆竹 安全与质量》	GB 10631—2013《烟花爆竹 安全与质量》
	Technical Regulation on the Safety of pyrotechnic compositions and products containing them	运输	transport of fireworks products	—	I class, II class, III class, IV class, V class	—	Technical Regulation on the Safety of pyrotechnic compositions and products containing them	GB 10631—2013《烟花爆竹 安全与质量》	GB 10631—2013《烟花爆竹 安全与质量》
	Technical Regulation on the Safety of pyrotechnic compositions and products containing them	标志	Markings	—	I class, II class, III class, IV class, V class	—	Technical Regulation on the Safety of pyrotechnic compositions and products containing them	GB 10631—2013《烟花爆竹 安全与质量》	GB 10631—2013《烟花爆竹 安全与质量》、GB24426—2015《烟花爆竹 标志》
	Technical Regulation on the Safety of pyrotechnic compositions and products containing them	包装	packaging	—	I class, II class, III class, IV class, V class	—	Technical Regulation on the Safety of pyrotechnic compositions and products containing them	GB 10631—2013《烟花爆竹 安全与质量》	GB 10631—2013《烟花爆竹 安全与质量》、GB31368—2015《烟花爆竹包装》
欧盟《烟火制品-一、二、三级烟花-第3部分：标签的最低要求》	EN15947-3	包装 零售包装	Primary pack	—	—	32 小类	EN15947-5《烟火制品-一、二、三级烟花-第5部分：结构和性能的要求》；EN15947-4《烟火制品——一、二、三级烟花—第4部分：测试方法》	GB 10631—2013《烟花爆竹 安全与质量》、GB31368—2015《烟花爆竹 包装》、GB24426—2015《烟花爆竹 标志》	GB 10631—2013《烟花爆竹 安全与质量》、GB31368—2015《烟花爆竹 包装》、GB24426—2015《烟花爆竹 标志》
		包装 混合包装	Selection pack	—					

附表 3-2（续）

国际、国外标准名称	标准编号	安全指标中文名称		安全指标英文名称	安全指标单位	适用产品类别（大类）	适用的具体产品名称（小类）	国家标准对应的国际、国外标准（名称、编号）	安全指标对应的检测方法标准（名称、编号）	检测方法标准对应的国际、国外标准（名称、编号）
欧盟《烟火制品-一、二、三级烟花-第 3 部分：标签的最低要求》	EN15947-3	标志	类别	Type	—					
			级别	Category	—					
			登记号	Registration number	—					
			最小年龄要求	Minimum age limits	岁（years）					
			净药量	Net explosive content	克（g）					
			生产年份	Year of production	年（a）					
			安全信息	Safety information	—					
			制造商或进口商信息	Details of manufacturer or importer	—					
			印刷	Printing	—					
			其他信息	Additional information	—					
欧盟《烟火制品—一、二、三级烟花—第 5 部分：结构和性能的要求》	EN15947-5	结构	结构材料	Construction materials	—	—	32 小类	EN15947-5《烟火制品—一、二、三级烟花—第 5 部分：结构和性能的要求》；EN15947-4《烟火制品—一、二、三级烟花—第 4 部分：测试方法》	GB 10631—2013《烟花爆竹 安全与质量》	GB 10631—2013《烟花爆竹 安全与质量》
			手柄长度	Length of handle	毫米（mm）	—	32 小类中带手柄产品			
			组合烟花允许使用的单元	Permitted elements in batteries and combinations	—	—	组合烟花			
			小火箭的尺寸	Dimension for mini rockets	毫米（mm）	—	小火箭			

附表 3-2（续）

国际、国外标准名称	标准编号	安全指标中文名称		安全指标英文名称	安全指标单位	适用产品类别（大类）	适用的具体产品名称（小类）	国家标准对应的国际、国外标准（名称、编号）	安全指标对应的检测方法标准（名称、编号）	检测方法标准对应的国际、国外标准（名称、编号）
欧盟《烟火制品——一、二、三级烟花—第5部分：结构和性能的要求》	EN15947-5	烟火药		Pyrotechnic composition	克（g）	—	32小类			
		引燃方式		Means of ignition	—	—	32小类			
		引线		Fuse	—	—	32小类			
		性能	漏药	Loose pyrotechnic composition	毫克（mg）	—	32小类			
			完整性	Integrity	—	—	32小类			
			飞行的稳定性	Stabilisation of flight	—	—	火箭、小火箭			
			主要效果	Principal effects	—	—	32小类			
			燃放	Functioning	—	—	32小类			
			发射角度/飞行角度	Angle of ascent or flight	—	—	空中转轮、双响、小火箭、火箭、旋转升空类			
			移动	Motion	—	—	地面移动类、地面旋转类、跳猫			
			燃放时的稳定性	Stability during functioning	—	—	组合烟花、孟加拉火焰、地面喷花、花束、吐珠、单发礼花、桌面烟花			
			爆炸高度	Height of explosion	米（m）	—	空中转轮、双响、小火箭、火箭、吐珠、单发礼花			

附表 3-2（续）

国际、国外标准名称	标准编号	安全指标口文名称		安全指标英文名称	安全指标单位	适用产品类别（大类）	适用的具体产品名称（小类）	国家标准对应的国际、国外标准（名称、编号）	安全指标对应的检测方法标准（名称、编号）	检测方法标准对应的国际、国外标准（名称、编号）
欧盟《烟火制品——、二、三级烟花—第 5 部分：结构和性能的要求》	EN15947-5	性能	声级值	Sound pressure level	分贝（dB）	—	32 小类			
			爆炸和其他缺陷	Explosions and other failures	—	—	32 小类			
			燃烧或炙热物	Burning or incandescent matter	—	—	32 小类			
			火焰的熄灭	Extinguishing of flames	秒（s）	—	32 小类			
			抛射的碎片	Projected debris	米（m）	—	32 小类			
			烟火药的燃烧速率	Burning rate of pyrotechnic composition	克/秒（g/m）	—	孟加拉火焰、孟加拉火柴、孟加拉棒			
			拉线	Pull-string or strip	—	—	32 小类			
			下垂	Droop	度`(°)		手持电光花			
			塑料体	Plastics body	—	—	爆竹			
			火箭发射筒	Rocket motor	—	—	火箭			
			燃放后完整性	Integrity after functioning	—	—	花束、快乐烟花、吐珠、单发礼花、桌面烟花			
欧盟《烟火制品—4 级烟花—第 2 部分：要求》	EN16261-2	烟火药		Pyrotechnic composition	—	12 大类	24 小类	EN16261-2《烟火制品—4 级烟花—第 2 部分：要求》；EN16261-3《烟火制品—4 级烟花—第 3 部分：测试方法》	GB 10631—2013《烟花爆竹 安全与质量》	GB 10631—2013《烟花爆竹 安全与质量》
		结构		Construction	—	12 大类	24 小类			
		引燃方式		Means of ignition	—	12 大类	24 小类			

附表 3-2（续）

国际、国外标准名称	标准编号	安全指标中文名称		安全指标英文名称	安全指标单位	适用产品类别（大类）	适用的具体产品名称（小类）	国家标准对应的国际、国外标准（名称、编号）	安全指标对应的检测方法标准（名称、编号）	检测方法标准对应的国际、国外标准（名称、编号）
欧盟《烟火制品—4 级烟花—第 2 部分：要求》	EN16261-2	性能	漏药	Loose pyrotechnic composition	—	12 大类	24 小类			
			完整性	Integrity	—	12 大类	24 小类			
			主要效果	Principal effects	—	12 大类	24 小类			
			燃放	Functioning	—	12 大类	24 小类			
			燃放时的稳定性	Stability during functioning	—	12 大类	24 小类			
			性能参数	Performance parameters	—	12 大类	24 小类			
			声级值	Sound pressure level	分贝（dB）	12 大类	24 小类			
			火焰的熄灭	Extinguishing of flames	秒（s）	12 大类	24 小类			
			抛射的碎片	Projected debris	米（m）	12 大类	24 小类			
			燃烧或炙热物	Burning or incandescent matter	—	12 大类	24 小类			
			部件要求	Requirements for components	—	12 大类	24 小类			
		保护性包装		Protective pack	—	12 大类	24 小类			
欧盟《烟火制品—4 级烟花—第 4 部分：最低标签要求和使用说明》	EN16261-4	标志	烟花名称和类别	Name and type of firework	—	12 大类	24 小类	EN16261-4《烟火制品—4 级烟花—第 4 部分：最低标签要求和使用说明》；EN16261-3《烟火制品-4 级烟花-第 3 部分：测试方法》	GB 10631—2013《烟花爆竹 安全与质量》、GB31368—2015《烟花爆竹 包装》、GB 24426—2015《烟花爆竹 标志》	GB 10631—2013《烟花爆竹 安全与质量》、GB 31368—2015《烟花爆竹 包装》、GB 24426—2015《烟花爆竹 标志》
			级别和登记号	Category and registration number	—	12 大类	24 小类			
			认证机构识别码	Identification number of the notified body	—	12 大类	24 小类			

附表 3-2（续）

国际、国外标准名称	标准编号	安全指标中文名称		安全指标英文名称	安全指标单位	适用产品类别（大类）	适用的具体产品名称（小类）	国家标准对应的国际、国外标准（名称、编号）	安全指标对应的检测方法标准（名称、编号）	检测方法标准对应的国际、国外标准（名称、编号）
欧盟《烟火制品—4 级烟花—第 4 部分：最低标签要求和使用说明》	EN16261-4	标志	净药量	Net explosive content	克（g）	12 大类	24 小类			
			安全和处置信息	Safety and disposal information	—	12 大类	24 小类			
			生产年份	Year of production	年(a)	12 大类	24 小类			
			制造商或进口商信息	Details of manufacturer or importer	—	12 大类	24 小类			
			印刷	Printing	—	12 大类	24 小类			
			最低安全信息	Minimum safety information	—	12 大类	24 小类			
			使用说明	Operating instructions	—	12 大类	24 小类			

附表 3-3　国内外烟花爆竹安全标准指标数据对比表

产品类别	产品危害类别	安全指标中英文名称	安全指标对应的国家标准				安全指标对应的国际标准或国外标准				安全指标差异情况
			名称、编号	安全指标要求	安全指标单位	检测标准名称、编号	名称、编号	安全指标要求	安全指标单位	安全指标对应的检测标准名称、编号	
烟花爆竹	物理	标志 (labeling)	GB 10631—2013《烟花爆竹安全与质量》;	产品应有符合国家有关规定的标志和流向登记标签。产品标志分为运输包装标志和零售包装标志。标志应附在运输包装和零售包装上不脱落。	—	GB 10631—2013《烟花爆竹安全与质量》	欧盟 EN15947-3《烟火制品—一、二、三级烟花—第 3	一、二、三级烟花的标志： 类别：应符合 EN15947-2，大写标明，如果商品名习惯用别的类别名，不应与相应类型的主要效果和其他类型的名称冲突。	—	欧盟 EN15947-5《烟火制品——一、二、三级烟花—第 5 部分：结构和性	宽于国标

附表 3-3（续）

产品类别	产品危害类别	安全指标中英文名称	安全指标对应的国家标准				安全指标对应的国际标准或国外标准				安全指标差异情况
			名称、编号	安全指标要求	安全指标单位	检测标准名称、编号	名称、编号	安全指标要求	安全指标单位	安全指标对应的检测标准名称、编号	
烟花爆竹	物理	标志(labeling)	GB 24426—2015《烟花爆竹 标志》	运输包装标志的基本信息应包含：产品名称、消费类别、产品级别、产品类别、制造商名称及地址、安全生产许可证号、箱含量、箱含药量、毛重、体积、生产日期、保质期、执行标准代号以及“烟花爆竹”“防火防潮”“轻拿轻放”等安全用语或图案，安全图案应符合 GB 190、GB/T 191 要求。 零售包装标志的基本信息应包含：产品名称、消费类别、产品级别、产品类别、制造商名称及地址、含药量（总药量和单发药量）、警示语、燃放说明、生产日期、保质期。计数类产品应标明数量。 专业燃放类产品应使用红色字体注明“专业燃放类”的字样，个人燃放类产品应使用绿色字体注明“个人燃放类”的字样。摩擦产品应用红色字体注明“不应拆开”的字样。专业燃放类产品还应标注加工、安装方法，发射高度、辐射半径、火焰熄灭高度、燃放轨迹等信息；设计为水上效果的产品应标注其燃放的水域范围。 标注内容正确且清晰可见，易于识别，难以消除并且与背景色对比鲜明。运输包装上的字体高度消费类别≥28mm，其他≥6mm，零售包装字体高度警示语及内容≥4mm，其他≥2.2mm。 文字应使用规范的中文，但不包括注册商标。出口产品按进口国要求执行。可以同时使用与中文有对应关系的拼音或少数民族文字，但字体不应大于相应的汉字。可以同时使用与中文有对应关系的外文，但外文字体不应大于相应的中文（国外注册商标除外）。			部分：标签的最低要求》；EN16261-4《烟火制品-4 级烟花-第 4 部分：最低标签要求和使用说明》	级别：应大写标明。 登记号：应按固定格式标明“XXXX-YY-ZZZZZ”，XXXX 为认证机构发行书的登记号，YY 为烟花级别（F1，F2，F3 分别是一、二、三级），ZZZZZ 是认证机构给定编号。 最小年龄要求：应标明在标签上，若没有提高最低年龄要求，则按 1 级：12 岁，2 级：16 岁，3 级：18 岁。 净药量：应注明在包装标签上，对于强制使用零售包装或不能完整标注全部信息的烟花的全部产品净药量应标注在零售包装上，可以使用缩写 NEC。 生产年份：对于 3 级烟花，应标明在标签右下角，4 位或 2 位数。 安全信息：至少含 EN15947-3 的表 1 中按序给出相关安全信息，若需要，应给出除表 1 之外的特殊使用说明，应用标题、粗体或类似强调。 制造商或进口商信息：应包括制造商名称、地址和电话号码，若制造商不在欧盟内，应包括制造商名称、进口商名称和地址。地址应至少有城镇和国家名。 印刷：应颜色对照鲜明，清晰易见，易读，不可擦除，不会导致误解。零售包装上标明烟花类别、级别、安全信息和其他信息的字体尺寸应至少 2.8mm 高，若适用，其他信息的字体应至少 2.1mm 高，以大写“X”的高度计算。对于非常小产品的标签说明，可以减少到 2.1mm 高。如仍不能容纳，至少有制造商信息，若制造商不		能的要求》；EN16261-4《烟火制品-4 级烟花-第 4 部分：最低标签要求和使用说明》；EN15947-4《烟火制品-一、二、三级烟花-第 4 部分：测试方法》；EN16261-3《烟火制品-4 级烟花-第 3 部分：测试方法》	

附表 3-3（续）

产品类别	产品危害类别	安全指标中英文名称	安全指标对应的国家标准				安全指标对应的国际标准或国外标准				安全指标差异情况
			名称、编号	安全指标要求	安全指标单位	检测标准名称、编号	名称、编号	安全指标要求	安全指标单位	安全指标对应的检测标准名称、编号	
烟花爆竹	物理	标志(labeling)		专业燃放类产品应使用红色字体注明“专业燃放”的字样，个人燃放类产品应使用绿色字体注明“个人燃放”的字样。摩擦型产品应用红色字体注明“不应拆开”的字样。 燃放说明和警示语内容应符合 GB 24426 的规定				在欧盟内，应有进口商信息； 其他信息：若烟花没有按 EN15947-3 的表 1 列出完整信息，或零售包装用于保护初始引线，烟花必须以零售包装出售，其标签必须注明“必须包装好出售”，若混合包装用于保护初始引线，其标签必须注明“必须包装好出售”，列在类别和级别旁边，字体符合印刷要求。 4 级烟花的标志： 名称和类别：应标明在产品上，如果商品名习惯用别的类别名，不应与相应类型的主要效果和其他类型的名称冲突。 级别和登记号：应按固定格式标明“XXXX-F4-ZZZZZ”，XXXX 为认证机构发行书的登记号，F4 为 4 级，ZZZZZ 是认证机构给定编号。 认证机构识别码：CE 标志。 净药量：应标明，可以用缩写 NEC。 安全和处置信息：在使用说明中标明，“必须由专业人士燃放”应用标题、粗体或类似强调。 生产年份：对于 3 级烟花，应标明在标签右下角，4 位或 2 位数。 制造商或进口商信息：应包括制造商名称、地址和电话号码，若制造商不在欧盟内，应包括制造商名称、进口商名称和地址。地址应至少有城镇和国家名。 印刷：应颜色对照鲜明，清晰易见，易读，不可擦除。CE 标志最小高度为 5mm。 若产品不能标明详细信息，至少应印上产品登记号、CE 标志和制造商信息，若制造			

附表 3-3（续）

产品类别	产品危害类别	安全指标中英文名称	安全指标对应的国家标准				安全指标对应的国际标准或国外标准				安全指标差异情况
			名称、编号	安全指标要求	安全指标单位	检测标准名称、编号	名称、编号	安全指标要求	安全指标单位	安全指标对应的检测标准名称、编号	
烟花爆竹	物理	标志(labeling)						商不在欧盟内，应有出口商信息。若烟花有保护性包装，应在保护性包装上标明信息，生产商应采取措施确保拆开包装时不会破坏安全信息，并注明“必须包装好出售”，列在类别和级别旁边。 最低安全信息：必须印有“根据所提供产品技术资料由使用者确定最低安全距离”和“产品的使用必须符合书面说明和国家规定”。符合强制性参数要求、格式要求。单个产品需符合特殊标签要求，组合烟花、礼花弹、部件等。 使用说明：安全使用、储存、燃放和处理等说明由制造商或进口商提供，若必要，还应包括特殊燃放设备的信息。应包括最低安全信息			
烟花爆竹	物理	包装(packaging)	GB 10631—2013《烟花爆竹 安全与质量》；GB 31368—2015《烟花爆竹 包装》	产品应有零售包装（含内包装）和运输包装；零售包装与运输包装等同时，必须同时符合零售包装和运输包装要求。 零售包装（含内包装）材料应采用防潮性好的塑料、纸张等，封闭包装，产品排列整齐、不松动。内包装材质不应与烟火药起化学反应。 运输包装应符合 GB 12463 的要求。运输包装容器体积符合品种规格的设计要求，每件毛重不超过 30 kg。水路、铁路运输和空运产品的运输包装应分别符合 GB 19270、GB 19359、GB 19433 的技术要求。 专业燃放类产品包装（包括运输包装和零售包装）应使用单一色彩（瓦楞纸原色，灰色、灰白色、草黄）的包装，不应使用其他	—	GB 10631—2013《烟花爆竹 安全与质量》	欧盟 EN15947-3《烟火制品—一、二、三级烟花—第 3 部分：标签的最低要求》；EN16261-2《烟火制品-4 级烟花—第 2 部分：要求》；EN16261-4《烟火制品—4 级烟花—第 4 部分：最低标签要求和使用说明》	一、二、三级烟花的包装： 分为零售包装和混合包装。 零售包装用于保护初始引线，烟花必须以零售包装出售。 4 级烟花的包装： 有保护性包装，其标签按 EN16261-4 的 4.11 标明必要信息，其内部的引燃装置按 EN16261-2 的 6.2 予以保护，按 EN16261-3 的 6.7 进行目测检查	—	欧盟 EN15947-5《烟火制品—一、二、三级烟花-—第 5 部分：结构和性能的要求》；EN16261-2《烟火制品—4 级烟花-第 2 部分：要求》；EN15947-4《烟火制品-一、二、三级烟花-第 4 部分：测试方法》；EN16261-3《烟火制品—4 级烟花—第 3 部分：测试方法》	宽于国标

附表 3-3（续）

产品类别	产品危害类别	安全指标中英文名称	安全指标对应的国家标准				安全指标对应的国际标准或国外标准				安全指标差异情况
			名称、编号	安全指标要求	安全指标单位	检测标准名称、编号	名称、编号	安全指标要求	安全指标单位	安全指标对应的检测标准名称、编号	
烟花爆竹	物理	包装 (packaging)		彩色包装。个人燃放类产品包装可使用对比色度鲜明的彩色包装。 采用瓦楞纸箱包装，在满足质量安全的条件下，可使用其他材质包装箱。 具有透气、防潮、抗震、抗压等性能，每件毛重不超过 30kg。 容器体积应符合包装内产品品种规格的设计要求。 封装牢固、封口严密。 包装箱箱体、包角压痕应深浅一致，压痕线宽应≤15mm，折线居中，无裂破、断线、重线等缺陷，不应有多余的压痕线。 包装箱采用黏合方式搭接时，搭舌宽度应≥30mm，且黏合剂应涂布均匀、充分、无溢出，黏合面剥离时面纸不分离。 包装箱采用钉合方式搭接时，搭舌宽度应≥35mm，箱钉应使用带镀层的低碳钢扁丝，不应有锈斑、剥层、龟裂或其他使用上的缺陷，且箱钉应沿搭舌中线钉合，排列整齐，间隔均匀，钉距应≤50mm，钉合接缝处应钉牢、钉透，不得有叠钉、翘钉、不转脚钉等缺陷。 A 级、B 级烟花爆竹产品的运输包装应采用 5 层以上的瓦楞纸箱，C 级、D 级烟花爆竹产品的运输包装应采用 3 层以上的瓦楞纸箱（含彩箱），且符合 GB 12463 和 GB 10631 的要求。满足运输安全要求条件下可采用其他材质的包装箱。 礼花弹产品应采用 5 层以上瓦楞纸箱加 5 层内衬包装，其中 12 号礼花弹产品应采取一箱一弹的方式包装，12 号以下礼花弹产品							

附表 3-3（续）

产品类别	产品危害类别	安全指标中英文名称	安全指标对应的国家标准				安全指标对应的国际标准或国外标准				安全指标差异情况
			名称、编号	安全指标要求	安全指标单位	检测标准名称、编号	名称、编号	安全指标要求	安全指标单位	安全指标对应的检测标准名称、编号	
烟花爆竹	物理	包装(packaging)		可一箱多弹，但箱内礼花弹应根据其规格型号采用瓦楞纸盒、内卡等进行固定。 摩擦类产品应采取隔栅或填充物等方式。 爆竹类应采用瓦楞纸箱、彩箱等，包装箱内产品应堆放整齐，封装牢固。 喷花类、升空类、吐珠类、小礼花类应采用瓦楞纸箱、彩箱等，包装箱内产品应采用纸盒、塑封等方式对产品进行固定，堆放整齐。 旋转类、玩具类、架子烟花类应采用瓦楞纸箱、彩箱等，包装内产品应采取隔栅或加塞填充材料等方式对包装内产品进行固定。 组合烟花类应采用瓦楞纸箱、彩箱等，包装箱内产品应堆放整齐，封装牢固，不同规格产品不应充装于同一包装箱内。 烟花爆竹产品的销售包装应封闭包装，无漏药、浮药，多个或多发包装的产品应排列整齐。 爆竹类单挂或单盘的结鞭爆竹应采用油蜡纸、玻璃纸包装，较大规格或为满足客户需求的结鞭爆竹可辅以纸盒进行包装。 喷花类、升空类、吐珠类、小礼花类单个产品应采用包装纸包装；多个同规格产品应辅以纸盒、塑封等方式进行包装。 旋转类、玩具类、架子烟花类不宜单个产品进行销售包装，多个产品应用纸盒或塑封等形式进行包装，包装内物品应采用填充材料或捆扎方式固定。 烟花爆竹产品采用内卡、填充材料包装后，应保证在正常装卸、运输条件下包装内物品							

附表 3-3（续）

产品类别	产品危害类别	安全指标中英文名称	安全指标对应的国家标准				安全指标对应的国际标准或国外标准				安全指标差异情况
			名称、编号	安全指标要求	安全指标单位	检测标准名称、编号	名称、编号	安全指标要求	安全指标单位	安全指标对应的检测标准名称、编号	
烟花爆竹	物理	包装(packaging)		不移动、不露出。 包装内物品产生相对运动的距离应小于等于5mm。 箱体表面印刷图案、文字应清晰正确，无涂改，位置准确。 包装箱纸板厚度： A 级、B 级烟花爆竹产品包装箱纸板厚度应≥4.0mm。 C 级烟花爆竹产品包装箱（含彩箱）纸板厚度应≥3.0mm。 D 级烟花爆竹产品包装箱（含彩箱）纸板厚度应≥2.0mm。 礼花弹类产品包装箱纸板（含内衬）厚度应≥7.0mm。 包装箱综合尺寸（长＋宽＋高）应≤1800mm。 烟花爆竹产品包装用瓦楞纸箱（含彩箱）应采用竖楞纸箱。瓦楞纸箱（彩箱）箱体方正，纸箱各折叠部位互成直角，单面箱面纸板不应拼接。 瓦楞纸箱（彩箱）箱体表面清洁、平整，无裂纹、起泡、破损等缺陷，裁切刀口无明显毛刺。 销售包装材料应具有防潮性，且不应与烟火药起化学反应。 填充材料宜采用软质填充材料，且应具有一定弹性，防潮，防静电，易于分割（切割）以满足不同包装空隙的填充需要。 包装箱需要安装提手时，提手安装位置适当，安装牢固，充装产品后至少 2h 自由悬							

附表 3-3（续）

产品类别	产品危害类别	安全指标中英文名称	安全指标对应的国家标准				安全指标对应的国际标准或国外标准				安全指标差异情况
			名称、编号	安全指标要求	安全指标单位	检测标准名称、编号	名称、编号	安全指标要求	安全指标单位	安全指标对应的检测标准名称、编号	
烟花爆竹	物理	包装(packaging)		挂后提手不松动、脱落。 烟花爆竹产品用包装物在正常运输和储存条件下应保证其质量满足本文件规定的其他要求。 采用其他材质的包装箱应符合 GB 10631 和本标准规定的要求。 包装箱箱盖应牢固、封口严实，箱盖对口不重叠，不错位，经先合后开 270° 往复 5 次，其面层不得有裂缝，里层裂缝长总和不大于 50mm。 包装箱不应有引起堆码不稳定的任何变形和破损。 抗压力试验实测值应≥P 包装箱不应出现偏倒、变形等现象。 3 层瓦楞纸箱（含彩箱）戳穿强度应≥6.3J，5 层以上瓦楞纸箱（含彩箱）戳穿强度应≥10.3J，其他材质包装箱戳穿强度应≥10.3J。 产品应保证完整、清洁，文字图案清晰。 产品表面无浮药、无霉变、无污染，外型无明显变形、无损坏、无漏药。 筒标纸粘贴吻合平整，无遮盖、无露头露脚、无包头包脚、无露白现象。 筒体应黏合牢固，不开裂、不散筒							
烟花爆竹	物理	外观(Appearance)	GB 10631—2013《烟花爆竹 安全与质量》	产品应保证完整、清洁，文字图案清晰。产品表面无浮药、无霉变、无污染，外型无明显变形、无损坏、无漏药。筒标纸粘贴吻合平整，无遮盖、无露头露脚、无包头包脚、无露白现象。筒体应黏合牢固，不开裂、不散筒	—	GB 10631—2013《烟花爆竹 安全与质量》	欧盟 EN15947-5《烟火制品——一、二、三级烟花—第 5 部分：结构和性能的要求》；EN16261-2	完整性：1、2、3 级烟花：烟花主体上不应有洞、裂缝、凹凸不平，除了烟花正确燃放的技术需要外。末端封口不应有洞或裂缝，若末端封口是分离的，应牢固放置。用目测检查是否符合要求。4 级烟花：烟花主体上不应有洞、裂缝、凹凸不平，除了	—	欧盟 EN15947-5《烟火制品——一、二、三级烟花—第 5 部分：结构和性能的要求》；EN16261-2《烟火	宽于国标

附表 3-3（续）

产品类别	产品危害类别	安全指标中英文名称	安全指标对应的国家标准				安全指标对应的国际标准或国外标准				安全指标差异情况
			名称、编号	安全指标要求	安全指标单位	检测标准名称、编号	名称、编号	安全指标要求	安全指标单位	安全指标对应的检测标准名称、编号	
烟花爆竹	物理	外观(Appearance)					《烟火制品—4级烟花—第2部分：要求》	烟花正确燃放的技术需要外。末端封口不应有洞或裂缝，若末端封口是分离的，应牢固放置。接样检测前应检查是否有漏药。按 EN16261-3 的 6.7 要求进行检查		制品—4 级烟花—第 2 部分：要求》；EN15947-4《烟火制品——、二、三级烟花—第 4 部分：测试方法》；EN16261-3《烟火制品—4 级烟花—第 3 部分：测试方法》	
烟花爆竹	物理	底座(Base)	GB 10631—2013《烟花爆竹 安全与质量》	不需要加工安装的 C 级、D 级，且放置在地面燃放主体不运动的烟花（喷花类、玩具类产品）。筒高超过外径三倍的，应安装底座，底座的外径或边长应大于主体高度（含安装底座后增加的高度）三分之一。底座应安装牢固，在燃放过程中，底座应不散开、不脱落	—	GB 10631—2013《烟花爆竹 安全与质量》	欧盟 EN15947-5《烟火制品—一、二、三级烟花—第 5 部分：结构和性能的要求》	底座（端盖）或固定装置应是非金属材料。因技术需要，木头、图钉、钉子或捆绑铁线可以使用。目测检查是否符合要求	—	欧盟 EN15947-5《烟火制品——、二、三级烟花—第 5 部分：结构和性能的要求》；EN15947-4《烟火制品——、二、三级烟花—第 4 部分：测试方法》	宽于国标
烟花爆竹	物理	底塞(Bottom plug)	GB 10631—2013《烟花爆竹 安全与质量》	底塞应安装牢固，在跌落试验过程中，不开裂、不脱落	—	GB 10631—2013《烟花爆竹 安全与质量》	欧盟 EN15947-5《烟火制品—一、二、三级烟花—第 5 部分：结构和性能的要求》	底座（端盖）或固定装置应是非金属材料。因技术需要，木头、图钉、钉子或捆绑铁线可以使用。目测检查是否符合要求	—	欧盟 EN15947-5《烟火制品——、二、三级烟花—第 5 部分：结构和性能的要求》；EN15947-4《烟火制品——、二、三级烟花—第 4 部分：测试方法》	宽于国标

附表 3-3（续）

产品类别	产品危害类别	安全指标中英文名称	安全指标对应的国家标准				安全指标对应的国际标准或国外标准				安全指标差异情况
			名称、编号	安全指标要求	安全指标单位	检测标准名称、编号	名称、编号	安全指标要求	安全指标单位	安全指标对应的检测标准名称、编号	
烟花爆竹	物理	吊线(Hanging rope)	GB 10631—2013《烟花爆竹 安全与质量》	吊线应在 50cm 以上，安装牢固并保持一定的强度	—	GB 10631—2013《烟花爆竹 安全与质量》	—	—	—	—	—
烟花爆竹	化学	引燃装置(Ignition device)	GB 10631—2013《烟花爆竹 安全与质量》	在所有正常、可预见的使用条件下使用引燃装置，应能正常地点燃并引燃效果药。 引火线、引线接驳器、电点火头应符合相应的质量标准要求。 点火引火线应为绿色安全引线，点火部位应有明显标识。 点火引火线应安装牢固，可承受产品自身重量 2 倍或 200g 的作用力而不脱落或损坏。 快速引火线、电点火头和引线接驳器应慎重使用。并遵循下列要求： a）产品不应预先连接电点火头（舞台用焰火采取固定防摩擦且有短路措施的除外）； b）个人燃放类产品不应使用电点火头； c）使用快速引火线和引线接驳器（仅限定在特殊的组合烟花）时，快速引火线与安全引火线及引线接驳器之间应安装牢固，可承受 1kg 的作用力而不脱落或损坏，快速引火线和引线接驳器均应有防火措施； d）快速引火线只能为连接引火线，颜色应为银色、红色或黄色。 点火引火线的引燃时间应保证燃放人员安全离开，且在规定时间内引燃主体。D 级：2s ~ 5s；C 级：3s ~ 8s；A 级、B 级：6s ~ 12s。C 级、D 级产品设计无引燃时间的产品可不计引燃时间，专业燃放类产品采用电点火引燃的不规定引燃时间。	—	GB 10631—2013《烟花爆竹 安全与质量》	欧盟 EN15947-5《烟火制品-一、二、三级烟花-第 5 部分：结构和性能的要求》；EN16261-2《烟火制品-4 级烟花-第 2 部分：要求》	1、2、3 级烟花： 允许的引燃方式：参见 EN15947-5 表 2。 外漏引线的保护：初始引线应用橙色引线套、零售包装或混合包装保护，外漏引线、摩擦头、点火头、密封纸应连接牢固。 引线：按 EN15947-4 的 6.17 检测时，点火方式应明显可见；按 EN15947-4 的 6.6.2.1 检测时，初始引线应在 10s 内被点燃并可见，或摩擦头被点燃并可见；按 EN15947-4 的 6.6.2.2 检测时，1、2 级的初始引线燃烧时间应为 3s ~ 8s，3 级为 5s ~ 13s；有摩擦头的烟花按 EN15947-4 的 6.14 检测时，摩擦头不应被点燃。 特殊要求：1 级室内喷花按 EN15947-4 的 6.6.2.1 检测时，应 5s 内被点燃；吐珠按 EN15947-4 的 6.6.2.3 检测时，初始效果后的可见燃烧时间不应超过 5s（2 级）或 10s（3 级）；旋转类和跳猫从产品顶部看点火头应可见，目测确认；手持或非手持电光花按 EN15947-4 的 6.6.2.1 检测时，应在 15s 内点燃；3 级转轮按 EN15947-4 的 6.1.9 检测时，装好的引火线不能高于地面 1.75m。 4 级烟花： 引燃装置应清晰可见，或在标签或说明中予以标识。	—	欧盟 EN15947-5《烟火制品-一、二、三级烟花—第 5 部分：结构和性能的要求》；EN16261-2《烟火制品—4 级烟花-第 2 部分：要求》；EN15947-4《烟火制品——一、二、三级烟花—第 4 部分：测试方法》；EN16261-3《烟火制品—4 级烟花—第 3 部分：测试方法》	部分内容有所不同

附表 3-3（续）

产品类别	产品危害类别	安全指标中英文名称	安全指标对应的国家标准				安全指标对应的国际标准或国外标准				安全指标差异情况
			名称、编号	安全指标要求	安全指标单位	检测标准名称、编号	名称、编号	安全指标要求	安全指标单位	安全指标对应的检测标准名称、编号	
烟花爆竹	化学	引燃装置 (Ignition device)		手持部位不应装药或涂敷药物。手持部位长度：C 级≥100mm，D 级≥80mm。A 级、B 级产品不应设计为手持燃放。 个人燃放类产品不应含漂浮物和雷弹。 其他部件应符合有关标准要求，安装牢固，不脱落				若需要，引燃装置应予以保护以防止意外引燃烟花			
烟花爆竹	物理	结构和材质 (Construction and material)	GB 10631—2013《烟花爆竹 安全与质量》	产品的结构和材质应符合安全要求，保证产品及产品燃放时安全可靠。 个人燃放类组合烟花不应两盆以上（含两盆）联结。 个人燃放类小礼花型组合烟花筒体高度与底面最小水平尺寸或直径的比值应≤1.5，且筒体高度应≤300mm。 产品运动部件、爆炸部件及相关附件一般采用纸质材料，不应采用金属等硬质材料，以保证在燃放时不产生尖锐碎片或大块坚硬物。如技术需要，固定物可采用木材、订书钉、钉子或捆绑用金属线，但固定物不应与烟火药物直接接触。 带炸效果的和单个爆竹产品内径>5mm 的，如需使用固引剂，应能确保固引剂燃放后散开，固引剂碎片中不应含有直径>5mm 的块状物	—	GB 10631—2013《烟花爆竹 安全与质量》	欧盟 EN15947-5《烟火制品—一、二、三级烟花—第 5 部分：结构和性能的要求》；EN16261-2《烟火制品—4 级烟花—第 2 部分：要求》	1、2、3 级烟花： 结构材料：烟花筒体的主体应由纸、纸板和塑料制成，底座（端盖）或固定装置应是非金属材料。因技术需要，木头、图钉、钉子或捆绑铁线可以使用。目测检查是否符合要求。带有磨擦头的烟花，若可能，零售包装应有一个安全火柴一样的划燃平面。目测检查是否符合要求。划燃平面应能足够承受零售包装中所有产品按 EN15947-4 的 6.18 检测时被点燃，该平面应被覆盖或包装应密封，目测检验核实。另对鞭炮，闪光炮，由花束、吐珠和发射筒组成的组合烟花，孟加拉火柴和孟加拉棒，圣诞炮和拉炮，跳跳炮，小火箭，玩具火柴，快乐烟花，火箭等的结构材料有特殊要求。 手柄长度：孟加拉火柴（手柄）的无涂层端的长度至少是总长度的 40%，最小 20mm；孟加拉棒（手柄）的长度最小 75mm；手持喷花的底端作为手柄的无药部分或分离手柄的最小长度为 40mm；1 级手持电光花的手柄最小 75mm，2 级手持电光花的手柄最小 75mm（总长度不超过 450mm）或 150mm（总长度超过 450mm）；	—	欧盟 EN15947-5《烟火制品—一、二、三级烟花—第 5 部分：结构和性能的要求》；EN16261-2《烟火制品—4 级烟花—第 2 部分：要求》；EN15947-4《烟火制品—一、二、三级烟花—第 4 部分：测试方法》；EN16261-3《烟火制品—4 级烟花—第 3 部分：测试方法》	部分内容有所不同

附表 3-3（续）

产品类别	产品危害类别	安全指标中英文名称	安全指标对应的国家标准				安全指标对应的国际标准或国外标准				安全指标差异情况
			名称、编号	安全指标要求	安全指标单位	检测标准名称、编号	名称、编号	安全指标要求	安全指标单位	安全指标对应的检测标准名称、编号	
烟花爆竹	物理	结构和材质 (Construction and material)						玩具火柴（手柄）的无涂层端的长度最小20mm；圣诞炮和拉炮的拉绳/条长度最小50mm；快乐烟花的拉绳长度最小 75mm。 小火箭的尺寸：外直径最大 10mm，筒长度最大 60mm，总长度最小 250mm，最大350mm。 4 级烟花： 产品结构和毛重应符合产品本身的声明值（包括偏差值）。发射筒角度应在型式试验中按 EN16261-3 的 6.2 检测。组合烟花中发射筒角度不可见时，应在标签中说明，按 EN16261-3 的 6.7 检测。 1、2、3 级烟花： 本标准不适用于烟火药中含有以下物质的烟花：砷或砷化合物，六氯代苯，氯酸盐含量超过 80%的混合物，含金属-氯酸盐混合物，含红磷-氯酸盐混合物（除圣诞炮、快乐烟花、拉炮外），含铁（II）氰化钾-氯酸盐混合物，含硫磺-氯酸盐混合物（此混合物只允许在摩擦头中使用），含硫化物-氯酸盐混合物，铅或铅化物，汞化合物，白磷，苦味盐酸或苦味酸，溴酸盐含量超过0.15%的氯酸钾，酸度超过 0.002%（以硫酸含量计）的硫磺，粒度小于 40μm 的锆。 4 级烟花： 本标准不适用于烟火药中含有以下物质的烟花：砷或砷化合物，六氯代苯，铅或铅化物，汞化合物，白磷，苦味盐酸或苦味酸；不适用于烟火药中含有军用或民用炸药的烟花，但黑火药或白火药除外；也不允许含有其他欧盟条例规定的禁用物质			

附表 3-3（续）

产品类别	产品危害类别	安全指标中英文名称	安全指标对应的国家标准				安全指标对应的国际标准或国外标准				安全指标差异情况
			名称、编号	安全指标要求	安全指标单位	检测标准名称、编号	名称、编号	安全指标要求	安全指标单位	安全指标对应的检测标准名称、编号	
烟花爆竹	化学	药种 (Pyrotechnic compositions)	GB 10631—2013《烟花爆竹 安全与质量》	产品不应使用氯酸盐（烟雾型、摩擦型的过火药、结鞭爆竹中纸引和擦火药头除外，所用氯酸盐仅限氯酸钾，结鞭爆竹中纸引仅限氯酸钾和炭粉配方），微量杂质检出限量为 0.1%。 产品不应使用双（多）基火药，不应直接使用退役单基火药。使用退役单基火药时，安定剂含量≥1.2%。 产品不应使用砷化合物、汞化合物、没食子酸、苦味酸、六氯代苯、镁粉、锆粉、磷（摩擦型除外）等，爆竹类、喷花类、旋转类、吐珠类、玩具类产品及个人燃放类组合烟花不应使用铅化合物，检出限量为 0.1%。 喷花类、旋转类、玩具类产品除可含每单个药量<0.13g 的响珠和炸子外，不应使用爆炸药和带炸效果件。 架子烟花产品仅限燃烧型烟火药，不应使用爆炸药和带炸效果件	—	GB 10631—2013《烟花爆竹 安全与质量》	欧盟 EN15947-5《烟火制品-一、二、三级烟花-第 5 部分：结构和性能的要求》；EN16261-2《烟火制品—4 级烟花—第 2 部分：要求》	1、2、3 级烟花： 本标准不适用于烟火药中含有以下物质的烟花：砷或砷化合物，六氯代苯，氯酸盐含量超过 80%的混合物，含金属-氯酸盐混合物，含红磷-氯酸盐混合物（除圣诞炮、快乐烟花、拉炮外），含铁（II）氰化钾-氯酸盐混合物，含硫磺-氯酸盐混合物（此混合物只允许在摩擦头中使用），含硫化物-氯酸盐混合物，铅或铅化物，汞化合物，白磷，苦味盐酸或苦味酸，溴酸盐含量超过 0.15%的氯酸钾，酸度超过 0.002%（以硫酸含量计）的硫磺，粒度小于 40μm 的锆。 4 级烟花： 本标准不适用于烟火药中含有以下物质的烟花：砷或砷化合物，六氯代苯，铅或铅化物，汞化合物，白磷，苦味盐酸或苦味酸；不适用于烟火药中含有军用或民用炸药的烟花，但黑火药或白火药除外；也不允许含有其他欧盟条例规定的禁用物质	—	欧盟 EN15947-5《烟火制品——一、二、三级烟花—第 5 部分：结构和性能的要求》；EN16261-2《烟火制品—4 级烟花—第 2 部分：要求》；《烟火制品——一、二、三级烟花—第 4 部分：测试方法》EN15947-4；EN16261-3《烟火制品—4 级烟花—第 3 部分：测试方法》	宽于国标
烟花爆竹	化学	药量 (Charge weight)	GB 10631—2013《烟花爆竹 安全与质量》	爆竹类：C 级，黑药炮：1g/个；白药炮：0.2g/个。 喷花类：地面（水上）喷花，A 级：1000g，B 级：500g，C 级：200g，D 级：10g；手持（插入）喷花，C 级：75g，D 级：10g。 旋转类：有固定轴旋转烟花，A 级：150g/发，B 级：60g/发，C 级：30g； 无固定轴旋转烟花，B 级：30g，C 级：15g，D 级：1g。	g	GB 10631—2013《烟花爆竹 安全与质量》	欧盟 EN15947-5《烟火制品—一、二、三级烟花—第 5 部分：结构和性能的要求》；EN16261-2《烟火制品-4 级烟花-第 2 部分：要求》	1、2、3 级烟花： 空中转轮：（3 级）不超过 160.0g，不应包含超过 8 个烟火单元（药量不能超过 20.0g），无炸子，若有，炸子成分不应超过 10.0g（黑火药），4.0g（硝酸盐/金属基）或 2.0g（高氯酸盐/金属基）。 雷鸣炮：（2 级）不超过 6.0g 黑火药；（3 级）不超过 10.0g 黑火药。 组合烟花：（2 级）一个同类或不同类组合烟花，不含喷花的药量不超过 500g，含喷	g 或者 mg	欧盟 EN15947-5《烟火制品——一、二、三级烟花—第 5 部分：结构和性能的要求》；EN16261-2《烟火制品—4 级烟花—第 2 部分：要求》；EN15947-4《烟火制品——一、	部分内容所有不同

附表 3-3（续）

产品类别	产品危害类别	安全指标中英文名称	安全指标对应的国家标准				安全指标对应的国际标准或国外标准				安全指标差异情况
			名称、编号	安全指标要求	安全指标单位	检测标准名称、编号	名称、编号	安全指标要求	安全指标单位	安全指标对应的检测标准名称、编号	
烟花爆竹	化学	药量 (Charge weight)		升空类：火箭，A 级：180g，B 级：30g，C 级：10g；旋转升空烟花，A 级：30g/发，B 级：20g/发，C 级：5g/发；双响，C 级：9g。 吐珠类：A 级：400g（20g/珠），B 级：80g（4g/珠），C 级：20g（2g/珠）。 玩具类：玩具造型，C 级：15g，D 级：3g；线香型，C 级：25g，D 级：5g。 礼花类：小礼花，B 级：70g/发；礼花弹，药粒型（花束）（外径≤125mm），A 级：250g，圆柱型和球型（外径≤305mm 其中雷弹外径≤76mm），A 级：爆炸药 50g，总药量 8000g。 架子烟花类：A 级，瀑布 100g/发，字幕和图案：30g/发，B 级：瀑布 50g/发，字幕和图案 20g/发。 组合烟花类：A 级，药柱型、圆柱型内径≤76mm，100g/筒，球型内径≤102mm，320g/筒，总药量 8000g；B 级：内径≤51mm 50g/筒，总药量 3000g；C 级：小礼花：25g/筒；喷花：200g/筒；吐珠：20g/筒；总药量：1200g。（开包药：黑火药 10g，硝酸盐加金属粉 4g，高氯酸盐加金属粉 2g）；D 级：50g（仅限喷花组合）				花的不同类组合的净药量不超过 600g，不同于喷花的成分的药量不超过 500g，喷花作为单一组合单元时药量不超过 600g。鞭炮作为组成单元时，净药量不超过 100.0g。闪光炮的作为组合单元时，净药量不超过 25.0g。（3 级）一个同类或不同类组合烟花，不含喷花的药量不超过 1000g；含喷花的净药量不超过 3000g，不同于喷花的成分的药量不超过 1000g，喷花作为单一组合单元时药量不超过 3000g。鞭炮作为组成单元时，净药量不超过 1000.0g。闪光炮的作为组合单元时，净药量不超过 250.0g。 孟加拉火焰：（1 级）不超过 20.0g；（2 级）不超过 250.0g；（3 级）不超过 1000.0g。 孟加拉火柴：（1 级）不超过 3.0g。 孟加拉棒：（1 级）不超过 7.5g；（2 级）不超过 50.0g。 圣诞炮：（1 级）炸子成分是氯酸钾和红磷的不超过 16.0mg，或是雷酸银的不超过 1.6mg。 爆裂颗粒：（1 级）不超过 3.0g；（2 级）不超过 15g。 双响：（2 级）不超过 10.0g。 闪光炮：（2 级）不超过 1.0g（硝酸盐/金属基）或 0.5g（高氯酸盐/金属基）；（3 级）不超过 10g（硝酸盐/金属基）或 5g（高氯酸盐/金属基）。 闪光球：（1 级）不超过 2.0g；（2 级）不超过 30.0g。		二、三级烟花—第 4 部分：测试方法》；EN16261-3《烟火制品—4 级烟花—第 3 部分：测试方法》	

附表 3-3（续）

产品类别	产品危害类别	安全指标中英文名称	安全指标对应的国家标准				安全指标对应的国际标准或国外标准				安全指标差异情况
			名称、编号	安全指标要求	安全指标单位	检测标准名称、编号	名称、编号	安全指标要求	安全指标单位	安全指标对应的检测标准名称、编号	
烟花爆竹	化学	药量 (Charge weight)						喷花：（1 级）不超过 7.5g（室内使用：烟火成分的硝化纤维的含氮量不能超过 12.6%，不能有其他的氧化性物质）；（2 级）不超过 250g，每个哨声（如有）不超过 5.0g；（3 级）不超过 1000g，每个哨声（如有）不超过 20.0g。 地面移动：（2 级）不超过 25.0g，每个烟火单元不超过 3.0g，不允许有炸子。 地面旋转：（1 级）不超过 5.0g；（2 级）不超过 25.0g，每个烟火单元不超过 8.0g。 跳跳炮：（2 级）不超过 10.0g（仅黑药）。 跳猫：（2 级）不超过 25.0g，每个烟火单元不超过 5.0g。 花束：（2 级）不超过 50.0g，不应包含超过 5 个有炸子成分的烟火单元，且每个烟火单元不应包含超过 5.0g 黑药，或 2.0g 硝酸盐/金属基，或 1.0g 高氯酸盐/金属基的炸子成分。对于非烟火物体，其不能超过 8.0g 的硝化纤维，含氮量不超过 12.6%；（3 级）不超过 200.0g，不应包含超过 25 个有炸子成分的烟火单元，且每个烟火单元不应包含超过 5.0g 黑药、或 2.0g 硝酸盐/金属基、或 1.0g 高氯酸盐/金属基的炸子成分。 小火箭：（2 级）不超过 1.5g，炸子药不超过 0.13g。 玩具火柴：（1 级）不超过 50.0mg，应只包含一个炸子，如适用，炸子药不应超过 2.5mg 的雷酸银。 快乐烟花：（1 级）炸子是氯酸钾和红磷的不超过 16.0mg。			

附表 3-3（续）

产品类别	产品危害类别	安全指标中英文名称	安全指标对应的国家标准				安全指标对应的国际标准或国外标准				安全指标差异情况
			名称、编号	安全指标要求	安全指标单位	检测标准名称、编号	名称、编号	安全指标要求	安全指标单位	安全指标对应的检测标准名称、编号	
烟花爆竹	化学	药量 (Charge weight)						火箭：（2 级）不超过 75g，可包含一个炸子和（或）开爆药，如适用，应不超过 10.0g 黑药，或 4.0g 硝酸盐/金属基，或 2.0g 高氯酸盐/金属基成分；（3 级）不超过 200.0g，应包含一个炸子和（或）开爆药，如适用，不应超过 50.0g 黑药，或 20.0g 硝酸盐/金属基，或 10.0 高氯酸盐/金属基成分。 吐珠：（2 级）不超过 50.0g，每个烟火单元不超过 10.0g，不应包含超过 10 个有炸子的烟火单元，每个烟火单元不应超过 10.0g 黑药，或 4.0g 硝酸盐/金属基，或 2.0g 高氯酸盐/金属基的炸子成分；（3 级）不超过 250.0g，每个烟火单元不超过 50.0g，不应包含超过 10 个有炸子的烟火单元不应超过 20.0g 黑药，或 8.0g 硝酸盐/金属基，或 4.0g 高氯酸盐/金属基的炸子成分。 小青蛇：（1 级）不超过 3.0g。 单发礼花：（2 级）不超过 25.0g，烟火单元中的炸子和（或）开爆药的重量：不超过 10.0g 黑药，或 4.0g 硝酸盐/金属基，或 2.0g 高氯酸盐/金属基的炸子成分；（3 级）不超过 40.0g，烟火单元中的炸子和（或）开爆药的重量：不超过 20.0g 黑药或 8.0g 硝酸盐/金属基，或 4.0g 高氯酸盐/金属基的炸子成分。 拉炮：（1 级）以氯钾和红磷为基础的炸子不超过 16mg，或以雷银为主的不超过 1.6mg。 电光花：（1 级）不超过 7.5g；（2 级）不超过 50.0g。			

附表 3-3（续）

产品类别	产品危害类别	安全指标中英文名称	安全指标对应的国家标准				安全指标对应的国际标准或国外标准				安全指标差异情况
			名称、编号	安全指标要求	安全指标单位	检测标准名称、编号	名称、编号	安全指标要求	安全指标单位	安全指标对应的检测标准名称、编号	
烟花爆竹	化学	药量 (Charge weight)						旋转升空：（2 级）不超过 30.0g。 桌上炮：（1 级）不超 2.0g 的硝化纤维，其含氮量不应超过 12.6%。 摔炮：（1 级）不超过 2.5mg 雷酸银。 转轮：（2 级）不超过 100.0g，每个哨声单元（如有）不应超过 5.0g；（3 级）不超过 900.0g，每个哨声单元（如有）不应超过 20.0g。 4 级烟花： 对 4 级烟花的含药量不做要求			
烟花爆竹	化学	安全性能 (Safety performance)	GB 10631—2013《烟花爆竹 安全与质量》	品及烟火药热安定性在 75℃ ± 2℃、48h 条件下应无肉眼可见分解现象，且燃放效果无改变。 产品低温实验在-35℃ ~ -25℃、48h 条件下应无肉眼可见冻裂现象，且燃放效果无改变。 产品的跌落试验不应出现燃烧、爆炸或漏药的现象。 产品各类烟火药摩擦感度、撞击感度、火焰感度、静电感度、着火温度、爆发点、热安定性、相容性应符合相关标准要求。 烟火药的吸湿率应≤2.0%，笛音药、粉状黑火药、含单基火药的烟火药应≤4.0%。 烟火药的水分应≤1.5%，笛音药、粉状黑火药、含单基火药的烟火药≤3.5%。 烟火药的 pH 应为 5 ~ 9	—	GB 10631—2013《烟花爆竹 安全与质量》	欧盟 EN15947-5《烟火制品——、二、三级烟花—第 5 部分：结构和性能的要求》；EN16261-2《烟火制品-4 级烟花-第 2 部分：要求》	1、2、3 级烟花： 漏药：当按照 EN15947-4 的 6.14 测试时，漏药不应超过 100mg，圣诞炮和拉炮的每次测试漏药不应超过 1mg。 完整性：烟花主体上不应有洞，裂缝，凹凸不平，除非是烟花正确功能的技术需要。末端封口不应有洞或裂缝，如末端封口是分离的，应牢固放置（如翼、篮或环）。用目测检验是否符合上述要求。对于有分离部件（如手持的底座）的烟花，其部件应放置牢固，当按照 EN15947-4 的 6.1.2 测试是否符合上述要求。如果手持是烟花体的主要部件，应清晰标明，用目测检验是否符合上述要求。对于组合烟花，每个单元应与其他单元或框架牢固连接，除了单一的传输引线。对于火箭同类组合，此要求适用于火箭发射筒，而非火箭。只要当正常操作时，能使所有的单元连在一起，鞭炮可用传输引线连接各单元。对于孟加拉火焰，最后的封装上的	—	欧盟 EN15947-5《烟火制品——、二、三级烟花—第 5 部分：结构和性能的要求》；EN16261-2《烟火制品—4 级烟花—第 2 部分：要求》；EN15947-4《烟火制品-一、二、三级烟花-第 4 部分：测试方法》；EN16261-3《烟火制品-4 级烟花-第 3 部分：测试方法》	部分内容有所不同

附表 3-3（续）

产品类别	产品危害类别	安全指标中英文名称	安全指标对应的国家标准				安全指标对应的国际标准或国外标准				安全指标差异情况
			名称、编号	安全指标要求	安全指标单位	检测标准名称、编号	名称、编号	安全指标要求	安全指标单位	安全指标对应的检测标准名称、编号	
烟花爆竹	化学	安全性能(Safety performance)						洞、裂缝是用来固定孟加拉火焰允许的。对于孟加拉火柴、孟加拉棒、玩具火柴，木杆不应有裂缝。对于圣诞炮和拉炮：烟火成分不应是可见，拉条的覆盖物不应松动，但允许在功能发放时有适当的移动。对于快乐烟花和桌上炮：包含内容物的容器的封口必须无洞或裂开。摔炮的包装应有填充物。用目测检验是否符合上述要求。 飞行的稳定性：小火箭应有一根杆子或多个杆子作为固定装置。火箭应有一根杆子或多个杆子作为固定装置，或固定飞行稳定的其他装置（如翼、篮或环）。为稳定飞行的装置应是非金属材料，除非是用于固定火箭的杆子的订书针。用目测检验是否符合上述要求。 其他：摔炮：按照 EN15947-4 的 6.14 测试时，振动试验时不应产生爆炸，且在随后的测试时产生一个单一的响声。 燃放时的稳定性：当按照 EN15947-4 的 6.17.2 测试时，以下烟花应在燃放时应保持直立：组合烟花，除了鞭炮串和闪光炮串（对于火箭组合，此要求适用于发射架）；孟加拉火焰；设计放在地面上的喷花；花束；吐珠；单发礼花；桌面烟花。 燃放后完整性：燃放后烟花体不应有另外的洞孔，此要求适用于以下烟花：花束；快乐烟花；单发礼花；桌面烟花。目测检查是否符合要求。			

附表 3-3（续）

产品类别	产品危害类别	安全指标中英文名称	安全指标对应的国家标准				安全指标对应的国际标准或国外标准				安全指标差异情况
			名称、编号	安全指标要求	安全指标单位	检测标准名称、编号	名称、编号	安全指标要求	安全指标单位	安全指标对应的检测标准名称、编号	
烟花爆竹	化学	安全性能(Safety performance)						4 级烟花： 漏药：当按照 EN16261-3 的 6.8 测试时，应称量振动试验后漏在产品外边的松散烟火药剂，散落的物质应符合声明值（如适用）且不得超过净药量（NEC）的 3%，且每个产品漏药量不得超过 1g。如果漏药不能和其他散落物质分开，则整个散落物质都算成漏药，且不得超过规定值。 完整性：烟花主体上不应有洞，裂缝，凹凸不平，除非是烟花正确功能的技术需要。末端封口不应有洞或裂缝，如末端封口是分离的，应牢固放置。接样检测前，应检查烟花是否有漏药。对于组合烟花（地礼）：每个单元应与其他单元或框架牢固连接，除了单一的传输引线。按 EN16261-3 的 6.7 对此要求进行检测。 燃放时的稳定性：按燃放说明燃放时，如适用，烟花应保持其初始位置且燃放过程应保持其完整性，按 EN16261-3 的 6.10 对此要求进行检测。 部件要求：结构、热稳定性和振动后的松散物符合要求			
烟花爆竹	化学	燃放性能(Functioning)	GB 10631—2013《烟花爆竹 安全与质量》	发射升空产品的发射偏斜角应≤22.5°，造型组合烟花和旋转升空烟花的发射偏斜角应≤45°（仅限专业燃放类）。 A 级产品的声级值应≤120dB，B 级、C 级、D 级产品的声级值应≤110dB。 个人燃放类产品燃放时产生的火焰、燃烧物、色火或带火残体不应落到距离燃放中心点 8m 之外的地面。专业燃放类产品燃放时产生的火焰、燃烧物、色火或带火残体不应	—	GB 10631—2013《烟花爆竹 安全与质量》	欧盟 EN15947-5《烟火制品——、二、三级烟花—第 5 部分：结构和性能的要求》；EN16261-2《烟火制品—4 级烟花—第 2 部分：要求》	1、2、3 级烟花： 主要效果：当按 EN15947-4 的 6.17 测试时，每个烟花的主要效果应符合 EN15947-2 描述的效果。 燃放：当按 EN15947-4 的 6.17 测试时，所有烟火单元应完全燃放。 发射角度/飞行角度：空中转轮：上升角度在地面上 20m 高处不应超过中垂线 15°；双响：上升角度在地面上 3m 处不应超过中	—	欧盟 EN15947-5《烟火制品——、二、三级烟花—第 5 部分：结构和性能的要求》；EN16261-2《烟火制品—4 级烟花—第 2 部分：要求》；EN15947-4	部分内容有所不同

附表 3-3（续）

产品类别	产品危害类别	安全指标中英文名称	安全指标对应的国家标准				安全指标对应的国际标准或国外标准				安全指标差异情况
			名称、编号	安全指标要求	安全指标单位	检测标准名称、编号	名称、编号	安全指标要求	安全指标单位	安全指标对应的检测标准名称、编号	
烟花爆竹	化学	燃放性能(Functioning)		落到距离燃放中心点 B 级 20m,A 级 40m 之外的地面（特殊设计的专业燃放类产品除外）。 产品燃放时产生的炙热物与燃放中心点横向距离：C 级≤15m、B 级≤25m、A 级≤50m。 产品燃放时产生的质量>5g（纸质>15g，设计效果中的漂浮物除外）的抛射物与燃放中心点横向距离：C 级≤20m，B 级≤30m，A 级≤60m。 产品燃放不应出现倒筒、烧筒、散筒、低炸现象，且燃放后筒体不应继续燃烧超过 30s；其他缺陷应符合 GB/T 10632 的要求。 计数类产品，计量误差应在 ± 5%的范围内。 计数类产品烧成率应>90%。 旋转类产品的允许飞离地面高度应≤0.5m，旋转直径范围应≤2m。 线香产品不应爆燃，燃放高度 1m ± 0.1m 时不应有火星落地。 烟雾效果不应出现明火。 玩具造型产品行走距离应≤2m				垂线 8°；小火箭：上升角度不超过中垂线 30°；火箭：上升角度在地面上 20m 高不超过中垂线 15°；旋转升空类：上升角度在地面上 3m 处不超过中垂线 30°。按 EN15947-4 的 6.4 相关的方法检验。 移动：地面移动：燃放时地面移动不应移动超过测试点 8.0m；地面旋转：烟花不能移动超过测试点 1.0m（1 级）或 8.0m（2 级），上升高度不能超过 0.2m；跳猫：烟花移动不能超过测试点 8.0m，上升高度不能超过 3m。按 EN15947-4 的 6.4.3 相关的方法检验。 爆炸高度：空中转轮：不应低于 20m；双响：第二响应在地面至少 3m 高处开爆；小火箭：不应低于 8m；火箭：不应低于 20m；吐珠：发射单元爆炸高度不应低于 8m（2 级）或 30m（3 级）；发射筒：发射单元爆炸高度不应低于 8m（2 级）或 30m（3 级）。按 EN15947-4 的 6.4 相关的方法检验。 声级值：按 EN15947-4 的 6.5.1、6.5.2 或 6.5.3 测试时，烟花产生的最大声级值不应超过 120dB（A 计权脉冲值(LAImax)）或相当值。 爆炸和其他缺陷：孟加拉火焰、闪光球、喷花、地面旋转、手持电光花、跳猫、非手持电光花、旋转升空类、转轮在正常燃放时不应产生爆炸。喷花燃放时烟花主体不应破裂。除鞭炮和闪光炮外的组合烟花，烟花主体不应产生破坏完整性的爆		《烟火制品——一、二、三级烟花—第 4 部分：测试方法》；EN16261-3《烟火制品—4 级烟花—第 3 部分：测试方法》	

附表 3-3（续）

产品类别	产品危害类别	安全指标中英文名称	安全指标对应的国家标准				安全指标对应的国际标准或国外标准				安全指标差异情况
			名称、编号	安全指标要求	安全指标单位	检测标准名称、编号	名称、编号	安全指标要求	安全指标单位	安全指标对应的检测标准名称、编号	
烟花爆竹	化学	燃放性能(Functioning)						炸。按 EN15947-4 的 6.17.2 相关的方法检验。燃烧或炙热物：按 EN15947-4 的 6.12 测试时，不应有燃烧或炙热物跌落在超过离测试点 1.0m（1 级）、8.0m（2 级）、15.0m（3 级）处。室内使用的喷花、电光花、孟加拉火柴、闪光球、玩具火柴、蛇和桌面烟花：按照 EN15947-4 的 6.3.1 测试时，燃放不应使测试纸上有任何的燃烧孔洞。空中转轮、火箭、发射筒：按 EN15947-4 的 6.4.3 测试时，烟花产生的任何燃烧效果（不同于伴随于上升的效果）不应低于离地面 3m。圣诞炮、快乐烟花和桌面烟花：烟花燃放不应导致喷射的物质着火，目测检验核实。 火焰的熄灭：按 EN15947-4 的 6.8.2 检测时，雷鸣炮、孟加拉火柴、孟加拉棒、爆裂颗粒、双响、闪光炮、闪光球（无底座）、喷花（室内使用）、跳猫和小青蛇的所有由燃放产生的燃烧应在燃放停止后 5.0s 内熄灭，室外手持喷花和旋转升空类的所有由燃放产生的燃烧应在燃放停止后 10.0s 内熄灭，组合烟花、孟加拉火焰、闪光球（有底座）、喷花（室外使用）、地面移动、地面旋转、跳猫、花束、吐珠、单发礼花和转轮的所有由燃放产生的燃烧应在燃放停止后 120.0s 内熄灭。 抛射的碎片：不应产生金属抛射碎片，目测检验核实。雷鸣炮、组合烟花、爆裂颗粒、双响、闪光炮、地面旋转、跳跳炮和跳猫按 EN15947-4 的 6.11.2 测试时，烟花产生的抛射碎片不应超过测试点 1m（1 级）、			

附表 3-3（续）

产品类别	产品危害类别	安全指标中英文名称	安全指标对应的国家标准				安全指标对应的国际标准或国外标准				安全指标差异情况
			名称、编号	安全指标要求	安全指标单位	检测标准名称、编号	名称、编号	安全指标要求	安全指标单位	安全指标对应的检测标准名称、编号	
烟花爆竹	化学	燃放性能 (Functioning)						8m（2 级）、15m（3 级）。空中转轮按 EN15947-4 的 6.11.2 测试时，在除上升以外主要效果（目测检验核实）之前，稳定飞行的装置不应分离，且任何碎片重量不超过 150.0g。圣诞炮、快乐烟花和桌面烟花按 EN15947-4 的 6.3.2 或 6.3.3 测试时，抛射物不应穿透测试纸。火箭和小火箭按 EN15947-4 的 6.11.2 测试时，到火箭开爆，飞行的稳定装置不应分离（目测检测核实）且碎片的重量不应超过 100.0g（2 级）或 150.0g（3 级）。桌面烟花所喷射的物体不应是玻璃或尖锐的金属，目测检验核实。 烟火药的燃烧速率：按 EN15947-4 的 6.9 测试时，孟加拉火焰的烟火药的燃烧速率应<1.7g/s，孟加拉火柴和孟加拉棒的烟火药的燃烧速率应<0.17g/s。 拉线：当按说明使用拉条或线时，不应断裂，按 EN15947-4 的 6.5.2.2 核实。 下垂：手持电光花按 EN15947-4 的 6.10 测试时，金属杆的下垂角度应小于 45°。 塑料体：雷鸣炮、爆裂颗粒和闪光炮按 EN15947-4 的条款 6.17.2 测试时，如果烟花有塑料体，其不应爆裂。 火箭发射筒：如果火箭的发射药装在以一个铝质筒子内，按 EN15947-4 的 6.17.2 测试时，铝筒不应破裂。 4 级烟花： 主要效果：当按 EN16261-3 的 6.10 测试时，每个烟花的主要效果应符合 EN16261-1 所规定的生产商或进口商声明的效果。			

附表 3-3（续）

产品类别	产品危害类别	安全指标中英文名称	安全指标对应的国家标准				安全指标对应的国际标准或国外标准				安全指标差异情况
			名称、编号	安全指标要求	安全指标单位	检测标准名称、编号	名称、编号	安全指标要求	安全指标单位	安全指标对应的检测标准名称、编号	
烟花爆竹	化学	燃放性能(Functioning)						燃放：按 EN16261-3 的 6.10 检测时，接样后燃放性能应满足要求，按 EN16261-3 的 6.8 和 6.9 检测时，振动和热稳定性试验后燃放性能应满足要求。按 EN16261-3 的 6.10 检测时，烟花应按设计要求实现燃放，不应出现不稳定和不按设计方式燃放的情况。 声级值：对含炸子、开爆、哨响效果的烟花，应在离燃放点预设的距离按 EN16261-3 的 6.5 测量其声级值。标签上应标明最大的测量值或生产商规定的值。批测试时，测量值不应超过标签声明值。 火焰的熄灭：按 EN16261-3 的 6.6 测试时，烟花效果最后燃放后超过 2min 仍未熄灭的燃烧现象应在标签或说明上标明。按 EN16261-3 的 6.7 对此要求进行检测。 抛射的碎片：若在型式试验时产生抛射碎片，烟花设计时应按 EN16261-3 的 6.2 测试以确定碎片是因为设计本身还是烟花燃放缺陷造成的。如果碎片是由于设计本身造成的，应按 EN16261-3 的 6.7 检查标签，是否包含碎片的有关信息（包括按 EN16261-3 的 6.10.2 测得的抛射距离）。按 EN16261-3 的 6.7 进行批测试时，碎片的抛射距离不得大于标签声明值。 燃烧或炙热物：燃放时应检查落地的燃烧或炙热物（参见 EN16261-3 的 6.10）			
礼花弹	化学	最高发射距离(Maximum launching distance)	GB19594—2015《烟花爆竹 礼花弹》	3 号 120m、4 号 140m、5 号 190m、6 号 220m、7 号 240m、8 号 260m、10 号 280m、12 号 300m	m	GB 10631—2013《烟花爆竹 安全与质量》	—	—	—	—	—

附表 3-3（续）

产品类别	产品危害类别	安全指标中英文名称	安全指标对应的国家标准				安全指标对应的国际标准或国外标准				安全指标差异情况
			名称、编号	安全指标要求	安全指标单位	检测标准名称、编号	名称、编号	安全指标要求	安全指标单位	安全指标对应的检测标准名称、编号	
礼花弹	化学	水上礼花弹发射距离 (Launching distance for shells above water)	GB19594—2015《烟花爆竹 礼花弹》	3 号 100m、4 号 100m、5 号 120m、6 号 120m	m	GB 10631—2013《烟花爆竹 安全与质量》	—	—	—	—	—
喷花	化学	喷射高度 (Projecting height)	GB 10631—2013《烟花爆竹 安全与质量》	喷花类：D 级≤1m；C 级≤8m；B 级≤15m	m	GB 10631—2013《烟花爆竹 安全与质量》	—	—	—	—	—
烟花爆竹	物理	效果出现的最低高度 (Minimum height for effects)	GB 10631—2013《烟花爆竹 安全与质量》	小礼花，B 级，35m 礼花弹，A 级，3 号：50m；4 号：60m；5 号：80m；6 号：100m；7 号：110m；8 号：130m；10 号：140m；12 号：160m。 组合烟花类：C 级：15m；B 级：35m；A 级 45（3 号）/60（4 号）。 升空类：旋转升空：3m；其他：5m	m	GB 10631—2013《烟花爆竹 安全与质量》	EN15947-5《烟火制品——一、二、三级烟花—第 5 部分：结构和性能的要求》	爆炸高度：空中转轮不能有低于 20m 的爆炸；双响的第二响应在地面至少 3m 处爆炸；小火箭不能有低于 8m 的爆炸；火箭不能有低于 20m 的爆炸和开炸；吐珠的每发都不应有低于 8m（2 级）或 30m（3 级）的爆炸和开炸；单发礼花的每发都不应有低于 8m（2 级）或 30m（3 级）的爆炸和开炸	m	EN15947-5《烟火制品——一、二、三级烟花—第 5 部分：结构和性能的要求》；EN15947-4《烟火制品——一、二、三级烟花—第 4 部分：测试方法》	宽于国标
烟花爆竹	物理	标志 (labeling)	GB 10631—2013《烟花爆竹 安全与质量》；	产品应有符合国家有关规定的标志和流向登记标签。 产品标志分为运输包装标志和零售包装标志。 标志应附在运输包装和零售包装上不脱落。	—	GB 10631—2013《烟花爆竹 安全与质量》	美国标准 AFSL-2011	单个的装置必须要有警句标签，包括警告提示，陈述危险的声明和正确使用的说明。 所有的警句标签必须是在一个显著的位置，使用英语，引人注意，印刷清楚，在	—	美国标准 AFSL-2011	宽于国标

附表 3-3（续）

产品类别	产品危害类别	安全指标中英文名称	安全指标对应的国家标准				安全指标对应的国际标准或国外标准				安全指标差异情况
			名称、编号	安全指标要求	安全指标单位	检测标准名称、编号	名称、编号	安全指标要求	安全指标单位	安全指标对应的检测标准名称、编号	
烟花爆竹	物理	标志(labeling)	GB 24426—2015《烟花爆竹标志》	运输包装标志的基本信息应包含：产品名称、消费类别、产品级别、产品类别、制造商名称及地址、安全生产许可证号、箱含量、箱含药量、毛重、体积、生产日期、保质期、执行标准代号以及“烟花爆竹”“防火防潮”“轻拿轻放”等安全用语或图案，安全图案应符合 GB 190、GB/T 191 要求。 零售包装标志的基本信息应包含：产品名称、消费类别、产品级别、产品类别、制造商名称及地址、含药量（总药量和单发药量）、警示语、燃放说明、生产日期、保质期。计数类产品应标明数量。 专业燃放类产品应使用红色字体注明“专业燃放类”的字样，个人燃放类产品应使用绿色字体注明“个人燃放类”的字样。摩擦产品应用红色字体注明“不应拆开”的字样。专业燃放类产品还应标注加工、安装方法，发射高度、辐射半径、火焰熄灭高度、燃放轨迹等信息；设计为水上效果的产品应标注其燃放的水域范围。 标注内容正确且清晰可见，易于识别，难以消除并且与背景色对比鲜明。运输包装上的字体高度消费类别≥28mm，其他≥6mm，零售包装字体高度警示语及内容≥4mm，其他≥2.2mm。 文字应使用规范的中文，但不包括注册商标。出口产品按进口国要求执行。可以同时使用与中文有对应关系的拼音或少数民族文字，但字体不应大于相应的汉字。可以同时使用与中文有对应关系的外文，但外文字体不应大于相应的中文（国外注册商标除外）。				排列和颜色上与其他的图文内容反差强烈。 制造者、包装者、批发商、销售商的商业名称和地址要显示在每一个产品的标签 产品通用的名称，例如“Consumer Fireworks UN0336”或“Consumer Fireworks 1.4G”必须在每个产品的标签上显示。 符合本标准的装置,其产品名称或产品使用的指示图必须和警句标签的说明文一致			

附表 3-3（续）

产品类别	产品危害类别	安全指标中英文名称	安全指标对应的国家标准				安全指标对应的国际标准或国外标准				安全指标差异情况
			名称、编号	安全指标要求	安全指标单位	检测标准名称、编号	名称、编号	安全指标要求	安全指标单位	安全指标对应的检测标准名称、编号	
烟花爆竹	物理	标志 (labeling)		专业燃放类产品应使用红色字体注明“专业燃放”的字样，个人燃放类产品应使用绿色字体注明“个人燃放”的字样。摩擦型产品应用红色字体注明“不应拆开”的字样。 燃放说明和警示语内容应符合 GB 24426 的规定							
烟花爆竹	物理	包装 (packaging)	GB 10631—2013《烟花爆竹 安全与质量》; GB 31368—2015《烟花爆竹 包装》	产品应有零售包装（含内包装）和运输包装；零售包装与运输包装等同时，必须同时符合零售包装和运输包装要求。 零售包装（含内包装）材料应采用防潮性好的塑料、纸张等，封闭包装，产品排列整齐、不松动。内包装材质不应与烟火药起化学反应。 运输包装应符合 GB 12463 的要求。运输包装容器体积符合品种规格的设计要求，每件毛重不超过 30 kg。水路、铁路运输和空运产品的运输包装应分别符合 GB 19270、GB 19359、GB 19433 的技术要求。 专业燃放类产品包装（包括运输包装和零售包装）应使用单一色彩（瓦楞纸原色，灰色、灰白色、草黄）的包装，不应使用其他彩色包装。个人燃放类产品包装可使用对比色度鲜明的彩色包装。 采用瓦楞纸箱包装，在满足质量安全的条件下，可使用其他材质包装箱。 具有透气、防潮、抗震、抗压等性能，每件毛重不超过 30kg。 容器体积应符合包装内产品品种规格的设计要求。 封装牢固、封口严密。	—	GB 10631—2013《烟花爆竹 安全与质量》	美国标准 AFSL-2011	所有消费者使用的烟花必须符合美国交通部公布的法规,这些法规规定了批准运载的烟花,其包装箱的结构和测试的要求及该包装箱的标记和标签。 产品设计、包装和装箱要满足在一个独立的运输包装中,当一个装置引燃时，其他装置不会同时爆炸。 包装不能难于打开，以至于一打开可能就会损坏里面的物品。 装置必须被可靠地包装,要有防潮和防止损坏的保护，运输箱内的货物不能有漏出去的风险	—	美国标准 AFSL-2011	宽于国标

附表 3-3（续）

产品类别	产品危害类别	安全指标中英文名称	安全指标对应的国家标准				安全指标对应的国际标准或国外标准				安全指标差异情况
			名称、编号	安全指标要求	安全指标单位	检测标准名称、编号	名称、编号	安全指标要求	安全指标单位	安全指标对应的检测标准名称、编号	
烟花爆竹	物理	包装(packag-ing)		包装箱箱体、包角压痕应深浅一致，压痕线宽应≤15mm，折线居中，无裂破、断线、重线等缺陷，不应有多余的压痕线。 包装箱采用黏合方式搭接时，搭舌宽度应≥30mm，且黏合剂应涂布均匀、充分、无溢出，黏合面剥离时面纸不分离。 包装箱采用钉合方式搭接时，搭舌宽度应≥35mm，箱钉应使用带镀层的低碳钢扁丝，不应有锈斑、剥层、龟裂或其他使用上的缺陷，且箱钉应沿搭舌中线钉合，排列整齐，间隔均匀，钉距应≤50mm，钉合接缝处应钉牢、钉透，不得有叠钉、翘钉、不转脚钉等缺陷。 A 级、B 级烟花爆竹产品的运输包装应采用5 层以上的瓦楞纸箱，C 级、D 级烟花爆竹产品的运输包装应采用 3 层以上的瓦楞纸箱（含彩箱），且符合 GB 12463 和 GB 10631 的要求。满足运输安全要求条件下可采用其他材质的包装箱。 礼花弹产品应采用 5 层以上瓦楞纸箱加 5 层内衬包装，其中 12 号礼花弹产品应采取一箱一弹的方式包装，12 号以下礼花弹产品可一箱多弹，但箱内礼花弹应根据其规格型号采用瓦楞纸盒、内卡等进行固定。 摩擦类产品应采取隔栅或填充物等方式。 爆竹类应采用瓦楞纸箱、彩箱等，包装箱内产品应堆放整齐，封装牢固。 喷花类、升空类、吐珠类、小礼花类应采用瓦楞纸箱、彩箱等，包装箱内产品应采用纸盒、塑封等方式对产品进行固定，堆放整齐。							

附表 3-3（续）

产品类别	产品危害类别	安全指标中英文名称	安全指标对应的国家标准				安全指标对应的国际标准或国外标准				安全指标差异情况
			名称、编号	安全指标要求	安全指标单位	检测标准名称、编号	名称、编号	安全指标要求	安全指标单位	安全指标对应的检测标准名称、编号	
烟花爆竹	物理	包装(packaging)		旋转类、玩具类、架子烟花类应采用瓦楞纸箱、彩箱等，包装内产品应采取隔栅或加塞填充材料等方式对包装内产品进行固定。 组合烟花类应采用瓦楞纸箱、彩箱等，包装箱内产品应堆放整齐，封装牢固，不同规格产品不应充装于同一包装箱内。 烟花爆竹产品的销售包装应封闭包装，无漏药、浮药，多个或多发包装的产品应排列整齐。 爆竹类单挂或单盘的结鞭爆竹应采用油蜡纸、玻璃纸包装，较大规格或为满足客户需求的结鞭爆竹可辅以纸盒进行包装。 喷花类、升空类、吐珠类、小礼花类单个产品应采用包装纸包装；多个同规格产品应辅以纸盒、塑封等方式进行包装。 旋转类、玩具类、架子烟花类不宜单个产品进行销售包装，多个产品应用纸盒或塑封等形式进行包装，包装内物品应采用填充材料或捆扎方式固定。 烟花爆竹产品采用内卡、填充材料包装后，应保证在正常装卸、运输条件下包装内物品不移动、不露出。 包装内物品产生相对运动的距离应≤5mm。 箱体表面印刷图案、文字应清晰正确，无涂改，位置准确。 包装箱纸板厚度： A 级、B 级烟花爆竹产品包装箱纸板厚度应≥4.0mm。 C 级烟花爆竹产品包装箱（含彩箱）纸板厚度应≥3.0mm。 D 级烟花爆竹产品包装箱（含彩箱）纸板厚							

附表 3-3（续）

产品类别	产品危害类别	安全指标中英文名称	安全指标对应的国家标准				安全指标对应的国际标准或国外标准				安全指标差异情况
			名称、编号	安全指标要求	安全指标单位	检测标准名称、编号	名称、编号	安全指标要求	安全指标单位	安全指标对应的检测标准名称、编号	
烟花爆竹	物理	包装(packaging)		度应≥2.0mm。 礼花弹类产品包装箱纸板（含内衬）厚度应≥7.0mm。 包装箱综合尺寸（长+宽+高）应≤1800mm。 烟花爆竹产品包装用瓦楞纸箱（含彩箱）应采用竖楞纸箱。瓦楞纸箱（彩箱）箱体方正，纸箱各折叠部位互成直角，单面箱面纸板不应拼接。 瓦楞纸箱（彩箱）箱体表面清洁、平整，无裂纹、起泡、破损等缺陷，裁切刀口无明显毛刺。 销售包装材料应具有防潮性，且不应与烟火药起化学反应。 填充材料宜采用软质填充材料，且应具有一定弹性，防潮，防静电，易于分割（切割）以满足不同包装空隙的填充需要。 包装箱需要安装提手时，提手安装位置适当，安装牢固，充装产品后至少 2h 自由悬挂后提手不松动、脱落。 烟花爆竹产品用包装物在正常运输和储存条件下应保证其质量满足本文件规定的其他要求。 采用其他材质的包装箱应符合 GB 10631 和本标准规定的要求。 包装箱箱盖应牢固、封口严实，箱盖对口不重叠，不错位，经先合后开 270° 往复 5 次，其面层不得有裂缝，里层裂缝长总和不大于 50mm。 包装箱不应有引起堆码不稳定的任何变形和							

附表 3-3（续）

产品类别	产品危害类别	安全指标中英文名称	安全指标对应的国家标准				安全指标对应的国际标准或国外标准				安全指标差异情况
			名称、编号	安全指标要求	安全指标单位	检测标准名称、编号	名称、编号	安全指标要求	安全指标单位	安全指标对应的检测标准名称、编号	
烟花爆竹	物理	包装(packaging)		破损。 抗压力试验实测值应≥P 包装箱不应出现偏倒、变形等现象。 3 层瓦楞纸箱（含彩箱）戳穿强度应≥6.3J，5 层以上瓦楞纸箱（含彩箱）戳穿强度应≥10.3J，其他材质包装箱戳穿强度应≥10.3J							
烟花爆竹	物理	外观(Appearance)	GB 10631—2013《烟花爆竹 安全与质量》	产品应保证完整、清洁，文字图案清晰。 产品表面无浮药、无霉变、无污染，外型无明显变形、无损坏、无漏药。 筒标纸粘贴吻合平整，无遮盖、无露头露脚、无包头包脚、无露白现象。 筒体应黏合牢固，不开裂、不散筒	—	GB 10631—2013《烟花爆竹 安全与质量》	美国标准 AFSL-2011	产品的装配质量要好，在运输、搬运或正常使用时装置不会损坏	—	—	—
烟花爆竹	物理	底座(Base)	GB 10631—2013《烟花爆竹 安全与质量》	不需要加工安装的 C 级、D 级，且放置在地面燃放主体不运动的烟花（喷花类、玩具类产品），筒高超过外径 3 倍的，应安装底座，底座的外径或边长应大于主体高度（含安装底座后增加的高度）1/3。 底座应安装牢固，在燃放过程中，底座应不散开、不脱落	—	GB 10631—2013《烟花爆竹 安全与质量》	美国标准 AFSL-2011	直立向上发射的烟花装置，其底座或底部的最小水平尺寸或直径不可小于其高度的 1/3。该高度包括所有附加的底座或帽，但不包括伸出的引线。 除此之外，所有立于底座上使用的装置，还要通过一个斜面稳定性测试（静态试验），按照相应种类之要求（见相应种类的标准）。 制做底座的材料在运输、搬运和正常使用时不能断裂。 底座必须可靠地与装置连接，在运输、搬运和正常使用时不会分开	—	美国标准 AFSL-2011	严于国标
烟花爆竹	物理	底塞(Bottom plug)	GB 10631—2013《烟花爆竹 安全与质量》	底塞应安装牢固，在跌落试验过程中，不开裂、不脱落	—	GB 10631—2013《烟花爆竹 安全与质量》	美国标准 AFSL-2011	每个筒的底部塞子必须用泥或其他非可燃材料制造。 塞子必须牢固地安装在发射筒内。 塞子的结构和材料应在运输、搬运和正	—	美国标准 AFSL-2011	严于国标

附表 3-3（续）

产品类别	产品危害类别	安全指标中英文名称	安全指标对应的国家标准				安全指标对应的国际标准或国外标准				安全指标差异情况
			名称、编号	安全指标要求	安全指标单位	检测标准名称、编号	名称、编号	安全指标要求	安全指标单位	安全指标对应的检测标准名称、编号	
烟花爆竹	物理	底塞 (Bottom plug)						常使用时不会破损或分离出来，并且假如一个礼花弹在筒子内过早地开爆也不会产生尖锐的碎片			
烟花爆竹	物理	吊线 (Hanging rope)	GB 10631—2013《烟花爆竹 安全与质量》	吊线应在 50cm 以上，安装牢固并保持一定的强度	—	GB 10631—2013《烟花爆竹 安全与质量》	美国标准 AFSL-2011	—	—	—	—
烟花爆竹	化学	引燃装置 (Ignition device)	GB 10631—2013《烟花爆竹 安全与质量》	在所有正常、可预见的使用条件下使用引燃装置，应能正常地点燃并引燃效果药。 引火线、引线接驳器、电点火头应符合相应的质量标准要求。 点火引火线应为绿色安全引线，点火部位应有明显标识。 点火引火线应安装牢固，可承受产品自身重量 2 倍或 200g 的作用力而不脱落或损坏。 快速引火线、电点火头和引线接驳器应慎重使用。并遵循下列要求： a）产品不应预先连接电点火头（舞台用焰火采取固定防摩擦且有短路措施的除外）； b）个人燃放类产品不应使用电点火头； c）使用快速引火线和引线接驳器（仅限定在特殊的组合烟花）时，快速引火线与安全引火线及引线接驳器之间应安装牢固，可承受 1kg 的作用力而不脱落或损坏，快速引火线和引线接驳器均应有防火措施； d）快速引火线只能为连接引火线，颜色应为银色、红色或黄色。 点火引火线的引燃时间应保证燃放人员安全	—	GB 10631—2013《烟花爆竹 安全与质量》	美国标准 AFSL-2011	符合本标准的装置必须只包含一条主引线。禁止使用任何附加的引线、引燃点、插引孔或导火点。 进入装置内的主引线必须是安全引线或其他经过保护能抵御旁燃的引线。 从点燃引线的头部到引燃这个装置的时间必须是至少 3s，而不超过 9s。 对于多个效果或多筒装置，其效果（或筒子）间的时间间隔不能超过 10s。但是当一个多种效果装置由较温和效果（如花筒效果）转换到较猛烈效果（如花束，礼花弹或彗尾效果），其效果间的时间间隔不能超过 3s。 外露引线，包括筒子之间的连接引线，必须能够承受至少 3s 的旁燃测试。 注：因功能所需其喷口很小并且总药量少于 6g（0.21oz）的装置，其引线没有旁燃要求。 引线必须与装置牢固地连接，可以承受产品自重加 227g（8oz）重物或两个产品自重的力（取两者中之轻者），引线不会从装置上分离。	—	美国标准 AFSL-2011	宽于国标

附表 3-3（续）

产品类别	产品危害类别	安全指标中英文名称	安全指标对应的国家标准				安全指标对应的国际标准或国外标准				安全指标差异情况
			名称、编号	安全指标要求	安全指标单位	检测标准名称、编号	名称、编号	安全指标要求	安全指标单位	安全指标对应的检测标准名称、编号	
烟花爆竹	化学	引燃装置(Ignition device)		离开，且在规定时间内引燃主体。D 级：2s ~ 5s；C 级：3s ~ 8s；A 级、B 级：6s ~ 12s。C 级、D 级产品设计无引燃时间的产品可不计引燃时间，专业燃放类产品采用电点火引燃的不规定引燃时间。 手持部位不应装药或涂敷药物。手持部位长度：C 级≥100mm，D 级≥80mm。A 级、B 级产品不应设计为手持燃放。 个人燃放类产品不应含漂浮物和雷弹。 其他部件应符合有关标准要求，安装牢固，不脱落				引线位置应明显或在装置外部标示清楚。 符合本标准的装置必须只包含一条主引线。禁止使用任何附加的引线、引燃点、插引孔或导火点。 组合类装置的性能不能超出美标所标准对每个独立品种的性能要求。 符合本标准的烟花装置，其火药腔体在正常功能发生时，不能有烧穿或炸穿现象。 在一个底座上的所有筒子都必须由引线联接使之有序地发射。如果引线连接使用分支或交叉的方式，则必须防止有两支或更多的筒子同时发射			
烟花爆竹	物理	结构和材质(Structure and material)	GB 10631—2013《烟花爆竹 安全与质量》	产品的结构和材质应符合安全要求，保证产品及产品燃放时安全可靠。 个人燃放类组合烟花不应两盆以上（含两盆）联结。 个人燃放类小礼花型组合烟花筒体高度与底面最小水平尺寸或直径的比值应≤1.5，且筒体高度应≤300mm。 产品运动部件、爆炸部件及相关附件一般采用纸质材料，不应采用金属等硬质材料，以保证在燃放时不产生尖锐碎片或大块坚硬物。如技术需要，固定物可采用木材、订书钉、钉子或捆绑用金属线，但固定物不应与烟火药物直接接触。 带炸效果件和单个爆竹产品内径>5mm 的，如需使用固引剂，应能确保固引剂燃放后散开，固引剂碎片中不应含有直径>5mm 的块状物	—	GB 10631—2013《烟花爆竹 安全与质量》	美国标准 AFSL-2011	装置在功能发生时（或在功能不良时）不能产生尖锐的碎片。 成品装置不能对碰撞敏感或在运输、搬运及正常使用时有过早点燃爆炸的危险。 成品装置不能设计或包装为类似于糖果或其他食品。 装置的结构必须能够防止化学成分在任何时候泄漏或流失。 装置的化学成分不能包含任何禁用的化学物质，微量杂质不计。 产品不能包含重复装填的部件或特性。 产品必须装配良好，以防止在运输、搬运或正常操作时损坏。 产品所使用的彩带必须是用防燃和非导电材料制成。 多筒装置，若其中任何一个筒子的内径≥3.8cm 则装置必须通过 60° 斜板测试，单筒和内径<3.8cm 的多筒装置必须通过 18° 斜板测试，在最不利的位置保持不翻倒	—	美国标准 AFSL-2011	宽于国标

附表 3-3（续）

产品类别	产品危害类别	安全指标中英文名称	安全指标对应的国家标准				安全指标对应的国际标准或国外标准				安全指标差异情况
			名称、编号	安全指标要求	安全指标单位	检测标准名称、编号	名称、编号	安全指标要求	安全指标单位	安全指标对应的检测标准名称、编号	
烟花爆竹	化学	药种 (Pyrotechnic compositions)	GB 10631—2013《烟花爆竹 安全与质量》	产品不应使用氯酸盐（烟雾型、摩擦型的过火药、结鞭爆竹中纸引和擦火药头除外，所用氯酸盐仅限氯酸钾，结鞭爆竹中纸引仅限氯酸钾和炭粉配方），微量杂质检出限量为0.1%。 产品不应使用双（多）基火药，不应直接使用退役单基火药。使用退役单基火药时，安定剂含量≥1.2%。 产品不应使用砷化合物、汞化合物、没食子酸、苦味酸、六氯代苯、镁粉、锆粉、磷（摩擦型除外）等，爆竹类、喷花类、旋转类、吐珠类、玩具类产品及个人燃放类组合烟花不应使用铅化合物，检出限量为0.1%。 喷花类、旋转类、玩具类产品除可含每单个药量<0.13g 的响珠和炸子外，不应使用爆炸药和带炸效果件。 架子烟花产品仅限燃烧型烟火药，不应使用爆炸药和带炸效果件	—	GB 10631—2013《烟花爆竹 安全与质量》	美国标准 AFSL-2011	禁用化学品 下列化学品在消费者使用烟花中禁用： ① 硫化砷，砷酸盐，亚砷酸盐； ② 硼； ③ 氯酸盐类，除了： a）在彩色烟类产品中碳酸氢钠在重量上等于或大于氯酸盐类的重量； b）在快乐烟花中； c）在一些较小的产品中（如地面旋转类）其全部火药量不超过 4g，而其中的氯酸钾、钠或钡的含量不超过 15%（或600mg）； d）在鞭炮爆竹中 ④ 没食子（镓）或没食子酸（镓酸） ⑤ 铅和铅的化合物（包括红色的氧化铅—红丹） ⑥ 金属镁（镁铝合金允许存在） ⑦ 汞盐 ⑧ 磷（红磷或白磷），除了在帽类和快乐烟花中可使用红磷 ⑨ 苦味酸或苦味盐酸 ⑩ 硫氰酸盐 ⑪ 金属钛，除非颗粒尺寸大于 100 目 ⑫ 金属锆 混合物： 有机混合物（诸如乳糖、虫胶、红胶、绿松石、聚氯乙烯等含有一些碳氢，氧或氯的化合物；其中也可含有氮，但其所占重量比要小于 10%）； 总氮含量不超 12.6%的硝化纤维，符合 4.1 易燃固体级别的要求，允许作为发射药或	—	美国标准 AFSL-2011	严于国标

附表 3-3（续）

产品类别	产品危害类别	安全指标中英文名称	安全指标对应的国家标准				安全指标对应的国际标准或国外标准				安全指标差异情况
			名称、编号	安全指标要求	安全指标单位	检测标准名称、编号	名称、编号	安全指标要求	安全指标单位	安全指标对应的检测标准名称、编号	
烟花爆竹	化学	药种(Pyro-technic compo-sitions)						推进剂使用，但每个产品中的用量要小于15g。 注意：向运输部提交的申请表上必须列明有机化合物的详细化学成分			
烟花爆竹	化学	药量(Charge weight)	GB 10631—2013《烟花爆竹 安全与质量》	爆竹类：C 级，黑药炮：1g/个；白药炮：0.2g/个。 喷花类：地面（水上）喷花，A 级：1000g，B 级：500g，C 级：200g，D 级：10g；手持（插入）喷花，C 级：75g，D 级：10g。 旋转类：有固定轴旋转烟花，A 级：150g/发，B 级：60g/发，C 级：30g；无固定轴旋转烟花，B 级：30g，C 级：15g，D 级：1g。 升空类：火箭，A 级：180g，B 级：30g，C 级：10g；旋转升空烟花，A 级：30g/发，B 级：20g/发，C 级：5g/发；双响，C 级：9g。 吐珠类：A 级：400g（20g/珠），B 级：80g（4g/珠），C 级：20g（2g/珠）。 玩具类：玩具造型，C 级：15g，D 级：3g；线香型，C 级：25g，D 级：5g。 礼花类：小礼花，B 级：70g/发；礼花弹，药粒型（花束）（外径≤125mm），A 级：250g，圆柱型和球型（外径≤305mm 其中雷弹外径≤76mm），A 级：爆炸药 50g，总药量 8000g。 架子烟花类：A 级，瀑布 100g/发，字幕和图案：30g/发，B 级：瀑布 50g/发，字幕和	g	GB 10631—2013《烟花爆竹 安全与质量》	美国标准 AFSL-2011	组合烟花：总药量≤200g；带木制或塑料底座且筒子间距不小于 12.7mm 的：总药量≤500g； 符合单筒要求。彗尾、地面花束和礼花弹类：每个筒子所含总药量量不可超过 52g（包括炸子、开爆药，效果药和发射药）。 外径≥2.5cm，开爆药：≤10g 或总药量的 25%； 外径小于或等于 2.5cm，开爆药不可超过总药量的 50%或 10g。 爆炸药≤130mg；发射药≤12g。 多筒的礼花弹总药量≤200g。 爆竹类：单个≤0.05g（引线重量不计）。 喷花：手持及单管≤75g；多管≤200g（每根≤75g）带木制或塑料底座且筒子间距不小于 12.7mm 的：总药量≤500g；锥型≤50g。 地面旋转和地老鼠类：每个≤20g；单个炸子≤0.5g。 特别类烟花：多管≤20g（每根≤2g） 聚会、戏耍和烟类：快乐烟花、拉炮≤0.16g，砂炮≤0.01g，烟类≤100g，小青蛇≤2g。 反复装填小礼花弹：总药量≤60g；开爆药≤总药量的 25%或 10g；推进火药≤20g；	—	美国标准 AFSL-2011	宽于国标

附表 3-3（续）

产品类别	产品危害类别	安全指标中英文名称	安全指标对应的国家标准				安全指标对应的国际标准或国外标准				安全指标差异情况
			名称、编号	安全指标要求	安全指标单位	检测标准名称、编号	名称、编号	安全指标要求	安全指标单位	安全指标对应的检测标准名称、编号	
烟花爆竹	化学	药量(Charge weight)		图案 20g/发。 组合烟花类：A 级，药柱型、圆柱型内径≤76mm，100g/筒，球型内径≤102mm，320g/筒，总药量 8000g；B 级：内径≤51mm 50g/筒，总药量 3000g；C 级：小礼花：25g/筒；喷花：200g/筒；吐珠：20g/筒；总药量：1200g。（开包药：黑火药 10g，硝酸盐加金属粉 4g，高氯酸盐加金属粉 2g）；D 级：50g（仅限喷花组合）				单个炸子≤1.3g。 吐珠：每根总药量<20g。任何独立单元的化学成分不能超过 5g。单个炸子≤1.3g。 火箭、飞弹和直升飞机：总药量≤20g；开爆药≤总药量的 25%或 10g；炸子单个≤1.3g。 线香类：手持含氯酸盐≤4g 且氯酸盐含量≤15%；手持含高氯酸盐≤5g；不含氯酸盐和高氯酸盐≤100g。 转轮：总药量≤200g；单筒≤60g。 飞碟：总药量≤200g；单筒≤20g，炸子单个≤1.3g。 魔鞭：总药量≤200g			
烟花爆竹	化学	安全性能(Safety per-formance)	GB 10631—2013《烟花爆竹 安全与质量》	产品及烟火药热安定性在 75℃±2℃、48h 条件下应无肉眼可见分解现象，且燃放效果无改变。 产品低温实验在-35℃～-25℃、48h 条件下应无肉眼可见冻裂现象，且燃放效果无改变。 产品的跌落试验不应出现燃烧、爆炸或漏药的现象。 产品各类烟火药摩擦感度、撞击感度、火焰感度、静电感度、着火温度、爆发点、热安定性、相容性应符合相关标准要求。 烟火药的吸湿率应≤2.0%，笛音药、粉状黑火药、含单基火药的烟火药应≤4.0%。 烟火药的水分应≤1.5%，笛音药、粉状黑火药、含单基火药的烟火药≤3.5%。 烟火药的 pH 应为 5～9	—	GB 10631—2013《烟花爆竹 安全与质量》	—	—	—	—	—

附表 3-3（续）

产品类别	产品危害类别	安全指标中英文名称	安全指标对应的国家标准				安全指标对应的国际标准或国外标准				安全指标差异情况
			名称、编号	安全指标要求	安全指标单位	检测标准名称、编号	名称、编号	安全指标要求	安全指标单位	安全指标对应的检测标准名称、编号	
烟花爆竹	化学	燃放性能(Functioning)	GB 10631—2013《烟花爆竹 安全与质量》	发射升空产品的发射偏斜角应≤22.5°，造型组合烟花和旋转升空烟花的发射偏斜角应≤45°（仅限专业燃放类）。 A 级产品的声级值应≤120dB，B 级、C 级、D 级产品的声级值应≤110dB。 个人燃放类产品燃放时产生的火焰、燃烧物、色火或带火残体不应落到距离燃放中心点 8m 之外的地面。专业燃放类产品燃放时产生的火焰、燃烧物、色火或带火残体不应落到距离燃放中心点 B 级 20m，A 级 40m 之外的地面（特殊设计的专业燃放类产品除外）。 产品燃放时产生的炙热物与燃放中心点横向距离：C 级≤15m、B 级≤25m、A 级≤50m。 产品燃放时产生的质量>5g（纸质>15g，设计效果中的漂浮物除外）的抛射物与燃放中心点横向距离：C 级≤20m，B 级≤30m，A 级≤60m。 产品燃放不应出现倒筒、烧筒、散筒、低炸现象，且燃放后筒体不应继续燃烧超过 30s；其他缺陷应符合 GB/T 10632 的要求。 计数类产品，计量误差应在 ± 5%的范围内。 计数类产品烧成率应>90%。 旋转类产品的允许飞离地面高度应≤0.5m，旋转直径范围应≤2m。 线香产品不应爆燃，燃放高度 1m ± 0.1m 时不应有火星落地。 烟雾效果不应出现明火。 玩具造型产品行走距离应≤2m	—	GB 10631—2013《烟花爆竹 安全与质量》	美国标准 AFSL-2011	火药腔体在正常功能发生时，不能有烧穿或炸穿现象。 空中装置的燃烧碎片必须在离地 3m 之上熄灭。 爆竹的外壳在效果产生后不能燃烧。爆竹不能被摩擦点燃。 烟花装置必须保证其在功能产生时没有烧筒或炸筒现象产生。 特别类烟花产品在燃放后不可着火。 吐珠类燃放中烟火药不能产生一个>0.5m 的连续的外部火焰。 产品不能射出火球或燃烧的碎片	—	美国标准 AFSL-2011	宽于国标

附表 3-3（续）

产品类别	产品危害类别	安全指标中英文名称	安全指标对应的国家标准				安全指标对应的国际标准或国外标准				安全指标差异情况
			名称、编号	安全指标要求	安全指标单位	检测标准名称、编号	名称、编号	安全指标要求	安全指标单位	安全指标对应的检测标准名称、编号	
礼花弹	化学	礼花弹最高发射距离(Maximum launching distance)	GB 19594—2015《烟花爆竹 礼花弹》	3 号：120m；4 号：140m；5 号：190m；6 号：220m；7 号：240m；8 号：260m；10 号：280m；12 号：300m	m	GB 10631—2013《烟花爆竹 安全与质量》	—	—	—	—	—
礼花弹	化学	水上礼花弹发射距离(Launching distance for shells above water)	GB 19594—2015《烟花爆竹 礼花弹》	3 号：100m；4 号：100m；5 号：120m；6 号：120m	m	GB 10631—2013《烟花爆竹 安全与质量》	—	—	—	—	—
喷花	化学	喷射高度(Projecting height)	GB 10631—2013《烟花爆竹 安全与质量》	喷花类：D 级≤1m；C 级≤8m；B 级≤15m	m	GB 10631—2013《烟花爆竹 安全与质量》	美国标准 AFSL-2011	座式和插座式花筒的视觉效果不应超过地面水平 5m 直径的圆圈范围。 座式和插座式花筒的视觉效果在高度上不应超过 5m。 手持式花筒的视觉效果不应超过直径 2m 的范围。手持式花筒的视觉效果不应超过长度 2m 的范围	—	美国标准 AFSL-2011	宽于国标
烟花爆竹	物理	效果出现的最低高度	GB 10631—2013《烟花爆竹 安全与质量》	小礼花 B 级，35m。 礼花弹：A 级，3 号：50m；4 号：60m；5 号：80m；6 号：100m；7 号：110m；8 号：130m；10 号：140m；12 号：160m。	m	GB 10631—2013《烟花爆竹 安全与质量》	美国标准 AFSL-2011	礼花弹或彗尾的喷射应是在接近垂直向上的一个范围内。其主要效果必须发生在飞行的最高处或附近，且不能低于 6m，主要效果在离地 3m 之上应熄灭。燃烧的碎片在	—	美国标准 AFSL-2011	宽于国标

附表 3-3（续）

产品类别	产品危害类别	安全指标中英文名称	安全指标对应的国家标准				安全指标对应的国际标准或国外标准				安全指标差异情况
			名称、编号	安全指标要求	安全指标单位	检测标准名称、编号	名称、编号	安全指标要求	安全指标单位	安全指标对应的检测标准名称、编号	
烟花爆竹	物理	(Minimum height for effects)		组合烟花类：C 级：15m；B 级：35m；A 级 45（3 号）/60（4 号）。 升空类：旋转升空：3m；其他：5m				离地面 3m 以上范围应熄灭。 反复装填的礼花弹，其在空中开爆的高度最少是 15m，主要效果必须在离地面 5m 之上熄灭。 地面旋转类其功能效果发生时，装置不能上升高出 1m。地面旋转类其功能效果必须在一个 10m 直径范围内发生。地老鼠类在其发生功能时由点燃处往任何方向移动不能超过 10m，且上升高度不能超过 0.5m。 特别类烟花向任何方向抛射的效果，其初次空中飞行距离不能超过 2 米。 火箭、飞弹和直升飞机飞行高度不能少于 15m			
烟花爆竹	物理	标志 (labeling)	GB 10631—2013《烟花爆竹 安全与质量》；GB 24426—2015《烟花爆竹 标志》	产品应有符合国家有关规定的标志和流向登记标签。 产品标志分为运输包装标志和零售包装标志。标志应附在运输包装和零售包装上不脱落。 运输包装标志的基本信息应包含：产品名称、消费类别、产品级别、产品类别、制造商名称及地址、安全生产许可证号、箱含量、箱含药量、毛重、体积、生产日期、保质期、执行标准代号以及“烟花爆竹”“防火防潮”“轻拿轻放”等安全用语或图案，安全图案应符合 GB 190、GB/T 191 要求。 零售包装标志的基本信息应包含：产品名称、消费类别、产品级别、产品类别、制造商名称及地址、含药量（总药量和单发药量）、警示语、燃放说明、生产日期、保质期。计数类产品应标明数量。	—	GB 10631—2013《烟花爆竹 安全与质量》	日本标准 JIS（2013）	使用方法等的表示：使用方法等应注明通俗易懂的日语。另外，不得表示规定以外的使用方法等。 1. 基本表示：①产品名称；②种；③药量；④产地；⑤制造日期；⑥进口公司 ⑦规格证书。 2. 警示和注意事项。 3. 使用方法。 注明适合使用的场所、时间等。应注明有关点火方法、燃放后的躲避方法等特别需要注意的事项（区分是否手拿点燃、放在地面上点燃，还是立在地上点燃，以及所使用的与点火部位相适应的点火工具名称）等。 4. 文字应简洁易懂，大小应使用单字为 2mm × 2mm 以上的活字。 点火部位不明显的玩具烟花，应用文字写	—	日本标准 JIS（2013）	宽于国标

附表 3-3（续）

产品类别	产品危害类别	安全指标中英文名称	安全指标对应的国家标准				安全指标对应的国际标准或国外标准				安全指标差异情况
			名称、编号	安全指标要求	安全指标单位	检测标准名称、编号	名称、编号	安全指标要求	安全指标单位	安全指标对应的检测标准名称、编号	
烟花爆竹	物理	标志(labeling)		专业燃放类产品应使用红色字体注明“专业燃放类”的字样，个人燃放类产品应使用绿色字体注明“个人燃放类”的字样。摩擦产品应用红色字体注明“不应拆开”的字样。 专业燃放类产品还应标注加工、安装方法，发射高度、辐射半径、火焰熄灭高度、燃放轨迹等信息；设计为水上效果的产品应标注其燃放的水域范围。 标注内容正确且清晰可见，易于识别，难以消除并且与背景色对比鲜明。运输包装上的字体高度消费类别≥28mm，其他≥6mm，零售包装字体高度警示语及内容≥4mm，其他≥2.2mm。 文字应使用规范的中文，但不包括注册商标。出口产品按进口国要求执行。可以同时使用与中文有对应关系的拼音或少数民族文字，但字体不应大于相应的汉字。可以同时使用与中文有对应关系的外文，但外文字体不应大于相应的中文（国外注册商标除外）。 专业燃放类产品应使用红色字体注明“专业燃放”的字样，个人燃放类产品应使用绿色字体注明“个人燃放”的字样。摩擦型产品应用红色字体注明“不应拆开”的字样。 燃放说明和警示语内容应符合 GB 24426 的规定				出点火部位或印上红色符号等方法加以明示。但是，导火线点火的玩具烟花，点火部位一目了然者则不受此限制。 5. 简略标注规定按照其他规定进行。 6. 其他标注（专项标准）原则上应根据需要注明如下事项。 应注明“燃放后要收拾停当”“不要在深夜燃放”等。以旋转、行走、飞行或升空为主的烟花，应注明现象（状态）的要点和行走或飞行的距离高度以及飞法等。属于 f 部的玩具烟花（以发出爆炸声为主的），应注明“不得拆开使用”的字样。根据需要也应在其他玩具烟花上注明。属于 e 部的玩具烟花，应注明“不要用手拿，会飞出”的字样（但是，棒状吐珠筒除外）			
烟花爆竹	物理	包装(packaging)	GB 10631—2013《烟花爆竹 安全与质量》；	产品应有零售包装（含内包装）和运输包装；零售包装与运输包装等同时，必须同时符合零售包装和运输包装要求。 零售包装（含内包装）材料应采用防潮性好	—	GB 10631—2013《烟花爆竹 安全与质量》	日本标准 JIS（2013）	包装除应遵守火药取缔法施行规则（以下简称“规则”）第 5 条第 1 项第 20 号、第 21 号以及第 24 号所规定的标准、日本通商产业省告示第 149 号《关于规定火药类容	—	日本标准 JIS（2013）	宽于国标

附表 3-3（续）

产品类别	产品危害类别	安全指标中英文名称	安全指标对应的国家标准				安全指标对应的国际标准或国外标准				安全指标差异情况
			名称、编号	安全指标要求	安全指标单位	检测标准名称、编号	名称、编号	安全指标要求	安全指标单位	安全指标对应的检测标准名称、编号	
烟花爆竹	物理	包装(packaging)	GB 31368—2015《烟花爆竹 包装》	的塑料、纸张等，封闭包装，产品排列整齐、不松动。内包装材质不应与烟火药起化学反应。 运输包装应符合 GB 12463 的要求。运输包装容器体积符合品种规格的设计要求，每件毛重不超过 30kg。水路、铁路运输和空运产品的运输包装应分别符合 GB 19270、GB 19359、GB 19433 的技术要求。 专业燃放类产品包装（包括运输包装和零售包装）应使用单一色彩（瓦楞纸原色，灰色、灰白色、草黄）的包装，不应使用其他彩色包装。个人燃放类产品包装可使用对比色度鲜明的彩色包装。 采用瓦楞纸箱包装，在满足质量安全的条件下，可使用其他材质包装箱。 具有透气、防潮、抗震、抗压等性能，每件毛重不超过 30kg。 容器体积应符合包装内产品品种规格的设计要求。 封装牢固、封口严密。 包装箱箱体、包角压痕应深浅一致，压痕线宽应≤15mm，折线居中，无裂破、断线、重线等缺陷，不应有多余的压痕线。 包装箱采用粘合方式搭接时，搭舌宽度应≥30mm，且黏合剂应涂布均匀、充分、无溢出，黏合面剥离时面纸不分离。 包装箱采用钉合方式搭接时，搭舌宽度应≥35 mm，箱钉应使用带镀层的低碳钢扁丝，不应有锈斑、剥层、龟裂或其他使用上的缺陷，且箱钉应沿搭舌中线钉合，排列整齐，间隔均匀，钉距应≤50mm，钉合接缝处应				器包装标准的通告》以及（日本）总理府令第 10 号《火药运输时的包装等标准》之外，还须使用安全标准所规定的内装及外装。 隐纸、隐纸卷装箱方法：隐纸每 1 小盒最多装 200 粒。每 1 中盒最多装 200 粒装小盒 6 打。隐纸卷每 1 小盒最多装 12 个。每 1 中盒最多装 12 个装小盒 6 打			

附表 3-3（续）

产品类别	产品危害类别	安全指标中英文名称	安全指标对应的国家标准				安全指标对应的国际标准或国外标准				安全指标差异情况
			名称、编号	安全指标要求	安全指标单位	检测标准名称、编号	名称、编号	安全指标要求	安全指标单位	安全指标对应的检测标准名称、编号	
烟花爆竹	物理	包装 (packaging)		钉牢、钉透，不得有叠钉、翘钉、不转脚钉等缺陷。 A 级、B 级烟花爆竹产品的运输包装应采用 5 层以上的瓦楞纸箱，C 级、D 级烟花爆竹产品的运输包装应采用 3 层以上的瓦楞纸箱（含彩箱），且符合 GB 12463 和 GB 10631 的要求。满足运输安全要求条件下可采用其他材质的包装箱。 礼花弹产品应采用 5 层以上瓦楞纸箱加 5 层内衬包装，其中 12 号礼花弹产品应采取一箱一弹的方式包装，12 号以下礼花弹产品可一箱多弹，但箱内礼花弹应根据其规格型号采用瓦楞纸盒、内卡等进行固定。 摩擦类产品应采取隔栅或填充物等方式。 爆竹类应采用瓦楞纸箱、彩箱等，包装箱内产品应堆放整齐，封装牢固。 喷花类、升空类、吐珠类、小礼花类应采用瓦楞纸箱、彩箱等，包装箱内产品应采用纸盒、塑封等方式对产品进行固定，堆放整齐。 旋转类、玩具类、架子烟花类应采用瓦楞纸箱、彩箱等，包装内产品应采取隔栅或加塞填充材料等方式对包装内产品进行固定。 组合烟花类应采用瓦楞纸箱、彩箱等，包装箱内产品应堆放整齐，封装牢固，不同规格产品不应充装于同一包装箱内。 烟花爆竹产品的销售包装应封闭包装，无漏药、浮药，多个或多发包装的产品应排列整齐。 爆竹类单挂或单盘的结鞭爆竹应采用油蜡纸、玻璃纸包装，较大规格或为满足客户需							

附表 3-3（续）

产品类别	产品危害类别	安全指标中英文名称	安全指标对应的国家标准				安全指标对应的国际标准或国外标准				安全指标差异情况
			名称、编号	安全指标要求	安全指标单位	检测标准名称、编号	名称、编号	安全指标要求	安全指标单位	安全指标对应的检测标准名称、编号	
烟花爆竹	物理	包装 (packaging)		求的结鞭爆竹可辅以纸盒进行包装。 喷花类、升空类、吐珠类、小礼花类单个产品应采用包装纸包装；多个同规格产品应辅以纸盒、塑封等方式进行包装。 旋转类、玩具类、架子烟花类不宜单个产品进行销售包装，多个产品应用纸盒或塑封等形式进行包装，包装内物品应采用填充材料或捆扎方式固定。 烟花爆竹产品采用内卡、填充材料包装后，应保证在正常装卸、运输条件下包装内物品不移动、不露出。 包装内物品产生相对运动的距离应小于等于5mm。 箱体表面印刷图案、文字应清晰正确，无涂改，位置准确。 包装箱纸板厚度： A 级、B 级烟花爆竹产品包装箱纸板厚度应≥4.0mm。 C 级烟花爆竹产品包装箱（含彩箱）纸板厚度应≥3.0mm。 D 级烟花爆竹产品包装箱（含彩箱）纸板厚度应≥2.0mm。 礼花弹类产品包装箱纸板（含内衬）厚度应≥7.0mm。 包装箱综合尺寸（长+宽+高）应≤1800mm。 烟花爆竹产品包装用瓦楞纸箱（含彩箱）应采用竖楞纸箱。瓦楞纸箱（彩箱）箱体方正，纸箱各折叠部位互成直角，单面箱面纸板不应拼接。 瓦楞纸箱（彩箱）箱体表面清洁、平							

附表 3-3（续）

产品类别	产品危害类别	安全指标中英文名称	安全指标对应的国家标准				安全指标对应的国际标准或国外标准				安全指标差异情况
			名称、编号	安全指标要求	安全指标单位	检测标准名称、编号	名称、编号	安全指标要求	安全指标单位	安全指标对应的检测标准名称、编号	
烟花爆竹	物理	包装 (packaging)		整，无裂纹、起泡、破损等缺陷，裁切刀口无明显毛刺。 销售包装材料应具有防潮性，且不应与烟火药起化学反应。 填充材料宜采用软质填充材料，且应具有一定弹性，防潮，防静电，易于分割（切割）以满足不同包装空隙的填充需要。 包装箱需要安装提手时，提手安装位置适当，安装牢固，充装产品后至少 2h 自由悬挂后提手不松动、脱落。 烟花爆竹产品用包装物在正常运输和储存条件下应保证其质量满足本文件规定的其他要求。 采用其他材质的包装箱应符合 GB 10631 和本标准规定的要求。 包装箱箱盖应牢固、封口严实，箱盖对口不重叠，不错位，经先合后开 270° 往复 5 次，其面层不得有裂缝，里层裂缝长总和不大于 50mm。 包装箱不应有引起堆码不稳定的任何变形和破损。 抗压力试验实测值应≥P 包装箱不应出现偏倒、变形等现象。 3 层瓦楞纸箱（含彩箱）戳穿强度应≥6.3J，5 层以上瓦楞纸箱（含彩箱）戳穿强度应≥10.3J，其他材质包装箱戳穿强度应≥10.3J。 产品应保证完整、清洁，文字图案清晰。 产品表面无浮药、无霉变、无污染，外型无明显变形、无损坏、无漏药。 筒标纸粘贴吻合平整，无遮盖、无露头露脚、无包头包脚、无露白现象。 筒体应黏合牢固，不开裂、不散筒							

附表 3-3（续）

产品类别	产品危害类别	安全指标中英文名称	安全指标对应的国家标准				安全指标对应的国际标准或国外标准				安全指标差异情况
			名称、编号	安全指标要求	安全指标单位	检测标准名称、编号	名称、编号	安全指标要求	安全指标单位	安全指标对应的检测标准名称、编号	
烟花爆竹	物理	外观(Appearance)	GB 10631—2013《烟花爆竹 安全与质量》	产品应保证完整、清洁，文字图案清晰。 产品表面无浮药、无霉变、无污染，外型无明显变形、无损坏、无漏药。 筒标纸粘贴吻合平整，无遮盖、无露头露脚、无包头包脚、无露白现象。 筒体应黏合牢固，不开裂、不散筒	—	GB 10631—2013《烟花爆竹 安全与质量》	日本标准 JIS（2013）	喼纸、喼纸卷的硬纸与表层纸应粘贴牢固不易揭下。用塑料被覆的玩具烟花、其火药应该填好，不得漏出。火药不得附着在外面。 组套品不得有破损或漏药等现象。漏药不得超过组套品总药量的 2%	—	日本标准 JIS（2013）	宽于国标
烟花爆竹	物理	底座(Base)	GB 10631—2013《烟花爆竹 安全与质量》	不需要加工安装的 C 级、D 级，且放置在地面燃放主体不运动的烟花（喷花类、玩具类产品），筒高超过外径 3 倍的，应安装底座，底座的外径或边长应大于主体高度（含安装底座后增加的高度）1/3。 底座应安装牢固，在燃放过程中，底座应不散开、不脱落	—	GB 10631—2013《烟花爆竹 安全与质量》	日本标准 JIS（2013）	1. 需要安装底座的玩具烟花 a. 属于 a 类的玩具烟花。喷火烟花、喷火山等，筒长（筒管装在盒内时，该盒（长方体）的高）超出其筒管地面外径（盒的断面的短边长度）3 倍以上 10 倍以下的玩具烟花需安装底座。 b. 属于 e-(1)的玩具烟花。吐珠筒等连发打星以及单发打星的玩具烟花等，筒管长度超过其筒管底面外径 3 倍以上 10 倍以下的烟花需安装底座。 c. 筒管并排（竖立 2 根以上的筒管而同时点火的）或串连（竖立 2 根以上的筒管，依次点火的）的玩具烟花需安装底座。但是，即使筒管竖立 2 根以上，但是，该筒管是集中在一个地方竖立在盒或筒内时，在竖立的筒管中，最长筒管的长度超过该盒短边的长度或超过外壳筒管外径 3 倍以上 10 倍以下的玩具烟花需安装底座。 d. 属于 e-(2)的玩具烟花。降落伞等按上述 b、c 安装底座。 e. 筒管或盒等横断面异型的玩具烟花，按 a 至 d 每次予以研讨后决定。 2. 底座的形状底座应为圆形或近似正方形。但是，对于异形底座，经喷射或升空试验不易倾倒时不受此限制。	—	日本标准 JIS（2013）	宽于国标

附表 3-3（续）

产品类别	产品危害类别	安全指标中英文名称	安全指标对应的国家标准				安全指标对应的国际标准或国外标准				安全指标差异情况
			名称、编号	安全指标要求	安全指标单位	检测标准名称、编号	名称、编号	安全指标要求	安全指标单位	安全指标对应的检测标准名称、编号	
烟花爆竹	物理	底座(Base)						3. 底座的材质等应具有可承受喷火烟花及吐珠筒等喷射或升空冲击的强度。台座的标准厚度，用木料制作时应在 0.5cm 以上，用其他材料制作时应在 0.15cm 以上。 4. 底座的大小 a. 喷火烟花及吐珠筒等在一段时间内连续喷射或升空的玩具烟花的底座，其短边的长度应在主体筒管长度（加上底座厚度的长度）的 1/3 以上。但必须比主体的筒管外经大 1.0cm 以上。底座形状为圆形时，其直径应在主体的筒管长度（加上底座厚度的长度）的 1.4/3 以上。但必须比主体的筒管外经大 1.4cm 以上。 b. 上述 a 以外的烟花中，单发或降落伞等的底座，其短边长度应在主体的筒管长度（加上底座厚度的长度）的 1/4 以上。但必须比主体筒管的外径大 0.8cm 以上。底座形状为圆形时，其直径应在主体的筒管长度（加上底座厚度的长度）的 1.4/4 以上。但应该比主体筒管的外径大 1.2cm 以上。 c. 用 2 根以上的筒管并排或串连使用的玩具烟花，在连接竖立筒管的最外廓的线所围着的部分中，与最狭窄的部分相对应的底座尺寸，应在最长筒管（加上底座厚度的长度）的 1/3 以上。但从任何一根筒管的最外廓测量时，都应大于 0.5cm 以上。 d. 但是，对形状等为异状的玩具烟花（不包括横断面近似圆形或正方形的），应按 a 至 c 每次予以研讨后决定。 5. 底座的安装强度。底座应安装牢固不易脱落			

附表 3-3（续）

产品类别	产品危害类别	安全指标中英文名称	安全指标对应的国家标准				安全指标对应的国际标准或国外标准				安全指标差异情况
			名称、编号	安全指标要求	安全指标单位	检测标准名称、编号	名称、编号	安全指标要求	安全指标单位	安全指标对应的检测标准名称、编号	
烟花爆竹	物理	底塞 (Bottom plug)	GB 10631—2013《烟花爆竹 安全与质量》	底塞应安装牢固，在跌落试验过程中，不开裂、不脱落	—	GB 10631—2013《烟花爆竹 安全与质量》	日本标准 JIS（2013）	喷火烟花（TORCH）、小型火炬、喷火山以及其他筒管烟花、狗尾草以及其他带柄的筒管烟花或球形烟花应塞底牢固，防止因燃烧则底部脱落或火焰和火星从底部喷出。但是，小型火炬类及玉樱的塞底长度为 10mm 以上、药筒内径 1.5 倍以上、塞底为牢固构造	—	日本标准 JIS（2013）	宽于国标
烟花爆竹	物理	吊线 (Hanging rope)	GB 10631—2013《烟花爆竹 安全与质量》	吊线应在 50cm 以上，安装牢固并保持一定的强度	—	GB 10631—2013《烟花爆竹 安全与质量》	日本标准 JIS（2013）	—	—	—	—
烟花爆竹	化学	引燃装置 (Ignition device)	GB 10631—2013《烟花爆竹 安全与质量》	在所有正常、可预见的使用条件下使用引燃装置，应能正常地点燃并引燃效果药。 引火线、引线接驳器、电点火头应符合相应的质量标准要求。 点火引火线应为绿色安全引线，点火部位应有明显标识。 点火引火线应安装牢固，可承受产品自身重量 2 倍或 200g 的作用力而不脱落或损坏。 快速引火线、电点火头和引线接驳器应慎重使用。并遵循下列要求： a）产品不应预先连接电点火头（舞台用焰火采取固定防摩擦且有短路措施的除外）； b）个人燃放类产品不应使用电点火头； c）使用快速引火线和引线接驳器（仅限定在特殊的组合烟花）时，快速引火线与安全引火线及引线接驳器之间应安装牢固，可承受 1kg 的作用力而不脱落或损坏，快速引火线和引线接驳器均应有防火措施；	—	GB 10631—2013《烟花爆竹 安全与质量》	日本标准 JIS（2013）	1. 安装有用于点火的导火线情况时，导火线的长度应在点火后 2s 或 3s（在各个规定的时间内）之后点燃主体火药。 2. 导火线应安装牢固，不易脱落。 3. 导火线用于点火时，其火药组成成分仅限于黑色火药	—	日本标准 JIS（2013）	宽于国标

附表 3-3（续）

产品类别	产品危害类别	安全指标中英文名称	安全指标对应的国家标准				安全指标对应的国际标准或国外标准				安全指标差异情况
			名称、编号	安全指标要求	安全指标单位	检测标准名称、编号	名称、编号	安全指标要求	安全指标单位	安全指标对应的检测标准名称、编号	
烟花爆竹	化学	引燃装置 (Ignition device)		d）快速引火线只能为连接引火线，颜色应为银色、红色或黄色。 点火引火线的引燃时间应保证燃放人员安全离开，且在规定时间内引燃主体。D 级：2s～5s；C 级：3s～8s；A 级、B 级：6s～12s。C 级、D 级产品设计无引燃时间的产品可不计引燃时间，专业燃放类产品采用电点火引燃的不规定引燃时间。 手持部位不应装药或涂敷药物。手持部位长度：C 级≥100mm，D 级≥80mm。A 级、B 级产品不应设计为手持燃放。 个人燃放类产品不应含漂浮物和雷弹。 其他部件应符合有关标准要求，安装牢固，不脱落							
烟花爆竹	物理	结构和材质 (Structure and material)	GB 10631—2013《烟花爆竹 安全与质量》	产品的结构和材质应符合安全要求，保证产品及产品燃放时安全可靠。 个人燃放类组合烟花不应两盆以上（含两盆）联结。 个人燃放类小礼花型组合烟花筒体高度与底面最小水平尺寸或直径的比值应≤1.5，且筒体高度应≤300mm。 产品运动部件、爆炸部件及相关附件一般采用纸质材料，不应采用金属等硬质材料，以保证在燃放时不产生尖锐碎片或大块坚硬物。如技术需要，固定物可采用木材、订书钉、钉子或捆绑用金属线，但固定物不应与烟火药物直接接触。 带炸效果件和单个爆竹产品内径>5mm 的，如需使用固引剂，应能确保固引剂燃放后	—	GB 10631—2013《烟花爆竹 安全与质量》	日本标准 JIS（2013）	e-(1) 吐珠筒（roman candle）等筒管的内径应在 1cm 以下。吐珠筒（roman candle）及发射其他星的筒管烟花筒管的材质 90% 以上应使用牛皮纸、硬壳纸、纸管用蚕卵纸等。筒管的厚度应为吐珠筒内径的 1/4 以上，其他为内径的 3/100 以上。但是，筒管内径超过 40mm 的筒管厚度应在 2mm 以上。 f-(1) 火花炮（fire cracker）等筒管的外径应在 4mm 以下。 f-(2) 花炮球（cracker ball）等直径应在 1cm 以下，重量应在 1g 以下。 f-(4) 喰纸及喰纸卷喰纸直径应在 4.5mm 以下。高应在 1.0mm 以下喰纸卷直径应在 3.5mm 以下。高应在 0.7mm 以下。	—	日本标准 JIS（2013）	宽于国标

附表 3-3（续）

产品类别	产品危害类别	安全指标中英文名称	安全指标对应的国家标准				安全指标对应的国际标准或国外标准				安全指标差异情况
			名称、编号	安全指标要求	安全指标单位	检测标准名称、编号	名称、编号	安全指标要求	安全指标单位	安全指标对应的检测标准名称、编号	
烟花爆竹	物理	结构和材质(Structure and material)		散开，固引剂碎片中不应含有直径>5mm 的块状物				f-(5) 爆竹 1 个的外径应在 4mm 以下。串连数应在 20 个以下。 降落伞（parachute）及其他将筒内所装物发射出去的玩具烟花筒管的材料 90%以上应使用牛皮纸、硬壳纸等。筒管的厚度应在内径的 5/100 以上。但是，筒管内径超过 40mm 的筒管厚度应在 2mm 以上			
烟花爆竹	化学	药种(Pyrotechnic compositions)	GB 10631—2013《烟花爆竹 安全与质量》	产品不应使用氯酸盐（烟雾型、摩擦型的过火药、结鞭爆竹中纸引和擦火药头除外，所用氯酸盐仅限氯酸钾，结鞭爆竹中纸引仅限氯酸钾和炭粉配方），微量杂质检出限量为 0.1%。 产品不应使用双（多）基火药，不应直接使用退役单基火药。使用退役单基火药时，安定剂含量≥1.2%。 产品不应使用砷化合物、汞化合物、没食子酸、苦味酸、六氯代苯、镁粉、锆粉、磷（摩擦型除外）等，爆竹类、喷花类、旋转类、吐珠类、玩具类产品及个人燃放类组合烟花不应使用铅化合物，检出限量为 0.1%。 喷花类、旋转类、玩具类产品除可含每单个药量<0.13g 的响珠和炸子外，不应使用爆炸药和带炸效果件。 架子烟花产品仅限燃烧型烟火药，不应使用爆炸药和带炸效果件	—	GB 10631—2013《烟花爆竹 安全与质量》	日本标准 JIS（2013）	1. 应该含有所记载的药品类别。 2. 不得含有无记载的药品类别。 3. 药品类别的组成比率与所记载的比率误差应在 ± 5%以内。 电光花（sparkler）及其他放出光辉火星的带柄的药泥物（火药外露）火药中不得含有氯酸盐	—	日本标准 JIS（2013）	宽于国标
烟花爆竹	化学	药量(Charge weight)	GB 10631—2013《烟花爆竹 安全与质量》	爆竹类：C 级，黑药炮：1g/个；白药炮：0.2g/个。 喷花类：地面（水上）喷花，A 级：1000g，B 级：500g，C 级：200g，D 级：	g	GB 10631—2013《烟花爆竹 安全与质量》	日本标准 JIS（2013）	属于 a)-(1)的玩具烟花 喷火烟花、small torch 和其他筒状烟花、狗尾草（筒上带柄的烟花）等及球状烟花（球型烟花，点火口上带导火线）	—	日本标准 JIS（2013）	宽于国标

附表 3-3（续）

产品类别、	产品危害类别	安全指标中英文名称	安全指标对应的国家标准				安全指标对应的国际标准或国外标准				安全指标差异情况
			名称、编号	安全指标要求	安全指标单位	检测标准名称、编号	名称、编号	安全指标要求	安全指标单位	安全指标对应的检测标准名称、编号	
烟花爆竹	化学	药量 (Charge weight)		10g；手持（插入）喷花，C 级：75g，D 级：10g。 旋转类：有固定轴旋转烟花，A 级：150g/发，B 级：60g/发，C 级：30g；无固定轴旋转烟花，B 级：30g，C 级：15g，D 级：1g。 升空类：火箭，A 级：180g，B 级：30g，C 级：10g；旋转升空烟花，A 级：30g/发，B 级：20g/发，C 级：5g/发；双响，C 级：9g。 吐珠类：A 级：400g（20g/珠），B 级：80g（4g/珠），C 级：20g（2g/珠）。 玩具类：玩具造型，C 级：15g，D 级：3g；线香型，C 级：25g，D 级：5g。 礼花类：小礼花，B 级：70g/发；礼花弹，药粒型（花束）（外径≤125mm），A 级：250g，圆柱型和球型（外径≤305mm 其中雷弹外径≤76mm），A 级：爆炸药 50g，总药量 8000g。 架子烟花类：A 级，瀑布 100g/发，字幕和图案：30g/发，B 级：瀑布 50g/发，字幕和图案 20g/发。 组合烟花类：A 级，药柱型、圆柱型内径≤76mm，100g/筒，球型内径≤102mm，320g/筒，总药量 8000g；B 级：内径≤51mm，50g/筒，总药量 3000g；C 级：小礼花：25g/筒；喷花：200g/筒；吐珠：20g/筒；总药量：1200g（开包药：黑火药 10g，硝酸盐加金属粉 4g，高氯酸盐加金属粉 2g）；D 级：50g（仅限喷花组合）				等。火药的重量应在 15g 以下。 属于 a-(2)的玩具烟花牵牛花（药捻上带柄的烟花）等。火药的重量应在 10g 以下。 属于 a-(3)的玩具烟花银波（药捻上带细绳的玩具烟花）等。火药的重量应在 10g 以下。 属于 a-(4)的玩具烟花电光花（柄上涂有火药的玩具烟花），火药中铁粉含量在 30%以上的纯火药重量应在 15g 以下。其他的电光花，火药重量应在 10g 以下。 属于 a-(5)的玩具烟花探照灯（用纸等夹住火药作成的烟花）、彗星（将糊状火药用纸封包并加柄的烟花）等。火药的重量应在 10g 以下。 属于 a-(6)的玩具烟花线香烟花等。火药的重量应在 0.5g 以下。 b-(1) 销轮（pin wheel）等 只使用火药时，药量应在 4g 以下。也使用炸药时，炸药量应在 0.1g 以下，火药量应在 3.9g 以下。 b-(2) saxon 等 火药、炸药均应等于或低于(1)。 b-(3) 悠悠 SPINNER 等 只使用火药时，火药量应在 1g 以下。 也使用炸药时，炸药量应在 0.1g 以下，火药量应在 0.9g 以下。 c-(1) 金鱼（swift runner）等 火药量应在 2g 以下。 c-(2) 小笛（small whistle）等 火药量应在 0.5g 以下；炸药（笛音药）量应在 1.5g 以下。			

附表 3-3（续）

产品类别	产品危害类别	安全指标中英文名称	安全指标对应的国家标准				安全指标对应的国际标准或国外标准				安全指标差异情况
			名称、编号	安全指标要求	安全指标单位	检测标准名称、编号	名称、编号	安全指标要求	安全指标单位	安全指标对应的检测标准名称、编号	
烟花爆竹	化学	药量(Charge weight)						c-(3) 缆车（cable car）等 火药量应在 1.5g 以下。 c-(4) 花环（foller）等 只使用火药时，火药量应在 1g 以下。 也使用炸药时，炸药量应在 0.1g 以下，火药应在 0.9g 以下。 c-(5) 爆龙（grass hopper）等 火药量应在 1g 以下。 d-(1) 笛火箭（whistling roket）等 火药量应在 0.5g 以下；炸药（笛音药）量应在 2.0g 以下。 d-(2) 流星（bottle rocket）等 只使用火药时，火药量应在 2g 以下。 也使用炸药时，炸药量应在 0.3g 以下，火药量应在 1.9g 以下。（但是，使用硫化砷作炸药时，该炸药量应在 0.1g 以下） d-(3) 人造卫星（artificial satellite）等 火药量应在 1.5g 以下。 e-(1) 吐珠筒（roman candle）等 火药量应在 10g 以下（单发式） 火药量应在 15g 以下（连发式） e-(2) 降落伞（parachute） 火药量应在 10g 以下。 f-(1) 烟花炮（smoke cracker）等 火药量应在 1g 以下；炸药量应在 0.1g 以下。 火花炮（fire cracker）等 火药量应在 1g 以下；炸药量应在 0.05g 以下。 f-(2) 花炮球（cracker ball）			

附表 3-3（续）

产品类别	产品危害类别	安全指标中英文名称	安全指标对应的国家标准				安全指标对应的国际标准或国外标准				安全指标差异情况
			名称、编号	安全指标要求	安全指标单位	检测标准名称、编号	名称、编号	安全指标要求	安全指标单位	安全指标对应的检测标准名称、编号	
烟花爆竹	化学	药量 (Charge weight)						炸药量应在 0.08g 以下。 f-(3) 圣诞花炮（party popper）等 炸药量应在 0.05g 以下。 f-(4) 嗆纸、嗆纸卷 嗆纸，炸药 0.01g 以下。 嗆纸卷，炸药量应在 0.004g 以下。 f-(5) 爆竹 炸药量应在 0.05g 以下；火药量应在 1g 以下。 g. 烟幕弹等 火药量应在 15g 以下。 h. 其他 snake pellet 等 火药量应在 5g 以下。 组套品的内部物品的火药类重量按以下标准。①不将 f-(2)的花炮球放进组套内时，每个组套品的火药量和炸药量应在 1kg 以下。②将 f-(2)的花炮球放进组套内时，花炮球的炸药量应在 20g 以下。除了花炮球，其他玩具烟花的药量应在 400g 以下			
烟花爆竹	化学	安全性能 (Safety performance)	GB 10631—2013《烟花爆竹 安全与质量》	产品及烟火药热安定性在 75℃ ± 2℃、48h 条件下应无肉眼可见分解现象，且燃放效果无改变。 产品低温实验在-35℃ ~ -25℃、48h 条件下应无肉眼可见冻裂现象，且燃放效果无改变。 产品的跌落试验不应出现燃烧、爆炸或漏药的现象。 产品各类烟火药摩擦感度、撞击感度、火焰感度、静电感度、着火温度、爆发点、热安定性、相容性应符合相关标准要求。	—	GB 10631—2013《烟花爆竹 安全与质量》	日本标准 JIS（2013）	不同产品的跌落试验不应出现包含以下某些缺陷（燃烧、爆炸或漏药、是否点火、火药有无剥落和掉出现象、是否起火、点火药是否脱落等）	—	日本标准 JIS（2013）	宽于国标

附表 3-3（续）

产品类别	产品危害类别	安全指标中英文名称	安全指标对应的国家标准				安全指标对应的国际标准或国外标准				安全指标差异情况
			名称、编号	安全指标要求	安全指标单位	检测标准名称、编号	名称、编号	安全指标要求	安全指标单位	安全指标对应的检测标准名称、编号	
烟花爆竹	化学	安全性能(Safety performance)		烟火药的吸湿率应≤2.0%，笛音药、粉状黑火药、含单基火药的烟火药应≤4.0%。 烟火药的水份应≤1.5%，笛音药、粉状黑火药、含单基火药的烟火药≤3.5%。 烟火药的 pH 应为 5 ~ 9							
烟花爆竹	化学	燃放性能(Functioning)	GB 10631—2013《烟花爆竹 安全与质量》	发射升空产品的发射偏斜角应≤22.5°，造型组合烟花和旋转升空烟花的发射偏斜角应≤45°（仅限专业燃放类）。 A 级产品的声级值应≤120dB，B 级、C 级、D 级产品的声级值应≤110dB。 个人燃放类产品燃放时产生的火焰、燃烧物、色火或带火残体不应落到距离燃放中心点 8m 之外的地面。专业燃放类产品燃放时产生的火焰、燃烧物、色火或带火残体不应落到距离燃放中心点 B 级 20m，A 级 40m 之外的地面（特殊设计的专业燃放类产品除外）。 产品燃放时产生的炙热物与燃放中心点横向距离：C 级≤15m、B 级≤25 m、A 级≤50m。 产品燃放时产生的质量>5g（纸质>15g，设计效果中的漂浮物除外）的抛射物与燃放中心点横向距离：C 级≤20m，B 级≤30m，A 级≤60m。 产品燃放不应出现倒筒、烧筒、散筒、低炸现象，且燃放后筒体不应继续燃烧超过30s；其他缺陷应符合 GB/T 10632 的要求。 计数类产品，计量误差应在 ± 5%的范围内。	—	GB 10631—2013《烟花爆竹 安全与质量》	日本标准 JIS（2013）	喷火烟花（torch）、小型火炬、喷火山以及其他筒管烟花、狗尾草以及其他带柄的筒管烟花或球形烟花，燃烧中不发生速燃或爆燃。小亮珠（颗粒药）的扩散范围内，不能有危险。 流星（bottle rocket）及其他带尾的筒管玩具烟花破裂时不得飞散出危险的碎片。 降落伞（parachute）及其他将筒内所装物发射出去的玩具烟花：降落物体不得有危险。同时，对放出物体不得使用金属性彩带，内筒不得带有较大的推进力	—	日本标准 JIS（2013）	宽于国标

附表 3-3（续）

产品类别	产品危害类别	安全指标中英文名称	安全指标对应的国家标准				安全指标对应的国际标准或国外标准				安全指标差异情况
			名称、编号	安全指标要求	安全指标单位	检测标准名称、编号	名称、编号	安全指标要求	安全指标单位	安全指标对应的检测标准名称、编号	
烟花爆竹	化学	燃放性能 (Functioning)		计数类产品烧成率应>90%。 旋转类产品的允许飞离地面高度应≤0.5m，旋转直径范围应≤2m。 线香产品不应爆燃，燃放高度 1m±0.1m 时不应有火星落地。 烟雾效果不应出现明火。 玩具造型产品行走距离应≤2m							
礼花弹	化学	礼花弹最高发射距离 (Maximum launching distance)	GB 10631—2013《烟花爆竹 安全与质量》	3 号 120m、4 号 140m、5 号 190m、6 号 220m、7 号 240m、8 号 260m、10 号 280m、12 号 300m	m	GB 10631—2013《烟花爆竹 安全与质量》	—	—	—	—	—
礼花弹	化学	水上礼花弹发射距离 (Launching distance for shells above water)	GB 19594—2015《烟花爆竹 礼花弹》	3 号 10Cm、4 号 100m、5 号 120m、6 号 120m	m	GB 10631—2013《烟花爆竹 安全与质量》	—	—	—	—	—
喷花	化学	喷射高度 (Projecting height)	GB 10631—2013《烟花爆竹 安全与质量》	喷花类：D 级≤1m；C 级≤8m；B 级≤15m	m	GB 10631—2013《烟花爆竹 安全与质量》	—	—	—	—	—

附表 3-3（续）

产品类别	产品危害类别	安全指标中英文名称	安全指标对应的国家标准				安全指标对应的国际标准或国外标准				安全指标差异情况
			名称、编号	安全指标要求	安全指标单位	检测标准名称、编号	名称、编号	安全指标要求	安全指标单位	安全指标对应的检测标准名称、编号	
烟花爆竹	物理	效果出现的最低高度 (Minimum height for effects)	GB 10631—2013《烟花爆竹 安全与质量》	小礼花，B 级，35m 礼花弹，A 级，3 号：50m；4 号：60m；5 号：80m；6 号：100m；7 号：110m；8 号：130m；10 号：140m；12 号：160m。 组合烟花类：C 级：15m；B 级：35m；A 级 45（3 号）/60（4 号）。 升空类：旋转升空：3m；其他：5m	m	GB 10631—2013《烟花爆竹 安全与质量》	—	—	—	—	—
烟花爆竹	物理	标志 (labeling)	GB 10631—2013《烟花爆竹 安全与质量》 GB 24426—2015《烟花爆竹 标志》	产品应有符合国家有关规定的标志和流向登记标签。 产品标志分为运输包装标志和零售包装标志。标志应附在运输包装和零售包装上不脱落。 运输包装标志的基本信息应包含：产品名称、消费类别、产品级别、产品类别、制造商名称及地址、安全生产许可证号、箱含量、箱含药量、毛重、体积、生产日期、保质期、执行标准代号以及“烟花爆竹”、“防火防潮”“轻拿轻放”等安全用语或图案，安全图案应符合 GB 190、GB/T 191 要求。 零售包装标志的基本信息应包含：产品名称、消费类别、产品级别、产品类别、制造商名称及地址、含药量（总药量和单发药量）、警示语、燃放说明、生产日期、保质期。计数类产品应标明数量。 专业燃放类产品应使用红色字体注明“专业燃放类”的字样，个人燃放类产品应使用绿色字体注明“个人燃放类”的字样。摩擦产品应用红色字体注明“不应拆开”的字样。 专业燃放类产品还应标注加工、安装方法，	—	GB 10631—2013《烟花爆竹 安全与质量》	加拿大烟花授权导则（2010）	烟花上需包括以下内容：生产商或销售商的名称和地址；烟花的授权号或销售名称；生产厂家的代号或 logo；警句和安全用语，单个烟花产品的标签，在主任检验员同意的情况下，可以不列出标准中所要求的所有文字。 礼花弹标识必须包括以下内容：配套的发射筒规格，礼花弹的名称，效果与用途（响弹、日景弹、星体弹），最大高度，开炸面积，延迟时间	—	加拿大烟花授权导则（2010）	宽于国标

附表 3-3（续）

产品类别	产品危害类别	安全指标中英文名称	安全指标对应的国家标准				安全指标对应的国际标准或国外标准				安全指标差异情况
			名称、编号	安全指标要求	安全指标单位	检测标准名称、编号	名称、编号	安全指标要求	安全指标单位	安全指标对应的检测标准名称、编号	
烟花爆竹	物理	标志(labeling)		发射高度、辐射半径、火焰熄灭高度、燃放轨迹等信息；设计为水上效果的产品应标注其燃放的水域范围。 标注内容正确且清晰可见，易于识别，难以消除并且与背景色对比鲜明。运输包装上的字体高度消费类别≥28mm，其他≥6mm，零售包装字体高度警示语及内容≥4mm，其他≥2.2mm。 文字应使用规范的中文，但不包括注册商标。出口产品按进口国要求执行。可以同时使用与中文有对应关系的拼音或少数民族文字，但字体不应大于相应的汉字。可以同时使用与中文有对应关系的外文，但外文字体不应大于相应的中文（国外注册商标除外）。 专业燃放类产品应使用红色字体注明“专业燃放”的字样，个人燃放类产品应使用绿色字体注明“个人燃放”的字样。摩擦型产品应用红色字体注明“不应拆开”的字样。 燃放说明和警示语内容应符合 GB 24426 的规定							
烟花爆竹	物理	包装(packaging)	GB 10631—2013《烟花爆竹 安全与质量》 GB 31368—2015《烟花爆竹 包装》	产品应有零售包装（含内包装）和运输包装；零售包装与运输包装等同时，必须同时符合零售包装和运输包装要求。 零售包装（含内包装）材料应采用防潮性好的塑料、纸张等，封闭包装，产品排列整齐、不松动。内包装材质不应与烟火药起化学反应。 运输包装应符合 GB 12463 的要求。运输包装容器体积符合品种规格的设计要求，每件	—	GB 10631—2013《烟花爆竹 安全与质量》	加拿大烟花授权导则（2010）	在危险货物运输法及其条例中，规定必须依据加拿大国家标准 CAN/CGSB43.151-97 中对爆炸品运输包装的要求，确定其最小可接受的运输包装、重量限制及包装完整性测试。 消费烟花总体要求：印刷应包含品名（英文或法文），货号，爆炸标志，生产企业或经营公司名称，包装注册号。 包装不允许漏药。	—	加拿大烟花授权导则（2010）	宽于国标

附表 3-3（续）

产品类别	产品危害类别	安全指标中英文名称	安全指标对应的国家标准				安全指标对应的国际标准或国外标准				安全指标差异情况
			名称、编号	安全指标要求	安全指标单位	检测标准名称、编号	名称、编号	安全指标要求	安全指标单位	安全指标对应的检测标准名称、编号	
烟花爆竹	物理	包装(packaging)		毛重不超过 30kg。水路、铁路运输和空运产品的运输包装应分别符合 GB 19270、GB 19359、GB 19433 的技术要求。 专业燃放类产品包装（包括运输包装和零售包装）应 使用单一色彩（瓦楞纸原色，灰色、灰白色、草黄）的包装，不应使用其他彩色包装。个人燃放类产品包装可使用对比色度鲜明的彩色包装。 采用瓦楞纸箱包装，在满足质量安全的条件下，可使用其他材质包装箱。 具有透气、防潮、抗震、抗压等性能，每件毛重不超过 30kg。 容器体积应符合包装内产品品种规格的设计要求。 封装牢固、封口严密。 包装箱箱体、包角压痕应深浅一致，压痕线宽应≤15mm，折线居中，无裂破、断线、重线等缺陷，不应有多余的压痕线。 包装箱采用粘合方式搭接时，搭舌宽度应≥30mm，且粘合剂应涂布均匀、充分、无溢出，粘合面剥离时面纸不分离。 包装箱采用钉合方式搭接时，搭舌宽度应≥35 mm，箱钉应使用带镀层的低碳钢扁丝，不应有锈斑、剥层、龟裂或其他使用上的缺陷，且箱钉应沿搭舌中线钉合，排列整齐，间隔均匀，钉距应≤50 mm，钉合接缝处应钉牢、钉透，不得有叠钉、翘钉、不转脚钉等缺陷。 A 级、B 级烟花爆竹产品的运输包装应采用				外包装必须包含以下内容：运输名称，产品授权号，危险级别和危规标志；包装生产厂家的名称，并标记该包装该满足要求和经过测试； UN 号必须是英文或法文，其他的必须同时有英文和法文，且两种字体大小相同			

附表 3-3（续）

产品类别	产品危害类别	安全指标中英文名称	安全指标对应的国家标准				安全指标对应的国际标准或国外标准				安全指标差异情况
			名称、编号	安全指标要求	安全指标单位	检测标准名称、编号	名称、编号	安全指标要求	安全指标单位	安全指标对应的检测标准名称、编号	
烟花爆竹	物理	包装(packaging)		5 层以上的瓦楞纸箱，C 级、D 级烟花爆竹产品的运输包装应采用三层以上的瓦楞纸箱（含彩箱），且符合 GB 12463 和 GB 10631 的要求。满足运输安全要求条件下可采用其他材质的包装箱。 礼花弹产品应采用 5 层以上瓦楞纸箱加五层内衬包装，其中 12 号礼花弹产品应采取一箱一弹的方式包装，12 号以下礼花弹产品可一箱多弹，但箱内礼花弹应根据其规格型号采用瓦楞纸盒、内卡等进行固定。 摩擦类产品应采取隔栅或填充物等方式。 爆竹类应采用瓦楞纸箱、彩箱等，包装箱内产品应堆放整齐，封装牢固。 喷花类、升空类、吐珠类、小礼花类应采用瓦楞纸箱、彩箱等，包装箱内产品应采用纸盒、塑封等方式对产品进行固定，堆放整齐。 旋转类、玩具类、架子烟花类应采用瓦楞纸箱、彩箱等，包装内产品应采取隔栅或加塞填充材料等方式对包装内产品进行固定。 组合烟花类应采用瓦楞纸箱、彩箱等，包装箱内产品应堆放整齐，封装牢固，不同规格产品不应充装于同一包装箱内。 烟花爆竹产品的销售包装应封闭包装，无漏药、浮药，多个或多发包装的产品应排列整齐。 爆竹类单挂或单盘的结鞭爆竹应采用油蜡纸、玻璃纸包装，较大规格或为满足客户需求的结鞭爆竹可辅以纸盒进行包装。 喷花类、升空类、吐珠类、小礼花类单个产品应采用包装纸包装；多个同规格产品应辅							

附表 3-3（续）

产品类别	产品危害类别	安全指标中英文名称	安全指标对应的国家标准				安全指标对应的国际标准或国外标准				安全指标差异情况
			名称、编号	安全指标要求	安全指标单位	检测标准名称、编号	名称、编号	安全指标要求	安全指标单位	安全指标对应的检测标准名称、编号	
烟花爆竹	物理	包装(packaging)		以纸盒、塑封等方式进行包装。 旋转类、玩具类、架子烟花类不宜单个产品进行销售包装，多个产品应用纸盒或塑封等形式进行包装，包装内物品应采用填充材料或捆扎方式固定。 烟花爆竹产品采用内卡、填充材料包装后，应保证在正常装卸、运输条件下包装内物品不移动、不露出。 包装内物品产生相对运动的距离应小于等于5mm。 箱体表面印刷图案、文字应清晰正确，无涂改，位置准确。 包装箱纸板厚度： A 级、B 级烟花爆竹产品包装箱纸板厚度应≥4.0mm。 C 级烟花爆竹产品包装箱（含彩箱）纸板厚度应≥3.0mm。 D 级烟花爆竹产品包装箱（含彩箱）纸板厚度应≥2.0mm。 礼花弹类产品包装箱纸板（含内衬）厚度应≥7.0mm。 包装箱综合尺寸（长+宽+高）应≤1800mm。 烟花爆竹产品包装用瓦楞纸箱（含彩箱）应采用竖楞纸箱。瓦楞纸箱（彩箱）箱体方正，纸箱各折叠部位互成直角，单面箱面纸板不应拼接。 瓦楞纸箱（彩箱）箱体表面清洁、平整，无裂纹、起泡、破损等缺陷，裁切刀口无明显毛刺。							

附表 3-3（续）

产品类别	产品危害类别	安全指标中英文名称	安全指标对应的国家标准				安全指标对应的国际标准或国外标准				安全指标差异情况
			名称、编号	安全指标要求	安全指标单位	检测标准名称、编号	名称、编号	安全指标要求	安全指标单位	安全指标对应的检测标准名称、编号	
烟花爆竹	物理	包装 (packaging)		销售包装材料应具有防潮性，且不应与烟火药起化学反应。 填充材料宜采用软质填充材料，且应具有一定弹性，防潮，防静电，易于分割（切割）以满足不同包装空隙的填充需要。 包装箱需要安装提手时，提手安装位置适当，安装牢固，充装产品后至少 2h 自由悬挂后提手不松动、脱落。 烟花爆竹产品用包装物在正常运输和储存条件下应保证其质量满足本文件规定的其他要求。 采用其他材质的包装箱应符合 GB 10631 和本标准规定的要求。 包装箱箱盖应牢固、封口严实，箱盖对口不重叠，不错位，经先合后开 270° 往复 5 次，其面层不得有裂缝，里层裂缝长总和不大于 50mm。 包装箱不应有引起堆码不稳定的任何变形和破损。 抗压力试验实测值应≥P 包装箱不应出现偏倒、变形等现象。 3 层瓦楞纸箱（含彩箱）戳穿强度应大于等于 6.3J，5 层以上瓦楞纸箱（含彩箱）戳穿强度应≥10.3J，其他材质包装箱戳穿强度应≥10.3J							
烟花爆竹	物理	外观 (Appearance)	GB 10631—2013《烟花爆竹 安全与质量》	产品应保证完整、清洁，文字图案清晰。 产品表面无浮药、无霉变、无污染，外型无明显变形、无损坏、无漏药。 筒标纸粘贴吻合平整，无遮盖、无露头露脚、无包头包脚、无露白现象。 筒体应粘合牢固，不开裂、不散筒	—	GB 10631—2013《烟花爆竹 安全与质量》	—	—	—	—	/

附表 3-3（续）

产品类别	产品危害类别	安全指标中英文名称	安全指标对应的国家标准				安全指标对应的国际标准或国外标准				安全指标差异情况
			名称、编号	安全指标要求	安全指标单位	检测标准名称、编号	名称、编号	安全指标要求	安全指标单位	安全指标对应的检测标准名称、编号	
烟花爆竹	物理	底座(Base)	GB 10631—2013《烟花爆竹 安全与质量》	不需要加工安装的 C 级、D 级，且放置在地面燃放主体不运动的烟花（喷花类、玩具类产品），筒高超过外径三倍的，应安装底座，底座的外径或边长应大于主体高度（含安装底座后增加的高度）三分之一。 底座应安装牢固，在燃放过程中，底座应不散开、不脱落	—	GB 10631—2013《烟花爆竹 安全与质量》	加拿大烟花授权导则（2010）	底座应安装牢固，不应脱落。12° 斜板上不倾斜。	—	加拿大烟花授权导则（2010）	宽于国标
烟花爆竹	物理	底塞(Bottom plug)	GB 10631—2013《烟花爆竹 安全与质量》	底塞应安装牢固，在跌落试验过程中，不开裂、不脱落	—	GB 10631—2013《烟花爆竹 安全与质量》	加拿大烟花授权导则（2010）	有底塞的筒体，在燃放过程中底塞不得脱落	—	加拿大烟花授权导则（2010）	宽于国标
烟花爆竹	物理	吊线(Hanging rope)	GB 10631—2013《烟花爆竹 安全与质量》	吊线应在 50cm 以上，安装牢固并保持一定的强度	—	GB 10631—2013《烟花爆竹 安全与质量》	—	—	—	—	/
烟花爆竹	化学	引燃装置(Ignition device)	GB 10631—2013《烟花爆竹 安全与质量》	在所有正常、可预见的使用条件下使用引燃装置，应能正常地点燃并引燃效果药。 引火线、引线接驳器、电点火头应符合相应的质量标准要求。 点火引火线应为绿色安全引线，点火部位应有明显标识。 点火引火线应安装牢固，可承受产品自身重量 2 倍或 200g 的作用力而不脱落或损坏。 快速引火线、电点火头和引线接驳器应慎重使用。并遵循下列要求： a）产品不应预先连接电点火头（舞台用焰火采取固定防摩擦且有短路措施的除外）； b）个人燃放类产品不应使用电点火头； c）使用快速引火线和引线接驳器（仅限定	—	GB 10631—2013《烟花爆竹 安全与质量》	加拿大烟花授权导则（2010）	专业燃放类点火装置要求：1.用火点时必须在 10s 内点燃。2.摩擦头点火必须在 3 次内点着。 消费类产品主引必须可见，安装牢固，所有类型的引线不能包装在塑料管里，主引不应该配电点火头。连接引必须防止被意外点燃，安全连接，正确的引燃顺序	—	加拿大烟花授权导则（2010）	宽于国标

附表 3-3（续）

产品类别	产品危害类别	安全指标中英文名称	安全指标对应的国家标准				安全指标对应的国际标准或国外标准				安全指标差异情况
			名称、编号	安全指标要求	安全指标单位	检测标准名称、编号	名称、编号	安全指标要求	安全指标单位	安全指标对应的检测标准名称、编号	
烟花爆竹	化学	引燃装置(Ignition device)		在特殊的组合烟花）时，快速引火线与安全引火线及引线接驳器之间应安装牢固，可承受 1kg 的作用力而不脱落或损坏，快速引火线和引线接驳器均应有防火措施； d）快速引火线只能为连接引火线，颜色应为银色、红色或黄色。 点火引火线的引燃时间应保证燃放人员安全离开，且在规定时间内引燃主体。D 级：2s～5s；C 级：3s～8s；A 级、B 级：6s～12s。C 级、D 级产品设计无引燃时间的产品可不计引燃时间，专业燃放类产品采用电点火引燃的不规定引燃时间。 手持部位不应装药或涂敷药物。手持部位长度：C 级≥100mm，D 级≥80mm。A 级、B 级产品不应设计为手持燃放。 个人燃放类产品不应含漂浮物和雷弹。 其他部件应符合有关标准要求，安装牢固，不脱落							
烟花爆竹	物理	结构和材质(Structure and material)	GB 10631—2013《烟花爆竹 安全与质量》	产品的结构和材质应符合安全要求，保证产品及产品燃放时安全可靠。 个人燃放类组合烟花不应两盆以上（含两盆）联结。 个人燃放类小礼花型组合烟花筒体高度与底面最小水平尺寸或直径的比值应≤1.5，且筒体高度应≤300mm。 产品运动部件、爆炸部件及相关附件一般采用纸质材料，不应采用金属等硬质材料，以保证在燃放时不产生尖锐碎片或大块坚硬物。如技术需要，固定物可采用木材，订书钉，钉子或捆绑用金属线，但固定物不应与	—	GB 10631—2013《烟花爆竹 安全与质量》	加拿大烟花授权导则（2010）	产品结构：不允许在燃放时发射有害物质如铁丝、硬塑料等；不允许有药物撒落、部件松动、串药；多纸卷筒之间不能松动，不允许外观或药柱有可见的裂缝或开口，不允许有很容易从筒体上拆取的组件。筒体、锥形、方形不允许有金属件，装运时不能被损坏	—	加拿大烟花授权导则（2010）	宽于国标

附表 3-3（续）

产品类别	产品危害类别	安全指标中英文名称	安全指标对应的国家标准				安全指标对应的国际标准或国外标准				安全指标差异情况
			名称、编号	安全指标要求	安全指标单位	检测标准名称、编号	名称、编号	安全指标要求	安全指标单位	安全指标对应的检测标准名称、编号	
烟花爆竹	物理	结构和材质(Structure and material)		烟火药物直接接触。 带炸效果件和单个爆竹产品内径>5mm 的，如需使用固引剂，应能确保固引剂燃放后散开，固引剂碎片中不应含有直径>5mm 的块状物							
烟花爆竹	化学	药种(Pyrotechnic compositions)	GB 10631—2013《烟花爆竹 安全与质量》	产品不应使用氯酸盐（烟雾型、摩擦型的过火药、结鞭爆竹中纸引和擦火药头除外，所用氯酸盐仅限氯酸钾，结鞭爆竹中纸引仅限氯酸钾和炭粉配方），微量杂质检出限量为0.1%。 产品不应使用双（多）基火药，不应直接使用退役单基火药。使用退役单基火药时，安定剂含量≥1.2%。 产品不应使用砷化合物、汞化合物、没食子酸、苦味酸、六氯代苯、镁粉、锆粉、磷（摩擦型除外）等，爆竹类、喷花类、旋转类、吐珠类、玩具类产品及个人燃放类组合烟花不应使用铅化合物，检出限量为0.1%。 喷花类、旋转类、玩具类产品除可含每单个药量<0.13g 的响珠和炸子外，不应使用爆炸药和带炸效果件。 架子烟花产品仅限燃烧型烟火药，不应使用爆炸药和带炸效果件	—	GB 10631—2013《烟花爆竹 安全与质量》	加拿大烟花授权导则（2010）	产品不应使用砷化合物，硼，氯酸盐与硫、硫化物、铵盐、金属（镁、铝、铜等）、铜盐组成的高摩擦感度的混合物，铬及其化合物，没食子酸及其没食子酸盐，镓酸盐，铅及其化合物，汞化物，磷（个别产品中可用红磷），苦味酸及其苦味酸盐，硫氰酸盐（蛇除外），锆。 标准烟火药剂：铝，高氯酸铵，锑，硫化锑，碳酸钡，硝酸钡，硫酸钡，硼酸，碳酸钙，硫酸钙，炭或木炭，金属铜，氧化铜，糊精，铁或铁合金（铁，钛），氧化铁，镁铝合金，镁，硫酸镁，硝化纤维素，赤磷（仅用于急纸中），安息香酸钠或钾，重铬酸钾，领苯二甲酸氢钾，硝酸钾，高氯酸钾，硫酸钾，重碳酸钠，硝酸钠，水杨酸钠，硫酸钠，碳酸锶，硝酸锶，硫酸锶，硫酸，钛（小于 100 目）。 有机化合物：乳胶，虫漆，红树脂，氯化石蜡和 PVC，这些物质由碳氢组合成，当重量比小于 10%时，允许含有氯和氮	—	加拿大烟花授权导则（2010）	宽于国标
烟花爆竹	化学	药量(Charge weight)	GB 10631—2013《烟花爆竹 安全与质量》	爆竹类：C 级，黑药炮：1g/个；白药炮：0.2g/个。 喷花类：地面（水上）喷花，A 级：1000g，B 级：500g，C 级：200g，D 级：	g	GB 10631—2013《烟花爆竹 安全与质量》	加拿大烟花授权导则（2010）	药量：礼花弹的药量必须保证能满足说明中的要求，响弹的药量要求不能超过 85 克的白药。 组合烟花（同类组合、不同类组合）总药	g	加拿大烟花授权导则（2010）	宽于国标

附表 3-3（续）

产品类别	产品危害类别	安全指标中英文名称	安全指标对应的国家标准				安全指标对应的国际标准或国外标准				安全指标差异情况
			名称、编号	安全指标要求	安全指标单位	检测标准名称、编号	名称、编号	安全指标要求	安全指标单位	安全指标对应的检测标准名称、编号	
烟花爆竹	化学	药量(Charge weight)		10g；手持（插入）喷花，C 级：75g，D 级：10g。 旋转类：有固定轴旋转烟花，A 级：150g/发，B 级：50g/发，C 级：30g；无固定轴旋转烟花，B 级：30g，C 级：15g，D 级：1g。 升空类：火箭，A 级：180g，B 级：30g，C 级：10g；旋转升空烟花，A 级：30g/发，B 级：20g/发，C 级：5g/发；双响，C 级：9g。 吐珠类：A 级：400g（20g/珠），B 级：80g（4g/珠），C 级：20g（2g/珠）。 玩具类：玩具造型，C 级：15g，D 级：3g；线香型 C 级：25g，D 级：5g。 礼花类：小礼花，B 级：70g/发；礼花弹，药粒型（花束）（外径≤125mm），A 级：250g，圆柱型和球型（外径≤305mm 其中雷弹外径≤76mm），A 级：爆炸药 50g，总药量 8000g。 架子烟花类：A 级，瀑布 100g/发，字幕和图案：30g/发，B 级：瀑布 50g/发，字幕和图案 20g/发。 组合烟花类：A 级，药柱型、圆柱型内径≤76mm，100g/筒，球型内径≤102mm，320g/筒，总药量 8000g；B 级：内径≤51mm 50g/筒，总药量 3000g；C 级：小礼花：25g/筒；喷花：200g/筒；吐珠：20g/筒；总药量：1200g。（开包药：黑火药 10g， 硝酸盐加金属粉 4g，高氯酸盐加金属粉 2g）；D 级：50g（仅限喷花组合）				量≤300g。 地礼类总药量≤300g。 圣诞爆竹（拉炮）≤1.6mg。火炬（孟加拉棒）≤150g			

附表 3-3（续）

产品类别	产品危害类别	安全指标中英文名称	安全指标对应的国家标准				安全指标对应的国际标准或国外标准				安全指标差异情况
			名称、编号	安全指标要求	安全指标单位	检测标准名称、编号	名称、编号	安全指标要求	安全指标单位	安全指标对应的检测标准名称、编号	
烟花爆竹	化学	安全性能(Safety performance)	GB 10631—2013《烟花爆竹 安全与质量》	产品及烟火药热安定性在 75℃ ± 2℃、48h 条件下应无肉眼可见分解现象，且燃放效果无改变。 产品低温实验在-35℃ ~ -25℃、48h 条件下应无肉眼可见冻裂现象，且燃放效果无改变。 产品的跌落试验不应出现燃烧、爆炸或漏药的现象。 产品各类烟火药摩擦感度、撞击感度、火焰感度、静电感度、着火温度、爆发点、热安定性、相容性应符合相关标准要求。 烟火药的吸湿率应≤2.0%，笛音药、粉状黑火药、含单基火药的烟火药应≤4.0%。 烟火药的水份应≤1.5%，笛音药、粉状黑火药、含单基火药的烟火药≤3.5%。 烟火药的 pH 值应为 5 ~ 9	—	GB 10631—2013《烟花爆竹 安全与质量》	加拿大烟花授权导则（2010）	2 个热安定性检验，两个都必须通过	—	加拿大烟花授权导则（2010）	宽于国标
烟花爆竹	化学	燃放性能(Functioning)	GB 10631—2013《烟花爆竹 安全与质量》	发射升空产品的发射偏斜角应≤22.5°，造型组合烟花和旋转升空烟花的发射偏斜角应≤45°（仅限专业燃放类）。 A 级产品的声级值应≤120dB，B 级、C 级、D 级产品的声级值应≤110dB。 个人燃放类产品燃放时产生的火焰、燃烧物、色火或带火残体不应落到距离燃放中心点 8m 之外的地面。专业燃放类产品燃放时产生的火焰、燃烧物、色火或带火残体不应落到距离燃放中心点 B 级 20m，A 级 40m 之外的地面（特殊设计的专业燃放类产品除外）。 产品燃放时产生的炙热物与燃放中心点横向距离：C 级≤15m、B 级≤25 m、A 级≤50m。	—	GB 10631—2013《烟花爆竹 安全与质量》	加拿大烟花授权导则（2010）	产品燃放效果必须与自身标签描述一致，燃放必须安全，可靠，可再生，可预见。 喷射效果不可预知轨迹的着陆超过 5 米的距离；在可见光或听觉效应之间有 5 秒的延迟； 不能出现产品膨胀、粉碎、破裂或烧毁现象，除非本身设计成这样；不能携带可拆散的筒；设计为有底座或插入式的产品在正常、直立燃放时不得倒筒，燃放过程中底座或插入部件不得松动。在燃放结束后继续燃烧；燃放后存留未燃烧的烟火药剂；吐出的火焰碎裂或者摇动，除非产品设计成这样。 产品不能产生爆炸（除非设计为这样）；噪	—	加拿大烟花授权导则（2010）	宽于国标

附表 3-3（续）

产品类别	产品危害类别	安全指标中英文名称	安全指标对应的国家标准				安全指标对应的国际标准或国外标准				安全指标差异情况
			名称、编号	安全指标要求	安全指标单位	检测标准名称、编号	名称、编号	安全指标要求	安全指标单位	安全指标对应的检测标准名称、编号	
烟花爆竹	化学	燃放性能(Functioning)		产品燃放时产生的质量>5g（纸质>15g，设计效果中的漂浮物除外）的抛射物与燃放中心点横向距离：C 级≤20m，B 级≤30m，A 级≤60m。 产品燃放不应出现倒筒、烧筒、散筒、低炸现象，且燃放后筒体不应继续燃烧超过 30s；其他缺陷应符合 GB/T 10632 的要求。 计数类产品，计量误差应在 ± 5%的范围内。 计数类产品烧成率应>90%。 旋转类产品的允许飞离地面高度应≤0.5m，旋转直径范围应≤2m。 线香产品不应爆燃，燃放高度 1m ± 0.1m 时不应有火星落地。 烟雾效果不应出现明火。 玩具造型产品行走距离应≤2m				音水平在五米半径范围内应低于 140 分贝；不能有散开的燃烧效果或炙热物掉到地面；不允许未点燃烟火药 所有产品必须通过稳定测试（75℃ 48 小时）			
礼花弹	化学	礼花弹最高发射距离(Maximum launching distance)	GB 19594—2015《烟花爆竹 礼花弹》	3 号 120m、4 号 140m、5 号 190m、6 号 220m、7 号 240m、8 号 260m、10 号 280m、12 号 300m	m	GB 10631—2013《烟花爆竹 安全与质量》	加拿大烟花授权导则（2010）	1 个开炸从发射筒顶部算起不短于 150mm	—	加拿大烟花授权导则（2010）	宽于国标
礼花弹	化学	水上礼花弹发射距离(Launching distance for shells above water)	GB 19594-2015《烟花爆竹 礼花弹》	3 号 100m、4 号 100m、5 号 120m、6 号 120m	m	GB 10631—2013《烟花爆竹 安全与质量》	—	—	—	—	—

附表 3-3（续）

产品类别	产品危害类别	安全指标中英文名称	安全指标对应的国家标准				安全指标对应的国际标准或国外标准				安全指标差异情况
			名称、编号	安全指标要求	安全指标单位	检测标准名称、编号	名称、编号	安全指标要求	安全指标单位	安全指标对应的检测标准名称、编号	
喷花	化学	喷射高度 (Projecting height)	GB 10631—2013《烟花爆竹 安全与质量》	喷花类：D 级≤1m ；C 级≤8m ；B 级≤15m	m	GB 10631—2013《烟花爆竹 安全与质量》	加拿大烟花授权导则（2010）	专业燃放类喷花高度≤20m	m	加拿大烟花授权导则（2010）	宽于国标
烟花爆竹	物理	效果出现的最低高度 (Minimum height for effects)	GB 10631—2013《烟花爆竹 安全与质量》	小礼花，B 级，35m 礼花弹，A 级，3 号：50m；4 号：60m；5 号：80m；6 号：100m；7 号：110m；8 号：130m；10 号：140m；12 号：160m。 组合烟花类：C 级：15m；B 级：35m；A 级 45（3 号）/60（4 号）。 升空类：旋转升空：3m；其他：5m	m	GB 10631—2013《烟花爆竹 安全与质量》	加拿大烟花授权导则（2010）	含有超过 130mg 的白药或超过 500mg 的黑药的砗子最低开炸高度为 10m；礼花或彩色效果的效果出现高度至少为 10m；所有的效果必须在离地面至少 5m 的高度上完全烧毁	m	加拿大烟花授权导则（2010）	宽于国标
烟花爆竹	物理	标志 (labeling)	GB 10631—2013《烟花爆竹 安全与质量》 GB 24426—2015《烟花爆竹 标志》	产品应有符合国家有关规定的标志和流向登记标签。 产品标志分为运输包装标志和零售包装标志。标志应附在运输包装和零售包装上不脱落。 运输包装标志的基本信息应包含：产品名称、消费类别、产品级别、产品类别、制造商名称及地址、安全生产许可证号、箱含量、箱含药量、毛重、体积、生产日期、保质期、执行标准代号以及“烟花爆竹”“防火防潮”“轻拿轻放”等安全用语或图案，安全图案应符合 GB 190、GB/T 191 要求。 零售包装标志的基本信息应包含：产品名称、消费类别、产品级别、产品类别、制造商名称及地址、含药量（总药量和单发药量）、警示语、燃放说明、生产日期、保质期。计数类产品应标明数量。	—	GB 10631—2013《烟花爆竹 安全与质量》	俄罗斯烟花烟火成分和烟火制品安全技术规范	产品标志应包括：产品名称，警示语、生产商或进口商的名称和地址、所采用的标准、有效期、处理条件的限制、危险区域和程度、安全储存和处置要求、燃放说明、烟火产品技术法规要求的合格的确认信息	—	俄罗斯烟花烟火成分和烟火制品安全技术规范	宽于国标

附表 3-3（续）

产品类别	产品危害类别	安全指标中英文名称	安全指标对应的国家标准				安全指标对应的国际标准或国外标准				安全指标差异情况
			名称、编号	安全指标要求	安全指标单位	检测标准名称、编号	名称、编号	安全指标要求	安全指标单位	安全指标对应的检测标准名称、编号	
烟花爆竹	物理	标志 (labeling)		专业燃放类产品应使用红色字体注明“专业燃放类”的字样，个人燃放类产品应使用绿色字体注明“个人燃放类”的字样。摩擦产品应用红色字体注明“不应拆开”的字样。 专业燃放类产品还应标注加工、安装方法，发射高度、辐射半径、火焰熄灭高度、燃放轨迹等信息；设计为水上效果的产品应标注其燃放的水域范围。 标注内容正确且清晰可见，易于识别，难以消除并且与背景色对比鲜明。运输包装上的字体高度消费类别≥28mm，其他≥6mm，零售包装字体高度警示语及内容≥4mm，其他≥2.2mm。 文字应使用规范的中文，但不包括注册商标。出口产品按进口国要求执行。可以同时使用与中文有对应关系的拼音或少数民族文字，但字体不应大于相应的汉字。可以同时使用与中文有对应关系的外文，但外文字体不应大于相应的中文（国外注册商标除外）。 专业燃放类产品应使用红色字体注明“专业燃放”的字样，个人燃放类产品应使用绿色字体注明“个人燃放”的字样。摩擦型产品应用红色字体注明“不应拆开”的字样。 燃放说明和警示语内容应符合 GB 24426 的规定							
烟花爆竹	物理	包装 (packaging)	GB 10631—2013《烟花爆竹 安全与质量》	产品应有零售包装（含内包装）和运输包装；零售包装与运输包装等同时，必须同时符合零售包装和运输包装要求。 零售包装（含内包装）材料应采用防潮性好的塑料、纸张等，封闭包装，产品排列整	—	GB 10631—2013《烟花爆竹 安全与质量》	俄罗斯烟花烟火成分和烟火制品安全技术规范	标明危险等级、生产商或进口商名称及详细信息	—	俄罗斯烟花烟火成分和烟火制品安全技术规范	宽于国标

附表 3-3（续）

产品类别	产品危害类别	安全指标中英文名称	安全指标对应的国家标准				安全指标对应的国际标准或国外标准				安全指标差异情况
			名称、编号	安全指标要求	安全指标单位	检测标准名称、编号	名称、编号	安全指标要求	安全指标单位	安全指标对应的检测标准名称、编号	
烟花爆竹	物理	包装(packaging)	GB 31368—2015《烟花爆竹 包装》	齐、不松动。内包装材质不应与烟火药起化学反应。 运输包装应符合 GB 12463 的要求。运输包装容器体积符合品种规格的设计要求，每件毛重不超过 30 kg。水路、铁路运输和空运产品的运输包装应分别符合 GB 19270、GB 19359、GB 19433 的技术要求。 专业燃放类产品包装（包括运输包装和零售包装）应使用单一色彩（瓦楞纸原色，灰色、灰白色、草黄）的包装，不应使用其他彩色包装。个人燃放类产品包装可使用对比色度鲜明的彩色包装。 采用瓦楞纸箱包装，在满足质量安全的条件下，可使用其他材质包装箱。 具有透气、防潮、抗震、抗压等性能，每件毛重不超过 30kg。 容器体积应符合包装内产品品种规格的设计要求。 封装牢固、封口严密。 包装箱箱体、包角压痕应深浅一致，压痕线宽应≤15mm，折线居中，无裂破、断线、重线等缺陷，不应有多余的压痕线。 包装箱采用黏合方式搭接时，搭舌宽度应≥30mm，且粘合剂应涂布均匀、充分、无溢出，黏合面剥离时面纸不分离。 包装箱采用钉合方式搭接时，搭舌宽度应≥35mm，箱钉应使用带镀层的低碳钢扁丝，不应有锈斑、剥层、龟裂或其他使用上的缺陷，且箱钉应沿搭舌中线钉合，排列整齐，间隔均匀，钉距应≤50mm，钉合接缝处应钉牢、钉透，不得有叠钉、翘钉、不转脚钉							

附表 3-3（续）

产品类别	产品危害类别	安全指标中英文名称	安全指标对应的国家标准				安全指标对应的国际标准或国外标准				安全指标差异情况
			名称、编号	安全指标要求	安全指标单位	检测标准名称、编号	名称、编号	安全指标要求	安全指标单位	安全指标对应的检测标准名称、编号	
烟花爆竹	物理	包装(packaging)		等缺陷。 A 级、B 级烟花爆竹产品的运输包装应采用 5 层以上的瓦楞纸箱，C 级、D 级烟花爆竹产品的运输包装应采用 3 层以上的瓦楞纸箱（含彩箱），且符合 GB 12463 和 GB 10631 的要求。满足运输安全要求条件下可采用其他材质的包装箱。 礼花弹产品应采用 5 层以上瓦楞纸箱加 5 层内衬包装，其中 12 号礼花弹产品应采取一箱一弹的方式包装，12 号以下礼花弹产品可一箱多弹，但箱内礼花弹应根据其规格型号采用瓦楞纸盒、内卡等进行固定。 摩擦类产品应采取隔栅或填充物等方式。 爆竹类应采用瓦楞纸箱、彩箱等，包装箱内产品应堆放整齐，封装牢固。 喷花类、升空类、吐珠类、小礼花类应采用瓦楞纸箱、彩箱等，包装箱内产品应采用纸盒、塑封等方式对产品进行固定，堆放整齐。 旋转类、玩具类、架子烟花类应采用瓦楞纸箱、彩箱等，包装内产品应采取隔栅或加塞填充材料等方式对包装内产品进行固定。 组合烟花类应采用瓦楞纸箱、彩箱等，包装箱内产品应堆放整齐，封装牢固，不同规格产品不应充装于同一包装箱内。 烟花爆竹产品的销售包装应封闭包装，无漏药、浮药，多个或多发包装的产品应排列整齐。 爆竹类单挂或单盘的结鞭爆竹应采用油蜡纸、玻璃纸包装，较大规格或为满足客户需求的结鞭爆竹可辅以纸盒进行包装。							

附表 3-3（续）

产品类别	产品危害类别	安全指标中英文名称	安全指标对应的国家标准				安全指标对应的国际标准或国外标准				安全指标差异情况
			名称、编号	安全指标要求	安全指标单位	检测标准名称、编号	名称、编号	安全指标要求	安全指标单位	安全指标对应的检测标准名称、编号	
烟花爆竹	物理	包装(packaging)		喷花类、升空类、吐珠类、小礼花类单个产品应采用包装纸包装；多个同规格产品应辅以纸盒、塑封等方式进行包装。 旋转类、玩具类、架子烟花类不宜单个产品进行销售包装，多个产品应用纸盒或塑封等形式进行包装，包装内物品应采用填充材料或捆扎方式固定。 烟花爆竹产品采用内卡、填充材料包装后，应保证在正常装卸、运输条件下包装内物品不移动、不露出。 包装内物品产生相对运动的距离应小于等于5mm。 箱体表面印刷图案、文字应清晰正确，无涂改，位置准确。 包装箱纸板厚度： A 级、B 级烟花爆竹产品包装箱纸板厚度应≥4.0mm。 C 级烟花爆竹产品包装箱（含彩箱）纸板厚度应≥3.0mm。 D 级烟花爆竹产品包装箱（含彩箱）纸板厚度应≥2.0mm。 礼花弹类产品包装箱纸板（含内衬）厚度应≥7.0mm。 包装箱综合尺寸（长+宽+高）应≤1800mm。 烟花爆竹产品包装用瓦楞纸箱（含彩箱）应采用竖楞纸箱。瓦楞纸箱（彩箱）箱体方正，纸箱各折叠部位互成直角，单面箱面纸板不应拼接。 瓦楞纸箱（彩箱）箱体表面清洁、平整，无裂纹、起泡、破损等缺陷，裁切刀口无明显							

附表 3-3（续）

产品类别	产品危害类别	安全指标中英文名称	安全指标对应的国家标准				安全指标对应的国际标准或国外标准				安全指标差异情况
			名称、编号	安全指标要求	安全指标单位	检测标准名称、编号	名称、编号	安全指标要求	安全指标单位	安全指标对应的检测标准名称、编号	
烟花爆竹	物理	包装(packaging)		毛刺。 销售包装材料应具有防潮性，且不应与烟火药起化学反应。 填充材料宜采用软质填充材料，且应具有一定弹性，防潮，防静电，易于分割（切割）以满足不同包装空隙的填充需要。 包装箱需要安装提手时，提手安装位置适当，安装牢固，充装产品后至少 2h 自由悬挂后提手不松动、脱落。 烟花爆竹产品用包装物在正常运输和储存条件下应保证其质量满足本文件规定的其他要求。 采用其他材质的包装箱应符合 GB 10631 和本标准规定的要求。 包装箱箱盖应牢固、封口严实，箱盖对口不重叠，不错位，经先合后开 270° 往复 5 次，其面层不得有裂缝，里层裂缝长总和不大于 50mm。 包装箱不应有引起堆码不稳定的任何变形和破损。 抗压力试验实测值应≥P 包装箱不应出现偏倒、变形等现象。 3 层瓦楞纸箱（含彩箱）戳穿强度应大于等于 6.3J，5 层以上瓦楞纸箱（含彩箱）戳穿强度应大于等于 10.3J，其他材质包装箱戳穿强度应大于等于 10.3J							
烟花爆竹	物理	外观(Appearance)	GB 10631—2013《烟花爆竹 安全与质量》	产品应保证完整、清洁，文字图案清晰。 产品表面无浮药、无霉变、无污染，外型无明显变形、无损坏、无漏药。 筒标纸粘贴吻合平整，无遮盖、无露头露脚、无包头包脚、无露白现象。 筒体应粘合牢固，不开裂、不散筒	—	GB 10631—2013《烟花爆竹 安全与质量》	俄罗斯烟花烟火成分和烟火制品安全技术规范	产品外观必须符合描述，结构外壳没有变化	—	俄罗斯烟花烟火成分和烟火制品安全技术规范	宽于国标

附表 3-3（续）

产品类别	产品危害类别	安全指标中英文名称	安全指标对应的国家标准				安全指标对应的国际标准或国外标准				安全指标差异情况
			名称、编号	安全指标要求	安全指标单位	检测标准名称、编号	名称、编号	安全指标要求	安全指标单位	安全指标对应的检测标准名称、编号	
烟花爆竹	物理	底座(Base)	GB 10631—2013《烟花爆竹 安全与质量》	不需要加工安装的 C 级、D 级，且放置在地面燃放主体不运动的烟花（喷花类、玩具类产品），筒高超过外径三倍的，应安装底座，底座的外径或边长应大于主体高度（含安装底座后增加的高度）三分之一。 底座应安装牢固，在燃放过程中，底座应不散开、不脱落	—	GB 10631—2013《烟花爆竹 安全与质量》	—	—	—	—	—
烟花爆竹	物理	底塞(Bottom plug)	GB 10631—2013《烟花爆竹 安全与质量》	底塞应安装牢固，在跌落试验过程中，不开裂、不脱落	—	GB 10631—2013《烟花爆竹 安全与质量》	—	—	—	—	—
烟花爆竹	物理	吊线(Hanging rope)	GB 10631—2013《烟花爆竹 安全与质量》	吊线应在 50cm 以上，安装牢固并保持一定的强度	—	GB 10631—2013《烟花爆竹 安全与质量》	—	—	—	—	—
烟花爆竹	化学	引燃装置(Ignition device)	GB 10631—2013《烟花爆竹 安全与质量》	在所有正常、可预见的使用条件下使用引燃装置，应能正常地点燃并引燃效果药。 引火线、引线接驳器、电点火头应符合相应的质量标准要求。 点火引火线应为绿色安全引线，点火部位应有明显标识。 点火引火线应安装牢固，可承受产品自身重量 2 倍或 200g 的作用力而不脱落或损坏。 快速引火线、电点火头和引线接驳器应慎重使用。并遵循下列要求： a）产品不应预先连接电点火头（舞台用焰火采取固定防摩擦且有短路措施的除外）； b）个人燃放类产品不应使用电点火头； c）使用快速引火线和引线接驳器（仅限定	—	GB 10631—2013《烟花爆竹 安全与质量》	俄罗斯烟花烟火成分和烟火制品安全技术规范	引线时间：根据产品的类别和等级，且不少于 2s	—	俄罗斯烟花烟火成分和烟火制品安全技术规范	宽于国标

附表 3-3（续）

产品类别	产品危害类别	安全指标中英文名称	安全指标对应的国家标准				安全指标对应的国际标准或国外标准				安全指标差异情况
			名称、编号	安全指标要求	安全指标单位	检测标准名称、编号	名称、编号	安全指标要求	安全指标单位	安全指标对应的检测标准名称、编号	
烟花爆竹	化学	引燃装置(Ignition device)		在特殊的组合烟花）时，快速引火线与安全引火线及引线接驳器之间应安装牢固，可承受 1kg 的作用力而不脱落或损坏，快速引火线和引线接驳器均应有防火措施； d）快速引火线只能为连接引火线，颜色应为银色、红色或黄色。 点火引火线的引燃时间应保证燃放人员安全离开，且在规定时间内引燃主体。 D 级：2s ~ 5s；C 级：3s ~ 8s；A 级、B 级：6s ~ 12s。C 级、D 级产品设计无引燃时间的产品可不计引燃时间，专业燃放类产品采用电点火引燃的不规定引燃时间。 手持部位不立装药或涂敷药物。手持部位长度：C 级≥100mm，D 级≥80mm。A 级、B 级产品不应设计为手持燃放。 个人燃放类产品不应含漂浮物和雷弹。 其他部件应符合有关标准要求，安装牢固，不脱落							
烟花爆竹	物理	结构和材质(Structure and material)	GB 10631—2013《烟花爆竹 安全与质量》	产品的结构和材质应符合安全要求，保证产品及产品燃放时安全可靠。 个人燃放类组合烟花不应两盆以上（含两盆）联结。 个人燃放类小礼花型组合烟花筒体高度与底面最小水平尺寸或直径的比值应≤1.5，且筒体高度应≤300mm。 产品运动部件、爆炸部件及相关附件一般采用纸质材料，不应采用金属等硬质材料，以保证在燃放时不产生尖锐碎片或大块坚硬物。如技术需要，固定物可采用木材，订书钉，钉子或捆绑用金属线，但固定物不应与	—	GB 10631—2013《烟花爆竹 安全与质量》	—	—	—	—	—

附表 3-3（续）

产品类别	产品危害类别	安全指标中英文名称	安全指标对应的国家标准				安全指标对应的国际标准或国外标准				安全指标差异情况
			名称、编号	安全指标要求	安全指标单位	检测标准名称、编号	名称、编号	安全指标要求	安全指标单位	安全指标对应的检测标准名称、编号	
烟花爆竹	物理	结构和材质(Structure and material)		烟火药物直接接触。 带炸效果件和单个爆竹产品内径>5mm 的，如需使用固引剂，应能确保固引剂燃放后散开，固引剂碎片中不应含有直径>5mm 的块状物							
烟花爆竹	化学	药种(Pyrotechnic compositions)	GB 10631—2013《烟花爆竹 安全与质量》	产品不应使用氯酸盐（烟雾型、摩擦型的过火药、结鞭爆竹中纸引和擦火药头除外，所用氯酸盐仅限氯酸钾，结鞭爆竹中纸引仅限氯酸钾和炭粉配方），微量杂质检出限量为0.1%。 产品不应使用双（多）基火药，不应直接使用退役单基火药。使用退役单基火药时，安定剂含量≥1.2%。 产品不应使用砷化合物、汞化合物、没食子酸、苦味酸、六氯代苯、镁粉、锆粉、磷（摩擦型除外）等，爆竹类、喷花类、旋转类、吐珠类、玩具类产品及个人燃放类组合烟花不应使用铅化合物，检出限量为0.1%。 喷花类、旋转类、玩具类产品除可含每单个药量<0.13g 的响珠和炸子外，不应使用爆炸药和带炸效果件。 架子烟花产品仅限燃烧型烟火药，不应使用爆炸药和带炸效果件	—	GB 10631—2013《烟花爆竹 安全与质量》	—	—	—	—	—
烟花爆竹	化学	药量(Charge weight)	GB 10631—2013《烟花爆竹 安全与质量》	爆竹类：C 级，黑药炮：1g/个；白药炮：0.2g/个。 喷花类：地面（水上）喷花，A 级：1000g，B 级：500g，C 级：200g，D 级：10g；手持（插入）喷花，C 级：75g，D	g	GB 10631—2013《烟花爆竹 安全与质量》	—	—	—	—	—

附表 3-3（续）

产品类别	产品危害类别	安全指标中英文名称	安全指标对应的国家标准				安全指标对应的国际标准或国外标准				安全指标差异情况
			名称、编号	安全指标要求	安全指标单位	检测标准名称、编号	名称、编号	安全指标要求	安全指标单位	安全指标对应的检测标准名称、编号	
烟花爆竹	化学	药量 (Charge weight)		级：10g。 旋转类：有固定轴旋转烟花，A 级：150g/发，B 级：60g/发，C 级：30g；无固定轴旋转烟花，B 级：30g，C 级：15g，D 级：1g。 升空类：火箭，A 级：180g，B 级：30g，C 级：10g；旋转升空烟花，A 级：30g/发，B 级：20g/发，C 级：5g/发；双响，C 级：9g。 吐珠类：A 级：400g（20g/珠），B 级：80g（4g/珠），C 级：20g（2g/珠）。 玩具类：玩具造型，C 级：15g，D 级：3g；线香型，C 级：25g，D 级：5g。 礼花类：小礼花，B 级：70g/发；礼花弹，药粒型（花束）（外径≤125mm），A 级：250g，圆柱型和球型（外径≤305mm 其中雷弹外径≤76mm），A 级：爆炸药 50g，总药量 8000g。 架子烟花类：A 级，瀑布 100g/发，字幕和图案：30g/发，B 级：瀑布 50g/发，字幕和图案 20g/发。 组合烟花类：A 级，药柱型、圆柱型内径≤76mm，100g/筒，球型内径≤102mm，320g/筒，总药量 8000g；B 级：内径≤51mm 50g/筒，总药量 3000g；C 级：小礼花：25g/筒；喷花：200g/筒；吐珠：20g/筒；总药量：1200g（开包药：黑火药 10g，硝酸盐加金属粉 4g，高氯酸盐加金属粉 2g）；D 级：50g（仅限喷花组合）							

附表 3-3（续）

产品类别	产品危害类别	安全指标中英文名称	安全指标对应的国家标准				安全指标对应的国际标准或国外标准				安全指标差异情况
			名称、编号	安全指标要求	安全指标单位	检测标准名称、编号	名称、编号	安全指标要求	安全指标单位	安全指标对应的检测标准名称、编号	
烟花爆竹	化学	安全性能(Safety performance)	GB 10631—2013《烟花爆竹 安全与质量》	产品及烟火药热安定性在 75℃ ± 2℃、48h 条件下应无肉眼可见分解现象，且燃放效果无改变。 产品低温实验在-35℃ ~ -25℃、48h 条件下应无肉眼可见冻裂现象，且燃放效果无改变。 产品的跌落试验不应出现燃烧、爆炸或漏药的现象。 产品各类烟火药摩擦感度、撞击感度、火焰感度、静电感度、着火温度、爆发点、热安定性、相容性应符合相关标准要求。 烟火药的吸湿率应≤2.0%，笛音药、粉状黑火药、含单基火药的烟火药应≤4.0%。 烟火药的水分应≤1.5%，笛音药、粉状黑火药、含单基火药的烟火药≤3.5%。 烟火药的 pH 应为 5 ~ 9	—	GB 10631—2013《烟花爆竹 安全与质量》	俄罗斯烟花烟火成分和烟火制品安全技术规范	高低温循环测试在此测试下产品结构不损坏，燃放功能正常。 跌落试验不应出现火险，结构完整，不违背原先的设计。 12 米跌落试验无大规模爆炸、毁坏集装箱、损坏或毁坏烟火制品。 辐射流量：在危险区域且不超过 20M 的范围内，辐射流密度不超过 $1 \times 10^4 J/m^2$	—	俄罗斯烟花烟火成分和烟火制品安全技术规范	宽于国标
烟花爆竹	化学	燃放性能(Functioning)	GB 10631—2013《烟花爆竹 安全与质量》	发射升空产品的发射偏斜角应≤22.5°，造型组合烟花和旋转升空烟花的发射偏斜角应≤45°（仅限专业燃放类）。 A 级产品的声级值应≤120dB，B 级、C 级、D 级产品的声级值应≤110dB。 个人燃放类产品燃放时产生的火焰、燃烧物、色火或带火残体不应落到距离燃放中心点 8m 之外的地面。专业燃放类产品燃放时产生的火焰、燃烧物、色火或带火残体不应落到距离燃放中心点 B 级 20m，A 级 40m 之外的地面（特殊设计的专业燃放类产品除外）。 产品燃放时产生的炙热物与燃放中心点横向距离：C 级≤15m、B 级≤25m、A 级≤50m。	—	GB 10631—2013《烟花爆竹 安全与质量》	俄罗斯烟花烟火成分和烟火制品安全技术规范	产品功能释放未反应不超过 10%。燃放过程中保持稳定性，不能偏离初始位置，保持设计的完整性，没有穿孔倒筒及烧筒。 火星不允许掉地。根据危险等级，动能不能超过 0.5J，5.0J,20J,(mgh=1/2 mv2)。 使用说明规定的危险区域范围内没有碎片，且碎片范围不超过 20M。 手持端的温度不超过 65℃。 对于 I 类产品，在距产品 0.25 米处的声极值不超过 125dBA；II 类产品在距离产品 2.5 米处的声极值不超过 140dBA；III 类产品在距离产品 5 米处的声极值不超过 125dBA。 火星不允许掉地	—	俄罗斯烟花烟火成分和烟火制品安全技术规范	宽于国标

附表 3-3（续）

产品类别	产品危害类别	安全指标中英文名称	安全指标对应的国家标准				安全指标对应的国际标准或国外标准				安全指标差异情况
			名称、编号	安全指标要求	安全指标单位	检测标准名称、编号	名称、编号	安全指标要求	安全指标单位	安全指标对应的检测标准名称、编号	
烟花爆竹	化学	燃放性能 (Functioning)		产品燃放时产生的质量>5g（纸质>15g，设计效果中的漂浮物除外）的抛射物与燃放中心点横向距离：C 级≤20m，B 级≤30m，A 级≤60m。 产品燃放不应出现倒筒、烧筒、散筒、低炸现象，且燃放后筒体不应继续燃烧超过 30s；其他缺陷应符合 GB/T 10632 的要求。 计数类产品，计量误差应在 ± 5%的范围内。 计数类产品烧成率应>90%。 旋转类产品的允许飞离地面高度应≤0.5m，旋转直径范围应≤2m。 线香产品不应爆燃，燃放高度 1m ± 0.1m 时不应有火星落地。 烟雾效果不应出现明火。 玩具造型产品行走距离应≤2m							
礼花弹	化学	礼花弹最高发射距离 (Maximum launching distance)	GB 19594—2015《烟花爆竹 礼花弹》	3 号 120m、4 号 140m、5 号 190m、6 号 220m、7 号 240m、8 号 260m、10 号 280m、12 号 300m	m	GB 10631—2013《烟花爆竹 安全与质量》	—	—	—	—	—
礼花弹	化学	水上礼花弹发射距离 (Launching distance for shells above water)	GB 19594—2015《烟花爆竹 礼花弹》	3 号 100m、4 号 100m、5 号 120m、6 号 120m	m	GB 10631—2013《烟花爆竹 安全与质量》	—	—	—	—	—

附表 3-3（续）

产品类别	产品危害类别	安全指标中英文名称	安全指标对应的国家标准				安全指标对应的国际标准或国外标准				安全指标差异情况
			名称、编号	安全指标要求	安全指标单位	检测标准名称、编号	名称、编号	安全指标要求	安全指标单位	安全指标对应的检测标准名称、编号	
喷花	化学	喷射高度 (Projecting height)	GB 10631—2013《烟花爆竹 安全与质量》	喷花类：D 级≤1m；C 级≤8m；B 级≤15m	m	GB 10631—2013《烟花爆竹 安全与质量》	—	—	—	—	—
烟花爆竹	物理	效果出现的最低高度 (Minimum height for effects)	GB 10631—2013《烟花爆竹 安全与质量》	小礼花，B 级，35m 礼花弹，A 级，3 号：50m；4 号：60m；5 号：80m；6 号：100m；7 号：110m；8 号：130m；10 号：140m；12 号：160m。 组合烟花类：C 级：15m；B 级：35m；A 级 45（3 号）/60（4 号）。 升空类：旋转升空：3m；其他：5m	m	GB 10631—2013《烟花爆竹 安全与质量》	俄罗斯烟花烟火成分和烟火制品安全技术规范	发射高度：升空类产品的高度不超过 100 米，各部件的高度距地面高度不少于 3M，扇形产品的开爆面积半径由开爆的最低位置和发射与水平成最小角度测得	—	俄罗斯烟花烟火成分和烟火制品安全技术规范	宽于国标

第四篇

纸　制　品

第1章 纸制品行业现状分析

1 国内外监管体制、标准化工作机制和标准体系建设

在本次造纸消费品安全监管体制、标准化工作机制和标准体系的建设等情况的对比工作中，主要涉及 ISO、欧盟、美国材料与试验协会（ASTM）、美国制浆造纸工业技术协会（TAPPI）、欧洲非织造布协会（EDANA）等组织和协会以及美国、英国、德国、日本、韩国等国家。下面重点介绍一下 ISO、欧洲（欧盟、EDANA、英国、德国）、美国（ANSI、ASTM、TAPPI）、日本、韩国的标准管理体制、标准化工作机制及标准体系建设情况。

1.1 ISO

ISO 负责纸、纸板和纸浆测试方法和质量规范等相关国际标准制定工作的技术委员会为 ISO/TC6 “纸、纸板和纸浆技术委员会”，其下设纸和纸板分技术委员会（ISO/TC6/SC2），负责纸和纸板相关测试方法标准的制修订工作，而通用测试方法和纸浆测试方法标准则由 ISO/TC6 统一负责。ISO 标准的制定包括预备、提案、准备、委员会、询问、批准、出版 7 个阶段。在预备阶段，若 TC/SC 的参加成员国超过半数赞成，则可将该项目纳入 ISO 标准工作计划；在提案阶段，需对新工作项目建议（NP）进行评审，同样需要 TC/SC 的参加成员国超过半数赞成，且至少有 5 个参加成员国提名专家参与标准的制修订，标准方可立项；在准备和委员会阶段，项目负责人需完成最终工作草案（WD）和委员会草案（CD），并在参加成员国内达成协商一致后，最终形成标准草案；在询问阶段，需有 2/3 的参加成员国以多数赞成，且否决票不超过 1/4 时，标准草案才能予以通过，并获得批准出版。ISO/TC6 标准体系分为基础通用方法标准、纸和纸板测试方法标准、纸浆测试方法标准 3 部分。目前，ISO/TC6 共有造纸标准 177 项，包括技术指导文件 2 项。ISO/TC6 制定的标准以测试方法为主，暂无对造纸消费品的产品规范标准。我国造纸测试方法标准大部分采用 ISO 标准制定。

1.2 欧洲

在欧洲的消费品安全监管体制、标准化工作机制和标准体系建设方面，与造纸消费品相关的主要有欧盟、EDANA、英国、德国。

1.2.1 欧盟

欧盟标准管理体系是由欧盟技术法规、新方法指令、欧盟协调标准、欧盟的合格评定程序构成的。欧盟指令规定的是“基本要求”，即商品在投放市场时必须满足的保障

健康和安全的基本要求。而欧洲标准化机构的任务是制定符合指令基本要求的相应的技术规范（即“协调标准”）。符合这些技术规范便可以判定产品符合指令的基本要求。欧盟规定，凡是新方法指令所覆盖的涉及安全、卫生、健康及环境保护等产品，都必须通过相应的合格评定程序，并加附 CE 标志后方能进入欧盟市场。产品一经加附上 CE 标志后，便表明该产品符合欧盟新方法指令中关于安全、卫生、健康或环境保护等基本要求，可以在欧盟市场自由流通。在卫生纸、纸巾纸、卫生巾、婴儿护理用品等造纸消费品上，欧盟主要通过相关法规和决议来规定产品安全方面应达到的基本要求。目前，涉及的相关指令和决议包括：Reach 法规、欧盟生活用纸生态标签要求（2009/568/EC 决议）、欧盟食品接触材料法规等。

1.2.2 EDANA

EDANA 是一家服务于非织造材料及其相关产业的国际性协会。该组织主要对卫生巾、纸尿裤等消费品使用的相关材料（无纺布、高吸收性树脂等）的测试方法制定了相应规范，但无相关产品标准。

1.2.3 英国

英国的标准管理体制为，贸工部标准与技术法规司是制定标准、测试和认证政策的政府主管部门，但其仅负责政策层面的管理。具体的标准、测试和认证管理职能分别赋予两个机构：标准管理职能由英国标准化协会（BSI）实施，测试和认证资格管理职能由英国认证服务局负责。BSI 管理着 24 万个现行的英国标准、2500 个专业标准委员会，参加标准委员会的成员达 23 万多名，BSI 每年进行着数千个标准项目的研发。在造纸消费品标准方面，BSI 主要以测试方法标准为主，有少量的产品标准，测试方法标准大部分直接将 ISO 标准作为自己的国家标准。

1.2.4 德国

德国实行的是政府授权民间的标准化管理体制，政府不过多地直接干预国家整体经济的运行。德国标准化协会（DIN）是非营利性的民间机构，成立于 1917 年。德国联邦政府与 DIN 签署协议，使其成为标准化主管机关，代表德国参与国际和欧洲标准化活动，对内负责国内标准化活动，包括制修订标准等。DIN 标准都是自愿性标准。制定标准时，由相关利益方根据市场需求确定是否制定相关标准，以掌握先进技术的企业为主体，科研机构、政府、个人广泛参与，坚持公开、透明的原则。各标准委员会的成员单位主要以企业为主，由他们提出制定标准的需求，并支付研究和制定标准的大部分费用。德国将各种标准、技术法规、技术条例、技术规则、技术规程、技术规格统称为技术规范文件，划分为 DIN 标准、技术规则、技术法规 3 个层次。德国 DIN 集团拥有德国合格评定公司、德国管理体系认证公司、欧洲认证公司等著名认证机构。在造纸领域，与英国相似，德国标准以测试方法为主，ISO 或 EN 发布的测试方法标准直接作为德国的标准。

1.3 美国

美国标准体系由以美国标准协会（ANSI）为协调中心的国家标准体系、联邦政府标准体系和专业团体的专业标准体系 3 部分组成。在美国，强制性标准被认为可能限制生产率的提高，但被法律引用和政府部门制定的标准，一般属于强制性标准。在造纸消费品标准方面，美国同样遵循以国家标准、政府标准及专业团体标准相结合的标准体系。经过对美国造纸标准的分析、对比研究，发现涉及造纸标准的机构主要有：ANSI（美国标准学会），EPA（美国国家环境保护局），Tappi（美国制浆造纸协会标准）、ASTM（美国试验与材料协会）和美国废纸再生工业协会等专业团体。

1.3.1 美国标准协会 ANSI

美国标准协会（ANSI）成立于 1918 年，起着美国标准化行政管理机关的作用，但它是非赢利性质的民间标准化团体。ANSI 实际上已成为美国国家标准化中心，美国各界标准化活动都围绕它进行。ANSI 在政府和民间标准化系统相互配合方面，充分起到了桥梁作用。ANSI 现有工业学、协会等团体会员约 200 个，公司（企业）会员约 1400 个。由于美国社会的多元性和自由化状态，形成了美国独特的分散化标准体制，除各企业、公司制定标准之外，尚有近 400 个专业机构和学会、协会团体制定和发布各自专业领域的标准，而参加标准化活动的则有 580 多个组织。美国国家标准学会一般不制定标准，标准绝大多数来自各专业协会如美国试验与材料协会（ASTM）、美国电气电子工程师协会（IEEE）等。

1.3.2 ASTM

ASTM 作为美国最早、最大的非营利性标准学术团体之一，主要制定并出版涉及材料、产品、体系和服务方面的标准。经查询，在 20 世纪 90 年代 ASTM 发布过卫生纸、纸巾纸等消费品的产品标准，但标准中不涉及安全性指标，并且这些标准目前已经作废，且无替代版本。

1.3.3 TAPPI

美国制浆造纸协会 TAPPI 制定的标准现已成为全球公认的纸浆、造纸行业通用标准。美国制浆造纸协会标准具体分为纤维原料和纸浆测试、纸和纸板测试、非纤维原料测试、包装容器测试、建筑材料测试、测试程序 6 大部分，目前共有标准 234 项。但是该协会仅对测试方法制定了标准，不涉及产品标准。

另外，EPA（美国国家环境保护局）主要负责环境保护和人身健康方面的标准，美国废纸再生工业协会负责废纸回收分类相关标准。

1.4 日本

日本的标准化管理体制为，经济产业省（原通商产业省）负责全面的产业标准化法规制定、修改、颁布及有关行政管理工作，具体工作由日本工业标准委员会

（JISC）执行。日本工业标准（JIS）由各主管大臣或民间团体提出标准草案，日本工业标准调查会审议发布，据此制定的 JIS 标准就是日本的国家标准。日本厚生劳动省隶属日本中央省厅的部门。在卫生领域，厚生劳动省涵盖了我国的国家卫生和计划生育委员会、国家食品药品监督管理总局、国家发展改革委员会的医疗服务和药品价格管理、人力资源和社会保障部的医疗保险、民政部的医疗救助、国家质检总局的国境卫生检疫等部门的相关职能。厚生劳动省的组织机构包括健康局、医药食品局等，负责日本全国食品、药品、化妆品、医药器械、生物制剂的管理，其中也包含对这几类产品标准的制定。在日本，厚生劳动省也制定了有关卫生巾标准《生理处理用品规格》。对于湿巾、纸尿裤等其他造纸消费品，政府层面上都没有制定相应的产品标准，通常都通过自主标准对其质量予以规范和控制。其自主标准主要包括由日本卫生材料工业联合会（日卫联）制定的标准以及企业自身制定的企业标准。日卫联的组织结构如图 4-1-1 所示，纸尿裤、卫生巾属于日卫联下设的全国纸制卫生材料工业会，湿巾、纸巾纸、擦手纸属于日本清洁纸棉类工业会。

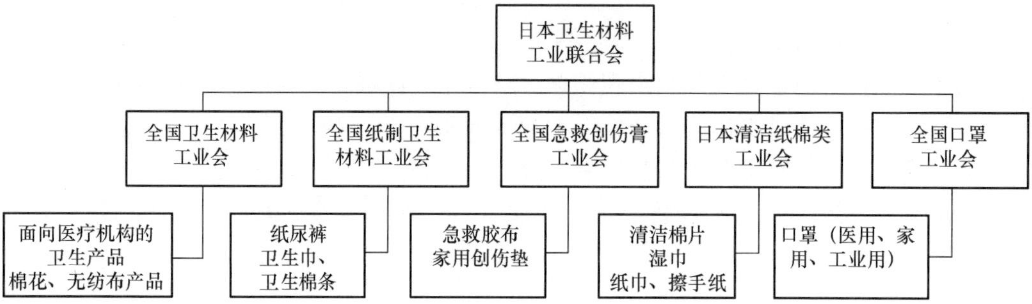

图 4-1-1　日本卫生材料工业联合会组织结构图

1.5　韩国

韩国也将卫生巾产品分类为医药部外品，应符合《医药部外品标准》，其他纸尿裤、湿巾等造纸消费品属于工业产品，在韩国法令《自律安全确认标准》《儿童用有害物质安全标准》中对其安全性指标进行了相关规定。另外，韩国知识经济部下属的技术标准院（KATS）也制定发布了相应的韩国产业标准，对其技术指标和安全性指标都有相关规定。KATS 是韩国最主要的标准化机构，主管国家工业标准、工业品的安全管理和质量管理、工业品的法定计量和测定、新技术和新产品的技术评价和认证等业务。

1.6　我国造纸消费品安全监管体制、标准化工作机制和标准体系建设情况

我国造纸消费品的安全监管体制主要采取生产法规、标准规定、监督抽查、风险监测等一系列措施相结合的机制，从而确保产品的安全。目前，造纸消费品相关的法规有《一次性生活用纸生产企业整治规定》（国质检执[2003]289 号），该法规主要是对卫生纸和纸巾纸生产的过程及使用的原料进行规定。在标准规定方面，主要包括强制性国家标准（通常为卫生安全标准）和推荐性国家标准（通常为产品标准）相结合的方式，也有些产品标准为行业标准、地方标准或企业标准。造纸消费品涉及的强制性标准有

GB 15979—2002《一次性使用卫生用品卫生标准》，该标准对一次性使用卫生用品的卫生指标（包括异物、异味、微生物指标等）进行了严格限定。而涉及的推荐性标准有 GB/T 20808—2011《纸巾纸》、GB 20810—2006《卫生纸（含卫生纸原纸）》、GB/T 27728—2011《湿巾》、GB/T 28004—2011《纸尿裤（片、垫）》、GB/T 8939—2008《卫生巾（含卫生护垫）》、GB/T 24455—2009《擦手纸》、GB/T 26174—2010《厨房纸巾》等。监督抽查、风险监测是政府通过行政手段对产品质量的监管，从而进一步确保产品的安全。

我国造纸消费品标准的工作机制：造纸标委会根据行业需求提出标准计划，国家标准由国家标准化管理委员会批准，行业标准由中华人民共和国工业和信息化部批准，造纸标委会负责组织标准的制修订，具体标准制修订工作采取委员会协商一致的工作机制。

我国造纸消费品已建立了由造纸消费品基础安全标准、生产管理标准、产品标准、测试方法标准组成的标准体系，而且在不断完善中。具体标准体系项目明细见表 4-1-1。

表 4-1-1　造纸消费品安全标准体系

编号	标准名称	现行标准	备注
1	基础安全标准		
1.1	一次性使用卫生用品卫生标准	GB 15979—2002	
1.2	儿童用纸品基本安全技术规范		在研
1.3	生活用纸及纸制品基本安全技术规范		新增
1.4	生活用纸中回用纤维的规定		新增
2	生产管理标准		
2.1	生活用纸及纸制品　化学品和原料健康安全管理体系		在研
3	产品标准		
3.1	卫生纸	GB 20810—2006	
3.2	纸巾纸	GB/T 20808—2011	
3.3	湿巾	GB/T 27728—2011	
3.4	纸尿裤（片、垫）	GB/T 28004—2011	
3.5	卫生巾（含卫生护垫）	GB/T 8939—2008	
3.6	擦手纸	GB/T 24455—2009	
3.7	厨房纸巾	GB/T 26174—2010	
3.8	纸内裤	GB/T 28005—2011	
3.9	乳垫		在研
3.10	妇女用纸质卫生裤		新增
3.11	擦拭巾		新增
3.12	卫生栓		新增
4	测试方法标准		

表 4-1-1（续）

编号	标准名称	现行标准	备注
4.1	纸和纸板 可迁移性荧光增白剂的测定	GB/T 27741—2011	
4.2	生活用纸 可迁移性铅、砷含量的测定		在研
4.3	生活用纸及纸制品 甲醛含量的测定		在研
4.4	纸、纸板和纸制品 挥发性有机化合物的测定		在研
4.5	生活用纸及纸制品中丙烯酰胺含量的测定		新增
4.6	生活用纸及纸制品中邻苯二甲酸酯含量的测定		新增
4.7	纸制品分散性的测定		新增
4.8	纸制品异味的判定		新增
4.9	一次性纸制卫生用品透气度的测定		新增

2 国内外监管体制、标准化工作机制和标准体系建设差异分析

通过对比分析我国与欧、美、日等发达国家在造纸消费品安全监管体制，标准化工作机制和标准体系建设，主要存在以下差异。

2.1 强制性规定的约束形式不同

像美国、欧盟等，涉及国家安全、人身健康等的强制性规定由政府制定的技术法规类文件来约束，如欧盟的 REACH 法规；而在我国，涉及国家安全、人身健康、环境保护的技术规定由强制性标准来约束，如 GB 15979—2002《一次性卫生用品卫生标准》，所有一次性卫生用品必须满足该强制性标准的要求。我国的强制性标准与国外技术法规具有同等效力。

2.2 标准制修订管理机构不同

在发达国家，自愿性标准不需要政府部门审核发布，标准制修订发布机构一般是非政府性质的民间组织，采用自愿性标准体系更有利于促进市场经济的发展，除非标准被法律法规引用，否则标准是否采用由相关方自愿决定。我国造纸消费品标准制修订管理由标准化管理部门负责。

2.3 标准体系不同

在欧、美、日等发达国家的标准体系中，欧盟标准体系具有一定的代表性。欧盟标准管理体系由欧盟技术法规、新方法指令、欧盟协调标准等组成，主要包括安全要求和符合要求的协调标准。我国造纸消费品标准体系是由基础安全标准、生产管理标准、产品标准、测试方法标准共同组成，其中，我国标准体系中的生产管理标准是其他标准体系中没有的。

第2章　纸制品行业国内外标准对比分析

1　国内外标准和相关标准总体情况

在本次造纸消费品标准对比中，主要对纸巾纸、卫生纸、卫生巾、纸尿裤、湿巾、擦手纸和厨房纸巾7种重点造纸消费品的国内外标准进行了查询和对比分析。在对比分析前，造纸标委会共对包括美国、英国、日本在内的16个国家和地区，及欧盟、ISO、TAPPI、ASTM和EDANA 5个标准组织的造纸标准和法规进行了查询，共查询国际及国外相关标准和法规1000多项。根据标准对比要求，最终确定对比国外标准30项，法规7项。在30项国外标准中，其中纸尿裤标准6项，卫生巾标准4项，卫生纸标准6项，纸巾纸标准8项，湿巾标准2项，厨房纸巾标准2项，擦手纸标准2项；这些标准共涉及的国家和地区有10个，包括日本、英国、法国、美国、中国台湾、韩国、肯尼亚、俄罗斯、南非、加拿大。另外，7项法规分别为欧盟法规、韩国法规、日本法规等。具体标准基础信息采集表见附表4-1、附表4-2和附表4-3。

在5个国际或国家组织中，欧盟有相关的法规，但ISO、TAPPI、ASTM、EDANA主要为造纸领域相关的测试方法标准，没有与所对比的7种造纸消费品相关的产品标准或安全性标准。故在本次对比中，未将ISO、TAPPI、ASTM、EDANA的测试方法标准纳入到对比范围之内。

2　国内外安全要素和技术指标对比分析

本次所对比的7种造纸消费品的安全技术性指标的国内外情况对比分析如下。

2.1　纸巾纸

英国、美国、加拿大、南非以及我国均有纸巾纸的产品标准。我国纸巾纸产品执行国家标准GB/T 20808—2011《纸巾纸》，该标准中规定的安全性指标包括可迁移性荧光增白剂、灰分和原料，还规定了卫生指标（细菌菌落总数、大肠杆菌、绿脓杆菌、金黄色葡萄球菌、溶血性链球菌、真菌菌落总数）应符合GB 15979—2002《一次性使用卫生用品卫生标准》的要求；南非标准和英国标准中主要对pH和原料进行了规定。通过对比，只有南非标准的pH指标我国标准中未予以规定，但我国标准中对微生物指标的规定是其他国家的标准所没有的，对原材料的规定不得使用回收纤维状物质作原料也是非常严格的，另外还设定了用于限制产品中滑石粉等填料添加的灰分指标。整体而言，我国纸巾纸产品标准较其他国家而言要求更为严格。

2.2 纸尿裤

关于纸尿裤产品，俄罗斯、肯尼亚均有纸尿裤的产品标准，另外韩国法令《自律安全确、认安全标准》(附属书 41)、《儿童用有害物质安全标准》也有对婴儿纸尿裤的安全指标要求。在这些国家中，俄罗斯将成人纸尿裤和婴儿纸尿裤分开，分别制定了相应产品标准。我国纸尿裤产品执行国家标准 GB/T 28004—2011《纸尿裤（片、垫》，标准中涉及的安全性指标包括 pH 和原料，另外规定了卫生指标（细菌菌落总数、大肠杆菌、绿脓杆菌、金黄色葡萄球菌、溶血性链球菌、真菌菌落总数）应符合 GB 15979—2002《一次性使用卫生用品卫生标准》的要求；俄罗斯标准中对原料、气味以及化学和生物安全指标进行了规定；肯尼亚标准中仅对 pH 和原料进行了规定。韩国法令《自律安全确认安全标准》(附属书 41）对 pH、荧光增白剂、邻苯二甲酸酯、五氯苯酚、四氯苯酚、偶氮染料等安全性指标进行了规定，《儿童用有害物质安全标准》中主要对铅、镉、甲醛、增塑剂（DEHP、DBP、BBP、DINP、DIDP、DNOP）进行了规定。通过对比，可以看出我国除了对卫生指标的要求较其他国家严格以外，在化学安全性指标上跟其他国家的产品标准和法令相比，存在较大不足，需在标准中进行补充。另外，韩国、俄罗斯均将婴儿纸尿裤和成人纸尿裤分开，并对婴儿纸尿裤提出了更高要求。我国纸尿裤标准包含婴儿纸尿裤（片、垫）与成人纸尿裤（片、垫)，涉及产品种类较多，不利于企业执行，而且未对婴儿纸尿裤提出更高要求。因此，有必要在修订我国国家标准时进行调整。

2.3 卫生纸

日本、加拿大、南非、韩国、法国均有卫生纸产品标准。我国卫生纸产品执行国家标准 GB 20810—2006《卫生纸（含卫生原纸)》，标准中涉及的安全性指标主要包括细菌菌落总数、大肠杆菌、金黄色葡萄球菌、溶血性链球菌等微生物指标，另外规定了原料应按《一次性生活用纸生产加工企业监督整治规定》(国质检执[2003]289号）监督执行；南非标准中对 pH 进行了规定；日本和加拿大标准中未涉及安全性指标。除南非的 pH 指标我国卫生纸标准中未予以规定外，我国卫生纸标准在微生物指标的规定上较其他国家更为严格，但是在化学安全性指标上，南非规定的 pH 较我国严格。在原材料方面，我国规定可以使用原生纤维、回收的纸张印刷品、印刷白纸边作原料，不得使用废弃的生活用纸、医疗用纸、包装用纸作原料，使用回收纸张印刷品作原料的，必须对回收纸张印刷品进行脱墨处理。但目前我国市场上以原生纤维生产的卫生纸产品为主，消费者也更青睐此类卫生纸。在美国、欧盟等发达国家，则均鼓励使用回用纤维，甚至有些国家规定卫生纸原料中必须含有一定比例的回用纤维。为了节约资源，提高废纸利用率，有必要在修订我国国家标准时增加鼓励使用回用纤维的规定。但目前我国废纸回收体系还不够健全和规范，废纸的质量安全无法保障，为了安全利用废纸资源，确保卫生纸产品的安全，应同时制定规范生活用纸中回用纤维质量的配套标准。

2.4 湿巾

美国均有湿巾产品标准，另外韩国法令《自律安全确认安全标准》(附属书 49)也有对湿巾安全性指标的要求。我国湿巾产品执行国家标准 GB/T 27728—2011《湿巾》，标准中涉及的安全性指标包括可迁移性荧光增白剂、pH 和原料，另外规定了卫生指标(细菌菌落总数、大肠杆菌、绿脓杆菌、金黄色葡萄球菌、溶血性链球菌、真菌菌落总数)应符合 GB 15979—2002《一次性使用卫生用品卫生标准》的要求；美国标准中对异味、pH 和药液的安全性进行了规定；韩国法令中主要对有机化合物含量、重金属含量、荧光增白剂以及细菌和真菌菌落总数等安全性指标进行了规定。我国湿巾标准对化学安全性指标和卫生指标都进行了规定，其他国家则对卫生指标没有要求，因此我国对湿巾的卫生要求较其他国家更为严格。另外，在化学安全性指标上，我国仅对可迁移性荧光增白剂和 pH 进行了规定，而韩国法令对湿巾中的荧光增白剂、有机化合物和重金属含量均进行了规定，整体来说国外对化学指标的要求更全面。

2.5 卫生巾

俄罗斯、南非、肯尼亚均有卫生巾产品标准，另外日本《生理处理用品规格》和韩国《医药部外品标准》中有对卫生巾产品的要求。我国卫生巾产品执行国家标准 GB/T 8939—2008《卫生巾(含卫生护垫)》，标准中涉及的安全性指标包括 pH 和原料，另外规定了卫生指标(细菌菌落总数、大肠杆菌、绿脓杆菌、金黄色葡萄球菌、溶血性链球菌、真菌菌落总数)应符合 GB 15979—2002《一次性使用卫生用品卫生标准》的要求；俄罗斯标准中对原料、异味、有害物质在蒸馏水中的迁移量、水抽提毒性、皮肤刺激性、过敏性、染色、pH 等安全性指标进行了规定；南非标准中对原料、活菌总数、大肠杆菌、金黄色葡萄球菌、绿脓杆菌进行了规定；肯尼亚标准对水溶性有色物质、气味、pH、荧光性物质、活菌总数、大肠杆菌、金黄色葡萄球菌、绿脓杆菌进行了规定。日本《生理处理用品规格》中规定了可迁移性荧光物质、甲醛、pH 和褪色现象等安全性指标；韩国《医药部外品标准》中也规定了荧光物质、甲醛、pH 和褪色现象等安全性指标。对于卫生巾产品，除南非外，其他国家的标准和法令对化学安全性指标的要求比我国全面，特别是俄罗斯标准，对各种有害物质的迁移量都进行了规定。

2.6 厨用纸巾

韩国有厨用纸巾标准。我国厨房纸巾产品执行国家标准 GB/T 26174—2010《厨房纸巾》，标准中涉及的安全性指标包括原料、细菌菌落总数、大肠杆菌、绿脓杆菌、金黄色葡萄球菌、溶血性链球菌、真菌菌落总数；韩国标准的安全指标仅有原料规定。我国厨用纸巾的安全性指标主要为微生物指标，较其他国家严格，但缺少对化学安全性指标的规定。

2.7 擦手纸

南非有擦手纸标准。我国擦手纸产品执行国家标准 GB/T 24455—2009《擦手纸》，标准中涉及的安全性指标包括原料、细菌菌落总数、大肠杆菌、金黄色葡萄球菌、溶血性链球菌；南非标准的安全指标包括 pH 和原料规定。我国擦手纸的安全性指标也主要为微生物指标，缺少对化学安全性指标的规定。

第3章　纸制品行业国内外标准对比分析结论与建议

1　国内外标准对比分析结果

根据对纸巾纸等 7 种造纸消费品的对比分析，未发现在我国该领域存在“双重标准”问题。对于 ISO 等组织制定的有关造纸消费品的测试方法标准，我国基本上都已修改采用或等同采用为国家标准。而在产品标准的制定过程中，我国也是在结合国内实际情况的前提下，参考国外发达国家或地区的标准，逐步修订完善国内造纸消费品的产品标准。

通过目前的对比分析，国内外标准或法规法令对纸巾纸等 7 种造纸消费品的安全性指标的规定存在以下几点主要差异：

（1）在卫生指标方面，国内对这 7 种产品的卫生指标都进行了规定，比国外的要求更为严格。

由于纸巾纸等 7 种造纸消费品均为一次性清洁卫生用品，因此卫生指标是最为重要的指标，只有卫生指标符合相关规定，才能确保产品的使用安全性，避免因为卫生指标不合格给消费品造成危害。造纸消费品卫生指标主要执行 GB15979—2002《一次性卫生用品卫生标准》。其他国家标准均未涉及卫生指标的要求。

（2）在化学安全性指标方面，发达国家和地区的标准或法规法令中的要求比国内标准的规定更为全面。

随着安全意识的加强，我国造纸消费品正逐步在标准中增加化学安全性方面的指标，如在纸巾纸中增加可迁移性荧光增白剂、灰分等指标。但与其他法规或标准相比，像纸尿裤、卫生巾等标准，缺少荧光性物质、甲醛等化学物质的规定，需要在标准修订时增加荧光增白剂、甲醛等化学物质的限量要求指标。

（3）我国造纸消费品标准体系更加全面、系统。

与国外指令型要求相比，我国造纸消费品标准体系涵盖了基础安全标准、生产过程的原料及化学品的安全管理标准、产品标准及相应的测试方法标准，因此，我国造纸消费品标准体更加系统、全面。近几年，造纸标委会在制定重点消费品安全标准方面，正逐渐向原材料、生产过程中安全管理标准过渡，更强调产品的源头及过程管理。例如，新制定的《生活用纸及纸制品　化学品和原料健康安全管理体系》标准中，就对生活用纸和纸制品的原料及生产过程中化学品的添加进行了详细规定，并给出了生活用纸及纸制品的生产禁用和限用参考清单。通过这种全方位立体化标准制定思路，将更有效地确保造纸消费品的安全，从而保障消费者的健康。

2 有关建议

通过对比分析，造纸消费品标准工作有必要像美国、欧盟等发达国家一样，充分发挥市场作用，建立政府主导与市场自主制定相结合的标准体系。但对于重点消费品安全标准（包括基础安全、重点消费品产品、有害物质的测试方法），特别是对产品生产过程的安全管理标准，应由政府主导并需要加强这些标准的管理，造纸标委会负责这些标准制修订的具体工作。

另外，通过本次造纸消费品标准对比分析，为进一步完善标准体系建设，现提出以下标准制修订计划：

（1）建议制定纸制品中甲醛、丙烯酰胺、邻苯二甲酸酯、挥发性有机化合物的检测以及异味的判定等国家方法标准。

（2）由于国内产品标准与国外标准相比，湿巾、卫生巾产品还缺失对部分化学安全性指标的规定，因此建议对有关产品标准进行修订。

（3）对于纸尿裤产品，俄罗斯及台湾地区都将成人纸尿裤和婴儿纸尿裤区分开，分别制定了相应的产品标准，并对婴儿纸尿裤提出了更严格的质量要求，而目前我国尚未单独制定婴儿纸尿裤标准，建议修订《纸尿裤（片、垫）》标准，分别制定婴儿纸尿裤和成人纸尿裤标准。

（4）基于较多国外标准中鼓励采用回用纤维为原料生产卫生纸，建议在卫生纸标准的修订中，增加鼓励采用回用纤维为原料的相关规定，并制定规范回用纤维质量的配套标准《生活用纸中回用纤维的规定》。

3 标准互认工作建议

通过了解国外造纸标准体系，英国、德国等欧洲国家在造纸测试方法标准方面大部分直接引用欧盟或 ISO 的相关标准，我国在制定造纸测试方法标准时主要修改或等同采用 ISO 标准。因此，在标准互认工作方面，可首先考虑与英国、德国就采用 ISO 标准的造纸测试方法标准进行标准互认。

附表

附表 4-1 我国纸制品安全标准基础信息采集表

国家标准名称	标准编号	安全指标中文名称	安全指标英文名称	安全指标单位	适用产品类别（大类）	适用的具体产品名称（小类）	国家标准对应的国际、国外标准（名称、编号）	安全指标对应的检测方法标准（名称、编号）	检测方法标准对应的国际、国外标准（名称、编号）
纸巾纸	GB/T 20808—2011	可迁移荧光增白剂	migratable fluorescent whitening agents	—	纸巾纸	纸餐巾、纸面巾、纸手帕	BS 1439—1992《单层湿绉纸巾规范》；CNS 2386—1987《纸餐巾》；CNS 4150—2008《面纸》；DOD MIL-T-37968—1986《纸巾（牙科用）》；CGSB-9.4-94《公用面巾纸》；SANS 1887-3：2008《面巾纸》；SANS 1887-4：2008《纸巾》；SANS 1887-7：2008《纸餐巾》	GB/T 27741—2011《纸和纸板可迁移性荧光增白剂的测定》	CNS 11820《纸制品之可迁移性荧光物质试验法》
		灰分	ash content	%				GB/T 742—2008《造纸原料、纸浆、纸和纸板 灰分的测定》	/
		原料	material	—				《一次性生活用纸生产加工企业监督整治规定》（国质检执[2003]289号）	CNS 2386—1987《纸餐巾》中 2；CNS 4150—2008《面纸》中 2；SANS 1887-3：2008《面巾纸》中 4.1；SANS 1887-7：2008《纸餐巾》中 5.4
		细菌菌落总数	total count of bacterial colony	cfu/g				GB 15979—2002《一次性使用卫生用品卫生标准》	—
		大肠菌群	coliform group	—					
		绿脓杆菌	pseudemonas aeruginosa	—					
		金黄色葡萄球菌	staphylococcus aureus	—					
		溶血性链球菌	streptococcus hemolyticus	—					
		真菌菌落总数	total count of epiphyte colony	cfu/g					
纸尿裤（片、垫）	GB/T 28004—2011	pH	pH	—	纸尿裤	婴儿或成人纸尿裤、婴儿或成人纸尿片、婴儿或成人纸尿垫	CNS 12639—2004《婴儿纸尿裤》；CNS 13073—2007《成人纸尿裤》；CNS 15152—2007《成人纸尿片》；KS 2108-—2009《婴儿纸尿裤规范》；GOST R 52557—	GB/T 28004—2011《纸尿裤（片、垫）》中附录 B	CNS 12639—2004《婴儿纸尿裤》中 5.3；CNS 13073—2007《成人纸尿裤》中 5.3；CNS 15152-2007《成人纸尿片》中 4.3；KS 08-360《纺织材料水抽提液 pH 值的测定》
		原料	material	—				GB/T 28004—2011《纸尿裤（片、垫）》中 5.4	KS 2108-—009《婴儿纸尿裤规范》中 5.1；GOST R 55082—2012《成人纸尿裤》中 5.7；GOST R 52557—2011《儿童纸尿裤》中 5.7

附表 4-1（续）

国家标准名称	标准编号	安全指标中文名称	安全指标英文名称	安全指标单位	适用产品类别（大类）	适用的具体产品名称（小类）	国家标准对应的国际、国外标准（名称、编号）	安全指标对应的检测方法标准（名称、编号）	检测方法标准对应的国际、国外标准（名称、编号）
纸尿裤（片、垫）	GB/T 28004—2011	细菌菌落总数	total count of bacterial colony	cfu/g			2011《儿童纸尿裤》；GOST R 55082—2012《成人纸尿裤》	GB 15979—2002《一次性使用卫生用品卫生标准》	GOST R 55082—2012《成人纸尿裤》中 5.10.1；GOST R 52557—2011《儿童纸尿裤》中 5.11.1
		大肠菌群	coliform group	—					
		绿脓杆菌	pseudemonas aeruginosa	—					
		金黄色葡萄球菌	staphylococcus aureus	—					
		溶血性链球菌	streptococcus hemolyticus	—					
		真菌菌落总数	total count of epiphyte colony	cfu/g					
卫生纸（含卫生原纸）	GB 20810—2006	原料	material	—	卫生纸	卫生纸	CNS 1091—2008《卫生纸》；NF F31-829—1990《铁路车辆盥洗室用卫生纸》；JIS P4501—1993《厕用卫生纸》；CGSB 9.13-94-CAN/CGSB—1994《公用机构用薄卫生纸》；SANS 1887-2：2008《厕用卫生纸》；KS M 7107:1994《卫生纸》	《一次性生活用纸生产加工企业监督整治规定》（国质检执[2003]289 号）	CNS 1091—2008《卫生纸》中 2
		细菌菌落总数	total count of bacterial colony	cfu/g				GB 20810—2006《卫生纸（含卫生原纸）》中附录 A	—
		大肠菌群	coliform group	—					
		金黄色葡萄球菌	staphylococcus aureus	—					
		溶血性链球菌	streptococcus hemolyticus	—					
湿巾	GB/T 27728—2011	可迁移荧光增白剂	migratable fluorescent whitening agents	—	湿巾	湿巾	CNS 8157—2009《湿巾》；DLAA-A-461B—1995《预湿纸巾》	GB/T 27728—2011《湿巾》中附录 D	CNS 11820《纸制品之可迁移性荧光物质试验法》
		pH	pH	—				GB/T 1545—2008《纸、纸板和纸浆 水抽提液酸度或碱度的测定》	ASTM E70《用玻璃电极对含水溶液 pH 值的试验方法》
		原料	material	—				GB/T 27728—2011《湿巾》中 5.5	需符合美国《消费品安全法案》，不应含有有毒有害物质
		细菌菌落总数	total count of bacterial colony	cfu/g				GB 15979—2002《一次性使用卫生用品卫生标准》	生菌数：CNS 8157—2009《湿巾》中 5.5
		大肠菌群	coliform group	—					大肠杆菌群：CNS 8157—2009《湿巾》中 5.6

附表 4-1（续）

国家标准名称	标准编号	安全指标中文名称	安全指标英文名称	安全指标单位	适用产品类别（大类）	适用的具体产品名称（小类）	国家标准对应的国际、国外标准（名称、编号）	安全指标对应的检测方法标准（名称、编号）	检测方法标准对应的国际、国外标准（名称、编号）
湿巾	GB/T 27728—2011	绿脓杆菌	pseudemonas aeruginosa	—	湿巾	湿巾	CNS 8157—2009《湿巾》；DLAA-A-461B—1995《预湿纸巾》	GB 15979—2002《一次性使用卫生用品卫生标准》	—
		金黄色葡萄球菌	staphylococcus aureus	—					
		溶血性链球菌	streptococcus hemolyticus	—					
		真菌菌落总数	total count of epiphyte colony	cfu/g					
卫生巾（含卫生护垫）	GB/T 8939—2008	pH	pH	—	卫生巾	卫生巾、卫生护垫	CNS 9324—2004《卫生棉》；GOST R 52483—2005《妇女用卫生巾》；SANS 1043—2010《卫生巾的制造》；KS 507: 2005《卫生巾规范》	GB/T 8939—2008《卫生巾（含卫生护垫）》中附录 C	KS 08-360《纺织材料水抽提液 pH 的测定》；ГОСТ12523-77《纸浆、纸和纸板水抽提 pH 值的测定》
		原料	material	—				GB/T 8939—2008《卫生巾（含卫生护垫）》中 4.4	KS 08-360《纺织材料水抽提液 pH 的测定》；ГОСТ12523-77《纸浆、纸和纸板水抽提 pH 的测定》
		细菌菌落总数	total count of bacterial colony	cfu/g				GB 15979—2002《一次性使用卫生用品卫生标准》	
		大肠菌群	coliform group	—					SANS 1043—2010《卫生巾的制造》中 4.4.3；KS 507: 2005《卫生巾规范》中 5.7；GOST R 52483—2005《妇女用卫生巾》中 5.6
		绿脓杆菌	pseudemonas aeruginosa	—					SANS 4833/ISO 4833，《食品和动物饲料的微生物学微生物计数通用指南.30℃时的菌落计数技术》 SANS 6888-2/ISO 6888-2《食品和动物饲料的微生物学 凝血酶阳性葡萄球菌（金黄色葡萄球菌及其他种）计数的水平方法 第 2 部分 兔血浆纤维蛋白原琼脂培养基技术》；《美国药典》；KS 05-220《食品微生物检测第 1 部分：通用程序和技术》；ГОСТ Р ИСО10993-1-99《医用产品 医用产品生物性能评价，第 1 部分，评价和研究》
		金黄色葡萄球菌	staphylococcus aureus	—					
		溶血性链球菌	streptococcus hemolyticus	—					
		真菌菌落总数	total count of epiphyte colony	cfu/g					

附表 4-1（续）

国家标准名称	标准编号	安全指标中文名称	安全指标英文名称	安全指标单位	适用产品类别（大类）	适用的具体产品名称（小类）	国家标准对应的国际、国外标准（名称、编号）	安全指标对应的检测方法标准（名称、编号）	检测方法标准对应的国际、国外标准（名称、编号）
擦手纸	GB/T 24455—2009	原料	material	—	擦手纸	擦手纸	CNS 14863—2008《擦手纸》；SANS 1887-5：2008《一次性擦拭纸》	GB/T 24455—2009《擦手纸》中 4.5	CNS 14863—2008《擦手纸》中 2；SANS 1887-5：2008《一次性擦拭纸》中 4.2
		掉色现象	phenomenon of fading	—				—	—
		细菌菌落总数	total count of bacterial colony	cfu/g				GB/T 24455—2009《擦手纸》中附录 A	—
		大肠菌群	coliform group	—					
		金黄色葡萄球菌	staphylococcus aureus	—					
		溶血性链球菌	streptococcus hemolyticus	—					
厨房纸巾	GB/T 26174—2010	原料	material	—	厨房纸巾	厨房纸巾	CNS 14392—2008《厨房用纸巾》；KS M 7708—2006《厨用纸巾》	GB/T 26174—2010《厨房纸巾》中 4.6	CNS 14392—2008《厨房用纸巾》中 4
		细菌菌落总数	total count of bacterial colony	cfu/g				GB/T 26174—2010《厨房纸巾》中附录 A	—
		大肠菌群	coliform group	—					
		绿脓杆菌	pseudemonas aeruginosa	—					
		金黄色葡萄球菌	staphylococcus aureus	—					
		溶血性链球菌	streptococcus hemolyticus	—					
		真菌菌落总数	total count of epiphyte colony	cfu/g					

附表 4-2 国际国外纸制品安全标准基础信息采集表

国际、国外标准名称	标准编号	安全指标中文名称	安全指标英文名称	安全指标单位	适用产品类别（大类）	适用的具体产品名称（小类）	安全指标对应的检测方法标准（名称、编号）	检测方法标准对应的国家标准（名称、编号）	国际标准对应的国家标准（名称、编号）
婴儿纸尿裤	CNS 12639—2004	褪色现象	Phenomenon of fading	—	一次性卫生用纸制品	纸尿裤（片、垫）	CNS 12639—2004《婴儿纸尿裤》中 5.2	—	GB/T 28004—2011《纸尿裤（片、垫》
		pH	pH	—			CNS 12639—2004《婴儿纸尿裤》中 5.3	GB/T 28004—2011《纸尿裤（片、垫》中附录 B	
		迁移性荧光物质	Migratable fluorescent substances	—			CNS 11820《纸制品之可迁移性荧光物质试验法》	—	
		游离甲醛	Free formaldehyde	吸光度			CNS 12103《纸制品游离甲醛含量试验法（乙酰丙酮法）》	—	
成人纸尿裤	CNS 13073—2007	褪色现象	Phenomenon of fading	—	一次性卫生用纸制品	纸尿裤（片、垫）	CNS 13073—2007《成人纸尿裤》中 5.2	—	GB/T 28004—2011《纸尿裤（片、垫》
		pH	pH	—			CNS 13073—2007《成人纸尿裤》中 5.3	GB/T 28004—2011《纸尿裤（片、垫》中附录 B	
		迁移性荧光物质	Migratable fluorescent substances	—			CNS 11820《纸制品之可迁移性荧光物质试验法》	—	
		游离甲醛	Free formaldehyde	μg/g			CNS 12103《纸制品游离甲醛含量试验法（乙酰丙酮法）》	—	
		卫生要求	Sanitary requirement	—			CNS 13073—2007《成人纸尿裤》中 6	GB 15979—2002《一次性使用卫生用品卫生标准》	
成人纸尿片	CNS 15152—2007	褪色现象	Phenomenon of fading	—	一次性卫生用纸制品	纸尿裤（片、垫）	CNS 15152—2007《成人纸尿片》中 4.2	—	GB/T 28004—2011《纸尿裤（片、垫》
		pH	pH	—			CNS 15152—2007《成人纸尿片》中 4.3	GB/T 28004—2011《纸尿裤（片、垫》中附录 B	
		迁移性荧光物质	Migratable fluorescent substances	—			CNS 11820《纸制品之可迁移性荧光物质试验法》	—	
		游离甲醛	Free formaldehyde	μg/g			CNS 12103《纸制品游离甲醛含量试验法（乙酰丙酮法）》	—	
		卫生要求	Sanitary requirement	—			CNS 15152—2007《成人纸尿片》中 5	GB 15979—2002《一次性使用卫生用品卫生标准》	

附表 4-2（续）

国际、国外标准名称	标准编号	安全指标中文名称	安全指标英文名称	安全指标单位	适用产品类别（大类）	适用的具体产品名称（小类）	安全指标对应的检测方法标准（名称、编号）	检测方法标准对应的国家标准（名称、编号）	国际标准对应的国家标准（名称、编号）
婴儿纸尿裤规范	KS 2108—2009	原料	Material	—	一次性卫生用纸制品	纸尿裤（片、垫）	KS 2108—2009《婴儿纸尿裤规范》中 5.1	GB/T 28004—2011《纸尿裤（片、垫》中 5.4	GB/T 28004—2011《纸尿裤（片、垫》
		pH	pH	—			KS 08-360《纺织材料水抽提液 pH 值的测定》	GB/T 28004—2011《纸尿裤（片、垫》中附录 B	
儿童纸尿裤	GOST R 52557—2011	原料	Material	—	一次性卫生用纸制品	纸尿裤（片、垫）	GOST R 52557—2011《儿童纸尿裤》中 5.7	GB/T 28004—2011《纸尿裤（片、垫》中 5.4	GB/T 28004—2011《纸尿裤（片、垫》
		气味	Odor	—			GOST R 52557—2011《儿童纸尿裤》中 7.2	GB 15979—2002《一次性使用卫生用品卫生标准》	
		化学和生物安全指标	Chemical and biological safety indicators	—			GOST R 52557—2011《儿童纸尿裤》中 5.11.1	GB 15979—2002《一次性使用卫生用品卫生标准》	
成人纸尿裤	GOST R 55082—2012	原料	Material	—	一次性卫生用纸制品	纸尿裤（片、垫）	GOST R 55082—2012《成人纸尿裤》中 5.7	GB/T 28004—2011《纸尿裤（片、垫》中 5.4	GB/T 28004—2011《纸尿裤（片、垫》
		卫生要求	Sanitary requirement	—			GOST R 55082—2012《成人纸尿裤》中 5.10.1	GB 15979—2002《一次性使用卫生用品卫生标准》	
卫生棉	CNS 9324—2004	褪色现象	Phenomenon of fading	—	一次性卫生用纸制品	卫生巾（含卫生护垫）	CNS 9324—2004《卫生棉》中 4.2	—	GB/T 8939—2008《卫生巾（含卫生护垫）》
		pH	pH	—			CNS 9324—2004《卫生棉》中 4.3	GB/T 8939—2008《卫生巾（含卫生护垫）》中附录 C	
		迁移性荧光物质	Migratable fluorescent substances	—			CNS 11820《纸制品之可迁移性荧光物质试验法》	—	
妇女用卫生巾	GOST R 52483—2005	原料	Material	—	一次性卫生用纸制品	卫生巾（含卫生护垫）	GOST R 52483—2005《妇女用卫生巾》中 5.6	GB/T 8939—2008《卫生巾（含卫生护垫）》中 4.4	GB/T 8939—2008《卫生巾（含卫生护垫）》
		pH	pH	—			ГОСТ12523-77《纸浆、纸和纸板水抽提 pH 值的测定》	GB/T 8939-2008《卫生巾（含卫生护垫）》中附录 C	
		异味	Odor	级			细则 No.880-71《供与食品接触的聚合物或其他卫生材料生产的产品在卫生化学研究的细则》	GB 15979—2002《一次性使用卫生用品卫生标准》	

附表 4-2（续）

国际、国外标准名称	标准编号	安全指标中文名称	安全指标英文名称	安全指标单位	适用产品类别（大类）	适用的具体产品名称（小类）	安全指标对应的检测方法标准（名称、编号）	检测方法标准对应的国家标准（名称、编号）	国际标准对应的国家标准（名称、编号）
妇女用卫生巾	GOST R 52483—2005	染色	Dye	—	一次性卫生用纸制品	卫生巾（含卫生护垫）	GOST R 52483—2005《妇女用卫生巾》中 7.1.1	—	GB/T 8939—2008《卫生巾（含卫生护垫）》
		有害物质在蒸馏水中迁移量	Migration qunitity of harmful substance	mg/L			ГН2.3.3.972—2000 《从接触食器材料中分离出来的化学物质的最大限量》	—	
		水抽提毒性指标	Water extraction toxicity index	%			My 1.1.037—95《由聚合物或其他材料制成的产品卫生试验方法的说明》	—	
		皮肤刺激性	Skin irritation	—			CaHПИH 1.2.681—97《卫生细则和标准 ，香精—化妆产品在生产和安全领域的卫生要求》	GB 15979—2002《一次性使用卫生用品卫生标准》	
		过敏性试验	Allergy test	—			CaHПИH 1.2.681—97《卫生细则和标准，香精—化妆产品在生产和安全领域的卫生要求》	GB 15979—2002《一次性使用卫生用品卫生标准》	
卫生巾的制造	SANS 1043-2010	原料	Material	—	一次性卫生用纸制品	卫生巾（含卫生护垫）	SANS 1043—2010《卫生巾的制造》中 4.4.3	GB/T 8939—2008《卫生巾（含卫生护垫）》中 4.4	GB/T 8939—2008《卫生巾（含卫生护垫）》
		菌落总数	The total viable bacterial count	cfu/g			SANS 4833/ISO 4833《食品和动物饲料的微生物学微生物计数通用指南 30℃时的菌落计数技术》	GB 15979—2002《一次性使用卫生用品卫生标准》	
		大肠菌群	Coliform group	—			SANS 6888-2/ISO 6888-2《食品和动物饲料的微生物学 凝血酶阳性葡萄球菌（金黄色葡萄球菌及其他种）计数的水平方法 第2部分 兔血浆纤维蛋白原琼脂培养基技术》		
		金黄色葡萄球菌	Staphylococcus aureus	—			《美国药典》		
		绿脓杆菌	Pseudemonas aeruginosa	—					

附表 4-2（续）

国际、国外标准名称	标准编号	安全指标中文名称	安全指标英文名称	安全指标单位	适用产品类别（大类）	适用的具体产品名称（小类）	安全指标对应的检测方法标准（名称、编号）	检测方法标准对应的国家标准（名称、编号）	国际标准对应的国家标准（名称、编号）
卫生巾规范	KS 507: 2005	水溶性有色物质	Water soluble coloring matter	—	一次性卫生用纸制品	卫生巾（含卫生护垫）	KS 507: 2005《卫生巾规范》中附录 A	—	GB/T 8939—2008《卫生巾（含卫生护垫）》
		气味	Odor	—			KS 507: 2005《卫生巾规范》中 5.2.5	GB 15979—2002《一次性使用卫生用品卫生标准》	
		pH	pH	—			KS 08-360《纺织材料水抽提液 pH 的测定》	GB/T 8939—2008《卫生巾（含卫生护垫）》中附录 C	
		荧光性物质	Fluorescent of filler material	—			KS 507: 2005《卫生巾规范》中 G	—	
		菌落总数	The total viable bacterial count	cfu/g			KS 05-220《食品微生物检测 第 1 部分：通用程序和技术》	GB 15979—2002《一次性使用卫生用品卫生标准》	
		大肠菌群	Coliform group	—					
		金黄色葡萄球菌	Staphylococcus aureus	—					
		绿脓杆菌	Pseudemonas aeruginosa	—					
卫生纸	CNS 1091—2008	原料	Material	—	生活用纸	卫生纸	CNS 1091—2008《卫生纸》中 2	《一次性生活用纸生产加工企业监督整治规定》（国质检执[2003] 289 号）	GB 20810—2006《卫生纸（含卫生原纸）》
		色泽	Color	—			CNS 1091—2008《卫生纸》中 6.5	—	
		卫生要求	Sanitary requirement	—			CNS 1091—2008《卫生纸》中 5.4	GB 20810—2006《卫生纸（含卫生原纸）》中附录 A	
铁路车辆．盥洗室用卫生纸	NF F31—829-1990	添加剂	Additives	—	生活用纸	卫生纸	NF F31-829—1990《铁路车辆盥洗室用卫生纸》中 3.1.2	—	GB 20810—2006《卫生纸（含卫生原纸）》
厕用卫生纸	JIS P4501—1993	—	—	—	生活用纸	卫生纸	—	—	GB 20810—2006《卫生纸（含卫生原纸）》

附表 4-2（续）

国际、国外标准名称	标准编号	安全指标中文名称	安全指标英文名称	安全指标单位	适用产品类别（大类）	适用的具体产品名称（小类）	安全指标对应的检测方法标准（名称、编号）	检测方法标准对应的国家标准（名称、编号）	国际标准对应的国家标准（名称、编号）
公用机构用薄卫生纸	CAN/CGSB-9.13-94	—	—	—	生活用纸	卫生纸	—	—	GB 20810—2006《卫生纸（含卫生原纸）》
厕用卫生纸	SANS 1887-2：2008	pH	pH	—	生活用纸	卫生纸	ISO 6588《纸、纸板和纸浆 水抽提液 pH 值的测定》	—	GB 20810—2006《卫生纸（含卫生原纸）》
卫生纸	KS M 7107—1994	—	—	—	生活用纸	卫生纸	—	—	GB 20810—2006《卫生纸（含卫生原纸）》
单层湿绉纸巾规范	BS 1439—1992	pH	pH	—	生活用纸	纸巾纸	BS 2924《纸、纸板和纸浆水抽提 第 1 部分 pH 的测定方法》	—	GB/T 20808—2011《纸巾纸》
纸餐巾	CNS 2386—1987	原料	Material	—	生活用纸	纸餐巾	CNS 2386—1987《纸餐巾》中 2	《一次性生活用纸生产加工企业监督整治规定》（国质检执[2003] 289 号）	GB/T 20808—2011《纸巾纸》
		色泽	Color	—			CNS 2386—1987《纸餐巾》中 7.7	—	
		荧光性物质	Migratable fluorescent substances	—			CNS 11820《纸制品之可迁移性荧光物质试验法》	GB/T 27741—2011《纸和纸板 可迁移性荧光增白剂的测定》	
		卫生要求	Sanitary requirement	—			CNS 2386—1987《纸餐巾》中 5.5	GB 15979—2002《一次性使用卫生用品卫生标准》	
面纸	CNS 4150—2008	原料	Material	—	生活用纸	纸面巾	CNS 4150—2008《面纸》中 2	《一次性生活用纸生产加工企业监督整治规定》（国质检执[2003]289 号）	GB/T 20808—2011《纸巾纸》
		色泽	Color	—			CNS 4150—2008《面纸》中 5.8	—	
		可迁移性荧光性物质	Migratable fluorescent substances	—			CNS 11820《纸制品之可迁移性荧光物质试验法》	GB/T 27741—2011《纸和纸板可迁移性荧光增白剂的测定》	

附表 4-2（续）

国际、国外标准名称	标准编号	安全指标中文名称	安全指标英文名称	安全指标单位	适用产品类别（大类）	适用的具体产品名称（小类）	安全指标对应的检测方法标准（名称、编号）	检测方法标准对应的国家标准（名称、编号）	国际标准对应的国家标准（名称、编号）
面纸	CNS 4150—2008	卫生要求	Sanitary requirement	—			CNS 4150—2008《面纸》中 4.7	GB 15979—2002《一次性使用卫生用品卫生标准》	GB/T 20808—2011《纸巾纸》
纸巾（牙科用）	DOD MIL-T-37968—1986	纤维原料	Fiber material	—	生活用纸	纸巾纸	T 401om—03《纸和纸板 纤维分析》	《一次性生活用纸生产加工企业监督整治规定》（国质检执[2003]289 号）	GB/T 20808—2011《纸巾纸》
		异味	Odor	—			DOD MIL-T-37968—1986《纸巾》中 3	GB 15979—2002《一次性使用卫生用品卫生标准》	
公用面巾纸	CGSB-9.4-94	原料	Material	—	生活用纸	面巾纸	CGSB-9.4-94《公用面巾纸》中 4.1	《一次性生活用纸生产加工企业监督整治规定》（国质检执[2003]289 号）	GB/T 20808—2011《纸巾纸》
面巾纸	SANS 1887-3：2008	pH	pH	—	生活用纸	面巾纸	ISO 6588《纸、纸板和纸浆 水抽提液 pH 值的测定》	—	GB/T 20808—2011《纸巾纸》
		原料	Material	—			SANS 1887-3：2008《面巾纸》中 4.1	《一次性生活用纸生产加工企业监督整治规定》（国质检执[2003]289 号）	GB/T 20808—2011《纸巾纸》
纸巾	SANS 1887-4：2008	pH	pH	—	生活用纸	纸巾纸	ISO 6588《纸、纸板和纸浆 水抽提液 pH 值的测定》	—	GB/T 20808—2011《纸巾纸》
纸餐巾	SANS 1887-7：2008	pH	pH	—	生活用纸	纸餐巾	ISO 6588《纸、纸板和纸浆 水抽提液 pH 值的测定》	—	GB/T 20808—2011《纸巾纸》
		原料	Material	—			SANS 1887-7：2008《纸餐巾》中 5.4	《一次性生活用纸生产加工企业监督整治规定》（国质检执[2003]289 号）	GB/T 20808—2011《纸巾纸》
厨房用纸巾	CNS 14392—2008	可迁移荧光性物质	Migratable fluorescent substances	—	生活用纸	厨房纸巾	CNS 11820《纸制品之可迁移性荧光物质试验法》	—	GB/T 26174—2010《厨房纸巾》
		颜色迁移	Migratable color	—			CNS 14392—2008《厨房用纸巾》中 5.3	—	
		卫生要求	Sanitary requirement	—			CNS 14392—2008《厨房用纸巾》中 4.5.3	GB/T 26174-2010《厨房纸巾》中附录 A	

附表 4-2（续）

国际、国外标准名称	标准编号	安全指标中文名称	安全指标英文名称	安全指标单位	适用产品类别（大类）	适用的具体产品名称（小类）	安全指标对应的检测方法标准（名称、编号）	检测方法标准对应的国家标准（名称、编号）	国际标准对应的国家标准（名称、编号）
厨用纸巾	KS M 7708—2006	原料	Material	—	生活用纸	厨房纸巾	KS M 7708—2006《厨用纸巾》中 4	GB/T 26174—2010《厨房纸巾》中 4	GB/T 26174—2010《厨房纸巾》中 4.6
擦手纸	CNS 14863—2008	原料	Material	—	生活用纸	擦手纸	CNS 14863—2008《擦手纸》中 2	GB/T 24455—2009《擦手纸》中 4.5	GB/T 24455—2009《擦手纸》
		色泽	Color	—			CNS 14863—2008《擦手纸》中 5.6	GB/T 24455—2009《擦手纸》中 4.6	
		卫生要求	Sanitary requirement	—			CNS 14863—2008《擦手纸》中 4.4	GB/T 24455—2009《擦手纸》中附录 A	
一次性擦拭纸	SANS 1887—5：2008	pH	pH	—	生活用纸	擦拭纸	ISO 6588《纸、纸板和纸浆 水抽提液 pH 值的测定》	—	GB/T 24455—2009《擦手纸》
		原料	Material	—			SANS 1887-5：2008《一次性擦拭纸》中 4.2	GB/T 24455—2009《擦手纸》中 4.5	
湿巾	CNS 8157—2009	原料	Material	—	一次性生活用纸制品	湿巾	CNS 8157—2009《湿巾》中 2	GB/T 27728—2011《湿巾》中 5.5	GB/T 27728—2011《湿巾》
		异味	Odor	—			CNS 8157—2009《湿巾》中 4.1	GB 15979—2002《一次性使用卫生用品卫生标准》	
		色泽	Color	—			CNS 8157—2009《湿巾》中 5.2	—	
		游离甲醛含量	Free formaldehyde	吸光度			CNS 12103《纸制品游离甲醛含量试验法（乙酰丙酮法）》	—	
		可迁移性荧光物质	Migratable fluorescent substances	—			CNS 11820《纸制品之可迁移性荧光物质试验法》	GB/T 27728—2011《湿巾》中附录 D	
		菌落总数	The total viable bacterial count	cfu/g			CNS 8157—2009《湿巾》中 5.5	GB 15979—2002《一次性使用卫生用品卫生标准》	
		大肠菌群	Coliform group	—			CNS 8157—2009《湿巾》中 5.6		
		化学添加物	Chemical additives	—			CNS 8157—2009《湿巾》中 4	—	

附表 4-2（续）

国际、国外标准名称	标准编号	安全指标中文名称	安全指标英文名称	安全指标单位	适用产品类别（大类）	适用的具体产品名称（小类）	安全指标对应的检测方法标准（名称、编号）	检测方法标准对应的国家标准（名称、编号）	国际标准对应的国家标准（名称、编号）
预湿纸巾	DLAA-A-461B-1995	清洁液	Cleaning solution	—	一次性生活用纸制品	湿巾	《消费品安全法案》	—	GB/T 27728—2011《湿巾》
		pH	pH	—			ASTM E70《用玻璃电极对含水溶液 pH 的试验方法》	GB/T 27728—2011《湿巾》中 6.6	
		气味	Odor	—			DLAA-A-461B—1995《预湿纸巾》中 1	GB 15979—2002《一次性使用卫生用品卫生标准》	

附表 4-3 国内外纸制品安全标准技术指标对比分析情况表

产品类别	产品危害类别	安全指标中文名称	安全指标英文名称	安全指标对应的国家标准				安全指标对应的国际标准或国外标准				安全指标差异情况
				名称、编号	安全指标要求	安全指标单位	检测标准名称、编号	名称、编号	安全指标要求	安全指标单位	安全指标对应的检测标准名称、编号	
纸尿裤	化学	游离甲醛	Free formaldehyde	GB/T 28004—2011《纸尿裤（片、垫）》	—	—	—	CNS 12639—2004《婴儿纸尿裤》	0.050 以下	吸光度	CNS 12103《纸制品游离甲醛含量试验法（乙酰丙酮法）》	严于国标
								CNS 13073—2007《成人纸尿裤》	75 以下	μg/g	CNS 12103《纸制品游离甲醛含量试验法（乙酰丙酮法）》	
								CNS 15152—2007《成人纸尿片》	75 以下	μg/g	CNS 12103《纸制品游离甲醛含量试验法（乙酰丙酮法）》	
		迁移性荧光物质	Migratable fluorescent substances	GB/T 23004—2011《纸尿裤（片、垫）》	—	—	—	CNS 12639—2004《婴儿纸尿裤》	无	—	CNS 11820《纸制品之可迁移性荧光物质试验法》	严于国标
								CNS 13073—2007《成人纸尿裤》	无	—	CNS 11820《纸制品之可迁移性荧光物质试验法》	
								CNS 15152—2007《成人纸尿片》	无	—	CNS 11820《纸制品之可迁移性荧光物质试验法》	
		褪色现象	Phenomenon of fading	GB/T 28004—2011《纸尿裤（片、垫）》	—	—	—	CNS 12639—2004《婴儿纸尿裤》	无	—	CNS 12639—2004《婴儿纸尿裤》中 5.2	严于国标

附表 4-3（续）

产品类别	产品危害类别	安全指标中文名称	安全指标英文名称	安全指标对应的国家标准				安全指标对应的国际标准或国外标准				安全指标差异情况
				名称、编号	安全指标要求	安全指标单位	检测标准名称、编号	名称、编号	安全指标要求	安全指标单位	安全指标对应的检测标准名称、编号	
纸尿裤	化学	褪色现象	Phenomenon of fading	GB/T 28004—2011《纸尿裤（片、垫）》	—	—	—	CNS 13073—2007《成人纸尿裤》	无	—	CNS 13073—2007《成人纸尿裤》中 5.2	严于国标
								CNS 15152—2007《成人纸尿片》	无	—	CNS 15152—2007《成人纸尿片》中 4.2	
		pH	pH	GB/T 28004—2011《纸尿裤（片、垫）》	4.0~8.0	—	GB/T 28004—2011《纸尿裤（片、垫）》中附录 B	CNS 12639—2004《婴儿纸尿裤》	4.0~8.7	—	CNS 12639—2004《婴儿纸尿裤》中 5.3	宽于国标
								CNS 13073—2007《成人纸尿裤》	4.0~8.7	—	CNS 13073—2007《成人纸尿裤》中 5.3	
								CNS 15152—2007《成人纸尿片》	4.0~8.7	—	CNS 15152—2007《成人纸尿片》中 4.3	
								KS 2108—2009《婴儿纸尿裤规范》	5.0 ~ 8.0	—	KS 08—360《纺织材料水抽提液 pH 值的测定》	
	微生物	细菌菌落总数	Total count of bacterial colony	GB/T 28004—2011《纸尿裤（片、垫》	≤200	cfu/g	GB 15979—2002《一次性使用卫生用品卫生标准》	—	—	—	—	宽于国标
		大肠菌群	Coliform group		不得检出	—		—	—	—	—	
		绿脓杆菌	Pseudemonas aeruginosa		不得检出	—		—	—	—	—	
		金黄色葡萄球菌	Staphylococcus aureus		不得检出	—		—	—	—	—	
		溶血性链球菌	Streptococcus hemolyticus		不得检出	—		—	—	—	—	
		真菌菌落总数	Total count of epiphyte colony		≤100	cfu/g		—	—	—	—	

附表 4-3（续）

产品类别	产品危害类别	安全指标中文名称	安全指标英文名称	安全指标对应的国家标准				安全指标对应的国际标准或国外标准				安全指标差异情况
				名称、编号	安全指标要求	安全指标单位	检测标准名称、编号	名称、编号	安全指标要求	安全指标单位	安全指标对应的检测标准名称、编号	
纸尿裤	其他	原料	Material	GB/T 28004—2011《纸尿裤（片、垫）》	不得使用回收原料	—	GB/T 28004—2011《纸尿裤（片、垫）》中 5.4	KS 2108—2009《婴儿纸尿裤规范》	不应使用对婴儿皮肤有害的原料	—	KS 2108—2009《婴儿纸尿裤规范》中 5.1	基本一致
								GOST R 52557—2011《儿童纸尿裤》	不允许使用 ГОСТ10700 标准中规定的废纸和纸板	—	GOST R 52557—2011《儿童纸尿裤》中 5.7	
								GOST R 55082—2012《成人纸尿裤》	不允许使用 ГОСТ10700 标准中规定的废纸和纸板	—	GOST R 55082—2012《成人纸尿裤》中 5.7	
		气味	Odor	GB/T 23004—2011《纸尿裤（片、垫）》	符合 GB 15979-2002 中 4.1 要求	—	—	GOST R 52557—2011《儿童纸尿裤》	≤1	级	GOST R 52557—2011《儿童纸尿裤》中 7.2	要求不同
卫生巾	化学	荧光性物质	Fluorescent substances	GB/T 8939—2008《卫生巾（含卫生护垫）》	/	—	—	CNS 9324—2004《卫生棉》	无	—	CNS 11820《纸制品之可迁移性荧光物质试验法》	严于国标
								KS 507: 2005《卫生巾规范》	吸收填料中不应含有	—	KS 507: 2005《卫生巾规范》中附录 G	严于国标
		褪色现象	Phenomenon of fading	GB/T 8939—2008《卫生巾（含卫生护垫）》	—	—	—	CNS 9324—2004《卫生棉》	无	—	CNS 9324—2004《卫生棉》中 4.2	严于国标
								KS 507: 2005《卫生巾规范》	吸收填料中不应含有水溶性有色物质	—	KS 507: 2005《卫生巾规范》中附录 A	严于国标
		染色	Dye	GB/T 8939—2008《卫生巾（含卫生护垫）》	—	—	—	GOST R 52483—2005《妇女用卫生巾》	不应发生染色	—	GOST R 52483—2005《妇女用卫生巾》中 7.1.1	严于国标
		pH	pH	GB/T 8939—2008《卫生巾（含卫生护垫）》	4.0 ~ 9.0	—	—	CNS 9324—2004《卫生棉》	4.0~8.7	—	CNS 9324—2004《卫生棉》中 4.3	严于国标
								KS 507: 2005《卫生巾规范》	5.5~8.5	—	KS 08-360《纺织材料水抽提液 pH 值的测定》	严于国标
								GOST R 52483—2005《妇女用卫生巾》	6.0~7.5	—	ГОСТ12523-77《纸浆、纸和纸板水抽提 pH 值的测定》	严于国标

附表 4-3（续）

产品类别	产品危害类别	安全指标中文名称	安全指标英文名称	安全指标对应的国家标准				安全指标对应的国际标准或国外标准				安全指标差异情况
				名称、编号	安全指标要求	安全指标单位	检测标准名称、编号	名称、编号	安全指标要求	安全指标单位	安全指标对应的检测标准名称、编号	
卫生巾	化学	有害物质在水中的迁移量	Migration qunitity of harmful substance	—	—	—	—	GOST R 52483—2005《妇女用卫生巾》	甲醛≤0.1；乙酸乙酯≤0.1，乙醛≤0.2，苯≤0.01，己烷≤0.1，庚烷≤0.1，丙酮≤0.1；丙烯腈≤0.02，甲基丙烯酸甲酯≤0.25，丙烯酸甲酯≤0.02，丙烯酸丁酯≤0.01	mg/L	ГН2.3.3.972—2000《从接触食器材料中分离出来的化学物质的最大限量》	严于国标
		水抽提毒性指标	Water extraction toxicity index	—	—	—	—	GOST R 52483—2005《妇女用卫生巾》	70~120	%	My 1.1.037—95《由聚合物或其他材料制成的产品卫生试验方法的说明》	严于国标
		皮肤刺激性（一次或多次贴花点）	Skin irritation	GB/T 8939—2008《卫生巾（含卫生护垫》	符合 GB 15979—2002 中 4.2 要求	/	GB 15979—2002 中附录 A	GOST R 52483—2005《妇女用卫生巾》	0	—	СаНПИН 1.2.681—97 1.2.681—97《卫生细则和标准 香精－化妆产品在生产和安全领域的卫生要求》	基本一致
		过敏性试验（Ⅱ压布方法 24h）	Allergy test	GB/T 8939—2008《卫生巾（含卫生护垫》	符合 GB 15979—2002 中 4.2 要求	—	GB 15979—2002 中附录 A	GOST R 52483—2005《妇女用卫生巾》	无	—	СаНПИН 1.2.681—97 1.2.681—97《卫生细则和标准 香精－化妆产品在生产和安全领域的卫生要求》	基本一致
	微生物	细菌菌落总数	Total count of bacterial colony	GB/T 8939—2008《卫生巾（含卫生护垫》	≤200	cfu/g	GB 15979—2002《一次性使用卫生用品卫生标准》	SANS 1043—2010《卫生巾的制造》；KS 507：2005《卫生巾规范》	菌落总数≤1000	cfu/g	SANS 4833/ISO 4833《食品和动物饲料的微生物学微生物计数通用指南 30℃时的菌落计数技术》；KS 05—220《食品微生物检测 第 1 部分：通用程序和技术》	宽于国标
		大肠菌群	Coliform group		不得检出	—		SANS 1043—2010《卫生巾的制造》；KS 507：2005《卫生巾规范》	不得检出	—	SANS 6888-2/ISO 6888-2《食品和动物饲料的微生物学 凝血酶阳性葡萄球菌（金黄色葡萄球菌及其他种）计数的水平方法 第 2 部分兔血浆纤维蛋白原琼脂培养基技术》；KS 05-220《食品微生物检测第 1 部分：通用程序和技术》	与国标一致
		绿脓杆菌	Pseudemonas aeruginosa		不得检出	—		SANS 1043—2010《卫生巾的制造》；KS 507：2005《卫生巾规范》	不得检出	—		

附表 4-3（续）

产品类别	产品危害类别	安全指标中文名称	安全指标英文名称	安全指标对应的国家标准				安全指标对应的国际标准或国外标准				安全指标差异情况
				名称、编号	安全指标要求	安全指标单位	检测标准名称、编号	名称、编号	安全指标要求	安全指标单位	安全指标对应的检测标准名称、编号	
卫生巾	微生物	金黄色葡萄球菌	Staphylococcus aureus		不得检出	—		SANS 1043—2010《卫生巾的制造》；KS 507: 2005《卫生巾规范》	不得检出	—		与国标一致
		溶血性链球菌	Streptococcus hemolyticus		不得检出	—		—	—	—	—	宽于国标
		真菌菌落总数	Total count of epiphyte colony		≤100	cfu/g		—	—	—	—	宽于国标
	其他	原料	Material	GB/T 8939—2008《卫生巾（含卫生护垫》	不应使用废弃回用的原材料	—	GB/T 8939—2008《卫生巾（含卫生护垫》中 4.4	SANS 1043—2010《卫生巾的制造》	不应使用未经处理的废纸和机械浆	—	SANS 1043—2010《卫生巾的制造》中 4.4.3	宽于国标
								KS 507: 2005《卫生巾规范》	不应含有与提高产品性能无关的外来物质。外覆层，应多孔	—	KS 507:2005《卫生巾规范》中 5.1	宽于国标
								GOST R 52483—2005《妇女用卫生巾》	不允许使用 ГОСТ10700 标准中规定的废纸和纸板	—	GOST R 52483—2005《妇女用卫生巾》中 5.6	宽于国标
		气味	Odor	GB/T 8939—2008《卫生巾（含卫生护垫》	符合 GB 15979—2002 中 4.1 要求	—	—	KS 507:2005《卫生巾规范》	干卫生巾和用去离子水处理过后的湿卫生巾都不应有令人不愉快的气味	—	KS 507:2005《卫生巾规范》中 5.2.5	一致
								GOST R 52483—2005《妇女用卫生巾》	≤1	级		要求不同
卫生纸	化学	颜色迁移	Migratable color	20810—2006《卫生纸（含卫生原纸）》	—	—	—	CNS 1091—2008《卫生纸》	有色及印花者不得有颜色迁移现象	—	CNS 1091—2008《卫生纸》中 6.5	严于国标
		添加剂	Additives		—	—	—	NF F31-829—1990《铁路车辆.盥洗室用卫生纸》	卫生纸中含有的各种性质的添加剂（杀菌、染料等）应是无毒的，且不能引起任何刺激皮肤或过敏反应	—	NF F31-829—1990《铁路车辆盥洗室用卫生纸》中 3.1.2	严于国标

附表 4-3（续）

产品类别	产品危害类别	安全指标中文名称	安全指标英文名称	安全指标对应的国家标准				安全指标对应的国际标准或国外标准				安全指标差异情况
				名称、编号	安全指标要求	安全指标单位	检测标准名称、编号	名称、编号	安全指标要求	安全指标单位	安全指标对应的检测标准名称、编号	
卫生纸	化学	pH	pH	20810—2006《卫生纸（含卫生原纸）》	—	—	—	SANS 1887—2：2008《厕用卫生纸》	4.4~10.0	—	ISO 6588《纸、纸板和纸浆 水抽提液 pH 值的测定》	严于国标
	微生物	细菌菌落总数	Total count of bacterial colony		≤600	cfu/g	20810—2006《卫生纸（含卫生原纸）》中附录A	—	—	—	—	宽于国标
		大肠菌群	Coliform group		不应检出	—		—	—	—	—	
		金黄色葡萄球菌	Staphylococcus aureus		不应检出	—		—	—	—	—	
		溶血性链球菌	Streptococcus hemolyticus		不应检出	—		—	—	—	—	
	其他	原料	Material		不得使用废弃的生活用纸、医疗用纸、包装用纸作原料。使用回收纸张印刷作原料的，必须对回收纸张印刷品进行脱墨处理	—	《一次性生活用纸生产加工企业监督整治规定》（国质检执[2003]289号）	CNS 1091—2008《卫生纸》	原生浆或掺用处理良好的再生纸浆	—	CNS 1091—2008《卫生纸》中2	宽于国标
								CAN/CGSB-9.13—94《公用机构用薄卫生纸》	可用原生浆或回收浆生产	—	CAN/CGSB-9.13—94《公用机构用薄卫生纸》中4.1	宽于国标
纸巾纸	化学	pH	pH	—	—	—	—	BS 1439—1992《单层湿绉纸巾规范》	4~10	—	BS 2924《纸、纸板和纸浆水抽提第1部分 pH的测定方法》	严于国标
								SANS 1887-3：2008《面巾纸》	4.4~10.0	—	ISO 6588《纸、纸板和纸浆 水抽提液 pH 值的测定》	严于国标
								SANS 1887-4：2008《纸巾》	4.4~10.0	—	ISO 6588《纸、纸板和纸浆 水抽提液 pH 值的测定》	严于国标
								SANS 1887-7：2008《纸餐巾》	4.4~10.0	—	ISO 6588《纸、纸板和纸浆 水抽提液 pH 值的测定》	严于国标

附表 4-3（续）

产品类别	产品危害类别	安全指标中文名称	安全指标英文名称	安全指标对应的国家标准				安全指标对应的国际标准或国外标准				安全指标差异情况
				名称、编号	安全指标要求	安全指标单位	检测标准名称、编号	名称、编号	安全指标要求	安全指标单位	安全指标对应的检测标准名称、编号	
纸巾纸	化学	可迁移性荧光增白剂	Migratable fluorescent whitening agents	GB/T 20808—2011《纸巾纸》	无	—	GB/T 27741—2011《纸和纸板可迁移性荧光增白剂》	CNS 2386—1987《纸餐巾》	不得含有可迁移性荧光物质	—	CNS 11820《纸制品之可迁移性荧光物质试验法》	一致
								CNS 4150—2008《面纸》	不得含有可迁移性荧光物质	—	CNS 11820《纸制品之可迁移性荧光物质试验法》	一致
		色泽	Color	GB/T 20808—2011《纸巾纸》	—	—	—	CNS 2386—1987《纸餐巾》	有色及印花者不得有颜色迁移现象	—	CNS 2386—1987《纸餐巾》中 7.7	严于国标
								CNS 4150—2008《面纸》	有色及印花者不得有颜色迁移现象	—	CNS 4150—2008《面纸》中 5.8	严于国标
		灰分	Ash content	GB/T 20808—2011《纸巾纸》	木纤维，≤1.0，非木纤维≤4.0	%	GB/T 742《造纸原料、纸浆、纸和纸板 灰分的测定》	—	—	—	—	宽于国标
	微生物	细菌菌落总数	Total count of bacterial colony	GB/T 20808—2011《纸巾纸》	≤200	cfu/g	GB 15979—2002《一次性使用卫生用品卫生标准》	—	—	—	—	宽于国标
		大肠菌群	Coliform group		不得检出	—		—	—	—	—	
		绿脓杆菌	Pseudemonas aeruginosa		不得检出	—		—	—	—	—	
		金黄色葡萄球菌	Staphylococcus aureus		不得检出	—		—	—	—	—	
		溶血性链球菌	Streptococcus hemolyticus		不得检出	—		—	—	—	—	
		真菌菌落总数	Total count of epiphyte colony		≤100	cfu/g		—	—	—	—	

附表 4-3（续）

产品类别	产品危害类别	安全指标中文名称	安全指标英文名称	安全指标对应的国家标准				安全指标对应的国际标准或国外标准				安全指标差异情况
				名称、编号	安全指标要求	安全指标单位	检测标准名称、编号	名称、编号	安全指标要求	安全指标单位	安全指标对应的检测标准名称、编号	
纸巾纸	其他	气味	Odor	GB/T 20808—2011《纸巾纸》	符合 GB 15979—2002 中 4.1 要求	—	—	DOD MIL-T-37968—1986《纸巾（牙科用）》	不应有异味	—	DOD MIL-T-37968—1986《纸巾（牙科用）》中 3.1.1	一致
		原料	Material	GB/T 20808—2011《纸巾纸》	不得使用有毒有害物质。应使用木材、草类、竹子等原生纤维原料，不得使用任何回收纸、纸张印刷品、纸制品及其他回收纤维状物质作原料，不得使用脱墨剂。	—	《一次性生活用纸生产加工企业监督整治规定》（国质检执[2003]289 号）	CGSB-9.4—94《公用面巾纸》	可用原生浆或回收浆生产	—	CGSB-9.4—94《公用面巾纸》中 4.1	宽于国标
								DOD MIL-T-37968-1986《纸巾（牙科用）》	100%漂白木浆	—	T 401om-03《纸和纸板 纤维分析》	严于国标
								CNS 2386—1987《纸餐巾》	100%原生化学纸浆或掺用部分原生机械木浆	—	CNS 2386—1987《纸餐巾》中 2	一致
								CNS 4150—2008《面纸》	100%原生纸浆	—	CNS 4150—2008《面纸》中 2	一致
								SANS 1887-3：2008《面纸》	应使用加工处理后的纤维素纤维	—	SANS 1887-3：2008《面纸》中 4.1	宽于国标
								SANS 1887-7：2008《纸餐巾》	应使用加工处理后的纤维素纤维	—	SANS 1887-7：2008《纸餐巾》中 5.4	宽于国标
擦手纸	化学	pH	pH	GB/T 24455—2009《擦手纸》	—	—	—	SANS 1887-5：2008《一次性擦拭纸》	4.4~10.0	—	ISO 6588《纸、纸板和纸浆 水抽提液 pH 值的测定》	严于国标
		掉色现象	Phenomenon of fading		印花擦手纸浸水后不应有掉色现象	—	GB/T 24455—2009《擦手纸》中 4.6	CNS 14863—2008《擦手纸》	有色（不含原色）着不得有颜色迁移现象	—	CNS 14863—2008《擦手纸》中 5.6	一致
	微生物	细菌菌落总数	Total count of bacterial colony	GB/T 24455—2009《擦手纸》	≤600	cfu/g	GB/T 24455—2009《擦手纸》中附录 A	—	—	—	—	宽于国标
		大肠菌群	Coliform group		不得检出	—		—	—	—	—	

附表 4-3（续）

产品类别	产品危害类别	安全指标中文名称	安全指标英文名称	安全指标对应的国家标准：名称、编号	安全指标要求	安全指标单位	检测标准名称、编号	安全指标对应的国际标准或国外标准：名称、编号	安全指标要求	安全指标单位	安全指标对应的检测标准名称、编号	安全指标差异情况
擦手纸	微生物	金黄色葡萄球菌	Staphylococcus aureus		不得检出	—		—	—	—	—	宽于国标
		溶血性链球菌	Streptococcus hemolyticus		不得检出	—		—	—	—	—	
	其他	原料	Material	GB/T 24455—2009《擦手纸》	不应含有毒有害物质	—	GB/T 24455—2009《擦手纸》中 4.5	CNS 14863—2008《擦手纸》	使用处理良好之再生纸浆，亦可使用或掺用原生纸浆	—	CNS 14863—2008《擦手纸》中 2	一致
								SANS 1887-5：2008《一次性擦拭纸》	应使用加工处理后的纤维素纤维	—	SANS 1887-5：2008《一次性擦拭纸》中 4.2	宽于国标
厨房纸巾	化学	可迁移荧光性物质	Migratable fluorescent substances	GB/T 26174—2010《厨房纸巾》	—	—	—	CNS 14392—2008《厨房用纸巾》	无	—	CNS 11820《纸制品之可迁移性荧光物质试验法》	严于国标
		颜色迁移	Migratable color	GB/T 26174—2010《厨房纸巾》	—	—	—	CNS 14392—2008《厨房用纸巾》	印花和染色者不得有颜色迁移现象	—	CNS 14392—2008《厨房用纸巾》中 5.3	严于国标
	微生物	细菌菌落总数	Total count of bacterial colony	GB/T 26174—2010《厨房纸巾》	≤200	cfu/g	GB/T 26174—2010《厨房纸巾》中附录 A	—	—	—	—	宽于国标
		大肠菌群	Coliform group		不得检出	—		—	—	—	—	
		绿脓杆菌	Pseudemonas aeruginosa		不得检出	—		—	—	—	—	
		金黄色葡萄球菌	Staphylococcus aureus		不得检出	—		—	—	—	—	
		溶血性链球菌	Streptococcus hemolyticus		不得检出	—		—	—	—	—	

附表 4-3（续）

产品类别	产品危害类别	安全指标中文名称	安全指标英文名称	安全指标对应的国家标准				安全指标对应的国际标准或国外标准				安全指标差异情况
				名称、编号	安全指标要求	安全指标单位	检测标准名称、编号	名称、编号	安全指标要求	安全指标单位	安全指标对应的检测标准名称、编号	
厨房纸巾	微生物	真菌菌落总数	Total count of epiphyte colony		≤100	cfu/g		—	—	—	—	宽于国标
	其他	原料	Material	GB/T 26174—2010《厨房纸巾》	不应使用任何回收纸、纸张印刷品、纸制品及其他回收纤维状物质	—	GB/T 26174—2010《厨房纸巾》中 4.6	KS M 7708—2006《厨用纸巾》	不得使用再生纤维原料	—	KS M 7708—2006《厨用纸巾》中 4	一致
湿巾	化学	pH	pH	GB/T 27728—2011《湿巾》	3.5~8.5	—	GB/T 27728—2011《湿巾》中 6.6	DLAA-A-461B—1995《预湿纸巾》	5.0~9.0	—	ASTM E70《用玻璃电极对含水溶液 pH 值的试验方法》	严于国标
		可迁移荧光增白剂	Migratable fluorescent whitening agents		无	—	GB/T 27728—2011《湿巾》中附录 D	CNS 8157—2009《湿巾》	无	—	CNS 11820《纸制品之可迁移性荧光物质试验法》	一致
		色泽	Color		—	—	—	CNS 8157—2009《湿巾》	有色及印花者不得有颜色迁移现象	—	CNS 8157—2009《湿巾》中 5.2	严于国标
		游离甲醛含量	Free formaldehyde		—	—	—	CNS 8157—2009《湿巾》	0.050 以下	吸光度	CNS 12103《纸制品游离甲醛含量试验法（乙酰丙酮法）》	严于国标
		化学添加物	Chemical additives		—	—	—	CNS 8157—2009《湿巾》	应依据有关法令之规定	—	CNS 8157—2009《湿巾》中 4.5	严于国标
	微生物	细菌菌落总数	Total count of bacterial colony		≤200	cfu/g	GB 15979—2002《一次性使用卫生用品卫生标准》	CNS 8157—2009《湿巾》	生菌数须在 3000cfu/g 以下；	—	CNS 8157—2009《湿巾》中 5.5	宽于国标
		大肠菌群	Coliform group		不得检出	—		CNS 8157—2009《湿巾》	大肠杆菌群试验须呈阴性	—	CNS 8157—2009《湿巾》中 5.6	一致
		绿脓杆菌	Pseudemonas aeruginosa		不得检出	—		—	—	—	—	宽于国标

附表 4-3（续）

产品类别	产品危害类别	安全指标中文名称	安全指标英文名称	安全指标对应的国家标准				安全指标对应的国际标准或国外标准				安全指标差异情况
				名称、编号	安全指标要求	安全指标单位	检测标准名称、编号	名称、编号	安全指标要求	安全指标单位	安全指标对应的检测标准名称、编号	
湿巾	微生物	金黄色葡萄球菌	Staphylococcus aureus	GB/T 27728—2011《湿巾》	不得检出	—	GB 15979—2002《一次性使用卫生用品卫生标准》	—	—	—	—	宽于国标
		溶血性链球菌	Streptococcus hemolyticus		不得检出	—		—	—	—	—	
		真菌菌落总数	Total count of epiphyte colony		≤100	cfu/g		—	—	—	—	
	其他	原料	Material	GB/T 27728—2011《湿巾》	不得使用有毒有害原料，人体用湿巾只可用原生纤维作原料，不得使用任何回收纤维状物质作原料	—	GB/T 27728—2011《湿巾》中5.5	CNS 8157—2009《湿巾》	应使用天然纤维或人造纤维	—	CNS 8157—2009《湿巾》中2	一致
								DLAA-A-461B—1995《预湿纸巾》	鼓励根据 Public law 94-580 使用回收原料	—	Public law 94-580	宽于国标
		清洁液	Cleaning solution	—	—	—	—	DLAA-A-461B—1995《预湿纸巾》	需符合《消费品安全法案》，不应含有有毒有害物质，身体用湿巾不应含有酒精并且低过敏原	—	DLA A-A-461B—1995《预湿纸巾》中1.3	严于国标
		气味	Odor	GB/T 27728—2011《湿巾》	符合 GB 15979—2002 中4.1要求	—	—	DLAA-A-461B—1995《预湿纸巾》	不应有异味	—	DLA A-A-461B—1995《预湿纸巾》中1	一致
								CNS 8157—2009《湿巾》	无异味	—	CNS 8157—2009《湿巾》中4.1	一致